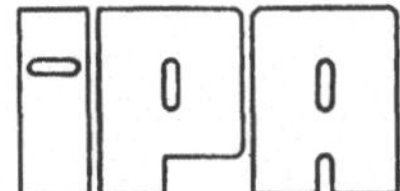

Forschung und Praxis · Band 52

**Berichte aus dem Fraunhofer-Institut
für Produktionstechnik und Automatisierung,
Stuttgart, und dem Institut
für Industrielle Fertigung und Fabrikbetrieb
der Universität Stuttgart**

Herausgeber: Prof. Dr.-Ing. H. J. Warnecke

Werner Neubauer

Beitrag zur Analyse der Auswirkungen der Mikroelektronik; dargestellt am Beispiel der Büromaschinen-Industrie

Mit 27 Bildern und 47 Tabellen

Springer-Verlag
Berlin Heidelberg New York 1981

Dipl.-Ing. Werner Neubauer
Fachgemeinschaft Büro- und Informationstechnik

Dr.-Ing. H. J. Warnecke
o. Professor an der Universität Stuttgart
Fraunhofer-Institut für Produktionstechnik und Automatisierung (IPA), Stuttgart

D 93

ISBN-13:978-3-540-10991-4   e-ISBN-13:978-3-642-81699-4
DOI: 10.1007/978-3-642-81699-4

Gesamtherstellung: Drucken + Werben GmbH · Zettachring 12 · 7000 Stuttgart 80
(Fasanenhof-Industriegebiet) · Telefon (07 11) 715 69 06/07/08.
2362/3020—543210

<u>Geleitwort des Herausgebers</u>

Die Entwicklungen in der Produktionstechnik in den
letzten Jahrzehnten haben entscheidend zur positiven
wirtschaftlichen und sozialen Entwicklung in der
Bundesrepublik Deutschland beigetragen. Die Produktivität konnte jedes Jahr um durchschnittlich etwa 3,5 %
gesteigert werden. Mechanisierung und Automatisierung wurden und werden stetig weiter vorangetrieben.
Während es sich bisher jedoch um Verbesserungen an einzelnen Maschinen und Anlagen sowie Verfahren handelte,
werden heute alle Unternehmensbereiche erfaßt, und man
ist bemüht, das gesamte System Unternehmen bzw. Produktionsbetrieb zu optimieren. Das klassische Bemühen um
Optimierung des Einsatzes und Zusammenwirkens der Produktionsfaktoren Mensch, Maschine und Material muß heute
erweitert werden um die Berücksichtigung sozialer Belange,
gesetzlicher Auflagen, Probleme der Energieversorgung,
schnellen Veränderungen an den Produkten und auf den
Märkten sowie Sicherung der Qualität und der Lieferfähigkeit.

Von wissenschaftlicher Seite wird und muß dieses Bemühen
unterstützt werden durch die Entwicklung von Methoden
und Vorgehensweisen zur systematischen Analyse und Verbesserung des Systems Produktionsbetrieb. Hier ist heute
insbesondere auch der Fertigungsingenieur gefordert,
nicht nur einzelne Maschinen und Verfahren zu beherrschen,
sondern das gesamte komplexe System hinsichtlich der Verknüpfung seiner Elemente durch zweckmäßigen Informations-
und Materialfluß. Beispielhaft seien dazu nur hinsichtlich des Informationsflusses die heute gegebenen Möglichkeiten der Datenerfassung und -verarbeitung in Ferti-
gungsplanung und -steuerung, an den einzelnen

Produktionsanlagen sowie im Qualitätswesen genannt.
Im Materialfluß geht es um richtige Auswahl und Einsatz von Fördermitteln, Förderhilfsmitteln sowie Anordnung und Ausstattung von Lägern. Der weiteren Automatisierung in der Handhabung von Werkstücken und Werkzeugen sowie der Montage von Produkten wird in nächster Zukunft allergrößte Aufmerksamkeit geschenkt werden. Leistungsfähige Sensoren werden die Möglichkeiten dafür sehr stark vergrößern.

Die beiden vom Herausgeber geleiteten Institute, das Institut für Industrielle Fertigung und Fabrikbetrieb der Universität Stuttgart sowie das Fraunhofer-Institut für Produktionstechnik und Automatisierung in Stuttgart, arbeiten in grundlegender und angewandter Forschung intensiv an den aufgezeigten Entwicklungen in der Produktionstechnik mit. Zur Umsetzung gewonnener Erkenntnisse wird die Schriftenreihe "IPA Forschung und Praxis" herausgegeben. Der vorliegende Band setzt diese Reihe fort, eine Übersicht über bisher erschienene Titel wird am Schluß dieses Bandes gegeben.

Dem Verfasser sei für die geleistete Arbeit gedankt, dem Springer-Verlag für die Aufnahme dieser Schriftenreihe in seine Angebotspalette und der Druckerei für saubere und zügige Ausführung. Möge das Buch von der Fachwelt gut aufgenommen werden.

Hans-Jürgen Warnecke

<u>Vorwort des Verfassers</u>

Die vorliegende Arbeit entstand während meiner Tätigkeit als
Referent in der Fachgemeinschaft Büro- und Informationstechnik, Düsseldorf.

Bei Herrn Prof. Dr.-Ing. H.J. Warnecke, dem Leiter des Instituts für Industrielle Fertigung und Fabrikbetrieb an der Universität Stuttgart, bedanke ich mich ganz besonders für die
wohlwollende Förderung und Unterstützung der Arbeit.

Bei Herrn Prof. Dr.-Ing. G. Stute bedanke ich mich für das
Interesse und für die Anregungen und Hinweise bei der Durch-
sicht der Arbeit.

Ein herzlicher Dank geht an Herrn Dr. phil. K. Kornwachs für
seine offene und konstruktive Kritik.

Herrn Dipl.-Kfm. K. Hegner und den Mitgliedern des Arbeits-
kreises Mikroelektronik in der Fachgemeinschaft Büro- und
Informationstechnik danke ich für die Unterstützung bei der
Datenerhebung.

Stuttgart, 1981   Werner Neubauer

<u>INHALTSVERZEICHNIS</u>

<u>0 Abkürzungen</u>

DV   Datenverarbeitung
BT   Bürotechnik
NT   Nachrichtentechnik
µE   Mikroelektronik
µR   Mikro-Rechner
µP   Mikroprozessor
SSI   Small Scale Integration (Größe der Integrationsdichte
                bei elektronischen Halbleitern)
MSI   Medium Scale Integration
LSI   Large Scale Integration
VLSI   Very Large Scale Integration
ROM   Programmspeicher
RAM   Datenspeicher
E+K   Entwicklung und Konstruktion
IC   Integrierter Schaltkreis
k   Kilo- (10^3)
M   Mega- (10^6)
G   Giga- (10^9)
T   Tera- (10^{12})

1 EINLEITUNG

In allen Industrieländern wird derzeit die Diskussion über die Auswirkungen
des Mikroelektronik-Einsatzes auf Produktion und Beschäftigung geführt.
Die Folge dieser zwangsläufig im globalen Rahmen ablaufenden Erörterung sind
pauschale Aussagen, welche die Gefahr in sich bergen, die beschäftigungs-
politischen Konsequenzen zu überschätzen und den technischen Wandel abzuleh-
nen /1/. Dies führt zu Aversionen bei den Bürgern und zu Verzögerungen der
Mikroelektronik-Anwendung bei den Unternehmen.

Ein Gesprächskreis "Modernisierung der Volkswirtschaft" unter der Leitung
von Bundesforschungsminister Hauff stellte zur Folgenabschätzung der Mikroelektronik fest, daß mit einer breiten Anwendung der Elektronik mehr Arbeitsplätze gegen den Sog des internationalen Wettbewerbs gesichert werden können
als ohne die Elektronik. Als eines der Haupthemmnisse der Modernisierung in
der Bundesrepublik wird angeführt, daß viele Unternehmen die Umstellung auf
neue Technologien so lange wie möglich hinauszögern, weil ihnen kurzfristig
mögliche Konflikte schwerwiegender erscheinen als die mittel- oder langfristige Gefahr, die Wettbewerbsfähigkeit zu verlieren /2/.

So erwünscht die beschäftigungspolitische Diskussion über die Mikroelektronik ist, kann diese notwendigerweise nur dann objektiv geführt werden, wenn
die technischen, wirtschaftlichen und gesellschaftlichen Veränderungen konkret analysiert sind. Das methodische Instrumentarium reicht zur Zeit bei -
spielsweise nicht aus, um ohne diese Teiluntersuchungen genau festzustellen,
wieviel Arbeitsplätze in der gesamten Wirtschaft als Folge der Mikroelektronik verloren gehen oder neu geschaffen werden /3/. Es ist daher unerläßlich, die Auswirkungen der Mikroelektronik zuerst auf Firmen- und Branchen-
ebene zu erfassen. Damit stehen zum einen beschäftigungsrelevante Daten zur
Verfügung und zum anderen können die notwendigen Maßnahmen zur Einführung der
neuen Technologie abgeleitet werden /4/. Als Basis hierfür sind ingenieur-
wissenschaftliche Untersuchungen der vom Technologiewandel betroffenen
Geräte notwendig.

Für die vorliegende Arbeit werden Produkte der Büromaschinen-Industrie ausgewählt. Es fehlen Aussagen über die Anwendbarkeit der Mikroelektronik bei
Büromaschinen und die Auswirkungen auf die Geräte der gesamten Informationsverarbeitung. Da im Gegensatz zu modernen Datenverarbeitungsanlagen die
Funktionen der meisten Büromaschinen noch mechanisch oder elektromechanisch

realisiert werden, muß untersucht werden, welche Möglichkeiten bestehen, die
Mikroelektronik zur Durchführung bereits bestehender und zur Realisierung
darüberhinausgehender Büromaschinenfunktionen anzuwenden. Eine derartige
Ausweitung der Büromaschinenfunktion wird aber zwangsläufig zu einer Überlappung mit den Funktionen anderer, schon auf dem Markt befindlicher Geräte
der Informationsverarbeitung, insbesondere aus den Bereichen Datenverarbeitung und Nachrichtentechnik, führen. Die hierbei entstehende Substitutionswirkung muß quantifiziert werden, um ihren Einfluß für die Produktkonzeption
gegenüber dem Einfluß des Technologiewandels abwägen zu können.

Ein Technologiewandel bei den Geräten wird auch eine Änderung der innerbetrieblichen Strukturen hervorrufen. Um hierzu Aussagen zu erhalten, muß eine
empirische Untersuchung in den Büromaschinen-Betrieben durchgeführt werden.
Das Ziel ist es, Daten über den repräsentativen Ist-Zustand bei der Tech-
nologieaneignung und -anwendung zu erhalten sowie Prognosen beispielsweise
über die Entwicklungszeit, den Kostenverlauf und die Personalstruktur im
Entwicklungsbereich aufzustellen.

Derartige Untersuchungen mit dem Ziel, branchenspezifische Kriterien für die
Anwendung der Mikroelektronik zu entwickeln und die Auswirkungen auf die
Büromaschinen-Industrie und deren betriebliche Funktionsbereiche zu quantifizieren, wurden bisher nicht durchgeführt. Die vorliegende Arbeit soll deshalb einen Beitrag zur Analyse der Auswirkungen der Mikroelektronik leisten.

2   ABGRENZUNG DES UNTERSUCHUNGSFELDES

Eine Abgrenzung des Untersuchungsfeldes muß zum einen hinsichtlich der
Technologie, zum anderen hinsichtlich der zu untersuchenden Branche vor-
genommen werden.
Für die vorliegende Arbeit wurde die Mikroelektronik als die derzeit ein-
flußreichste Technologie auf die wirtschaftliche Strukturveränderung aus-
gewählt. Sie enthält Produktivitätsreserven durch Anwendung z.B. in der
Industrie, im Dienstleistungsbereich und der öffentlichen Verwaltung /5/.
Der Untersuchungsgegenstand selbst wurde auf die Büromaschinen-Industrie
und deren Erzeugnisse eingeschränkt. Dieser Einschränkung liegen folgende
Faktoren zugrunde:

- Die Wirtschaftlichkeit der Büroarbeiten bestimmt immer mehr die Effizienz unserer gesamten Wirtschaft. Eine Analyse der Kalkulation re-
  präsentativer Produkte belegt, daß die Kosten der Aufgabenbereiche
  Beschaffung, Verwaltung, Vertrieb höher liegen als die Kosten der
  Werkstoffe, der Nutzung der Produktionsanlagen und der produktions-
  bedingten Lohnkosten /6/.

- In Geräten und Anlagen der Datenverarbeitung und der Nachrichtentechnik wird die Technologie der Mikroelektronik bereits seit längerem
  angewandt. Derzeit ist eine zunehmende Verzahnung dieser Bereiche mit
  der Bürotechnik nicht zu übersehen.

- Bei einigen Geräten der Bürotechnik wie beispielsweise Taschen- und
  Tischrechnern sowie Registrierkassen wurde deutlich, welche Chancen,
  aber auch welche Risiken, die Anwendung der Mikroelektronik haben kann.

2.1 Elektronische Bauelemente

In Tabelle 1 sind drei Gruppen elektronischer Bauelemente für die Geräteentwicklung aufgeführt /7/.

- **Bauelemente zur logischen und arithmetischen Verknüpfung von Daten**
- **Bauelemente zur Speicherung von Daten sowie**
- **Peripherie-Bausteine**

HOCHINTEGRIERTE BAUELEMENTE FÜR DIE GERÄTEENTWICKLUNG		
Bauelemente zur log. und arithmetischen Verknüpfung von Daten	Bauelemente zur Speicherung von Daten	Peripheriebausteine
• Kundenschaltkreise • Branchenschaltkreise • Mikroprozessoren	• Datenspeicher • Programmspeicher	• Eingabebausteine • Ausgabebausteine

Tabelle 1: Elektronische Bauelemente für die Geräteentwicklung

In dieser Arbeit werden ausschließlich Bauelemente wie Mikroprozessoren und Speicher betrachtet.

2.1.1 Bedeutung der Begriffe

2.1.1.1 Mikroelektronik

Nach DIN 41 857 /8/ ist die Mikroelektronik als Teilgebiet der Technik definiert, das die Herstellung und die Anwendung von stark miniaturisierten elektrischen Schaltungen betrifft. Im Rahmen dieser Arbeit wird der Begriff Mikroelektronik im eingeschränkten Sinne verwendet. Unter Mikroelektronik soll die Anwendung der hochintegrierten elektronischen Bauelemente, insbesondere die des Mikroprozessors und des Mikro-Rechners verstanden werden.

2.1.1.2.
Mikro-Rechner

Ein Mikro-Rechner hat im Prinzip den gleichen Aufbau und die gleiche Arbeitsweise wie ein Rechensystem /9/.

Ein Mikro-Rechner besteht aus einem Programmspeicher (ROM), in dem ein veränderbares Anwenderprogramm fest und damit gegen Stromausfall gesichert untergebracht ist und einem Datenspeicher (RAM), der die Daten speichert,

die sich laufend ändern. Ferner besteht er aus Eingabe/Ausgabebausteinen,
die den Datenfluß mit externen Geräten abwickeln und einem Mikroprozessor
(µP) /10/. (Bild 1).

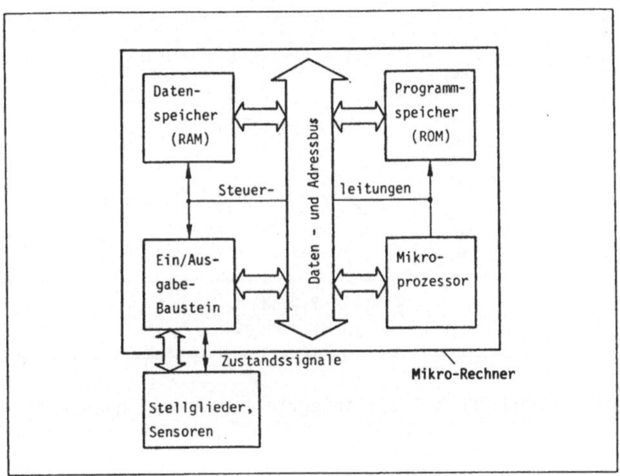

Bild 1: Schematischer Aufbau eines Mikro-Rechners in Anlehnung an /11/

2.1.1.3

Mikroprozessor

Mikroprozessoren sind hochintegrierte Schaltungen auf einem oder wenigen
Chips, die im Gegensatz zu den üblichen integrierten Schaltkreisen nicht
vom Bauelemente-Hersteller auf ganz bestimmte Funktionen festgelegt sind.
Die vom Anwender gewünschte spezielle Funktion eines solchen Bauelements
ergibt sich erst durch Anfügen eines Speichers, in dem ein aufgabenspezi-
fisches Programm, d.h. die Befehle, die der Mikroprozessor im einzelnen
auszuführen hat, enthalten ist. Durch Abarbeiten dieser Befehle entsteht
dann die gewünschte Funktion /12/.

2.1.2   Entwicklungstendenzen

Über die Entwicklung mikroelektronischer Bauelemente liegen Aussagen vor,
die eine starke Kostendegression und damit zusammenhängend einen weiteren
Impuls zur Anwendung erwarten lassen.

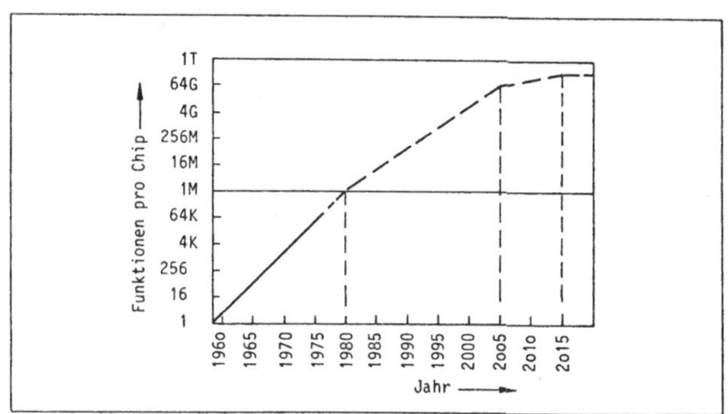

Bild 2: Entwicklungsverlauf bei integrierten Schaltungen /13/

Diese Entwicklung wird insbesondere bestimmt durch die Möglichkeit zur
Höherintegration (Bild 2). Voraussetzung hierfür sind die Vergrößerung
der Kristallfläche (Wafer), Weiterentwicklung der Schaltungstechnik (z.B.
Computerentwurf) und der Einsatz von Elektronenstrahl-Lithographie (Verfahren zum Aufbringen feinster Schaltungsstrukturen).

2.1.2.1 Mikroprozessoren

Die Anwendungsmöglichkeiten des Mikroprozessors als Standardbauelement
liegen in praktisch allen Bereichen der Konsum- und Investitionsgüter-
industrie vor. Für Mikroprozessoren wird eine große Preisdegression erwartet, je größer die Zahl der Anwendungen ist. In Bild 3 wird dies am
Beispiel des Mikroprozessors AMD 9080 deutlich. Der Preis betrug 1975
bei einer Abnahme von 100 Stück rund 30 Dollar. Im Jahr 1980 war er
auf etwa 5 Dollar gesunken. /14/.

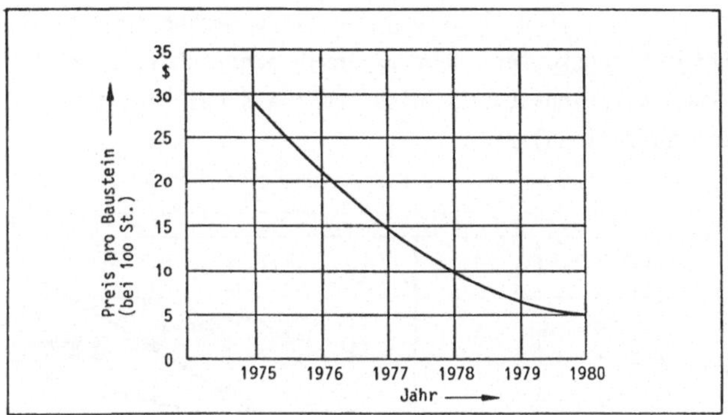

Bild 3: Preisentwicklung am Beispiel des Mikroprozessors AMD 9080 /14/

2.1.2.2 Speicher

Parallel zu den Mikroprozessoren wird auch im Bereich der Speicherbauele-
mente eine Kostendegression prognostiziert. Welches Speicherprinzip (Halbleiterspeicher, Magnetblasenspeicher, optischer Speicher usw.) sich am Markt
durchsetzen wird, ist allerdings noch offen. Bild 4 /15/.

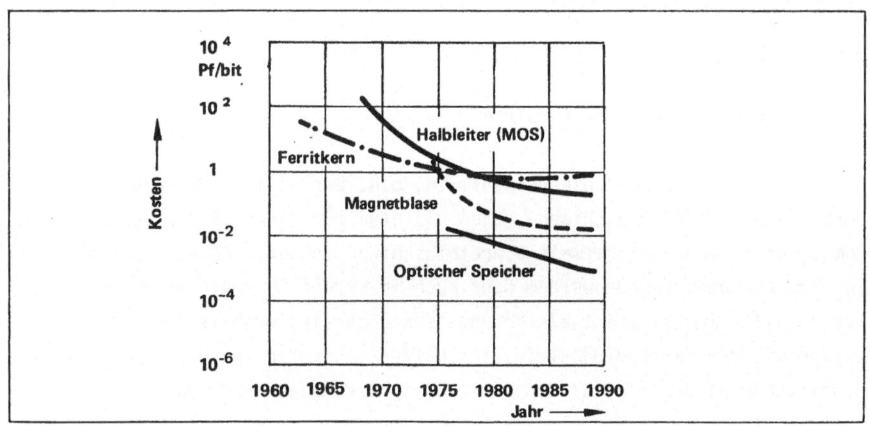

Bild 4: Preisentwicklung verschiedener Speicherprinzien /15/

2.1.2.3   Anwendungsbereiche der Mikroelektronik

Trotz dieser Preisdegression bei den einzelnen elektronischen Bauelementen, wird die generelle Umsatzentwicklung für Mikro-Rechnersysteme (nur Hardware ohne Entwicklungskosten) sehr expansiv eingeschätzt. Der Bereich Daten- und Kommunikationstechnik wird dabei als das bedeutendste Einsatzgebiet angesehen (Bild 5) /16/.

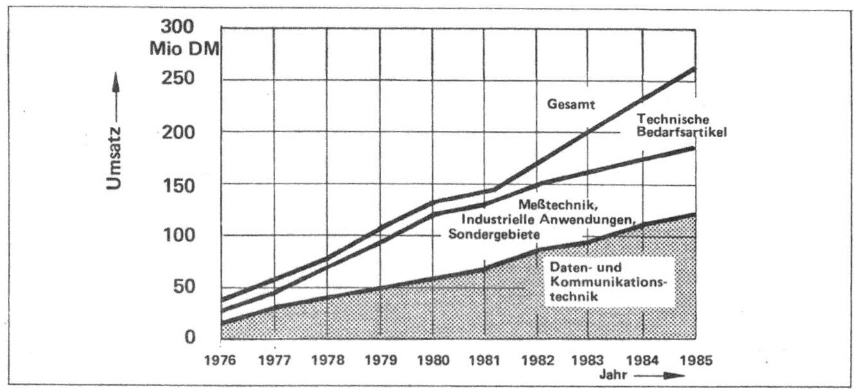

Bild 5: Voraussichtliche Umsatzentwicklung der Anwendungsbereiche von Mikroprozessoren /16/

2.2 Büromaschinen

2.2.1 Die Büromaschinen-Industrie

Die Anfänge der Büromaschinen-Industrie, d.h. der Beginn der industriellen Herstellung von Büromaschinen, gehen bis etwa zum Jahre 1877 zurück, als Remington in den USA erstmals Schreibmaschinen in Serie herstellte /17/. Um die Jahrhundertwende wurden dann auch in Europa Büromaschinen industriell hergestellt. Zuerst meist als Nebenprodukte bereits etablierter Industriezweige wie der Fahrradindustrie, der Waffen-, der Nähmaschinen- oder Werkzeugmaschinenindustrie, später dann in eigenständigen Betrieben.

Parallel dazu entwickelte sich die Industrie der Nachrichtentechnik. Etwa ab Ende des 2. Weltkrieges etablierte sich aus dem Büromaschinensektor der Industriezweig der Datenverarbeitung. Gegenwärtig sind verstärkte Verflechtungen zwischen den Erzeugnissen der genannten Industriezweige festzustellen.

Die vorliegende Arbeit berücksichtigt die Büromaschinen-Industrie unter

diesem Aspekt. Als Oberbegriff dieser drei Industriesektoren wurde vom
Verfasser in Bild 6 die Informationsverarbeitung gewählt, um damit auch
die nahe Zukunft anzudeuten.

Bild 6: Industriesektoren der Informationsverarbeitung

Der technische Vorgang der Datenverarbeitung ist auf die Veränderung und
Speicherung von Daten mit arithmetischen und logischen Methoden beschränkt, während die Informationsverarbeitung Daten einbezieht, die auch
Wertmaßstäbe z.B. die zeitlichen, sozialen und politischen Veränderungen
beinhaltet /18/.

Die Dreiteilung der Informationsverarbeitung in Bürotechnik, Datenverarbeitung und Nachrichtentechnik ist sehr grob. Wie bereits angedeutet, verwischer
sich die Grenzen unter anderem durch Anwendung der Mikroelektronik mehr und
mehr. Man denke z.B. nur an die computerunterstützte Textverarbeitung, Fernkopiergeräte oder Bürofernschreibmaschinen.

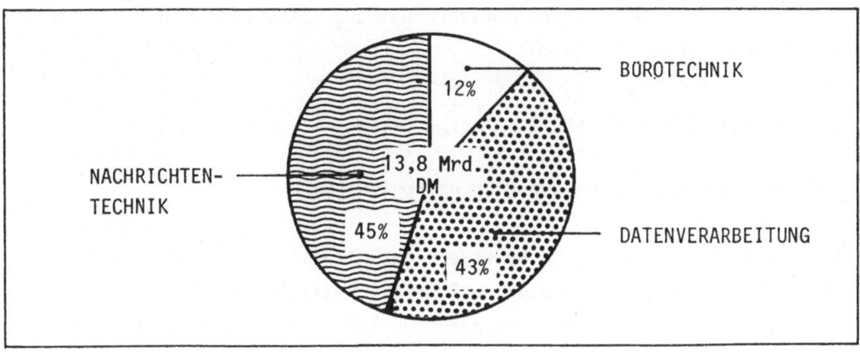

Bild 7: Struktur des Produktionswertes der drei Sektoren der Informationsverarbeitung in der BR Deutschland im Jahre 1979 /19/

Der Produktionswert der drei Sektoren (Bild 7) weist innerhalb der Zeitspanne 1969 bis 1979 eine unterschiedliche Entwicklung auf. Während der
Bereich Datenverarbeitung in dieser Zeit den Produktionswert von 1 Mrd. DM
auf 5,9 Mrd. DM und der Bereich Nachrichtentechnik den Produktionswert von
2,2 Mrd. DM auf 6,2 Mrd. DM steigerte, ist im Bereich der Bürotechnik eine
Verringerung des Produktionswertes von 2,1 Mrd. DM auf 1,7 Mrd. DM festzustellen.

Im Bereich der Bürotechnik sind derzeit ca. 50 Unternehmen in der Bundesrepublik Deutschland tätig . Insgesamt beschäftigt dieser Industriezweig
ca. 40.000 Erwerbstätige. /20/.

2.2.2 Funktionsprofil der Büromaschine

Unter Funktionsprofil der Büromaschine soll die Auflistung aller charakteristischer Funktionen der Büromaschine verstanden werden. Einzelheiten
hierzu in Kapitel 4.2.

2.2.3 Substitutionsprofil der Büromaschine

Unter Substitutionsprofil wird die Schnittmenge zweier oder mehrerer Funktionsprofile von Geräten aus dem Bereich der Informationsverarbeitung verstanden. Es gibt an, wie groß die identischen Funktionen der verglichenen
Geräte sind. Bei einer zweidimensionalen Betrachtungsweise ergibt sich ein
Substitutionsfeld, das Aussagen über die Substitution des entsprechenden
Industriesektors der Informationsverarbeitung zuläßt. Einzelheiten hierzu
 in Kapitel 5.3 .

3   AUFGABENSTELLUNG

3.1 Problematik bei Anwendung der Mikroelektronik

Mit der Mikroelektronik, insbesondere dem Mikroprozessor, wird seit kurzem eine Technologie angeboten, welche die Realisierung von Produkten mit
mehr "intelligenten" Funktionen erwarten läßt. Über die Auswirkungen und
Anwendung der Mikroelektronik liegen allerdings bisher keine gesicherten
Erfahrungen vor /21/.

Eine Hilfestellung von den Bauelemente-Herstellern für die Anwendung und

die Einführung der Mikroelektronik ist für den Anwender derzeit kaum zu
erwarten, da sie hierfür nicht eingerichtet und vorbereitet sind, denn die
bisher bekannten elektronischen Bauelemente konnten problemlos von Elektro-
nikern eingesetzt werden und erforderten kaum eine Anwendungsberatung. Der
Mikroprozessor schafft jedoch eine völlig anders geartete Situation, da
beim Anwender Mikroprozessor-erfahrene Fachkräfte sowohl für die Mikroelek-
tronik-Hardware als auch für die Anwenderprogramme nur in geringem Maß zur
Verfügung stehen.

Ungeachtet dieser Tatsache zwingt oft der internationale Wettbewerb innerhalb der informationsverarbeitenden Industrie zur Anwendung der Mikroelektronik. Besonders die Geschäftsführung von Unternehmen, die ausschließlich
mechanische oder elektromechanische Produkte herstellen, befindet sich
in einer schwierigen Lage. Von ihr wird einerseits gefordert, die Mikroelektronik anzuwenden, andererseits fehlen aber ausreichende Kriterien, Branchen-
zahlen und Entscheidungshilfen zur Lösung folgender Problembereiche:

● Technologieanwendung
  - Ist die Anwendung der Mikroelektronik bei den bisher gefertigten Er-
    zeugnissen möglich?
  - Welche Änderung der Produktkonzeption resultiert hieraus?
  - Welche Erfolgschancen bestehen bei der Mikroelektronik-Anwendung?
  - Zu welchem Zeitpunkt soll die Umstellung von der Mechanik zur Elektronik
    vorgenommen werden ?

● Technologieauswirkungen
  - Wie hoch sind die notwendigen Investitionskosten und wie ist der zeit-
    liche Verlauf?
  - Welche Auswirkungen hat die Einführung der neuen Technologie auf die
    einzelnen Funktionsbereiche des Unternehmens?

3.2 Bisheriger Stand der Erkenntnisse

Wissenschaftliche Arbeiten über die Anwendung und Auswirkungen der Mikroelektronik bei Büromaschinen liegen bisher nicht vor. In /22/ wird ein Analyse-
system in Form eines Ist/Soll-Vergleiches zur Ermittlung der Strukturände-

rung beim Übergang von der Mechanik auf Elektronik vorgestellt. Der
Nachteil hierbei ist, daß damit das Ausmaß der Strukturänderung nur qualitativ angegeben werden kann. Im Rahmen einer Untersuchung über die Auswirkungen der Mikroelektronik auf einen eng begrenzten Wirtschaftsraum /23/
wurden auch Büromaschinen behandelt. Neben den wenigen Ergebnissen qualitativer Art resultierte als Ergebnis lediglich ein Problemkatalog bei der
Anwendung der Mikroelektronik, ohne jedoch auch entsprechende Lösungen anzubieten.

In einer Reihe von Studien /24,25,26,27/ werden lediglich die globalen Ein-
satzgebiete und Anwendergruppen der Mikroelektronik aufgeführt, der Schwerpunkt liegt aber bei den Entwicklungstendenzen der Mikroelektronik.

3.3 Zielsetzung der vorliegenden Arbeit

Aus der zuvor geschilderten Problematik ergibt sich die Zielsetzung der
Arbeit. Sie ist auf zwei ineinandergreifende Schwerpunkte gerichtet.
Im ersten Schritt soll die gerätetechnische Ausprägung ausgewählter Büromaschinen ermittelt werden. Hierzu ist es zunächst erforderlich, das Funktionsprofil des Mikro-Rechners aufzustellen, bevor es mit dem Funktionsprofil
der Büromaschinen verglichen werden kann. Ferner sollen am Beispiel ausgewählter Büromaschinen detaillierte Anwendungsbereiche des Mikro-Rechners heraus-
gearbeitet werden.

Als weiteren Einfluß auf die Gerätekonzeption von Büromaschinen, insbesondere
bei Anwendung der Mikroelektronik, muß der Einfluß des unmittelbaren Wettbewerbs untersucht werden. Im Blickpunkt hierbei stehen die Geräte der Informationsverarbeitung. Kenntnisse über die Anwendungsbereiche des Mikro-Rechners
und über das Substitutionsprofil erlauben es dann, die gerätetechnische Ausprägung von Büromaschinen zu ermitteln.

Zur Überprüfung und Wichtung der theoretisch gewonnen Erkenntnisse über die
Anwendungsbereiche des Mikro-Rechners, das Substitutionsausmaß informations-
verarbeitender Geräte und die gerätetechnische Ausprägung soll in einem
zweiten Schritt eine empirische Erhebung bei etwa 30 % der Büromaschinen-
Betriebe durchgeführt werden. Gleichzeitig sollen hiermit repräsentative
Branchendaten ermittelt werden, die der Geschäftsleitung von Büromaschinen-
Unternehmen eine Orientierung über den eigenen "technologischen Standort"
gestatten. Derartige Branchendaten können beispielsweise den Ist-Zustand

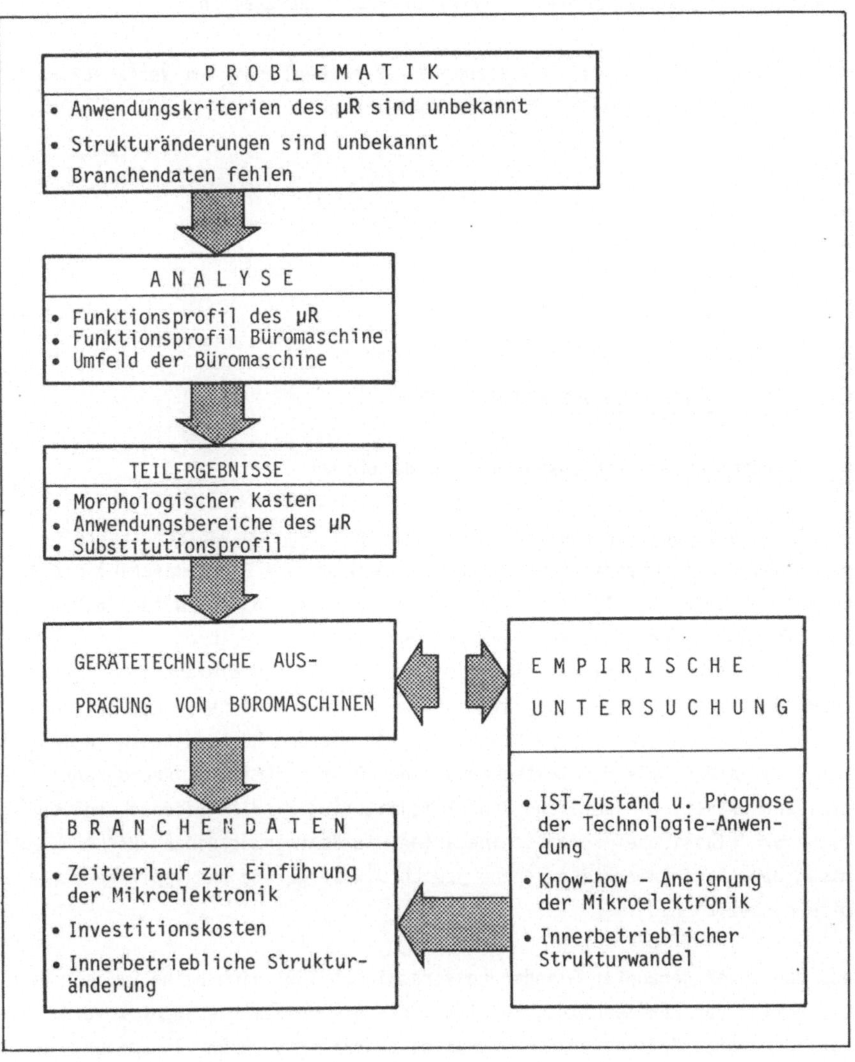

Bild 8: Vorgehensweise bei der Arbeit "Analyse der Auswirkungen der Mikroelektronik in der Büromaschinen-Industrie

der Technologieanwendung, Wege der erfolgreichen Know-how-Aneignung und
Prognosen des innerbetrieblichen Strukturwandels darstellen.

Um die zuvor beschriebene Zielsetzung zu erreichen, wird vom Verfasser nach
dem in Bild 8 dargestellten Flußplan vorgegangen.

4 FUNKTIONSSPEKTRUM VON BÜROMASCHINEN

4.1 Gerätetechnische Struktur der Büromaschinen

Zur Strukturierung der rund 100 Büromaschinenarten (mechanische Schreibmaschine, elektronischer Schreibautomat, mechanische Rechenmaschine etc.)
wurden verschiedene Gliederungsvorschläge bekannt. So werden in /28,29/
die Einordnung der Büromaschinen nach der Zahl der von Ihnen ausgeführten
Arbeitsfunktionen in Einfunktionsmaschinen (z. B. Schreibmaschinen), Mehr-
funktionsmaschinen (z. B. Registrierkassen) und Nebenfunktionsmaschinen
(z. B. Diktiergeräte) vorgeschlagen. In /30/ werden Büromaschinen sogenannten Teilsystemen wie der Textverarbeitung, Postbearbeitung, Reprographie
etc. zugeordnet. Die amtliche Produktionsstatistik /31/ gliedert schließlich nur "klassische" Büromaschinenarten wie Schreibmaschinen, Rechenmaschinen, Registrierkassen, ohne jedoch Diktiergeräte und Kopiergeräte
miteinzubeziehen.

Aus den zuvor genannten Gliederungsvorschlägen läßt sich keine umfassende
Definition von Büromaschinen ableiten. Es soll deshalb versucht werden,
eine derartige Definition durch Analyse charakteristischer Büromaschinen,
wie sie in Tabelle 2 zusammengestellt sind, zu erreichen.

Ausgangsbasis für Tabelle 2 ist der Verbreitungsgrad dieser Geräte und
Maschinen im Büro- und Verwaltungsbereich bei Industrieunternehmen /32/.
Berücksichtigt wurden auch Geräteneuentwicklungen wie z. B. Fernkopier-
geräte. Bei Abrechnungsmaschinen ist einschränkend zu bemerken, daß diese

OBERBEGRIFFE	MASCHINENARTEN
Diktiereinrichtungen (DIN 9765)	- Bürodiktiergeräte - Reisediktiergeräte - Zentrale Diktieranlagen
Schreibmaschinen (DIN 2108)	- Schreibmaschine, mechanisch - Schreibmaschine, elektrisch
Schreibautomaten (DIN 2140 Vorlage)	- Schreibautomat mit Lochstreifen, Lochkarten - Schreibautomat mit elektronischem Speicher
Rechenmaschinen (DIN 9752 Teil 1)	- Vierspezies, nicht elektronisch - Elektronische Tisch- und Taschenrechner
Abrechnungsmaschinen (DIN 9763)	- Buchungsmaschine - Fakturiermaschine - Mehrzweckabrechnungsmaschine
Registrierkassen	- Registrierkasse, nicht elektronisch - Registrierkasse, elektronisch
Bürodruckmaschinen (DIN 9775)	- Umdruckmaschine - Schablonendruckmaschine - Bürooffsetdruckmaschine
Bürokopiergeräte (DIN 9780)	- Elektrostatisches Bürokopiergerät - Thermokopiergerät
Fernkopiergeräte	
Postbearbeitungsmaschinen (DIN 9778 und DIN 9779)	- Adressiermaschine - Frankiermaschine
Sonstige Büromaschinen	

Tabelle 2: Charakterisierung von Büromaschinen und -geräten

dem Bereich Büromaschinen nur dann zuzuordnen sind, wenn sie unter der Leistungsgrenze von Bürorechenanlagen liegen. Durch Verwendung hochintegrierter elektronischer Bauelemente verwischen sich jedoch genaue Grenzen. Bürorechenanlagen haben im allgemeinen eine freiprogrammierbare Rechenein-

heit, sie weisen die Möglichkeit auf, mehrere Peripheriegeräte wie Loch-
karten-, Magnetbandleser etc. anzuschließen, und sie haben im allgemeinen
einen größeren internen Speicher und eine höhere Schreibgeschwindigkeit
(Mosaikdrucker, Matrixdrucker) als Abrechnungsmaschinen. Bürorechenanlagen
können deshalb dem Bereich der Datenverarbeitung zugeordnet werden.

Mit Tabelle 2 wird gleichzeitig eine Abgrenzung zu Geräten und Einrich-
tungen der automatischen Datenverarbeitung (z. B. DV-Anlagen, Peripheriegeräte) und Geräten der Nachrichtentechnik (z.B. Fernschreiber, Telefon)
vollzogen. Eine Beschreibung dieser beiden letztgenannten Bereiche wird
im Kapitel 5.3.2 vorgenommen.

4.2 Funktionsprofile der Büromaschinen

Für die in Tabelle 2 aufgestellten Büromaschinen sollen im folgenden die
Funktionsprofile aufgestellt werden, um damit die Grundlagen zur Lösung
von drei Problembereichen zur Verfügung zu haben:

1. Gibt es eine allgemeingültige Definition von Büromaschinen und läßt sich
   hieraus ein morphologischer Kasten im Sinne Zwickys /33/ ableiten?
2. Wie ändert sich das Funktionsprofil der jeweiligen Büromaschine, wenn
   die Technologie der Mikroelektronik angewandt wird?
3. Welche gleichartigen (redundanten) Funktionen weisen Büromaschinen beim
   Vergleich untereinander auf und welche Substitutionsimpulse resultieren
   hieraus?

Um vergleichbare Funktionsprofile der einzelnen Büromaschinen zu erhalten,
werden in den folgenden Tabellen 3 bis 13 benutzerorientierte (Dateneingabe, -ausgabe) und maschinenablauforientierte (Datenspeicherung und -ver-
arbeitung) Funktionen aufgeführt. Zur Ermittlung des Funktionsprofils ist
es notwendig, zunächst die jeweiligen Baugruppen der Geräte zu kennen. Aus
diesen können dann die Gerätefunktionen abgeleitet werden. Zur Verdeut-
lichung der abstrakten Büromaschinenbezeichnungen wurden vom Verfasser
Maschinen- Sinnbilder gewählt, die in den Tabellen 3 bis 13 ebenfalls
aufgeführt werden. Andere Baugruppen, aus denen direkte Gerätefunktionen
nicht ableitbar sind, wie beispielsweise Tragwerke, Lagerung und Gehäuse
werden nicht aufgeführt /34/.

4.2.1 Diktiereinrichtungen

Diktiereinrichtungen	Baugruppen	**Funktionen**

Bürodiktiergerät	- Mikrofon
	- Magnettonkopf
	- Tonträger
	  (Magnetband, -platte,
	  -folie)
	- Lautsprecher
	  (ggf. über Mikrofon)
	- Fernsteuerung
		Tonaufnahme
		
		Tonspeicherung
		
		Tonwiedergabe

Reisediktiergerät	- Mikrofon - Magnettonkopf - Tonträger - Lautsprecher (ggf. Mikrofon)	Tonaufnahme Tonspeicherung Tonwiedergabe (nur zur Kontrolle)
Zentrale Diktier- anlage	gleiche Baugruppen wie Bürodiktiergerät, jedoch größere Speicherkapazität und kontinuierliche Auf- nahme und Wiedergabe; Anschluß mehrerer Mikrofone mit Fernbedienung	Tonaufnahme Tonspeicherung Tonwiedergabe

Tabelle 3: Funktionsprofil von Diktiereinrichtungen

Definition: Diktiereinrichtungen dienen entweder dazu, um Sprache auf einen
Tonträger aufzunehmen und wiederzugeben oder nur dazu, Sprache wiederzu -
geben /35/.

4.2.2 Schreibmaschinen

Schreibmaschinen	Baugruppen	**Funktionen**
Schreibmaschine (mechanisch)	- Tastatur - Antrieb (manuell) - Druckwerk (Typen, Kugel) - Papierträger	Drucken von Buchstaben, Ziffern, Sonderzeichen

Tabelle 4 (Teil 1): Funktionsprofil von Schreibmaschinen

Schreibmaschinen	Baugruppen	**Funktionen**
Schreibmaschine (elektromechanisch)	- Antrieb (elektro-mechanisch) die anderen Baugruppen entsprechen denen bei mechanischen Schreib-maschinen, sie sind jedoch auf elektro-mechanischen Antrieb abgestimmt	-Drucken von Buchstaben, Ziffern, Sonderzeichen

Tabelle 4 (Teil 2) Funktionsprofil von Schreibmaschinen

Definition: Schreibmaschinen dienen der Herstellung von Schriftstücken mit druckschriftähnlichen Buchstaben, Ziffern und Sonderzeichen, wobei diese Zeichen durch aufeinanderfolgendes Niederdrücken von Tasten einer Tastatur erzeugt werden /36/.

4.2.3 Schreibautomaten

Schreibautomaten	Baugruppen	**Funktionen**
Schreibautomat (mit Lochkarten, -streifen, -band)	- Tastatur - Leseeinrichtung für Textträger wie Loch-karten, -streifen, -band - Antrieb (elektromecha-nisch) - automatische Steuerung - Druckwerk (Typenhebel, Typenkugel, Matrix-drucker) - Papierträger	- Lesen und Schreiben von Datenträgern - automatisches Drucken von Buchstaben, Ziffern, Sonderzeichen (ca. 1.200 Anschläge pro Min.)
Schreibautomat (mit Magnetband, -platte, -karten)	wie zuvor beschrieben, jedoch mit gleichzeitiger Lese- und Schreibeinrich-tung für Textträger wie: Magnetband, -platte (Floppy Disk), -karte - Arbeitsspeicher - Bildschirm	- Lesen und Schreiben von Datenträgern - automatisches Drucken von Buchstaben, Ziffern, Sonderzeichen - automatische Selektion - Speichern von Buchstaben Ziffern, Sonderzeichen

Tabelle 5 : Funktionsprofil von Schreibautomaten

Definition: Schreibautomaten dienen der Herstellung von Schriftstücken
mit druckschriftähnlichen Buchstaben, Ziffern und Sonderzeichen, wobei
diese Zeichen durch aufeinanderfolgendes Niederdrücken von Tasten einer
Tastatur oder automatisch erzeugt werden, indem Daten aus Datenträgern
gelesen werden /36/.

4.2.4 Rechenmaschinen

Rechenmaschinen	Baugruppen	Funktionen
Rechenmaschine (vierspezies, nicht elektronisch)	- Tastatur (Ziffern-eingabe) - Rechenwerk (Staffel-walzen, Sprossenräder, Schaltklinken, Pro-portional-Räder) - Druckwerk (Ziffern-stangen, Ziffernrollen)	- Datenerfassung - Datenverarbeitung - Datenausgabe (Druck)
Tisch- und Taschen-rechner (elektronisch)	- Tastatur (Zehner-tastatur und Funktions-tastatur) - Rechenwerk (elektro-nisch) - Programmspeicher - (Druckwerk) - Display	- Datenerfassung - Datenverarbeitung (-speicherung) nach beliebigem Programm - Datenausgabe (Anzeige, Druck)

Tabelle 6: Funktionsprofil von Rechenmaschinen

Definition: Rechenmaschinen dienen zur Verarbeitung der eingegebenen Daten
nach festgelegten Rechenoperationen und der anschließenden Datenausgabe /37,
38/.

4.2.5 Abrechnungsmaschinen

Abrechnungsmaschinen	Baugruppen	Funktionen
Abrechnungsmaschinen	- Tastatur (alpha-numerisch) - Lesevorrichtung (Magnetband, Magnet-kontokarte etc.) - Zentraleinheit - Steuerungsteil (Programmschiene, -kassette, -speicher) vom Hersteller erstellt - Druckwerk (Typenhebel, Typenkugel, Schreib-rad etc.) - Formularführung	- Datenerfassung (Tastatur, Magnetkonto-karte etc.) - automatische Verrechnung nach vorgegebenem Pro-gramm - Speichern der Ergebnisse auf Kontokarten oder Magnetband - automatischer Ausdruck (formulargerecht)

Tabelle 7: Funktionsprofil von Abrechnungsmaschinen

Definition: Abrechnungsmaschinen dienen der programmgesteuerten Verarbeitung der eingegebenen Daten (Mengen, Werte) und dem selbständigen, formularge-rechten Ausdruck des errechneten Ergebnisses/39/.

4.2.6 Registrierkassen

Registrierkassen	Baugruppen	Funktionen
Registrierkasse (mechanisch und elektromechanisch)	- Eingabetastatur - Rechenwerk (mechanisch z. B. Addierwerk, Saldierwerk) - Anzeigevorrichtung (Kunden- und Bediener-anzeige) - Druckwerk - Kassenschublade	- Datenerfassen/Ziffern (manuell) - addieren, multiplizie-ren, subtrahieren - speichern (z. B. Ge-samtumsatz) - drucken (Bon- oder Quittungsdruck, Journalstreifen) - Datenanzeigen (Ziffernblätter, -rollen, -bänder etc.)

Tabelle 8 (Teil 1): Funktionsprofil von Registrierkassen

Registrierkassen	Baugruppen	Funktionen
Registrierkasse (elektronisch)	- Datenerfassungseinheit (Tasten, Lichtgriffel etc.) - Rechenwerk (elektronisch) - Speicher - Display - Druckwerk - Kassenschublade	- Datenerfassen/Ziffern (elektronische Lesevorrichtung, Tastatur) - addieren, subtrahieren, multiplizieren - speichern (nach beliebigen Gesichtspunkten) - drucken (Bon oder Quittung) / Ziffern - Datenanzeigen (Display) - **ggf. Datenaustausch mit anderen Geräten**

Tabelle 8 (Teil 2) : Funktionsprofil von Registrierkassen

Definition: Registrierkassen dienen dem gesicherten Erfassen von Daten, insbesondere den Umsätzen im Handel und Dienstleistungsgewerbe sowie der Bonausgabe /40/.

4.2.7 Bürodruckmaschinen

Bürodruckmaschinen	Baugruppen	Funktionen
Umdruckmaschinen	- Druckwerk (Druckzylinder, Andruckwalze) - Befeuchtungseinrichtung (Spiritus) - Papierzuführung - Antrieb (manuell und elektrisch)	-Vervielfältigen eines Umdruckoriginals (ohne Farbe) Auflagehöhe ca. 200 Abzüge
Schablonendruckmaschine	- Druckwerk (mehrere Druckzylinder, Andruckwalze) - Farbzuführung - Farbträger - Schablone (farbdurchlässiges Rohpapier und farbundurchlässige Celluloseschicht) - Antrieb (elektrisch)	-Vervielfältigen mit Spezialschablone (und mit Farbe) Auflagehöhe bis ca. 2000 Abzüge

Tabelle 9 (Teil 1): Funktionsprofil von Bürodruckmaschinen

Bürodruckmaschinen	Baugruppen	**Funktionen**

Bürooffsetdruck-
maschine
	- Druckwerk (Folien-
	  zylinder, Gummituch-
	  zylinder, Gegendruck-
	  zylinder)
	- Feucht- und Farbwerk
	- Druckträger (Metall-
	  oder Papierfolie)
	- Papieranlage- und
	  -ablagevorrichtung
	- Antrieb (elektrisch)
		- Vervielfältigen von
		  Text, Tonflächen mit
		  höherer Druckqualität
		  als Schablonen- und
		  Umdruckvervielfältigung
		  Auflagehöhe bis ca.
		  40.000 Abzüge

Tabelle 9 (Teil 2): Funktionsprofil von Bürodruckmaschinen

Definition: Bürodruckmaschinen dienen der Herstellung von Abdrucken einer
Vorlage /41/.

4.2.8 Bürokopiergeräte

Bürokopiergeräte	Baugruppen	**Funktionen**

Thermokopiergerät	- Wärmestrahler (für
	  wärmeempfindliches
	  Spezialpapier)
	- Transporteinrichtung
	- Antrieb (elektrisch)
		-Reproduktion eines
		  Originals
		  (mit Spezialpapier)

Elektrostatisches
Bürokopiergerät
(Xerographie)
	- Lichtquelle
	- Optik
	- Ladungserzeuger
	  Ladungsträger (Selen-
	  trommel)
	- Entwicklungseinrichtung
	  (Toner)
	- Wärmequelle
	- Antrieb
		-Reproduktion eines
		  Originals
		  (mit Normalpapier)

Elektrostatisches
Bürokopiergerät
(Zinkoxyd-Verfahren)
	- Lichtquelle
	- Optik
	- Ladungserzeuger
	- Wärmequelle
		-Reproduktion eines
		  Originals
		  (mit Spezialpapier)

Tabelle 10: Funktionsprofil von Bürokopiergeräten

Definition: Bürokopiergeräte dienen der Reproduktion einer Vorlage in einer
oder mehreren Abbildungen /42/.

4.2.9 Fernkopiergeräte

Fernkopiergeräte	Baugruppen	**Funktionen**
Fernkopiergerät (meist als Sende- und Empfangsgerät	- Sendeeinrichtung (Bildlampe, Abtast- vorrichtung, Impuls- geber) - Empfangseinrichtung (Anschluß über Tele- fonleitung) - Schreibwerk (Schreibstift, Druck- stift, elektrosensitive Verfahren mit Spezial- papier)	- optisches Abtasten der Vorlage - Digital isieren - Übertragen (Telefon- leitung) - Empfangen der digitalen Signale und Übersetzen in sichtbare Elemente (Punkte, Linien etc.)

Tabelle 11: Funktionsprofil von Fernkopiergeräten

Definition:Fernkopiergeräte dienen der Übertragung und Reproduktion einer Vorlage mit alphanumerischen Zeichen und bildhaftem, graphischem Inhalt über nachrichtentechnische Wege (Telefonleitung) /43/.

4.2.10 Postbearbeitungsmaschinen

Postbearbeitungs- maschinen	Baugruppen	**Funktionen**
Adressiermaschinen	- Adressenträger (Metallplatten, Plastik- karten, farbdurchlässige Folien) - Selektionseinrichtung (optisch oder mechanisch) - Druckeinrichtung (Hochdruck, Durchdruck, Umdruck)	- Selektieren der Adressen- träger - Drucken von gleich- bleibenden kurzen Texten

Tabelle 12: Funktionsprofil von Adressiermaschinen

Definition:Adressiermaschinen dienen dem wiederholbaren Abdruck von An - schriften oder anderen Texten mittels einer Druckform /44/.

4.2.10 Postbearbeitungsmaschinen (Fortsetzung)

Postbearbeitungs-maschinen	Baugruppen	Funktionen
Frankiermaschine	- Einstellwerk - Gebührenzähler (Vorgabesystem, Wert-karten-System) - Druckwerk (Gebühren-stempel, Datumstempel, Werbestempel u. a. m.) - ggf. Streifengeber	- Drucken von Daten (Ge-bühr, Datum, Absende-ort, Werbeklischee) - Fälschungssichere Er-fassung und Anzeige der Gesamtgebühren - Anzeige der frankier-ten Poststücke und des Portobestandes.

Tabelle 13:Funktionsprofil von Frankiermaschinen

Definition: Frankiermaschinen dienen dem Freimachen von Postsendungen nach postalischen Vorschriften und dem fälschungssicheren Gebührenerfassen. In Anlehnung an /45/.

4.3 Morphologischer Kasten der Büromaschine

Gliedert man nun die Funktionsprofile der in Kapitel 4.2 analysierten Büromaschinen, so wird deutlich, daß Büromaschinen in irgendeiner Form Daten (Ziffern, Buchstaben, Symbole,Sprache) erfassen, speichern und diese wieder ausgeben und/oder transportieren, wobei dazwischen ein Verarbei-tungsprozeß stattfindet. Hierbei werden die erfaßten Daten entweder re-produziert (vervielfältigt, kopiert) oder manipuliert nach vorgegebenen Programmen errechnet, registriert, kombiniert. Daraus läßt sich eine De-finition der Büromaschinen wie folgt ableiten:

> Büromaschinen sind technische Gebilde, die in der Lage sind, von den fünf charakteristischen Funktionen: Daten erfassen, speichern, verarbeiten, ausgeben und transportieren mindestens zwei ausführen.

Diese Definition umfaßt alle Büromaschinen und -geräte; sie klammert je-doch bürotechnische Hilfsgeräte wie z. B. Kuvertier- und Brieffalzmaschinen, Papierzerkleinerungsmaschinen, Geldzählmaschinen aus.

FUNKTIONEN	LÖSUNGSPRINZIPIEN						
Datenerfassung	mechanisch (Tastatur)	elektronisch (elektr. Impulse)	magnetisch (Magnetband-platte)	akustisch (Spracheingabe)	optisch. (Laser)	thermisch	keine Datenerfassung
Datenspeicherung	mechanisch (Zahnstange Lochstreifen	elektronisch (Halbleiterspeicher	magnetisch (Platte, Domäne)	optisch (Fotopl. Hologramm	keine Datenspeicherung		
Datenverarbeitung — Reproduktion	Vervielfältigen (spezielle Vorlage)	Kopieren (keine spezielle Vorlage)	keine Reproduktion				
Datenverarbeitung — Manipulation	mechanisch (Rechnen, Schreiben)	elektronisch (Rechnen, Schreiben)	hydraulisch	fluidisch	chemisch	keine Manipulation	
Datenausgabe	mechanisch (Druck-u. Scheibwerk)	elektronisch (elektr. Impulse)	magnetisch (Platte, Band,Domäne)	akustisch (Laut - sprecher)	optisch (Display)	thermisch (Thermodruck)	keine Datenausgabe
Datentransport	physisch (Papier,Lochstreifen..)	elektronisch (elektr.Impulse ü. Datennetze)	optisch (Glasfaser)	chemisch	kein DatenTransport		

Tabelle 14: Morphologischer Kasten von Büromaschinen

Die fünf charakteristischen Funktionen können nun als kennzeichnende
Merkmale einer morphologischen Büromaschinen-Systematik verwendet werden
(Tabelle 14). Die Lösungsprinzipien ergeben sich zunächst durch Einord-
nung vorhandener Büromaschinenfunktionen in diese Struktur.

Damit steht eine Systematik zur Verfügung, die aus zwei Gründen über die
technische Realität hinausweist. Erstens ist die Zahl von Kombinationen
innerhalb der Systematik größer als die Zahl der bereits existierenden
Büromaschinenarten. Zweitens führt die logische Ergänzung von Lösungsprinzipien zu neuen Lösungselementen. Findet man beispielsweise bei der
Funktion "Datenerfassung" die Lösungsprinzipien mechanisch, optisch,
akustisch vor, wird man weitere Prinzipien eintragen wie thermisch,
magnetisch etc., auch wenn diese Möglichkeiten bei bisher realisierten
Büromaschinen noch nicht angewandt werden.

Tabelle 14 stellt einen morphologischen Kasten dar, in den bestehende
Büromaschinen eingeordnet werden können und der eine Vielzahl von Arbeits-
prinzipien im Sinne   Hansens /46/ aufweist, die es ermöglichen, neuartige
Büromaschinen zu "erfinden", die sich aber nicht streng an den bekannten
Büroarbeiten orientieren müssen, sondern informationsverarbeitende Ge-
räte im weitesten Sinne sein können.

5. GERÄTEKONZEPTION VON BÜROMASCHINEN

5.1 Umweltfaktoren von Büromaschinen

Auf die Gerätekonzeption von Büromaschinen haben eine Reihe von Faktoren
Einfluß. Wie Bild 9 beispielhaft zeigt, sind diese insbesondere den Bereichen Technologie, Vorschriften und Wettbewerb zuzuordnen.

Auf die Zielsetzung der Arbeit ausgerichtet, soll der Einfluß der Technologie, in diesem Falle die Anwendung der Mikroelektronik, vertieft analysiert werden. Untrennbar damit ist die Frage nach dem Einfluß des Wettbewerbs verbunden, worunter der Einfluß aller informationsverarbeitender
Geräte auf Büromaschinen verstanden werden soll.

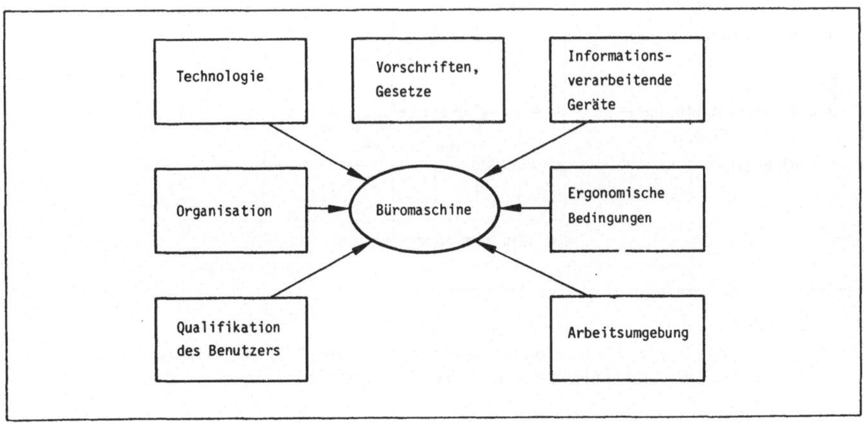

Bild 9: Beispiele von Faktoren, die die Gerätekonzeption von Büromaschinen
beeinflussen können.

Die Notwendigkeit der Analyse über den Einfluß der informationsverarbeitenden Geräte ergibt sich, weil durch Anwendung der Mikroelektronik bei
Büromaschinen diese einen größeren Funktionsbereich erhalten und in Funktionsbereiche anderer Geräte eindringen. Andererseits können beispielsweise Datenverarbeitungsgeräte Funktionen von Büromaschinen übernehmen,
wenn ein entsprechendes Preis-/Leistungsverhältnis vorliegt.

5.2 Anwendung der Mikroelektronik bei Büromaschinen

Wie kaum ein anderer Fachzweig hat die Industrie der Bürotechnik und Datenverarbeitung in Teilbereichen innerhalb kürzester Zeit einen mehrmaligen
Technologiewandel vollzogen. Wie in Bild 10 deutlich wird, spaltet sich mit
beginnendem Einsatz der Lochkartentechnik, etwa ab dem Jahre 1940 aus der
Bürotechnik ein separater Zweig ab, der sich zur Datenverarbeitung entwickelt hat.

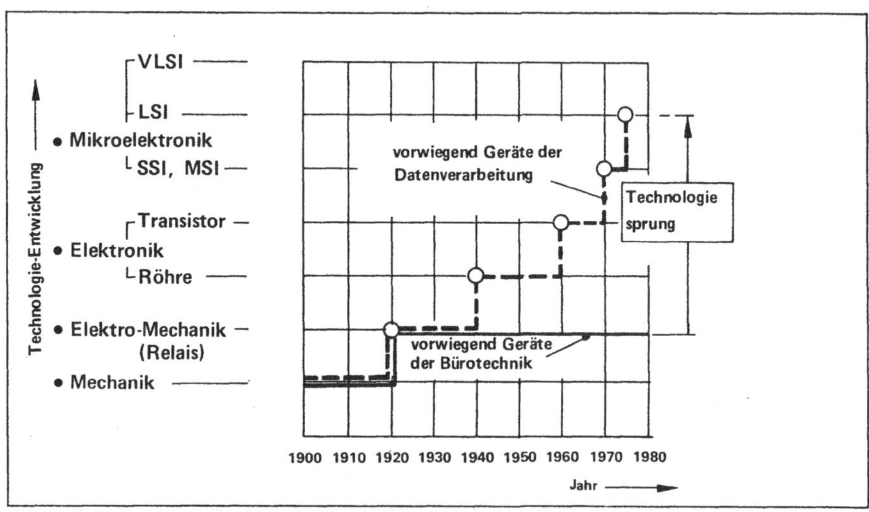

Bild 10: Verlauf der Technologieanwendung in der Bürotechnik und Daten-
         verarbeitung (Abkürzungen siehe Seite 6)

Damit liegen zwei in ihrer technischen und organisatorischen Auswirkung
grundverschiedene Systeme vor. Auf der einen Seite handelt es sich bei Geräten der Bürotechnik um jeweils spezifische Maschinen und Geräte, die
immer nur bestimmte Arbeitsgänge ausführen können (z. B. Schreibmaschinen,

Buchungsmaschinen, Registrierkassen, Adressiermaschinen), während Geräte
der Datenverarbeitung und deren periphere Einheiten (Bildschirm, Drucker,
Speicher usw.) im Hinblick auf ein geschlossenes Maschinensystem konzipiert wurden, das mehrere Funktionen ausführen kann. Für Büromaschinen war
selten der Zwang zur Abstimmung in der Funktion oder der Leistung untereinander oder gar mit der Datenverarbeitung gegeben. Mechanische und elektromechanische Funktionen sind bis heute überwiegend bei Büromaschinen
anzutreffen.

In den 30er- und 40er-Jahren hatte man nicht den möglichen Leistungsrahmen
erkannt, den die Elektronik bot, sondern verharrte in bekannten Prinzipien
der Mechanik und Elektromechanik mit dem Argument, daß für den Anwender die
kostengünstigste Lösung seiner Organisations- und Verwaltungsprobleme entscheidend sei. Dabei übersah man, daß die Datenverarbeitung kostengünstig
in angestammte Anwendungsfelder (z. B. Rechnen, Buchen) der Bürotechnik
eindrang. Zwar waren Maschinen und Geräte, denen elektronische Lösungen
zugrunde lagen, als Prototypen vorhanden, die Funktionen waren aber auf
die gleichen Aufgaben gerichtet, die auch mit bekannten Technologien be-
werkstelligt wurden. So waren z. B. in der ersten elektronischen Tisch-
rechenmaschine nicht mehr als die bekannten vier Grundrechenarten verwirklicht, allerdings zu einem vielfach höheren Preis als bei einer mechanischen Lösung. Hinzu kam, daß zu dieser Zeit die Wachstumsrate für mechanische Büromaschinen rund 20 % pro Jahr betrug und neue Technologien weder
vom Markt noch vom Wettbewerb her gefordert wurden.

5.2.1 Anwendbarkeitskriterien der Mikroelektronik bei Büromaschinen

Über die Kriterien der Anwendung und des Einsatzes des Mikroprozessors bei
Büromaschinen liegen keine Forschungsergebnisse vor. Dies ist mit der
Grund, daß man erst am Anfang einer technischen Entwicklung steht. Trotz
hohen Einsatzes von qualifizierten Entwicklungsingenieuren sowohl beim
Mikroprozessor-Hersteller als auch beim Mikroprozessor-Anwender ist man
bei der Frage, wo die "neue Technologie" am besten eingesetzt werden kann,
noch davon entfernt, alle Möglichkeiten des Mikro-Rechner-Einsatzes erkennen zu können /22/.

Anwendungsmöglichkeiten der Mikroelektronik sind von Datenverabeitungs-
systemen, peripheren Einheiten wie Druckern, Tastaturen, Bildschirmen
und aus dem Bereich der Bürotechnik bei Tisch- und Taschenrechnern, Buchungsmaschinen und Registrierkassen bekannt.

Bei der Analyse obengenannter Maschinen und Geräte stellt man fest, daß
ihre bestimmenden Funktionen die Datenerfassung, die Datenverarbeitung
und Datenausgabe sind und diese vorwiegend mit elektronischen Funktionsprinzipien durchgeführt werden. So werden beispielsweise bei der Registrierkasse die Daten mit der Zehnertastatur, dem optischen Lesestift oder Magnet-
streifenleser erfaßt und in elektronische Impulse umgewandelt. Die Informationsverarbeitung (Rechnen) geschieht durch den elektronischen Funktionsablauf (anstatt Zahlenräder und -stangen), die Informationsausgabe durch
elektrisch gesteuerte Digitalanzeigen bzw. durch das Druckwerk (Nadeldrucker).
Dieser Sachverhalt gibt zunächst nur den Hinweis, daß die Mikroelektronik
in denjenigen Geräten anwendbar ist, deren Funktionen mit elektromechanischen
Funktionsprinzipien ausgeführt werden können. Im folgenden soll deshalb der
Versuch unternommen werden, weitere mikroprozessoren-spezifische Anwendungs-
kriterien bei Büromaschinen zu ermitteln. Hierzu wird das typische Funktionsprofil des Mikro-Rechners dem Funktionsprofil der verschiedenen Büromaschinen
gegenübergestellt. In den Fällen, wo es eine Übereinstimmung gibt, kann man
von Anwendungsbereichen sprechen.

5.2.1.1 Funktionsprofil des Mikro-Rechners

Da der Mikro-Rechner alle wesentlichen Funktionseinheiten eines digitalen
Rechensystems enthält, ist er auch in der Lage, alle "Rechner-Funktionen"
auszuführen. Derartige Funktionen sind: Daten zu erfassen, zu speichern,
zu verknüpfen, logische Entscheidungen zu treffen, arithmetische Operationen durchzuführen und Daten auszugeben. Zusätzlich ist von Bedeutung,
daß die Funktionen ohne ständigen manuellen Eingriff von außen ablaufen,
d.h., daß die Verarbeitungsprozesse automatisch sind.

Für die vorliegende Arbeit soll die Bezeichnung "Daten" für numerische und
alphanumerische Angaben verwendet werden. In der Datenverarbeitung versteht
man unter "Daten" alles, was sich in eine für die Datenverarbeitungsanlage
erkennbare Weise codieren läßt.

Vergleicht man nun das Funktionsprofil des Mikro-Rechners mit den charakteristischen Funktionen einer Büromaschine, wie sie in dem morphologischen Kasten in Kapitel 4.3 ermittelt wurden, so stellt man eine weitgehende Übereinstimmung fest. Dies wird in Bild 11 deutlich. Hieraus kann gefolgert werden, daß der Mikro-Rechner bei erster Betrachtung geradezu die ideale Lösungsmöglichkeit für Büromaschinenfunktionen darstellt /48/.

Da es sich sowohl bei den Büromaschinenfunktionen als auch bei den Mikro-Rechner-Funktionen um Funktionsbereiche handelt, die zwangsläufig Globalaussagen darstellen, soll das Funktionsprofil des Mikro-Rechners differenziert betrachtet werden.

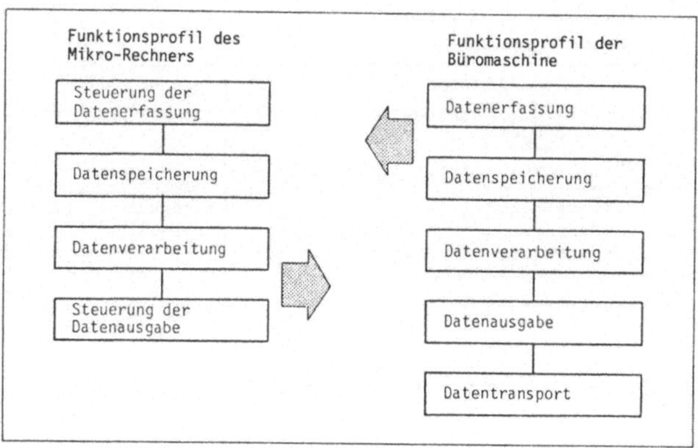

Bild 11: Gegenüberstellung der Funktionsprofile des **Mikro-Rechners** und
der Büromaschinen

Die an verschiedenen Stellen /49, 50, 51/ oft widersprüchlich genannten Mikro-Rechner-Leistungen werden in den Tabellen 15 bis 18 nach Bereichen strukturiert und hinsichtlich ihrer Ausprägung differenziert. Damit steht ein Funktionsprofil des Mikro-Rechners zur Verfügung, das nicht nur auf Büromaschinen, sondern allgemein für alle technischen Gebilde anwendbar ist.

<table>
<tr><td colspan="2">1.   STEUERUNG DER DATENERFASSUNG</td></tr>
<tr><td>von:</td><td>MEDIEN:</td></tr>
<tr><td>

1.1 Ziffern
1.2 Buchstaben
1.3 Symbolen
1.4 physikalische Meßgrößen:
    - Temperatur
    - Umdrehungsgeschwindigkeit
    - Kraft
    - Zeit
    - Schwingungen
    - Strahlung
    - Magnetfelder
    - chemische Zustände
      etc.

</td><td>

Tastatur, Magnet -
karte, Magnetband,
Funksteuerung etc.

Sensoren und ggf.
Analog/ Digital-
Umsetzer

</td></tr>
</table>

Tabelle 15: Funktionsprofil des Mikro-Rechners: Steuerung der Datenerfassung

<table>
<tr><td colspan="2">2.   DATENSPEICHERUNG</td></tr>
<tr><td></td><td>MEDIEN:</td></tr>
<tr><td>

2.1 Speicherung von Arbeitsdaten
    - Eingabedaten
    - Zwischenergebnisse
    - Endergebnisse
    - Kenndaten
    - Vergleichswerte
      etc.

2.2 Speicherung von Programmen

</td><td>

Halbleiterspei-
cher, externe
Massenspeicher
(Magnetband, -platte
etc.)

</td></tr>
</table>

Tabelle 16: Funktionsprofil des Mikro-Rechners: Datenspeicherung

<table>
<tr><td colspan="2">3.   DATENVERARBEITUNG</td></tr>
<tr><td></td><td>MEDIEN:</td></tr>
<tr><td>

3.1 Durchführung logischer Verknüpfungen
    (UND, ODER, NEGATION)

3.2 Durchführung arithmetischer Operationen ,
    Lösung algebraischer Gleichungen
    - integrieren, differenzieren,
      Minimum-Maximum-Berechnung,
      Optimierungsrechnung, statistische
      Verteilung, Interpolation, Extra -
      polation

3.3 Überprüfung von Eingabedaten

3.4 Kontrolle (Regeln und Steuern) von
    Gerätefunktionen, Zuständen u.a.

</td><td>

Arithmetik-
Logik- Einheit
(ALU)

</td></tr>
</table>

Tabelle 17: Funktionsprofil des Mikro-Rechners: Datenverarbeitung

4. STEUERUNG DER DATENAUSGABE	
	MEDIEN:
von: 4.1 Ziffern 4.2 Buchstaben 4.3 Symbolen 4.4 physikalischen Größen	Druck- u. Schreibwerk Aufzeichnungseinrich- tung für Datenträger, optische Anzeige (Display), Sensoren, Modems, D/A-Wandler

Tabelle 18: Funktionsprofil des Mikro-Rechners: Datenausgabe

5.2.1.2 Funktionsprofil von Büromaschinen

Das Funktionsprofil der einzelnen Büromaschinen wurde bereits zur Ermittlung des morphologischen Kastens in Kapitel 4.2 analysiert und kann für die nachfolgende Betrachtung unverändert übernommen werden. Zu beachten ist lediglich, daß es sich hierbei vorwiegend um gesamte Maschinenfunktionen handelt, die eine Differenzierung in Maschinensteuerfunktion und Schnittstellenfunktion erforderlich macht, wenn das gesamte Funktionsprofil von Büromaschinen dokumentiert werden soll. Die Schnittstellenfunktion kann nochmals unterteilt werden in eine Mensch-Maschinenfunktion (Bedienung) und in eine Maschinen/Maschinen-Funktion (Austausch von Steuerbefehlen und Daten zwischen verschiedenen Geräten).

In Tabelle 19 sind die generellen Funktionskategorien von Büromaschinen gegliedert, wie sie für die Arbeit gewählt wurden.

FUNKTIONSPROFIL DER BÜROMASCHINE			
GESAMT- FUNKTION	MASCHINEN- STEUER FUNKTION	SCHNITTSTELLENFUNKTION	
		MENSCH/ MASCHINE	MASCHINE/ MASCHINE

Tabelle 19: Schematische Gliederung des Funktionsprofils der Büromaschinen

Es würde den Umfang der Arbeit bei weitem übersteigen, wenn sämtliche bekannten Büromaschinenarten (ca. 100) analysiert würden. Die Untersuchung soll sich daher auf folgende fünf Büromaschinen beschränken, die den typischen Büroaufgaben-Bereichen Schreiben, Rechnen und Vervielfältigen zuzuordnen sind: Schreibmaschinen, Registrierkassen, Adressiermaschinen, Frankiermaschinen und Kopiergeräte. Tabelle 20.

Typische Büro-aufgabenbereiche	Büromaschine	Maschinensymbole
- Schreiben	- Schreibmaschine - Adressiermaschine	△ □
- Rechnen	- Registrierkasse - Frankiermaschine	⊙ ★
- Vervielfältigen	- Kopiergerät	■

Tabelle 20: Ausgewählte Büromaschinen und Maschinensymbole

5.2.2 Ermittlung der Anwendungsbereiche und -kriterien des Mikro-Rechners bei Büromaschinen

Um die Anwendungsbereiche des Mikro-Rechners bei Büromaschinen ermitteln zu können, werden in Tabelle 21, wie bereits in Kapitel 5.2.1 vorgeschlagen, die Funktionsprofile charakteristischer Büromaschinen (siehe Tabelle 20) dem Funktionsprofil des Mikro-Rechners in zwei Stufen gegenübergestellt.

In der Stufe 1 geht es dabei um die Beantwortung der Frage, welche bisher vorwiegend mechanisch ausgeführten Funktionen der Büromaschine mit Hilfe des Mikro-Rechners ersetzt werden können.

In Stufe 2 soll untersucht werden, welche zusätzlichen also über Stufe 1 hinausgehenden Funktionsmöglichkeiten bei Büromaschinen realisiert werden können. Die Anzahl der Anwendungsfälle in Stufe 2 gibt gleichzeitig einen Hinweis auf das qualitative und quantitative Funktionspotential des Mikro-Rechners.

Methodisch wird hierbei so vorgegangen, daß das Funktionsprofil des Mikro-
Rechners (Tabelle 15 bis 18) in den vier Ebenen: Steuerung der Datenerfassung, Datenspeicherung, Datenverarbeitung und Steuerung der Datenausgabe mit den Funktionsprofilen der entsprechenden Büromaschinen (Tabelle 4,
8, 10, 12, 13) in der Gliederung Gesamtfunktion, Maschinensteuerfunktion
und Schnittstellenfunktion verglichen wird.

Diejenigen Maschinenfunktionen, die mit dem Mikro-Rechner durchgeführt
werden können, sind mit dem betreffenden Maschinensymbol gekennzeichnet.
Zur besseren Übersicht wird die in den Tabellen 15 bis 18 verwendete
Dezimalklassifikation für das Funktionsprofil des Mikro-Rechners anstatt
der jeweiligen Begriffe verwendet.

Bei den in Tabelle 21 ermittelten Anwendungsmöglichkeiten des Mikro-Rechners läßt es sich zum heutigen Zeitpunkt noch nicht vorhersagen, ob diese
auch kostengünstig realisiert werden können, da auf dem Gebiet der Sensor-
technik einige Neuentwicklungen notwendig sind.

Mit der Tabelle 21 sind jedoch folgende Aussagen hinsichtlich der generellen Anwendungsbereiche des Mikro-Rechners bei Büromaschinen möglich:

Bei Betrachtung des bisherigen Funktionsprofils der Büromaschine und der
Untersuchung, welche der Funktionen durch den Mikro-Rechner durchgeführt
werden kann, - also in der Stufe 1 - werden auffallende Anwendungsmöglichkeiten bei der Maschinensteuerung deutlich und zwar bei allen typischen
Mikro-Rechner-Funktionen wie Datenerfassung, -speicherung, -verarbeitung,
-ausgabe.

Insbesondere können physikalische Größen (Druck, Temperatur, Umdrehung
etc.) erfaßt, gespeichert und durch entsprechende Programme verarbeitet
werden, so daß eine Steuerung der Gerätefunktionen (Motor, Transport etc.)
und von Druck- und Schreibwerk möglich wird. Bei der Schnittstelle Mensch/
Maschine zeichnet sich im Bereich der Datenerfassung und Datenausgabe ein
Teilanwendungsbereich des Mikro-Rechners ab. Dagegen ergibt sich kein Anwendungsbereich des Mikro-Rechners in der Schnittstelle Maschine/Maschine.

In der zweiten Stufe - also bei der Untersuchung, welche zusätzlichen Funktionen mit dem Mikro-Rechner ausgeführt werden können -, zeigt sich zum
Teil eine erhebliche Funktionserweiterung bekannter Büromaschinen. Die

Funktionsprofil des µC		Funktionsprofil ausgewählter Büromaschinen							
		STUFE 1: Ersatzmöglichkeit mechanischer Funktionen durch den µR				STUFE 2: Maximal-Funktionen durch Anwendung des µR			
		Gesamt-funktion	Maschinen-steuer-funktion	Schnittstellenfunktion		Gesamt-funktion	Maschinen-steuer-funktion	Schnittstellenfunktion	
				Mensch/Maschine	Maschine/Maschine			Mensch/Maschine	Maschine/Maschine
Steuerung der Datenerfassung	1.1			△⊙ ★		⊙		△⊙□★	△⊙□★
	1.2			△		⊙		△⊙□	△⊙□
	1.3			△⊙		⊙		△⊙□	△⊙□
	1.4		△⊙□★■				△⊙□★■		△⊙□★■
Daten-speicherung	2.1	⊙ ★	△⊙□★■			△⊙□★	△⊙□★■		
	2.2		⊙ ★				△⊙□★■		
Daten-verarbeitung	3.1						△⊙		
	3.2	⊙	⊙ ★			⊙	△⊙ ★		
	3.3	⊙	⊙			⊙	△⊙□★		
	3.4		△⊙□★■				△⊙□★■		
Steuerung der Datenausgabe	4.1			△⊙□★■				△⊙□★■	△⊙□★
	4.2			△⊙□ ■				△⊙□ ■	△⊙□
	4.3			△⊙□ ■				△⊙□ ■	△⊙□
	4.4		△⊙□★				△⊙□★		△⊙□★■

Tabelle 21: Anwendungsbereiche des Mikro-Rechners bei charakteristischen
Büromaschinen (Symbole s. Tab. 20, Dezimalklassifikation
s. Tab. 15 - 18)

elektronische Datenerfassung und -speicherung wird möglich. Im Bereich der
Maschinensteuerung kann der Mikro-Rechner alle Funktionen ausführen und
zusätzlich Programme speichern. Eindeutige Vorteile der Mikro-Rechner-An-
wendung zeichnen sich bei der Schnittstelle Mensch/Maschine, also im Bereich der Datenerfassung ab. Alphanumerische elektrische Tastaturen anstelle von mechanischen Hebelsystemen sind möglich. Ferner bringt der Mikro-
Rechner im Bereich der Datenausgabe auffallende Vorteile, da die digitalen
Ergebnisse ohne weitere Wandlung durch Leuchtanzeige und Bildschirme etc.
optisch für den Menschen lesbar gemacht werden können.
Im Bereich der Schnittstelle Maschine/Maschine bietet der Mikro-Rechner
völlig neue Anwendungen, insbesondere bei der Datenerfassung durch andere
Geräte, durch Hilfsfunktionen wie Lesestifte, Magnetband,Kartenleser und
ähnliches, oder durch direkte Datenüberspielung von Maschine zu Maschine.
Die Überspielung und Speicherung von Daten auf externe Massenspeicher ist

ohne Mehraufwand möglich. Ebenso wie bei der Dateneingabe ist die Datenausgabe von Maschine zu Maschine generell möglich, so zum Beispiel die Ausgabe von Steuersignalen an Sensoren, Stellglieder und an andere datenverarbeitende Maschinen und Geräte.

Zusammengefaßt läßt sich feststellen, daß bei allen Büromaschinen die Maschinensteuerung (physikalische Größe erfassen, speichern, verarbeiten, regeln und steuern von Sensoren und Stellgliedern) generell mit Hilfe des **Mikro-Rechners** vorgenommen werden kann.

Bei konsequenter Anwendung des **Mikro-Rechners** können über maschineninterne Steuerbefehle hinaus Daten (Zahlen, Texte) elektronisch erfaßt, gespeichert und elektronisch verarbeitet (logisch verknüpft) werden. Elektronische Datenerfassung (z.B. mit Lichtgriffel)und optische Informationsausgabe (Display) sowie Kommunikation bei der Datenein- und -ausgabe mit anderen informationsverarbeitenden Geräten werden durch den Mikro-Rechner möglich.

Das methodische Vorgehen bei der Erstellung der Tabelle 21 kann nicht nur dazu benutzt werden, vorhandene Büromaschinen hinsichtlich der Anwendungsmöglichkeit des **Mikro-Rechners** zu untersuchen, sondern auch dazu, um neue Produkte zu finden. Hierbei muß man losgelöst von einem vorhandenen Gerät das entsprechende Problem (technischer, organisatorischer, physikalischer Art usw.) auf Lösungsmöglichkeiten durch das Funktionsprofil des **Mikro-Rech**ners prüfen. Hauptschwierigkeiten werden hierbei die Erkennung und Identifikation der "Datenverarbeitungsaufgaben" sein. Lösungsmöglichkeiten hierzu müssen weiterführenden Untersuchungen vorbehalten bleiben.

5.3 Substitutionsfeld der Büromaschinen

Wie aus Tabelle 21 auch deutlich wird, können Büromaschinen bei der Anwendung der Mikroelektronik mehr und andersartige Funktionen ausführen als bisher. Das ursprüngliche Funktionsprofil der Büromaschinen weitet sich nun auf Funktionen aus, die zum größten Teil bereits von anderen Büromaschinen durchgeführt werden.

Diese Funktionsredundanz (Überangebot an gleichen Funktionen durch verschiedene Geräte) führt nun dazu, daß Geräte mit ähnlichen Funktionspro-

filen, so beispielsweise elektrische Schreibmaschinen mit Speicher- und
Selektionsmöglichkeiten für Adressen einerseits und Adressiermaschinen
andererseits,in eine unmittelbare Wettbewerbssituation geraten und sich
gegenseitig am Markt substituieren können. Der Anwender wird sich nämlich
nur für die eine oder andere Büromaschine entscheiden, wenn er eine Neu-
investition zu tätigen hat.

Welche Ausprägung diese gegenseitige Substitution im einzelnen hat, soll im
folgenden untersucht werden und zwar innerhalb der Bürotechnik und innerhalb der gesamten Informationsverarbeitung. Damit sollen gleichzeitig die
Probleme im Bereich "Technologieanwendung" im Kapitel 3.1 eine Lösung erfahren.

Wie bereits in Kapitel 2.2.3 festgelegt, soll unter dem Substitutionsprofil
die Schnittmenge zweier oder mehrerer Funktionsprofile von Geräten aus dem
Bereich der Informationsverarbeitung verstanden werden. Bei einer zweidi-
mensionalen Betrachtungsweise ergibt sich dann ein Substitutionsfeld, das
Aussagen über die Substitution in dem entsprechenden Industriesektor der
Informationsverarbeitung zuläßt.

Bei der Ermittlung des Substitutionsfeldes wird im einzelnen so vorgegangen,
daß die Funktionsprofile der jeweiligen Geräte und Maschinen direkt verglichen werden. Dabei wird ersichtlich, inwieweit die Funktionen überein-
stimmen (primäre Substitution). Dementsprechend ist dann die Schlußfolge-
rung möglich, ob sich die Geräte teilweise, überwiegend oder sogar ganz
substituieren können.

Diese theoretischen Substitutionsmöglichkeiten werden beim Anwender von
Büromaschinen nicht in diesem Ausmaß auftreten, da aus Gründen des Preis/
Leistungsverhältnisses und des unterschiedlichen organisatorischen Einsatzes die praktische Substitutionsmöglichkeit eingeschränkt wird. So
könnte z.B. theoretisch ein Textsystem, das ja gleichermaßen rechnen und
schreiben kann, die Schreibmaschine und Rechenmaschine ersetzen, da aber
vielfach diese beiden Geräte als Einzelgeräte kostengünstiger und für
die organisatorische Struktur des Anwender oftmals geeigneter sind, wird
eine Substitution in der Praxis nur vereinzelt zum Tragen kommen. Wenn
trotzdem die Substitutionsmöglichkeiten angegeben sind, dann deshalb,
weil die Mikroelektronik eine Verschiebung der starren Leistungsgrenzen
gerade bei Büromaschinen ermöglicht. So sind heute z.B. Tischrechen-

maschinen programmierbar und können Aufgaben erledigen, die vor kurzem
nur mit umfangreichen Bürorechenanlagen durchgeführt werden konnten.

Von primärer Substitutionsmöglichkeit soll nur dann gesprochen werden, wenn
das in der Zeile (A) erwähnte Gerät ein größeres oder gleichgroßes Funktionsprofil besitzt, wie das in der Spalte (B) aufgeführte (siehe Tabelle
23 und 30). So wird beispielsweise ein Schreibautomat eine Schreibmaschine
substituieren können aber nicht umgekehrt.

Zur Quantifizierung der primären Substitution (Index 1) wird eine Symbolik
gewählt, wie sie in Tabelle 22 dargestellt ist.

Betrachtet man nun neben dem direkten Vergleich der jeweiligen Funktionsprofile, die nachgeschalteten Büroarbeiten (Schreiben wäre z.B. als die nachgeschaltete Büroarbeit nach dem Diktat anzusehen), so können sich Substitutionsmöglichkeiten sekundärer Art zeigen.

Der Fernkopierer übt beispielsweise auf die Adressiermaschine oder die Frankiermaschine keine primäre Substitution aus, da die Funktionsprofile ver-
schieden sind. Dagegen ist ein Sekundärsubstitutionseffekt festzustellen, da
beim Einsatz des Fernkopierers die Adressierung und Frankierung entfällt.
Von sekundärer Substitution soll dann gesprochen werden, wenn bei nachgeschalteten Büroarbeiten das Funktionsprofil des in Zeile (A) aufgeführten
Gerätes das Funktionsprofil des in Spalte (B) aufgeführten Gerätes erübrigen
kann.

Zur Quantifizierung der sekundären Substitution (Index 2) wird ebenfalls
die in Tabelle 22 dargestellte Symbolik gewählt, die aussagt, in welchem
Maße eine Substitution möglich ist.

Substitutions-ausmaß	Substitutionsmöglichkeit primärer Art (Index 1)	Substitutionsmöglichkeit sekundärer Art (Index 2)
(0 ··· 50)%	$\odot_1$	$\odot_2$
(50 ··· 1oo)%	$\ominus_1$	$\ominus_2$
> 100 %	$\bullet_1$	$\bullet_2$

Tabelle 22: Symbolik der Substitution primärer und sekundärer Art

5.3.1 Substitutionsfeld innerhalb der Bürotechnik

Um das Substitutionsfeld in der Tabelle 23 zu ermitteln, werden die Funktionsprofile der Büromaschinen, wie sie in Kapitel 4.2 dargestellt sind, verglichen. Es wird geprüft, wie stark das Ausmaß der Substitution primärer und sekundärer Art ist, wenn das in der Zeile (A) stehende Gerät dem in der Spalte (B) stehenden gegenübergestellt wird. Beispiele sind im Anhang, Kapitel 10.1 aufgeführt.

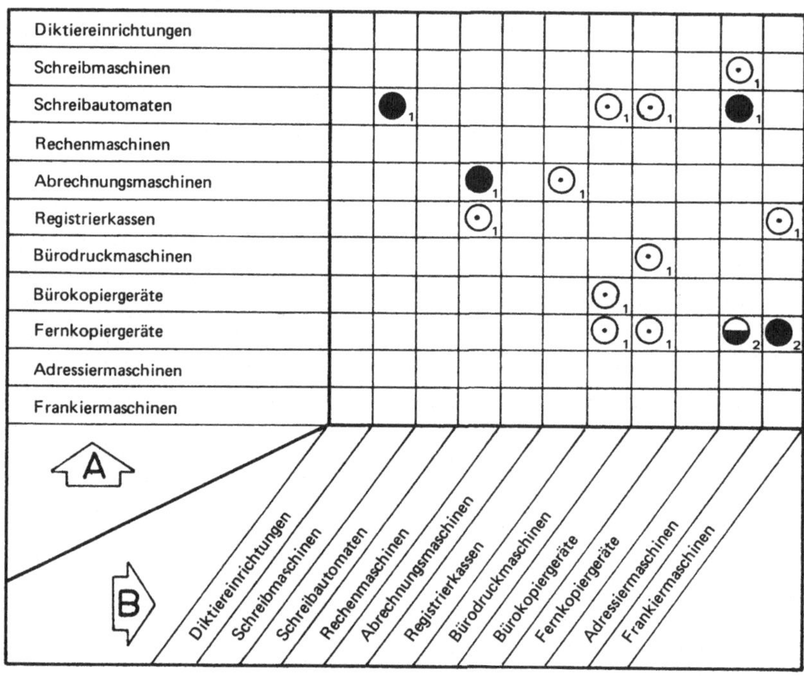

Tabelle 23: Substitutionsfeld innerhalb der Bürotechnik
(Symbole siehe Tabelle 22)

Aus der Tabelle 23 wird ersichtlich, daß innerhalb bekannter und seit längerem auf dem Markt befindlicher Büromaschinen nur teilweise Substitutionsmöglichkeiten festzustellen sind; dies trifft besonders für rechnende Geräte wie Rechenmaschinen, Abrechnungsmaschinen und Registrierkassen und zwischen Bürodruckmaschinen und Bürokopiergeräten zu. Dagegen üben die beiden neu auf dem Markt befindlichen Geräte wie Schreibautomaten und Fernkopierer einen erheblichen primären Substitutionsdruck innerhalb der

Bürotechnik aus. Darüberhinaus wird ein sekundärer Substitutionsdruck zwischen dem Fernkopierer und den Geräten Adressier- und Frankiermaschinen deutlich.

5.3.2 Funktionsprofile innerhalb der Informationsverarbeitung

Neben der Bürotechnik zählen die Datenverarbeitung und Nachrichtentechnik zu den Industriesektoren der gesamten Informationsverarbeitung.

Entsprechend Kapitel 4.2 müssen nun auch für Geräte und Maschinen der beiden letztgenannten Bereiche die Funktionsprofile aufgestellt werden, bevor ein Vergleich hinsichtlich möglicher Substitutionen, wie es in Kapitel 5.3 vorgeschlagen wird, vorgenommen werden kann.

Als charakteristische Geräte aus dem Bereich der Datenverarbeitung wurden folgende ausgewählt:

- Bürorechenanlage
- DV-Anlage
- DV-Drucksystem
- Textsystem.

Als charakteristische Geräte aus dem Bereich der Nachrichtentechnik wurden folgende ausgewählt:

- Fernsprecher
- Fernschreiber
- Bürofernschreiber

Die Funktionsprofile o.g. Geräte sind in den Tabellen 24 bis 30 aufgestellt.

5.3.2.1 Bürorechenanlage

Bereich: DV	Baugruppen	Funktionen
Bürorechenanlage 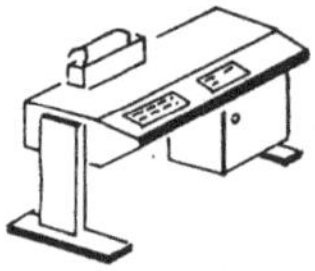	- Tastatur zur manuellen Dateneingabe - Vorrichtung für den Anschluß von Geräten zur automatischen Dateneingabe (Magnetband, -karte, -platte) - elektronischer Speicher für Arbeits- und Programmdaten - Zentralrechen-Einheit - Druckwerk (Vertikal- und Horizontaldruck) - Transporteinrichtung - Vorrichtung zur automatischen Datenausgabe (Druckwerk, Bildschirm, Magnetbandaufzeichnung, Datenfernverarbeitung)	- Datenerfassung (Tastatur, Belegleser, Datenfernübertragung) - automatische Datenverarbeitung nach vorgegebenem Programm) - Speicherung von Daten (intern oder auf Datenträger) - automatischer Ausdruck von Daten - ggf. Datenfernverarbeitung

Tabelle 24: Funktionsprofil der Bürorechenanlage

5.3.2.2 Datenverarbeitungsanlage

Bereich: DV	Baugruppen	Funktionen
Datenverarbeitungsanlage 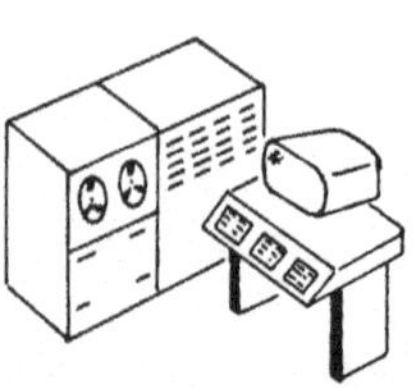	- Eingabeeinheit (Belegleser, Lochkarten-, Lochstreifen-Leser, Datenfernübertragung etc.) - Zentraleinheit (Leitwerk, Rechenwerk, Speicherwerk) - Datenausgabeeinheiten (Drucker, Lochkartenstanzer, Magnettrommel, -band-, -platten-, -kartenspeicher, Bildschirm)	- Datenerfassen - automatisches Verarbeiten von Massendaten nach Programmen - Datenspeichern - Datenausgabe - ggf. Datenfernverarbeitung

Tabelle 25: Funktionsprofil der Datenverarbeitungsanlage

5.3.2.3 Drucksystem

Bereich : DV	Baugruppen	**Funktionen**
DV-Drucksystem	- Dateneingabe (on-line mit DV-Anlage, off-line mit Magnet- bandeinheit) - Druckeinrichtung (Laserstrahlschreiber, Trommel mit elektrosta- tisch aufladbarer Folie, Tonervorrichtung) - Vordruckeinrichtung für Formulardruck	- Lesen von Datenträgern - automatischer Formular- druck (Vordruckeinrich- tung) - automatischer Datendruck (Adresse, Text, variable Daten) - programmgesteuerter Wech- sel von Schriftarten, Sonderzeichen, Unter- schriften etc. - Kommunikation mit DV- Anlagen

Tabelle 26: Funktionsprofil des Drucksystems

5.3.2.4 Textsystem

Bereich: DV	Baugruppen	**Funktionen**
Textsystem	- Tastatur - Lese- und Aufzeich- nungseinrichtung für Datenträger (Magnetband, Floppy Disk etc.) - automatische Text- und Datenverarbeitungs-Ein- heit - Arbeitsspeicher - Druckwerk (Typenrad, Nadeldrucker etc.) - Formularvorrichtung - Bildschirm - (ggf. Datenfernver- arbeitungseinrichtung)	- Lesen und Schreiben von Datenträgern - Speichern und Verarbei- ten von Texten (Adressen, Briefen, Textbausteinen) und Zahlen (Buchhalten) - automatisches Drucken von Schrift- und Sonderzeichen - Datenanzeige (Text und Zahlen auf Bildschirm - Kommunikation über Fernsprechleitung und andere Textsysteme oder DV-Anlagen

Tabelle 27: Funktionsprofil des Textsystems

5.3.2.5 Fernsprecher

Bereich Nachrichtentechnik	Baugruppen	Funktionen

Fernsprecher	- Empfangseinrichtung
	- Hör- und Sprechein-
	  richtung
	- Wählschalter
		- Übertragen von Signalen
		  (Sprache, Frequenz-
		  folgen)

Tabelle 28: Funktionsprofil des Fernsprechers

5.3.2.6 Fernschreiber

Bereich: Nachrichtentechnik	Baugruppen	**Funktionen**

Fernschreiber
(50 bit / s)
	- Tastatur
	  (entweder nur Groß-
	  oder Kleinbuchstaben)
	- Sender und Kennungs-
	  geber
	- Empfänger mit Druck-
	  einrichtung
	  (Typenhebel, Typenrad
	  etc.)
	- Lochstreifenleser
	  (bzw. -locher)
		- Datenerfassung über
		  Tastatur oder Loch-
		  streifen
		- elektronische Daten-
		  übertragung
		  (Senden und Empfangen)
		  über Telexnetz
		  (50 bit/s)
		- Datenausgabe
		  (mit Druckwerk auf
		  Papier)

Tabelle 29: Funktionsprofil des Fernschreibers

5.3.2.7 Bürofernschreiber

Bereich: Nachrichtentechnik	Baugruppen	Funktionen

Bürofernschreiber
(2.400 bit/s)
 	
(Kombination von
Fernschreiber und
elektrischer Schreib-
maschine)
	- Tastatur (Groß- und
	  Kleinbuchstaben, Son-
	  derzeichen)
	- Sender und Kennungs-
	  geber
	- Empfängereinrichtung
	  mit Druckwerk
	  (Typenrad)
	- Speichereinheit
	  (Textbe- und -verarbei-
	  tung)
	- Steuerungseinheit
	  (Speicher, Senden usw.)
	- (ggf. Bildschirm zur
	  Überprüfung des Textes)
		- Datenerfassen
		- Lesen und Schreiben
		  von Datenträgern
		- Speichern und Ver-
		  arbeiten von Texten
		- Datenausgabe (Druck-
		  werk, Bildschirm)
		- Kommunikation zu
		  anderen Bürofern-
		  scheibern

Tabelle 30: Funktionsprofil des Bürofernschreibers

5.3.3 Substitutionsfeld innerhalb der Informationsverarbeitung

Um das Substitutionsfeld innerhalb der gesamten Informationsverarbeitung
(Tabelle 31) zu ermitteln, werden die Funktionsprofile der charakteristischen Geräte aus dem Bereich der Datenverarbeitung und der Nachrichtentechnik sowie der Bürotechnik verglichen. Hierbei wird geprüft, wie stark
das Ausmaß der Substitution primärer und sekundärer Art ist, wenn das in
der Zeile (A) stehende Gerät dem in der Spalte (B) stehenden gegenübergestellt wird. Das Substitutionsausmaß wird durch Symbole angegeben, wie
sie in der Tabelle 22 aufgeführt sind. Beispiele sind im Anhang, Kapitel
10.1 dargestellt.
Will man darüber hinaus das Ausmaß des Substitutionsdrucks innerhalb der
gesamten Informationsverarbeitung ermitteln, müssen den Substitutionssymbolen entsprechende Wichtungsfaktoren zugeordnet werden, die umso
größer sind, je größer die Substitution ist (Tabelle 32).

Der Substitutionsdruck " S " wird hier als die Größe der durchschnittlichen Substitutionsmöglichkeit primärer und sekundärer Art durch die
substitutionsauslösenden Gerätetypen, bezogen auf die Anzahl der betroffenen
Gerätetypen, definiert.

Der Substitutionsdruck errechnet sich nach der Formel (1):

$$S_{ij} = \frac{\dfrac{\sum S_{gij}}{\sum G_i}}{\sum G_j} = \frac{\sum S_{gij}}{\sum G_i \, \sum G_j} \qquad (1)$$

Der Substitutionsdruck S nimmt den minimalen Wert 0 an, wenn keine Substitutionsmöglichkeiten bestehen und den maximalen Wert 3, wenn jeder
Gerätetyp jeden anderen Gerätetyp vollständig substituieren kann.

---

i = Bereich Datenverarbeitung, Bereich Bürotechnik, Bereich Nachrichten-
    technik
j = Bereich Datenverarbeitung, Bereich Bürotechnik, Bereich Nachrichten-
    technik
S_{ij}= Substitutionsdruck von Bereich i auf Bereich j
S_{gij} = Substitutionsmöglichkeit im Feld ij, gewichtet
G_i = Gerätetyp im Bereich i
G_j = Gerätetyp im Bereich J

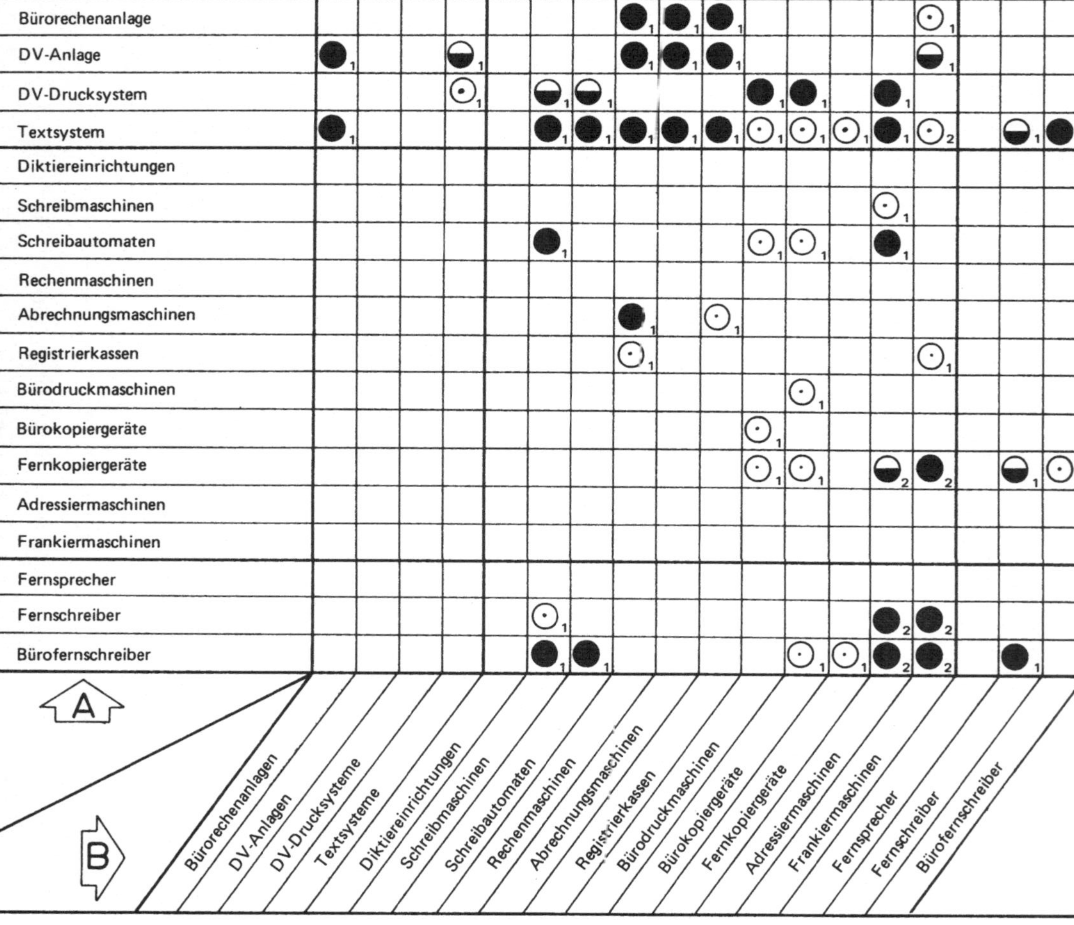

Tabelle 31: Substitutionsfeld innerhalb der Gerätebereiche der gesamten Informationsverarbeitung

SYMBOLE DER SUBSTITUTIONSMÖGLICHKEIT	WICHTUNGSFAKTOREN
$\odot_{1(2)}$	1
$\ominus_{1(2)}$	2
$\bullet_{1(2)}$	3

Tabelle 32: Zuordnung von Wichtungsfaktoren und Substitutionssymbolen

Das Ergebnis der Substitutionsberechnung ist in Tabelle 33 dargestellt. Wie die Werte zeigen, ist der stärkste Substitutionsdruck mit 1,27 von Geräten des Bereiches Datenverarbeitung (DV) auf die Geräte der Bürotechnik (BT) festzustellen, insbesondere durch das Textsystem, das auch eine starke Substitutionswirkung auf den Bürofernschreiber im Bereich der Nachrichten - technik (NT) ausübt.

BEREICH von \ auf	DV	BT	NT
DV	0,56	1,27	0,41
BT	0	0,19	0,09
NT	0	0,63	0,33
Gesamt-substitutions-druck	0,56	2,09	0,83

Tabelle 33: Substitutionsdruck zwischen den drei Bereichen der Informationsverarbeitung

Mit Ausnahme des Fernkopierers, der eine teilweise Substitutionsmöglichkeit bei Fernschreibern bzw. Bürofernschreibern aufweist, üben die Geräte der Bürotechnik keinerlei Substitution auf die Bereiche Datenverarbeitung und Nachrichtentechnik aus.

Dagegen besteht im Bereich der Nachrichtentechnik, insbesondere durch Fernschreiber und Bürofernschreiber ein Substitutionsdruck von 0,63 auf den Bereich der Bürotechnik. Auffallend ist, daß beide Geräte eine starke Substitution sekundärer Art auf Adressiermaschinen und Frankiermaschinen aufweisen. Tabelle 31 zeigt ferner die Substitutionsmöglichkeit des Fernschreibers durch den Bürofernschreiber.

Der Substitutionsdruck innerhalb der Bürotechnik nimmt lediglich den Wert von 0,19 an. Hieraus ist erkennbar, daß innerhalb dieses Bereichs der Wettbewerb aufgrund der Substitution gering ist. Einen zehnfach höheren Substitutionsdruck von insgesamt 1,90 und damit Wettbewerb üben die Bereiche Datenverarbeitung und Nachrichtentechnik auf die Bürotechnik aus.

5.4 Gerätetechnische Ausprägung ausgewählter Büromaschinen

Durch die Anwendbarkeit der Mikroelektronik einerseits sowie den Substitutionsdruck innerhalb der Bürotechnik und durch die beiden Bereiche Datenverarbeitung und Nachrichtentechnik andererseits wird ein Wandel in der Konzeption einzelner Büromaschinen und -geräte eine zwangsläufige Folge sein.

Wie diese gerätetechnische Ausprägung im einzelnen aussehen kann, soll für die ausgewählten Büromaschinen ermittelt werden. Grundlage hierbei sind die Untersuchungsergebnisse in den Kapiteln 5.2 und 5.3 .

5.4.1 Schreibmaschine

Die Anwendung der Mikroelektronik bei Schreibmaschinen macht diese zu Text- und Datenerfassungsgeräten im engeren Sinne , denn mit dem Einsatz von Mikroprozessoren ist die kompatible Codierung des erfaßten Textes (Daten) auf einem Datenträger ohne wesentlichen Mehraufwand möglich. Neben der Textspeicherung auf Magnetkarten, Magnetbandkassetten, Floppy Disk u.a., die dann in Textautomaten, Lichtsatzgeräten etc. weiterverarbeitet werden können, und der Textanzeige zur Kontrolle auf dem Display, ist bei fortlaufender Preisdegression von elektronischen Speicherbauelementen ein maschineninterner Speicher wirtschaftlich realisierbar. Dieser erfaßt das Schreibvolumen eines Tages, Textbausteine und Adressen und ermöglicht bei Bedarf eine einfache Korrektur. Ferner sind ein Silbentrennungsprogramm, der automatische Blocksatz - wie er bei Fotosatzgeräten üblich ist - sowie festprogrammierte Zusatzfunktionen wie Grußformel, Firmenbezeichnung am Briefende, Name des Bearbeiters, Datum, Diktatzeichen etc. durch Mikroelektronik gerätetechnisch realisierbar.

Die Hauptfunktion Schreiben kann durch den Mikroprozessor auch auf die Funktion Rechnen erweitert werden, da die arithmetische Datenverarbeitung im Funktionsprofil des Mikro-Rechners ohnehin enthalten ist.

Bei der Maschinensteuerung sind u.a. der automatische Formularvorschub, die Überprüfung von Farb- und Korrekturband und die Anzeige der geschriebenen bzw. noch freien Zeilen möglich. Freilich stellt die so beschriebene Schreibmaschine eine Zwischenstufe zur automatischen Textverarbeitung dar, doch unter Berücksichtigung der gegenwärtigen Anwenderzurückhaltung beim Einsatz von Textverarbeitungssystemen, könnte diese "teilautomatische Schreibmaschine" den Anwenderwünschen am nächsten kommen .

Neben den skizzierten technologischen Impulsen durch die Mikroelektronik, befindet sich die elektrische Schreibmaschine im Substitutionseinfluß von Geräten der Datenverarbeitung und Nachrichtentechnik (Bild 12), wobei die Einflußstärke der einzelnen Geräte u.a. von der Einsatzhäufigkeit abhängt.

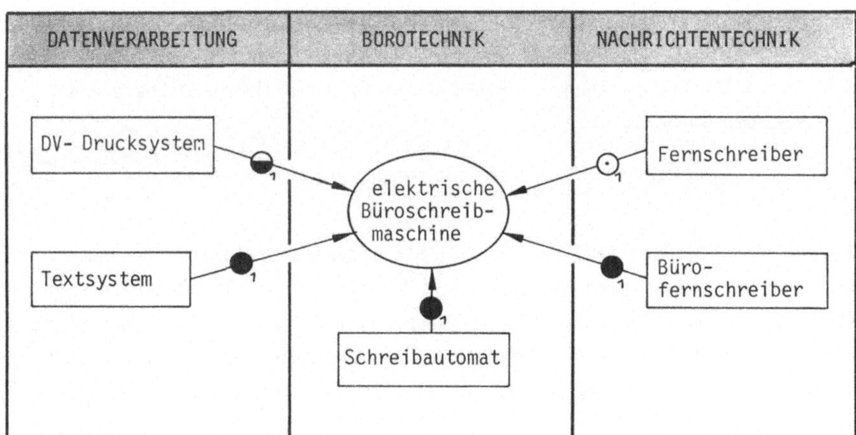

Bild 12: Substitutionsprofil der elektrischen Schreibmaschinen (Symbole s. Tab. 22)

Vergleicht man nun das Funktionsprofil des Mikro-Rechners mit den charakteristischen Funktionen einer Büromaschine, wie sie in dem morphologischen Kasten in Kapitel 4.3 ermittelt wurden, so stellt man eine weitgehende Übereinstimmung fest. Dies wird in Bild 11 deutlich. Hieraus kann gefolgert werden, daß der Mikro-Rechner bei erster Betrachtung geradezu die ideale Lösungsmöglichkeit für Büromaschinenfunktionen darstellt /48/.

Da es sich sowohl bei den Büromaschinenfunktionen als auch bei den Mikro-Rechner-Funktionen um Funktionsbereiche handelt, die zwangsläufig Globalaussagen darstellen, soll das Funktionsprofil des Mikro-Rechners differenziert betrachtet werden.

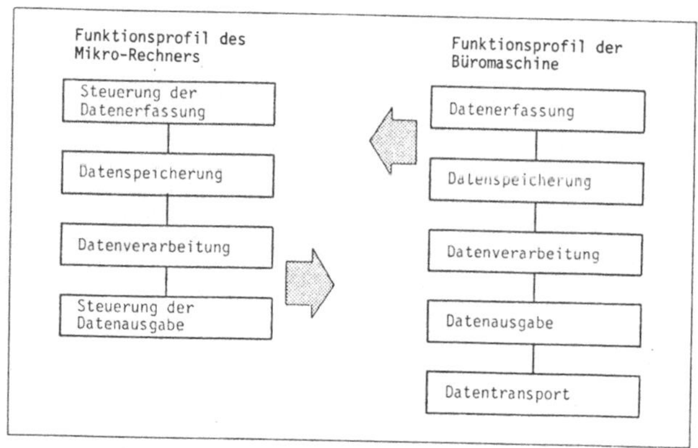

Bild 11: Gegenüberstellung der Funktionsprofile des **Mikro-Rechners** und der Büromaschinen

Die an verschiedenen Stellen /49, 50, 51/ oft widersprüchlich genannten Mikro-Rechner-Leistungen werden in den Tabellen 15 bis 18 nach Bereichen strukturiert und hinsichtlich ihrer Ausprägung differenziert. Damit steht ein Funktionsprofil des Mikro-Rechners zur Verfügung, das nicht nur auf Büromaschinen, sondern allgemein für alle technischen Gebilde anwendbar ist.

Registrierkassen wird in Bild 13/52/ deutlich. Es ist auf ein besseres
Preis/Leistungsverhältnis zurückzuführen, denn Registrierkassen werden
nicht wie früher bei mechanischer Funktion nur zur Kontrolle, sondern als
betriebswirtschaftliches Steuerungsinstrument eingesetzt, d. h.,auch zur
Sortimentsplanung und -kontrolle, Lagerbestandsrechnung etc.

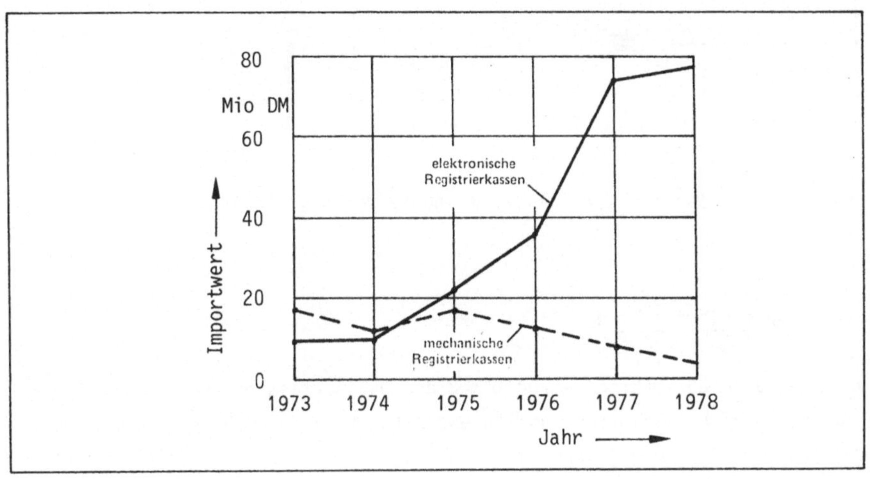

Bild 13. Importwerte mechanischer u. elektronischer Registrierkassen /52/

Vergleicht man das Funktionsprofil der Registrierkasse mit dem anderer informationsverarbeitender Geräte, so ergibt sich eine starke primäre Substitutionsmöglichkeit aus dem Bereich der Datenverarbeitung (Bild 14).
Bürorechenanlagen, DV-Anlagen und Textsysteme können theoretisch die gesamten Registrierkassenfunktionen erfüllen.

Hieraus lassen sich zwei Entwicklungsrichtungen ableiten:
- die Registrierkasse bleibt ein aktives Gerät und führt sämtliche Rechenoperationen einschließlich der Speicherung selbst durch oder
- sie wird zum passiven Gerät (Terminal), d. h.,sie dient lediglich zur
  Datenerfassung und Datenausgabe.

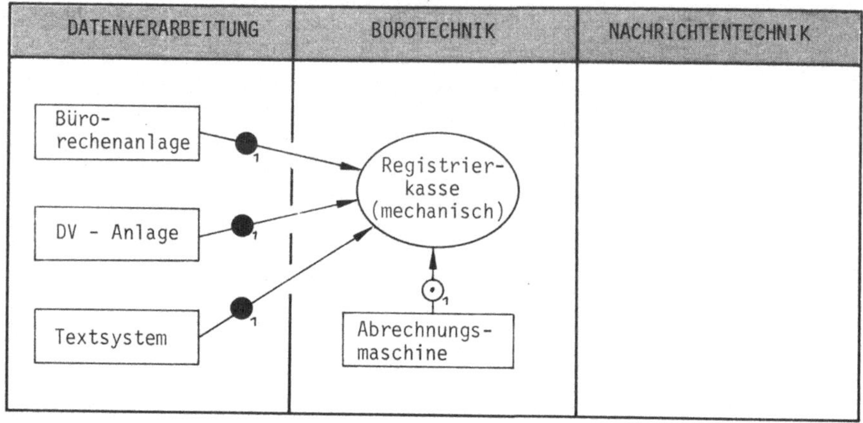

Bild 14: Substitutionsprofil der mechanischen Registrierkasse

5.4.3 Adressiermaschine

Bei Anwendung der Mikroelektronik muß die Datenerfassung und -speicherung
(Adressen) nicht wie bisher auf Adressenträger (Metallplatten, Schablonen
etc.) erfolgen, sondern kann z. B. auf magnetischen Datenträgern (Magnetband, -platte etc.) oder auf maschineninternen Halbleiterspeichern gesammelt und unbegrenzt selektiert werden. Diese Datenträger können im
Schreibautomaten oder Textsystem erstellt werden. Eine einfache Korrektur
und Aktualisierung des Adressenbestandes ohne Verbrauch von zusätzlichen
Datenträgern sind möglich.

Im maschineninternen Halbleiterspeicher sind die Speicherung von Selek-
tionsroutinen oder die Steuerungsbefehle für die automatische sensorge-
steuerte Positionierung der Adressen auf Briefumschläge verschiedener Abmessungen oder Klebeetiketten realisierbar. Ferner kann die automatische
Codierung des Zielortes für die elektronische Briefsortierung vorgenommen
werden. Denkbar wäre zusätzlich der gleichzeitige Gebührenaufdruck (Frankierung), wenn die Versendungsart und das Gewicht bekannt sind. Der eigent-
liche Adressendruck könnte durch ein Schreibwerk, durch elektrostatische
Verfahren u. ä. vorgenommen werden.

Im Bereich der Datenausgabe kann der Mikro-Rechner die Adressierung zur
Kontrolle auf dem Bildschirm optisch sichtbar darstellen und die Steuerung

der Druckvorrichtung, der Dokumentation, wer wann angeschrieben wurde, und gegebenenfalls der Kuvertiermaschine vornehmen.

Die Realisierung des o. a. Funktionsprofils mit Mikroelektronik würde die Adressiermaschine beispielsweise in den Funktionsbereich des Textsystems oder des Schreibautomaten bringen und eine grundlegende Änderung in der Maschinenkonzeption erfordern. Allerdings sind jedoch bereits informations-verarbeitende Geräte (Textsystem, Schreibautomat) auf dem Markt, die eine starke Substitution auf Adressiermaschinen ausüben können wie Bild 15 zeigt.

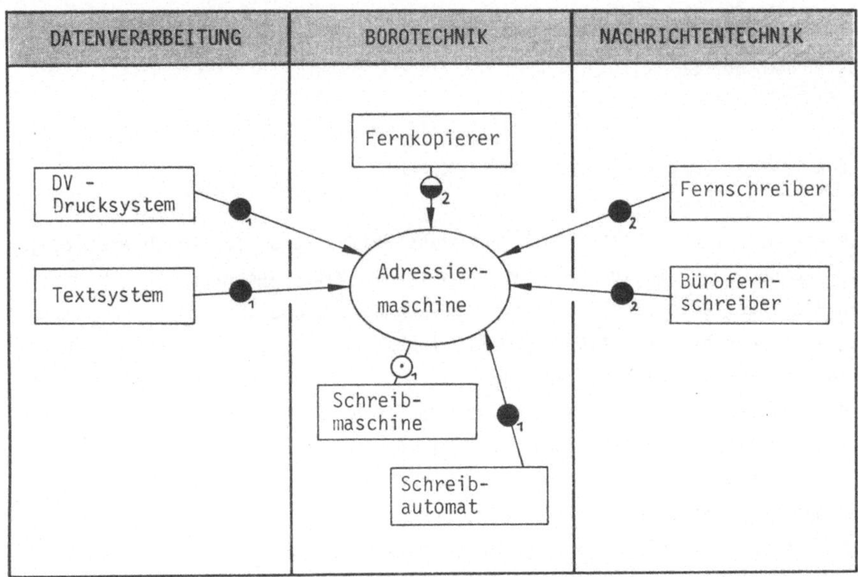

Bild 15: Substitutionsprofil der Adressiermaschine

Stellvertretend für die aufgeführten Maschinen und Geräte, die die Funk-tion "Adressieren" übernehmen können, soll der Schreibautomat angeführt werden. Dieser kann beispielsweise mit Hilfe von Magnetbandkassetten die Adressen abrufen und ohne manuelle Eingabe auf den Briefbogen und -umschlag schreiben. Sollte die Adresse neu sein, wird sie nur einmal eingetippt. Die Beschriftung der Umschläge erfolgt automatisch ebenso parallel die Spei-cherung. Das Textsystem und der DV-Systemdruck können die Adressierung ohne gerätetechnischen Mehraufwand automatisch erledigen.

Bei Fernkopiergeräten, Fernschreibern und Bürofernschreibern genügt ohnehin
nur eine Codenummer anstatt einer postalischen Adresse.

Eine verstärkte Anwendung dieser Geräte würde den sekundären Substitutionsdruck auf die Adressiermaschie verstärken. Hinzu kommt, daß die Adressierung
mit den oben beschriebenen Maschinen und Geräten kontinuierlich über den
ganzen Tag verteilt erfolgen kann und zwar dezentral am Briefentstehungsort.
Eine Maschine mit ausschließlicher Adressierfunktion, also in herkömmlicher
Konfiguration, wird es immer schwerer haben, sich in einer Wirtschaftlich-
keitsrechnung als die kostengünstigere Lösung darzustellen.

Interpretiert man den Adressiervorgang als partielle Textverarbeitung, wird
das Ausmaß der Substitution deutlich.

5.4.4 Frankiermaschine

Die Mikroelektronik bietet auch für diese Teilfunktion der Postbearbeitung
eine Reihe von Vorteilen. Mit dem Einsatz des Mikro-Rechners ist eine horizontale Integration in Richtung der Gewichtserfassung und damit der automatischen Gebührenermittlung möglich. Gebührenänderungen sind mit auswech-
selbarem ROM-Baustein (Festwertspeicher) einfach zu aktualisieren. Die
Codierung des Bestimmungsortes für automatische Sortierung, die Erfassung
der angefallenen Portoausgaben pro Unternehmensabteilung, die Anzeige ver-
brauchter und noch zur Verfügung stehender Wertvorgabe und die Möglichkeit
der Gebührenermittlung nach Gewicht, Art der Sendung und Beförderungsdis-
tanzen können mit Mikroelektronik ebenfalls realisiert werden.

Durch die Einführung der entfernungsabhängigen Gebühr (wie beim Telefon)
könnte das Postministerium eine aufwandsentsprechende Gebührenstruktur
erreichen. Von der Technologie her ist dies ohne wesentlichen Mehraufwand
möglich. Ferner kann die Wertvorgabe von Postgebühren relativ einfach mit
einem austauschbaren Speicher erfolgen, der bei den Postämtern bezogen
und dort so kodiert werden kann, daß er nur für die jeweilige Frankiermaschine verwendbar ist. Auch ist dadurch eine automatische Gebührenerfassung und -abrechnung mit dem Postamt möglich.

Die bisherigen Beobachtungen zeigen jedoch, daß die nationalen Postver-
waltungen dieser technologischen Neuentwicklung mit Sicherheitsforderungen

an die Elektronik hinsichtlich Datenspeicherung und -schutz gegenüber-
stehen, die sich auf die Entwicklung in der vorgezeigten Richtung restriktiv
auswirken können.

Die Substitutionseinwirkung auf Frankiermaschinen besteht primärer Art
durch DV-Anlagen, Bürorechenanlagen und Textsysteme (Bild 16). Diese Geräte können durch Einsatz von Sonderzeichen und durch entsprechende Software
eine fälschungssichere Gebührenerfassung gewährleisten.

Daneben ist eine Substitution sekundärer Art durch Fernschreiber, Bürofernschreiber und Fernkopiergeräte festzustellen. Diese sekundäre Substitution wird sich möglicherweise verstärken, wenn ein elektronisches Briefübermittlungssystem eingeführt ist und eine breite Anwendung findet.

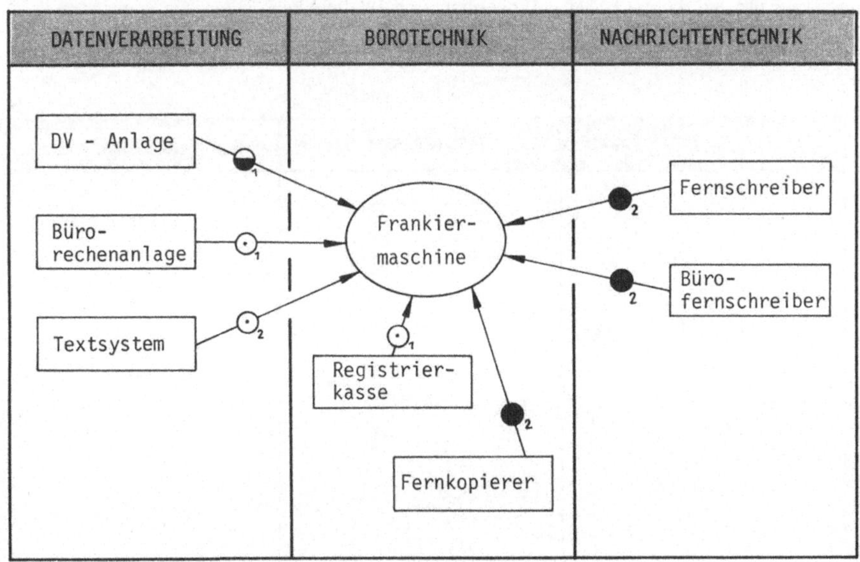

Bild 16: Substitutionsprofil der Frankiermaschine

5.4.5 Bürokopiergerät

Die Hauptfunktion des Bürokopiergerätes, nämlich die Reproduktion eines
Originals, läßt sich durch die Mikroelektronik zur Zeit noch nicht ausführen. Der Anwendungsbereich der Mikroelektronik liegt bei Kopiergeräten
in der Maschinensteuerung und bei der Schnittstelle Mensch/Maschine.

Bei der Maschinensteuerung bedeutet das im einzelnen die Datenerfassung physikalischer Größen, die Überwachung der Gerätefunktion (Toners, Papiervorrat, Sortierer usw.) und die Eigendiagnose bei Störungen.

Bei der Schnittstelle Mensch/Maschine ermöglicht die Mikroelektronik die Kopievorwahl per Tastatur, einen vollautomatischen Betrieb und die Anzeige von Maschinenstörungen oder Fehlbedienung mit Leuchtzeichen.

Inwieweit Neuentwicklungen der Glasfaseroptik oder Speicherung von Originalen im Halbleiterspeicher die Gerätehauptfunktionen ersetzen können, ist derzeit noch nicht voraussagbar, da derartige Entwicklungen erst im Anfangsstadium sind.

Die Substitution des Bürokopiergerätes durch andere Maschinen und Geräte ist in Bild 17 dargestellt. Abgesehen von DV-Drucksystemen ist nur eine schwache Substitutionswirkung festzustellen.

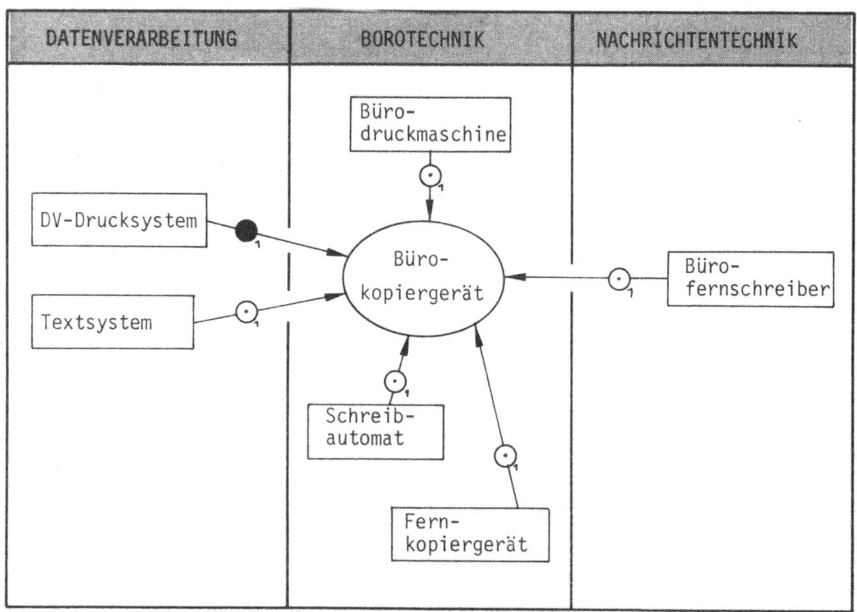

Bild 17: Substitutionsprofil des Bürokopiergerätes

6 EMPIRISCHE UNTERSUCHUNG DES STRUKTURWANDELS

Da wissenschaftlich gesicherte Untersuchungsergebnisse über die Anwendung
der Mikroelektronik noch nicht vorliegen, muß eine empirische Untersuchung
in den Büromaschinen-Betrieben durchgeführt werden.

Sie soll zum einen dazu dienen, den repräsentativen Ist-Zustand der Büro-
maschinenbranche bei der Technologieanwendung und Wege der Know-how-Aneignung der Mikroelektronik zu ermitteln. Zum anderen sollen damit die in den
Kapiteln 5.2.2 und 5.4 gewonnenen Kriterien für die Anwendung der Mikroelektronik gewichtet und die ermittelten Gerätekonzeptionen in ihrer Ausprägung
überprüft werden.

In einem weiteren Schritt der empirischen Untersuchung sollen dann Daten
über den innerbetrieblichen Strukturwandel bei Anwendung der Mikroelektronik
erhoben werden, die im Kapitel 6.3 zu Branchendaten ausgewertet werden.

6.1 Durchführung der Untersuchung

6.1.1 Erhebungsmethode

In der Literatur werden eine Reihe von Erhebungsmethoden beschrieben, die
gleichzeitig auch geeignet sind, die spezielle Fragestellung für Prognosen
zu berücksichtigen /53, 54/, so daß an dieser Stelle nicht darauf eingegangen
werden muß.

Für die empirische Untersuchung wird übereinstimmend die Expertenbefragung
vorgeschlagen, die entweder in Form einer schriftlichen Befragung (z. B.
Delphi-Methode) oder in Form eines mündlichen Interviews durchgeführt werden
kann.

Für die nachfolgende Untersuchung wird vom Verfasser die mündliche Befragung
bevorzugt, da im Gegensatz zur schriftlichen Befragung folgende Gründe für
deren Anwendung ausschlaggebend sind:

- Es können komplexe Fragen gestellt werden.
- Der Interviewer kann die "Expertenqualität" der Befragten einschätzen und
  bei der Auswertung entsprechend wichten.
- Eventuelle Mißverständnisse bei Fragen oder Antworten können unmittelbar
  korrigiert werden.
- Eine flexible Reaktion auf spezielle Probleme und neue Aspekte, die im
  Laufe der Befragung auftreten, sind möglich.
- Die persönliche, unmittelbare Kommunikation schafft vielfach eine ver-
  trauliche Gesprächsatmosphäre und damit eine Präzisierung von Aussagen.

6.1.2 Befragungsinhalt

Die Fragen zur Anwendung und Auswirkung der Mikroelektronik sind vorwiegend sachlicher Art, so daß eine Strukturierung des Befragungsinhaltes
ausschließlich nach thematischen Gesichtspunkten möglich war.

Zur Auflistung des endgültigen Gesprächsleitfadens werden die Erkenntnisse
aus den Kapiteln 4 und 5 der Arbeit sowie die Erfahrungen von Pilotbefragungen mit drei Experten bei zwei Unternehmen aus dem Bereich der Datenverarbeitung zugrunde gelegt. Die Pilotbefragungen dienen dazu, das mögliche
Antwortenspektrum zu erfassen, die Durchführbarkeit des mündlichen Interviews und die Auswertungsmöglichkeiten der Antworten zu prüfen.

Ein strukturierter Fragebogen (siehe Anlage 1) wurde den Befragten vorab
bei der Kontaktaufnahme zugeleitet. Er untergliedert sich in detaillierte
Fragen zu:

- Technologie der Mikroelektronik
  z. B. Welche Gründe für und wider die Mikroelektronik-Anwendung sehen Sie,
  auf welche Art wird man sich Kenntnisse über die Mikroelektronik aneignen?
- Verzahnung von Datenverarbeitung, Bürotechnik und Nachrichtentechnik
  z. B. Wird es zu einer Verzahnung der DV, Büro- und Nachrichtentechnik
  kommen und in welcher Form?
- Gerätekonzeption der Bürotechnik
  z. B. Welchen Büromaschinen steht ein gerätetechnischer Wandel bevor und
  wodurch wird er hauptsächlich bedingt sein?

- <u>Innerbetrieblicher Strukturwandel</u>
  z. B. Welche Unternehmensbereiche werden einen Strukturwandel bei Einführung der Mikroelektronik erfahren und in welcher Ausprägung?

Zur eigentlichen Expertenbefragung diente ein <u>Gesprächsleitfaden</u> (siehe
Anhang) , der zu jeder Frage eine Protokollierhilfe enthielt. Dadurch war
ein halbstandardisiertes Gespräch möglich.

6.1.3 Auswahlkriterien des Befragtenkreises

Der Auswahl des Befragtenkreises (Firmen, Experten) kommt große Bedeutung
zu, da die Befragung einer statistisch repräsentativen Anzahl von Firmenexperten mit nur sehr hohem Zeit- und kaum zu vertretendem Kostenaufwand
zu realisieren wäre. Es werden deshalb folgende Kriterien zur Auswahl der
Firmen im Bereich der Bürotechnik herangezogen:

- Produktion von Büromaschinen mit mechanischer oder elektromechanischer
  Funktion
- ca. 300 Beschäftigte (Mittleres Unternehmen)
- Entscheidungen über die Anwendung der Mikroelektronik werden im Augen-
  blick oder in nächster Zeit getroffen.
  (Indiz hierfür können die Teilnahme der Firmenexperten an Mikroprozesso-
  ren-Seminaren der Bauelementehersteller oder Informationstagungen des
  BMFT über die Anwendung der Halbleitertechnik sowie die Mitarbeit in
  fachspezifischen oder branchenübergreifenden Arbeitskreisen zum Thema
  Mikroelektronik sein.)

Ferner sollen Experten solcher Firmen interviewt werden, die als Folge der
Anwendung von Mikroelektronik Konkurs angemeldet, bzw. solcher Firmen,die
ihr Engangement im Bürobereich aufgegeben haben. Befragungsergebnisse aus
diesem Kreis können als besonders aussagekräftig hinsichtlich des zu erwartenden Strukturwandels angesehen werden.

6.1.4 Stichprobenumfang des Befragtenkreises

Die Gesamtheit der Büromaschinen-Betriebe in der Bundesrepublik einschließlich Westberlins liegt bei 50.   Die Quote der befragten Firmen im Bereich Bürotechnik wird mit 30 % festgelegt. Dieser Anteil liegt in Höhe
der Rücklaufquote, die üblicherweise bei schriftlichen Befragungen zu ver-
zeichnen ist. Insgesamt wurden bei 12 Betrieben Interviews durchgeführt,
bei denen 30 Experten beteiligt waren. Die durchschnittliche Gesprächsbe-
teiligung im Befragtenkreis der Büromaschinen-Hersteller von 2,8 Personen
kann als sehr gut bezeichent werden. Sie spiegelt auch das Interesse der
betroffenen Industrie am Untersuchungsthema wider.

Die Struktur des Befragtenkreises und der beteiligten Experten ist in
Tabelle 34 wiedergegeben.

BEFRAGTENKREIS	ANTEIL DER FIRMEN	ANTEIL BETEILIG-TER EXPERTEN
Pilotbefragungen (DV)	17 %	10 %
Büromaschinen-Hersteller	75 %	83 %
Sonstige Befragungen	8 %	7 %
Basis: 12 Firmen, 30 Experten		

Tabelle 34: Struktur des Befragtenkreises und der beteiligten Experten

6.1.5 Auswertung

Die Interviews wurden in Form von Gruppengesprächen geführt. Hierbei
waren zwischen zwei und vier Experten beteiligt. Die konsolidierte Firmen-
antwort zu den einzelnen Fragen wurde entsprechend gewichtet. Dies war
deshalb notwendig, da sich die befragten Firmen zum Zeitpunkt der Befragung
auf unterschiedlichen Know-how-Stufen (z.B. Entwicklung, Erprobung, Fertigung) bei der Anwendung der Mikroelektronik befanden.

Zur Wichtung wurde eine lineare Skala gewählt, wie sie in Tabelle 35 dargestellt ist. Hierbei wird berücksichtigt, daß Aussagen von Experten umso treffender und weitreichender sind, je höher die Know-how-Stufe ist, auf der sich die Firma befindet. Produziert beispielsweise eine Firma zum Zeitpunkt der Befragung bereits mikroelektronische Produkte, so sind Aussagen von Experten dieser Firma mit dem höchsten Wichtungsfaktor 5 zu werten.

KNOW - HOW - STUFEN	WICHTUNGSFAKTOREN	ANZAHL DER BE-FRAGTEN FIRMEN	SUMME DER GEWICH-TETEN FIRMEN - AUSSAGEN
Fertigung	5	4	20
Erprobung	4	1	4
Entwicklung	3	1	3
Konzeption	2	3	6
Information	1	1	1
Summe :		10	34

Tabelle 35: Zuordnung von Wichtungsfaktoren, Know-how-Stufen und befragten Firmen

Ausführliche Hinweise über die Berechnungsgrundlagen zur Auswertung des Datenmaterials über die Erfahrungen bei den Expertengesprächen sind in den Kapiteln 10.2 und 10.3 aufgeführt.

6.2 Ergebnisse der Untersuchung

6.2.1 Gründe für die Anwendung der Mikroelektronik bei Büromaschinen

Die Auswertung des empirischen Datenmaterials zu den Fragen 1 und 2 wurde
nach Formel(2), Kapitel 10.3 vorgenommen, damit ein Vergleich zwischen den Ar
teilen der technischen und wirtschaftlichen Faktoren bei beiden Fragen möglic
ist. Zur Frage 1 "Gründe für die Anwendung der Mikroelektronik" zeigt sich
ein Schwerpunkt der Nennung im technischen Bereich. Nach Tabelle 36 wird
am häufigsten (22 %) die mit Mikroelektronik erzielbare Standardisierbarkeit der Elektronik-Hardware für verschiedene Produkte und damit eine erwartete Kostensenkung als Grund der Mikroelektronik-Anwendung angegeben.

FAKTOREN FÜR DIE MIKROELEKTRONIK – ANWENDUNG	HÄUFIGKEIT IN %
vorwiegend technische Faktoren:	
* Standardisierbarkeit und damit Kostensenkung der Elektronik- Hardware ------------------------------	22
* Höherer Bedienungskomfort ---------------------------	14
* Weitgehende Automatisierung der Funktionsabläufe durch selbstüberwachendes Regelungssystem ----------	13
* Weniger Wartungsaufwand ----------------------------	12
* Anpassungsmöglichkeit an andere Bürogeräte ---------	11
* Flexible Produktanpassung an Kundenwunsch ----------	9
* Bessere Reaktionsmöglichkeit auf Marktnischen ------	6
vorwiegend wirtschaftliche Faktoren:	
* Sicherung der Wettbewerbsfähigkeit ----------------	11
* sonstige ---	2
Anzahl der Nennungen (gewichtet) 126 , Erhebungsjahr 1978	

Tabelle 36: Häufigkeit technischer und wirtschaftlicher Faktoren, die
für die Anwendung der Mikroelektronik sprechen

Die Möglichkeit eines höheren Bedienungskomfort durch Mikroelektronik wird
in 14 % der Fälle genannt. Wie erwartet zeigt sich hierbei, daß Nebeneffekte
der Mikroelektronik bei Büromaschinen innovativ umgesetzt werden können, da

es praktisch ohne nennenswerten Mehraufwand an Funktionselementen möglich ist, Digitalanzeigen (z.B. für Kopienvorwahl), Kontrolleuchten (Papiervorrat zu Ende, Farbband verbraucht, Diktierband zu Ende) oder Warneinrichtungen (falsche Maschineneinstellung) in Büromaschinen einzubauen. Derartige, zusätzliche Leistungsmerkmale werden als werbewirksam angesehen und verhelfen damit zu Wettbewerbsvorteilen.

Mit der Häufigkeit von 13 % wird die Möglichkeit der Automatisierung von Funktionsabläufen angegeben. Diese ergibt sich als Zwangsläufigkeit aus der Mikroelektronik-Anwendung, da neben dem Ersatz mechanischer Funktionsteile durch elektronische, verbunden mit dem Einbau von Sensoren (für Geschwindigkeitsregelung, Temperatur, Betriebsbereitschaft etc.),durch entsprechende Software die Maschine in ihrem Funktionsablauf programmiert und damit automatisiert ist. Bei der Nennung eines geringeren Wartungsaufwandes mit 12 % werden zwei Effekte der Mikroelektronik summiert, nämlich der Ersatz mechanischer Funktionsteile durch nahezu verschleißfreie elektronische Bauteile und einfache Austauschmöglichkeit kompletter Elektronik-Module (bestückte Leiterplatten für jeweils eine Funktionseinheit). Die Nennung der Anpassungsmöglichkeit der Geräte im Sinne eines integrierten Systems durch die Mikroelektronik, insbesondere beim Austausch von Maschinen-Steuerbefehlen,wird in 11 % der Fälle genannt.

9% der Befragten waren der Auffassung, daß die Möglichkeit besteht, mit entsprechender Software bei gleichbleibender Elektronik-Hardware und Mechanik die Bürogeräte dem Organisationsablauf des Anwenders ohne konstruktiven Mehraufwand anzupassen.

Die häufig von den Bauelemente-Herstellern genannten Vorteile beim Einsatz der Mikroelektronik wie weniger Leistungsverbrauch, geringeres Gewicht, kleineres Volumen, geringeres Geräusch etc. sind mit gewissen Ausnahmen des letztgenannten Vorteils in der Bürotechnik ohne nennenswerte Bedeutung.

Aus dem wirtschaftlichen Bereich zur Frage 1, wird als Grund für Mikroelektronik-Anwendung von 11 % der befragten Firmen die Erhaltung der betrieblichen Wettbewerbsfähigkeit angeführt und darunter vorrangig die Erhaltung der vorhandenen Arbeitsplätze verstanden.

6.2.2 Gründe gegen die Anwendung der Mikroelektronik

Im Gegensatz zu den Gründen, die für die Mikroelektronik-Anwendung sprechen
zeigt sich bei den Gründen, die gegen die Mikroelektronik-Anwendung ausschlaggebend sind (Frage 2) ein Schwerpunkt im wirtschaftlichen Bereich,
wie dies aus Tabelle 37 deutlich wird. Der Investitionsaufwand wird, soweit
er überhaupt quantifizierbar ist, in 28 % der Fälle als zu hoch empfunden.
Hierunter werden sowohl Personalkosten als auch externe Dienstleistungen
und reine Investitionskosten für Entwicklungssysteme und technische Geräte
verstanden.

FAKTOREN GEGEN DIE MIKROELEKTRONIK - ANWENDUNG	HÄUFIGKEIT IN %
vorwiegend wirtschaftliche Faktoren:	
* Investitionsaufwand für die Mikroelektronik -------	28
* Organisatorische Probleme ---------------------------	18
* Ausbildungsprobleme -------------------------------	13
* Amortisationsrisiko ------------------------------	2
vorwiegend technische Faktoren:	
* Fehlendes Know-how -------------------------------	21
* Prüfaufwand (Funktions- u. Sicherheitstest) -------	11
* Abhängigkeit vom Hersteller elektronischer Bauelemente -------------------------------------	7
Anzahl der Nennungen (gewichtet) 87, Erhebungsjahr 1978	

Tabelle 37: Häufigkeit technischer und wirtschaftlicher Faktoren, die gegen
die Anwendung der Mikroelektronik sprechen.

Zu 18 % werden organisatorische Probleme angeführt. Diese bestehen in der
Unsicherheit der Unternehmensbereiche bei der Beherrschung und Anwendung
der Mikroelektronik. Da auf die Fragen "Wie führt man die Technologie
der Mikroelektronik in den Betrieb ein und was ändert sich?", noch keine
Antworten vorliegen, nimmt die Unternehmensleitung bei der Mikroelek-

tronik-Anwendung eine zögernde Haltung ein. Ebenso hemmend wirkt sich die
für die Mikroelektronik unzureichende Ausbildung (13 %) aller Mitarbeiter
bei den Betrieben aus, die bisher nur feinmechanische Geräte produzierten.

Speziell im Entwicklungsbereich ist das fehlende Know-how (21 %) der aus-
schlaggebende hemmende Faktor. Demgegenüber fällt der erhöhte Prüfaufwand
für den Funktions- und Sicherheitstest nicht so stark ins Gewicht.

Zusammenfassend läßt sich feststellen, daß für die Anwendung der Mikroelektronik überwiegend technische Faktoren sprechen. Dagegen liegt das
Hauptgewicht der Gründe, die gegen die Anwendung der Mikroelektronik
sprechen,im wirtschaftlichen Bereich. Allerdings haben die genannten Gründe gegen die Mikroelektronik, abgesehen vom Investitionsaufwand, keinen
grundsätzlich verneinenden Charakter, sondern lediglich einen hemmenden,
wie das an den Beispielen der Probleme im organisatorischen Bereich und
im Ausbildungsbereich deutlich wird.

6.2.3 Art der erfolgreichen Know-how-Aneignung über die Mikroelektronik

Neben der Auflistung genereller Gründe für die Anwendung der Mikroelektronik, die nur pauschal sein können, muß im Einzelfall konkret untersucht
werden, bei welchen Geräten und für welche Funktionen die Mikroelektronik
eingesetzt werden kann. Hierzu ist im Betrieb die Aneignung von Wissen
über die Funktions- und Arbeitsweise des Mikroprozessors sowie die laufende Beobachtung über die Fortschritte der gesamten Mikroelektronik notwendig.

Der erfolgversprechendste Weg zur Know-how-Aneignung der Mikroelektronik,
entsprechend Frage 3, ist nach Formel (3) in 94 % der Fälle die Neueinstellung von Elektronik-Spezialisten (Bild 18).

Diese müssen Erfahrungen in der Prozeßtechnik und Digitalelektronik besitzen. Eventuell fehlende Kenntnisse in der Programmiertechnik lassen
sich rasch durch Seminarbesuche bei Herstellern elektronischer Bauelemente
nachholen. Der am meisten genannte kombinierte Weg zur Know-how-Aneignung
ist die Neueinstellung von Elektronik-Spezialisten und ein sich anschließender Seminarbesuch (44 %).

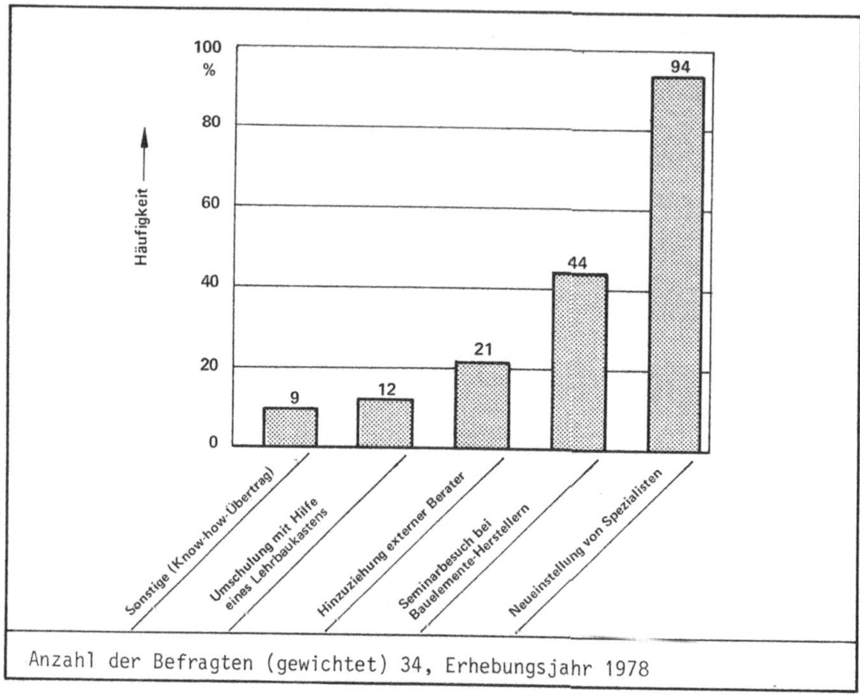

Bild 18: Wege der Know-how-Aneignung über die Mikroelektronik im Betrieb

Zur Beschleunigung der Know-how-Einführung werden auch externe Berater hinzugezogen (21 %), besonders zur Prüfung der Frage, ob der Mikroprozessor für die hergestellten Produkte überhaupt vorteilhaft eingesetzt werden kann und bei ganz spezifischen Problemen während der Entwicklungsphase.

Die Aufstellung des Pflichtenheftes für die geplanten mikroelektronischen Produkte ist eine Hauptaufgabe, die der Hersteller selbst durchführen muß, da er auch am besten über die Gerätefunktionen Bescheid weiß. Hinzu kommt, daß bei Einführung der Mikroelektronik die gesamte Produktpalette überdacht und eine abgestimmte Produktstrategie festgelegt werden muß, die wohl im Interesse des Herstellers besser ohne externe Beratung erfolgt.

Die ausschließliche Inanspruchnahme externer Berater zur Know-how-Aneignung wird aus Kostengründen und wegen der totalen Abhängigkeit abgelehnt. Ebenso werden Seminarbesuche bei Bauelemente-Herstellern als einziger Weg zur Know-how-Aneignung über die Mikroelektronik nicht als sehr effektiv

angesehen, da sie nicht im erforderlichen Maße objektiv auf die Anwendungsmöglichkeiten eingehen und nur ganz spezifisch den eigenen Mikro-
prozessor-Typ betreffende Ausführungen geben.

Programmier-Übungssysteme mit Programmeingabe-Tastatur, Leuchtanzeige,
Mikroprozessor und verschiedene Speicherbausteine, auch als "Lehrkit" bezeichnet, werden zu 12 % zur Schulung weiterer Mitarbeiter der Entwicklungsabteilung unter Anleitung der neu eingestellten Elektronikspeziali-
sten eingesetzt.

Die Umschulung von Maschinenbau-Ingenieuren im Selbststudium mit Hilfe
eines Lehrbaukastens wird selten zum erhofften Erfolg führen. Hierbei werden nur ein begrenztes Verständnis über die Funktionsweise des Mikroprozessors und Programmgrundkenntnisse zu erreichen sein. Spätestens bei der Lösung von Schnittstellenproblemen zwischen Mechanik und Elektronik muß dann
externe Hilfe in Anspruch genommen werden.

Die Know-how-Übertragung vom Stammhaus als weitere Möglichkeit, fort-
schrittliche Technik in den Betrieb einzuführen, ist ein gangbarer Weg,
denn sie wird meist durch Übernahme von Spezialisten realisiert. In der
Praxis ist dies jedoch selten der Fall (9 %), da die meisten mittelständischen Büromaschinen-Betriebe eigenständig, ohne Anbindung oder Verflechtung mit Großbetrieben sind, welche die Mikroelektronik beherrschen und
anwenden.

6.2.4 Informationsquellen zur Beobachtung der Mikroelektronik-Entwicklung

Parallel zur Know-how-Aneignung muß eine ständige Technologiebeobachtung
der Mikroelektronik erfolgen, da der Produktzyklus bei Mikroschaltungen
ca. 2 ··· 3 Jahre beträgt und in absehbarer Zeit ein "generationsloser",
kontinuierlicher Fortschritt bei mikroelektronischen Bauelementen eintreten wird.

Wie aus Bild 19 deutlich wird, dienen als Informationsquellen über die
Entwicklung der Mikroelektronik (Frage 5) in erster Linie Fachzeitschriften (100 %), da diese gegenüber Fachbüchern kürzeren Verzugszeiten unterliegen. Fachbücher kommen verstärkt erst ab dem Jahre 1978 auf den Markt

und sind teilweise beim Erscheinen schon wieder überholt. Während Büromaschinen-Betriebe eine Reihe deutschsprachiger Fachzeitschriften fest
abonniert haben (Elektronik-Praxis, ETZ, NTZ, Markt & Technik etc.), werden von den fremdsprachigen Fachzeitschriften (Electronics, Electronic-
News, Electronic-Design etc.) meist sogenannte Kennziffer-Zeitschriften
gelesen, die kostenlos angeboten werden. Obwohl die englischsprachigen
Zeitschriften die aktuellsten Beiträge enthalten, werden sie wegen des
erhöhten Zeitaufwandes für fremdsprachige Texte wenig genutzt.

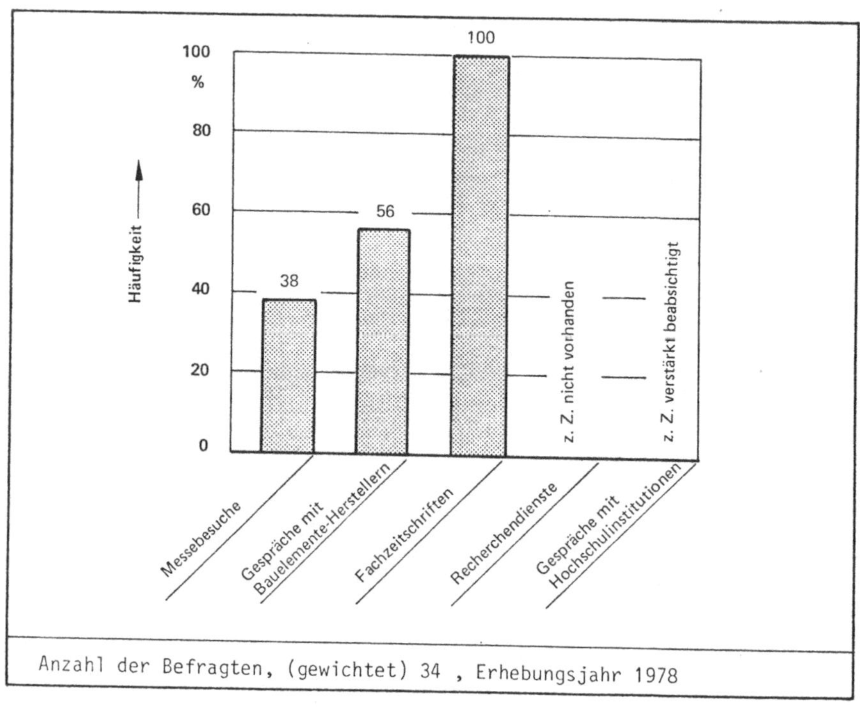

Anzahl der Befragten, (gewichtet) 34 , Erhebungsjahr 1978

Bild 19. Informationsquellen zur Beobachtung der Mikroelektronik-Entwick-
          lung

Büromaschinen-Hersteller, die bereits Produkte mit Mikroelektronik auf dem
Markt haben, also die Technik beherrschen, gehen zu 56 % dazu über, sich
im direkten Gespräch mit dem Bauelemente-Hersteller oder dem Bauelemente-
Händler über die neuesten Entwicklungen zu informieren und sind dann anhand von Datenbüchern in der Lage, Neuentwicklungen von Elektronik-Hard-

ware gleichzeitig mit der Verfügbarkeit der ersten Labormuster in die
Gerätekonzeption einzubeziehen.

Aufgrund der immensen Innovationsgeschwindigkeit bei hochintegrierten
Schaltungen werden die Zeitintervalle zwischen den Terminen von Fachmessen
als relativ lang empfunden. Die Messen selbst haben deshalb nur einen mittleren Informationscharakter (38 %).

Gezielte Informationsmöglichkeiten über Entwicklungs- und Anwendungsten-
denzen der Mikroelektronik durch Recherchendienste werden als außerordent-
lich wünschenswert angesehen. Ein derartiges konzentriertes, für den Ent-
wicklungsingenieur zeitsparendes, jedoch über ein breites Produktfeld um-
fassend unterrichtendes Informationsangebot fehlt derzeit auf dem Markt.
Eine Quantifizierung dieses Dienstes war nicht möglich, da keine praktischen Erfahrungen vorliegen. Gespräche mit Hochschulinstituten zur Informationsgewinnung über die Mikroelektronik werden erst jetzt in verstärktem
Maße geführt.

6.2.5 Stand und Verlauf der Mikroelektronik-Anwendung in der Büromaschi-
nen-Industrie

Als Antwort auf Frage 6 des Fragebogens rechnen die Entwicklungsingenieure
damit, daß nach der Entscheidung der Geschäftsführung zum heutigen Zeitpunkt (1978) in den Jahren 1979 bis 1981 die konkreten Entwicklungsarbeiten
abgeschlossen und zwischen 1981 und 1985 bereits mit Mikroelektronik aus-
gerüstete Büromaschinen auf dem Markt sein werden.

Wie Bild 20 zeigt, steigt die Unsicherheit der Nennungen, je weiter sie in
die Zukunft reichen. Auf der Stufe der Fertigung konnte bei der Datenauswertung kein übereinstimmender Zeitpunkt ermittelt werden. Es war lediglich
möglich, einen optimistischen Zeitpunkt - etwa um das Jahr 1981 - und einen
pessimistischen Zeitpunkt - etwa um das Jahr 1985 - zu fixieren, bis zu dem
mikroelektronische Produkte auf dem Markt sind.

Näherungsweise können somit die in Bild 20 eingezeichneten strichpunktierten
Kurven als Grenzen des optimistischen Zeitverlaufes (1978 bis 1981) und
des pessimistischen Zeitverlaufes (1978 bis 1985) für die Anwendung der

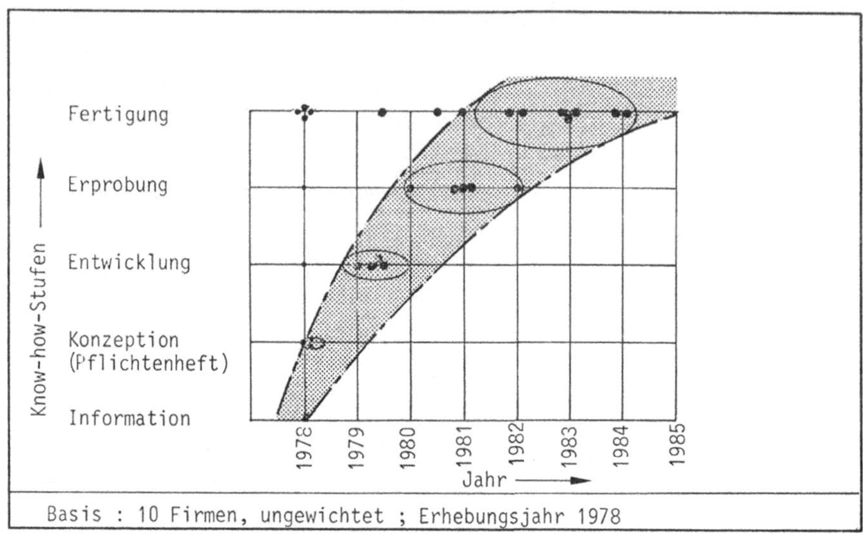

Bild 20: Verlauf der Mikroelektronik-Anwendung in Büromaschinen-
Betrieben (Punkte entsprechen den Nennungen)

Mikroelektronik in der Büromaschinen-Industrie formuliert werden. Hieraus
läßt sich ableiten, daß etwa vier bis fünf Jahre benötigt werden, um die
Mikroelektronik im Betrieb zu beherrschen und diese Technologie in entsprechende Büromaschinen-Produkte einzusetzen.

6.2.6 Wandel in der Gerätekonzeption

Die empirische Untersuchung soll in einem weiteren Schwerpunkt dazu dienen,
die in dem Kapitel 5.2 "Anwendung der Mikroelektronik bei Büromaschinen"
und Kapitel 5.3 "Substitutionsfeld von Büromaschinen" erarbeiteten Ergebnisse zu prüfen und wenn möglich zu quantifizieren. Somit erhält die
Unternehmensleitung einen wichtigen Überblick darüber, wie andere Unternehmen der Branche die Auswirkungen der Mikroelektronik und die Substitu-
tionsgefahren auf vorhandene Büromaschinen beurteilen.

Einen Aufschluß über den Wandel in der Gerätekonzeption durch die Mikroelektronik bzw. durch die Substitution ergibt sich nach den Fragen 15 und
16 aus Expertenaussagen. Diese konnten die jeweilige Einflußstärke auf
einer Nominalskala angeben, wie sie in Tabelle 38 Teil 1 mit einer Symbolik dargestellt ist.

SYMBOLIK: ☐ nicht   ⊡ schwach   ◩ mittel   ■ stark

Tabelle 38 (Teil 1): Symbolik des zu erwartenden Wandels der Gerätekonzeption von Büromaschinen durch Substitution und
Anwendung der Mikroelektronik.

Tabelle 38 Teil 2 zeigt, in welchem Ausmaß die aufgeführten Büromaschinen einen Wandel in der Gerätekonzeption erfahren werden.

Die an erster Stelle angegebenen Symbole geben Aussagen über die Stärke der
Substitutionen anderer Büromaschinen, ohne diese jedoch im einzelnen zu
nennen. Die an zweiter Stelle angegebenen Symbole drücken aus, welchen Einfluß die Mikroelektronik auf die Gerätekonzeption haben wird.

Mit dem vorliegenden Ergebnis bestätigt die empirische Untersuchung eindeutig, die in den Kapiteln 5.2 und 5.3 herausgearbeiteten Kriterien für
die Anwendbarkeit der Mikroelektronik und die Substitutionsumfelder von
Büromaschinen.

Ohne explizit errechnete Korrelationen zu benutzen, liegt die Vermutung
nahe, daß bei den in Tabelle 38, (Teil 2)   aufgeführten Büromaschinen
eine auffallende Übereinstimmung zwischen den Einflußstärken durch Substitution und durch Anwendung der Mikroelektronik auf die Gerätekonzeption besteht. Diese Feststellung ist für die Produktentwicklung eine nicht zu unter-
schätzende Erkenntnis. Sollte es sich im Einzelfall nämlich zeigen, daß der
Substitutionsdruck größer ist als die Chance, mit Anwendung der Mikroelektronik ein größeres Leistungsspektrum als bisher zu erreichen, können unnötige Investitionen für derartige Produkte vermieden werden. Beispiele
hierfür sind Bürolichtpausgeräte, Thermokopiergeräte, Warenauszeichnungs-
geräte.

Kategorie			Gerät
Schreibmaschinen (DIN 2108)	■	■	Schreibmaschine, mechanisch
	◪	■	Schreibmaschine, elektrisch
	◪	◪	Schreibmaschine für Sonderzwecke
Schreibautomaten (DIN 2140 Vorlage)	■	■	Schreibautomat mit Lochstreifen, Lochkarten
	□	□	Schreibautomat mit elektronischem Speicher
Rechenmaschinen (DIN 9752 Teil 1)	■	■	Ein- bis Vierspezies, nicht elektronisch
	□	□	Elektronische Tisch- und Taschenrechner
Abrechnungsmaschinen (DIN 9763)	■	■	Abrechnungsmaschine zur Datenerfassung
	■	■	Buchungsmaschine
	■	■	Fakturiermaschine
	■	■	Mehrzweckabrechnungsmaschine
Registrierkassen	■	■	Registrierkasse, nicht elektronisch
	□	□	Registrierkasse, elektronisch
Bürodruckmaschinen (DIN 9775)	⊡	⊡	Umdruckmaschine
	⊡	⊡	Schablonendruckmaschine
	□	⊡	Bürooffsetdruckmaschine
Bürokopiergeräte (DIN 9780)	◪	□	Bürolichtpausgerät
	□	⊡	Elektrostatisches Bürokopiergerät
	■	⊡	Thermokopiergerät
Postbearbeitungsmaschinen (DIN 9776 bis DIN 9779)	■	■	Adressiermaschine
	□	□	Brieföffnungsmaschine
	□	⊡	Brieffalz- und Kuvertiermaschine
	◪	■	Frankiermaschine
	□	◪	Zusammentragmaschine
Sonstige Büromaschinen	□	◪	Aktenvernichter
	□	◪	Geldzähl- und sortiermaschine
	■	◪	Warenauszeichnungsgeräte

aufgrund der Substitution ⟶   ⟵ aufgrund der Mikroelektronik

Basis: 27 Expertenaussagen, ungewichtet

Tabelle 38 (Teil 2) : Wandel in der Gerätekonzeption von Büromaschinen

6.3 Branchendaten für die Unternehmensleitung

Abgesehen von der rein technischen Frage, ob die Mikroelektronik bei dem
hergestellten oder neu zu entwickelnden Produkt anwendbar ist, sollen zum
Problembereich "Technologieauswirkungen" in Kapitel 3.1 Orientierungshilfen
zur Risikoabschätzung bei der Betriebseinführung der Mikroelektronik ermittelt werden.

Unter Betriebseinführung der Mikroelektronik sollen in dieser Arbeit alle
Vorgänge und Aktivitäten innerhalb des Unternehmens verstanden werden, die
notwendig sind, um die zunächst unbekannte Technologie der Mikroelektronik
zu beherrschen und in entsprechende mikroelektronische Produkte innovativ
umzusetzen.

Derartige Orientierungshilfen werden insbesondere zur Lösung folgender sechs
Fragen erwartet:
* Welcher Erfolg ist mit der Mikroelektronik möglich? (vergl. Kapitel 6.3.2)
* Wie gestaltet sich der Zeitverlauf von der Informationsphase bis zur Fer-
  tigung mikroelektronischer Produkte? (vergl. Kapitel 6.3.2)
* Welche Investitionen sind für die Betriebseinführung der Mikroelektronik
  notwendig? (vergl. Kapitel 6.3.3)
* Wie ist der Kostenverlauf in Abhängigkeit von der Zeit der Betriebsein-
  führung? (vergl. Kapitel 6.3.3)
* Zu welchem Zeitpunkt sollte die Umstellung vorgenommen werden?
  (vergl. Kapitel 6.3.4)
* Welche innerbetrieblichen Strukturänderungen sind zu erwarten?
  (vergl. Kapitel 6.3.5)

In den folgenden Ausführungen soll versucht werden, eine Antwort auf obige
Fragen zu finden. Als Grundlagen hierfür werden die empirische Erhebung sowie die Analysen in den Kapiteln 4 und 5 der Arbeit herangezogen.

Zur Relativierung der Ergebnisse muß beachtet werden, daß den Aussagen
folgende Prämissen zugrunde liegen:

- zur Einführung der Mikroelektronik werden Spezialisten eingestellt
- mechanische Produkte werden mit Mikroelektronik ausgerüstet, d. h. keine
  völlig neuartigen Produkte sollen entwickelt werden und gefertigt werden
- Angaben beziehen sich auf Büromaschinen-Betriebe mit ca. 300 Beschäftigten

6.3.1 Erfolg durch Mikroelektronik

Zu dieser Frage hat die Vergangenheit bereits durch die bekannt gewordenen
Schwierigkeiten und Konkurse von Rechenmaschinen- und Registrierkassen-
Unternehmen deutliche Zeichen gesetzt.

Die Anwendung der Mikroelektronik bietet zunächst einmal die Gewähr, den
Grundstein für den Betriebserfolg in der nahen Zukunft gelegt zu haben,
garantiert jedoch nicht auch gleichzeitig den Erfolg. Wie insbesondere in
den Kapiteln 3.2 und 3.3 deutlich wird, besteht beim überwiegenden Teil der
Büromaschinen-Unternehmen so gut wie nicht mehr die Freiheit, sich gegen
die Mikroelektronik-Anwendung auszusprechen, wenn der Betrieb seine Markt-
bedeutung beibehalten soll oder gar ausbauen will. Eine Analyse der ca. 50
Büromaschinen-Hersteller in der Bundesrepublik Deutschland ergab, daß rund
80 % davon Geräte in ihrem Produktionsprogramm haben, bei denen die Mikroelektronik anwendbar ist.

Die Zusammenfassung der vorangegangenen Kapitel der Arbeit ergab eine Reihe
von entscheidenden Faktoren, die diese Aussage stützen:

- Zur Durchführung der typischen Funktionen von Büromaschinen wie Daten erfassen, -verarbeiten, -speichern und -transportieren (siehe Kapitel 5.2.2)
  stellt die Mikroelektronik eine geeignete Lösungsmöglichkeit dar. Darüber
  hinaus ist es möglich, Bürogeräte weitgehend zu automatisieren und einen
  höheren Bedienungskomfort anzubieten.

- Die sich als notwendig erweisende Abstimmung der Bürogeräte auf die
  Problemlösungen der Büroarbeit erfordern eine kompatible Schnittstelle
  zwischen Bürotechnik, Datenverarbeitung und Nachrichtentechnik. Diese ist
  nur mit einer einheitlichen Technologie zu realisieren. Da der Bereich
  Datenverarbeitung nach wie vor den Trend bei der Lösung von Büroarbeiten
  bestimmen wird, ist die hierfür gemeinsam geeignete Technologie die Mikroelektronik. Mit dieser kann die digitale Informationsverarbeitung und der
  digitale Informationstransport realisiert werden.

- Die verstärkte Anwendung der Mikroelektronik bietet insbesondere dem Bereich Nachrichtentechnik neben dem Bereich Datenverarbeitung die Möglichkeit, zusätzliche Büromaschinenfunktionen kostengünstig zu übernehmen
  (z. B. elektronisches Briefübermittlungssystem, Bürofernschreiber). Sub-

stitutionsdruck von seiten der Datenverarbeitung und Nachrichtentechnik
kann die Bürotechnik nur durch den innovativen Schritt zur Mikroelektronik begegnen.

- Ausländische Anbieter, beispielsweise aus den USA und Japan, haben nicht
  nur den Vorteil eines zur Zeit geringfügigen technologischen Vorsprungs,
  sondern auch den Vorteil, einen größeren, aufgeschlosseneren Heimmarkt
  für neue Produkte zu besitzen. Hinzu kommen die niedrigen Lohnkosten in
  diesen Ländern. Der Importdruck technologisch hochwertiger Erzeugnisse
  nimmt in der Bundesrepublik Deutschland zu; die Einfuhren von Büromaschinen betragen zur Zeit rund 70 % der Inlandsmarktversorgung /55/. Gleichzeitig werden Exportchancen deutscher Produkte aufgrund der entgegenge-
  setzten Situation geringer.

6.3.2 Zeitverlauf der Einführung der Mikroelektronik

Die Erhebungen, insbesondere zu den Fragen 6 und 7 zeigen einen nahezu
produktunabhängigen Zeitverlauf bei der Betriebseinführung der Mikroelektronik, da unter Zugrundelegung der Prämissen in Kapitel 6.3, im ersten
Einführungsschritt, keine völlig neuartigen Produkte entwickelt, sondern
vorhandene mechanische oder elektromechanische Produkte mit Mikroelektronik ausgerüstet werden. Dies bedeutet aber, daß bewährte und nicht durch
Elektronik ersetzbare Funktionseinheiten (z. B. Druckwerk, Transportein-
richtung) weiterhin Verwendung finden, daß aber die Mikroelektronik zur
Steuerung und Überwachung des Gerätes und zur Bedienungsvereinfachung eingesetzt wird.

Der Zeitverlauf, wie er in Bild 21 in Form eines Balkendiagramms aufgestellt wurde, ist das Ergebnis aus Frage 24 .   Hier konnte anhand
von zwei Beispielen aus den befragten Firmen ein optimistisches Zeitdiagramm entwickelt werden, das erkennen läßt, daß in der Regel ca. ein Jahr
für die Prüfungsphase und Einstellung von Elektronik-Spezialisten benötigt
wird, nachdem zuvor, am besten durch neutrale Institute, die Anwendungsmöglichkeiten der Mikroelektronik und eine Marktstudie durchgeführt wurden.

Zusammen mit der Aufbauphase der Elektronik-Abteilung beträgt in aller
Regel die reine Entwicklungszeit im Bereich der Büromaschinen ca. zweiein-
halb bis drei Jahre. Parallel dazu kann die Schulung der übrigen betrieb-

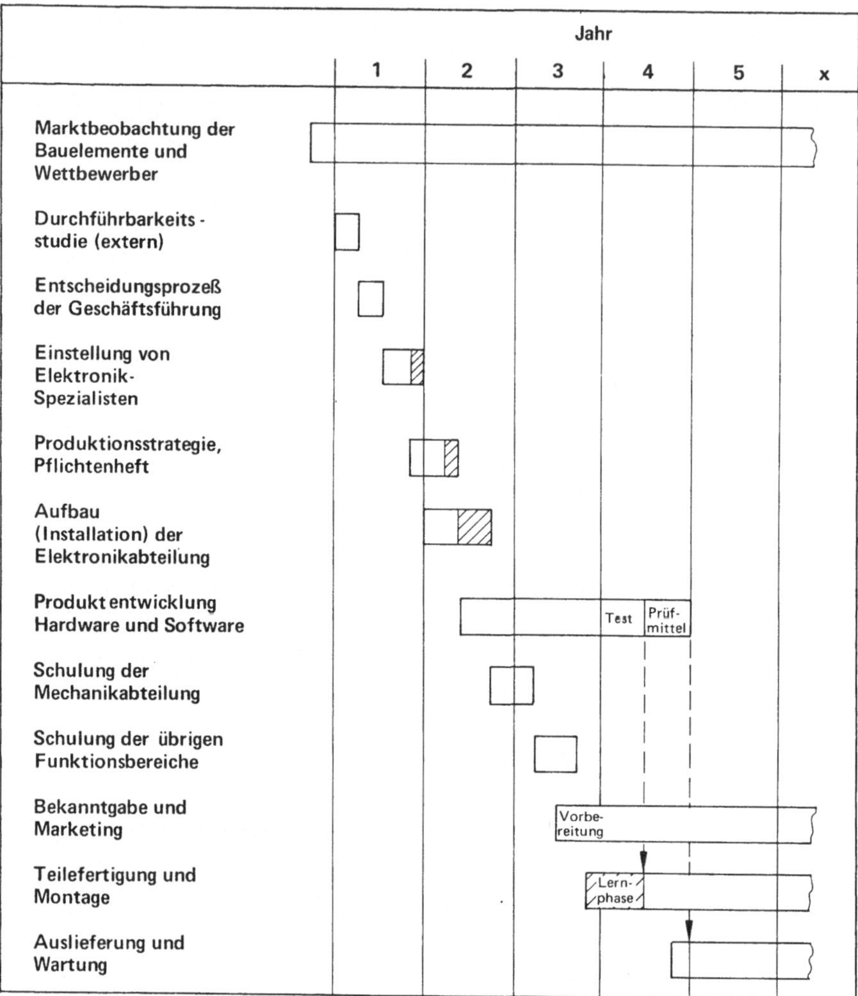

Bild 21. Zeit-Diagramm der Einführung der Mikroelektronik in den Betrieb
(Schematische Darstellung ermittelt auf Grundlagen von zwei Praxisbeispielen)

lichen Funktionsbereiche vorgenommen werden. Im Hinblick auf die Motivation und den Abbau von Widerständen gegen die Mikroelektronik ist hiermit aus psychologischen Gründen so früh wie möglich zu beginnen./56/.

Nach ca. vier Jahren ist mit der Auslieferung der ersten Produkte mit Mikroelektronik zu rechnen. Während der gesamten Zeit ist es unerläßlich, die Entwicklungstendenzen der elektronischen Bauelemente und den Wettbewerb im engeren und weiteren Sinne, also auch die Substitutionspotentiale anderer Geräteentwicklungen, zu beobachten.

Das im Bild 21 dargestellte Zeitdiagramm verliert jedoch seine Gültigkeit dann, wenn die Technologie der Mikroelektronik beherrscht wird und Nachfolgeprodukte entwickelt werden sollen. In diesen Fällen wird man davon ausgehen können, daß die Entwicklung auch die Überprüfung aller bisherigen Gerätefunktionen mit einbezieht und möglicherweise Grundlagenforschungen notwendig werden, die zu völligen Produktneuentwicklungen führen können.

6.3.3 Notwendige Investitionskosten und Kostenverlauf

Die Höhe notwendiger Investitionskosten für die Betriebseinführung der Mikroelektronik hängt entscheidend von dem jeweiligen Technologie-Know-how (z. B. Feinmechanik, Elektromechanik) des Betriebes ab.

Die Auswertung der empirischen Daten von Frage 7 erbrachte keine verwertbaren Aussagen über die gesamten Investitionskosten bei der Betriebseinführung der Mikroelektronik, da sie entweder nicht exakt und vollständig bei den befragten Unternehmen erfaßt werden oder aber aus Vertraulichkeitsgründen nicht genannt werden konnten. Es wurde lediglich geschätzt, daß die Höhe der Kosten für die Betriebseinführung der Mikroelektronik in den übrigen Funktionsbereichen (Einkauf, Montage usw.) zusätzlich ca. 100 % - 200 % der Entwicklungskosten betragen. Diese Aussage kann jedoch nicht als gesichert angesehen werden.

Aussagen über Investitionskosten können dagegen für die Entwicklungsabteilung und den Entwicklungszeitraum von ca. drei Jahren anhand von zwei Praxisbeispielen ermittelt werden. Sobald die Entwicklungsarbeiten aber abgeschlossen sind, die Schulung der übrigen Funktionsbereiche (Mechanik, Einkauf, Montage usw.) und die Fertigung dieser neu entwickelten mikroelek-

		Jahr		[Kosten in TDM]
	1	**2**	**3**	**4**
Personalkosten				
1 µE-Spezialist	10	60	60	
1 Ersatzmann	5	50	50	
2 Techniker/Programmierer	6	80	80	
Externe Dienstleistungen				
Beratungsunternehmen	50		(20)	
Softwarehaus (alternativ)				
Schulung				produktabhängig
1 Management	3	3	1	
2 Entwickler/Konstrukteure		8	8	
Investitionen für:				
1 Entwicklungssystem		60		
Prüfmittel, Oszillograph, Lötbad, Klima-schrank, Digitalmeßgerät		25	5	
2 Prüfplätze		10		
Summe:	74	296	224	
Gesamt:		rd. 600		

Tabelle 39: Minimal-Kosten für den Entwicklungsbereich im Zeitraum von
ca. drei Jahren (ermittelt auf Grundlage von zwei Praxis-
Beispielen 1978)

tronischen Produkte beginnt, können keine vergleichbaren Aussagen mehr getroffen werden, da die verschiedenen Büromaschinen jeweils verschiedenen
Aufwand bedingen.

Die Kosten für den Entwicklungszeitraum - er wurde für die nachfolgende
Ausführung mit drei Jahren angenommen - betragen rund DM 600.000,--. Sie
setzen sich, wie Tabelle 39 zeigt, hauptsächlich aus Personalkosten für
Entwicklung, Schulung, externe Dienstleistungen und Investitionskosten für
Entwicklungssysteme und Prüfmittel zusammen.

Die Personalkosten betragen innerhalb der dreijährigen Entwicklungsdauer rd. 80 % der Gesamtkosten. Doch beim Einsatz qualifizierter Spezialisten zu sparen, würde den erhofften Erfolg mit der Mikroelektronik gleich im Ansatz zunichte machen.

Die Investitionskosten für Betriebsmittel von rund DM 100.000 (Tabelle 40) fallen je nach Erfahrungsfortschritt an. Sie wurden in Tabelle 39 jedoch hauptsächlich dem zweiten Entwicklungsjahr zugeordnet. Kosteneinsparungen bei den Arbeitsmitteln durch Kauf von gebrauchten Geräten, wie z. B. Oszillographen, sind möglich. Es ist jedoch nicht wirtschaftlich, Entwicklungssysteme im Leihverkehr anzuschaffen, da sie ständig auch nach der reinen Entwicklungsphase zum Teil für Prüfzwecke verwendet werden können.

Betriebsmittel	Kosten in TDM in ca. 2 Jahren
1. Mikro-Rechner-Entwicklungssystem, bestehend aus:	40 ⋯ 60
— Mikro-Rechnerkarte	
— Floppy Disk-Doppellaufwerk (Datensicherung)	
— Datensichtstation mit alphanumerischer Tastatur	
— Nadeldrucker (Programmausdruck zur Dokumentation)	
— Softwarepaket (Assembler etc.)	
2. Emulator (zur Fehlersuche)	ca. 6
3. PROM-Programmiergerät	2 ⋯ 5
4. Standard-Elektronik-Ausrüstung (für 2 Entwicklungsplätze)	8 ⋯ 10
5. Oszillograph	10 ⋯ 15
6. Strom-, Spannungs-, Leistungsmeßgerät (Digital)	ca. 3
7. Wärmekammer (Funktionstest)	ca. 1
Summe:	70 ⋯ 100 TDM
Basis: Mittelwerte aus zwei Praxisbeispielen	(Preisstand 1978)

Tabelle 40: Kosten für Betriebsmittel im Entwicklungsbereich im Zeitraum von ca. zwei Jahren

Ferner kann es sich kostenreduzierend auswirken, wenn die Entwicklungs-
mannschaft der Elektronikabteilung in der Lage ist, elektronische Prüfge-
räte für die Produktionsüberwachung und den eigenen Service selbst anzu-
fertigen.

Die durchschnittlichen Investitionskosten von rund DM 200.000,- pro Jahr,
die ja im Betrieb zusätzlich zu den bisher in den Bereichen Entwicklung
und Konstruktion anfallenden Kosten aufgebracht werden müssen, werden von
vielen Befragten nachträglich als unerwartet hoch beurteilt. Werden jedoch
die bisher üblichen Forschungs- und Entwicklungsausgaben in der Büromaschinen-Industrie, die nach Frage 22 in der Größenordnung von rund 4 % bis 5 %
bezogen auf den Gesamtumsatz liegen, konzentriert zur Entwicklung mikroelektronischer Produkte eingesetzt, dürfte die finanzielle Hürde nicht un-
überwindbar sein. Dies ist vielfach möglich, da Investitionen für mechanische Produkte, die gegebenenfalls ersetzt werden, nicht mehr anfallen.

In Bild 22 ist in Ableitung aus Frage 7 und Tabelle 36 der Verlauf der
Kosten im Entwicklungszeitraum von drei Jahren schematisch dargestellt.
Der Kostensprung im 2. Entwicklungsjahr resultiert aus den Investitions-
kosten für Entwicklungsgeräte und -einrichtungen. Kosten, die über den

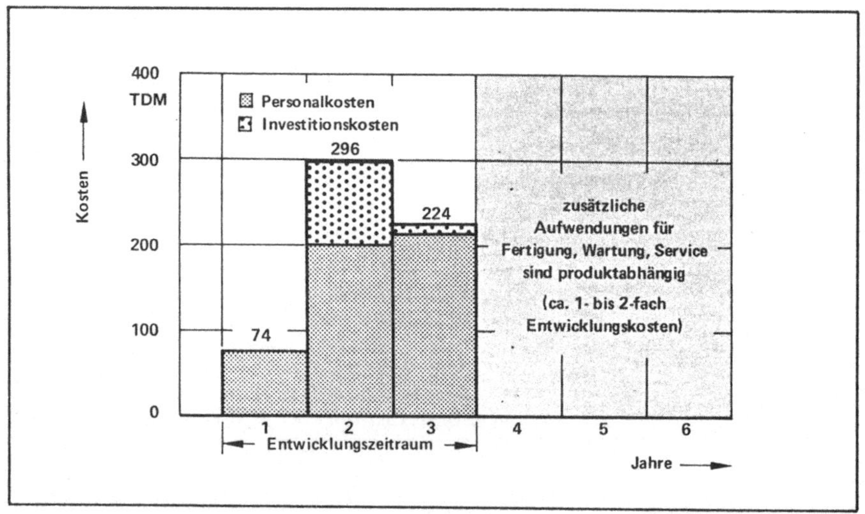

Bild 22: Histogramm der Kosten für die Einführung der Mikroelektronik
         (schematisch)

Entwicklungszeitraum hinausgehen, also in den Jahren 4, 5 und 6 anfallen, können nicht exakt quantifiziert werden. Sie betragen schätzungsweise das ein- bis zweifache der Entwicklungskosten.

6.3.4 Zeitpunkt der Umstellung

Von besonderer Bedeutung ist der Zeitpunkt, in dem die Entscheidung gefällt wird zu prüfen, ob Mikroelektronik überhaupt eingesetzt werden kann. Dieser Schritt ist notwendig, um genau und objektiv die Anwendungsmöglichkeit zu kennen. Hieraus ergeben sich Erkenntnisse, die es möglicherweise auch rechtfertigen, sich guten Gewissens gegen die Mikroelektronik-Anwendung zu entscheiden.

Diese konkrete Beschäftigung mit der Mikroelektronik bringt zwangsläufig einen Nebeneffekt mit sich, denn der Hersteller ist gezwungen, bei der Frage der Anwendungsmöglichkeit sein gesamtes Produktspektrum zu analysieren, was in Verbindung mit der Mikroelektronik immer auf die Frage des Produktsystems hinausläuft. Dieses Produktdenken im Rahmen eines Systems ist gerade bei Büromaschinen ein zunehmendes Erfordernis des Marktes. Ferner ist dies aber auch ein Erfordernis durch die mit Mikroelektronik realisierbare Standardisierung der Elektronik-Hardware und Software. Durch derartige Überlegungen wird möglicherweise das Investieren in "veraltete Produkte" vermieden und eine erwünschte Produktbereinigung möglich.

Beobachtungen bei den befragten Firmen zeigen, daß das konkrete Sichbefassen mit der neuen Technologie in der Produktentwicklungsphase an die Probleme führt, die oft entscheidend für den Erfolg sind und häufig neue Ideen hervorbringen, die sich erst aus der Anwendung heraus ergeben. Mit einem funktionsfähigen Prototyp werden ferner Schnittstellenprobleme zu anderen Geräten deutlich und können so rechtzeitig in der Produktkonzeption berücksichtigt werden. Die Know-how-Aneignung über Geräte mit Mikroelektronik, gerade wenn zuvor rein mechanische Produkte hergestellt wurden, ist ein nicht zu unterschätzender Faktor.

Ferner besteht in der Durchführung der Produktentwicklungsphase ein psychologischer oder Marketing-Effekt darin, über elektronische Geräte zu verfügen, denn leider ist die Elektronik, insbesondere im Konsumgüterbereich, schon ein Modewort geworden. Allerdings muß diese Phase mit Spe-

zialisten durchgeführt werden. Das Angebot von Elektronik-Ingenieuren auf
dem Arbeitsmarkt wird sich in absehbarer Zeit noch mehr verringern. Es
gibt jetzt schon Regionen, in denen keine derartigen Fachkräfte zu haben
sind. Auch diese Situation spricht für ein rasches Handeln, da sich augen-
blicklich beinahe sämtliche Industriezweige mit der Anwendung der Mikroelektronik befassen.

Während also der Zeitpunkt für den Beginn der Prüfungs- und Produktent-
wicklungsphase so früh wie möglich zu wählen ist, hängt der Zeitpunkt der
Markteinführung von produkt- und marktspezifischen Aspekten sowie vom
Wettbewerb ab. Für den Erstanbieter neuartiger Geräte bieten sich sowohl
Risiken als auch Erfolgsmöglichkeiten. Dem erstanbietenden Hersteller wird
es möglich sein, wenigstens vorübergehend aus dem derzeitigen Wettbewerbs-
gefüge auszubrechen. Durch entsprechende werbliche Maßnahmen und weil zur
Zeit elektronische Produkte beim Kunden besonders gefragt sind, wird es
vielfach gelingen, in einem Marktsegment als Erstanbieter eine gewisse
preisbestimmende Position einzunehmen. Hinzu kommt, daß die Möglichkeit
der Patentanmeldung gegeben ist und durch Lizenzeinnahme eine schnellere
Amortisation der Entwicklungskosten eintritt. Doch sobald die Anwendung
der Mikroelektronik zum Stand der Technik geworden ist - was in den nächsten fünf Jahren in der Bürotechnik der Fall sein wird - bestehen diese
Vorteile nicht mehr.

Auf der anderen Seite besteht bei der Anwendung der Mikroelektronik ein
Risiko, beispielsweise dann, wenn der Wettbewerber bereits früher oder
zum gleichen Zeitpunkt, aber mit einem besseren Produkt auf dem Markt ist.
Hiervon kann abgeleitet werden, daß eine laufende Beobachtung des Marktes
(Wettbewerb) erfolgen muß und zwar auch im·Hinblick auf eine mögliche
Substitution durch die Geräte der Informationsverarbeitung (s. Kapitel 5.3).

Beide Aspekte, Chance wie Risiko, weisen eindeutig darauf hin, die Prüfungsphase so früh wie möglich anzupacken und gegebenenfalls die Produktentwicklungsphase mit anschließender Einführung der Mikroelektronik rasch
durchzuführen, wobei das Kriterium, nur ausgereifte Produkte auf den Markt
zu bringen, nicht in Vergessenheit geraten darf.

Die kontinuierliche Preisdegression bei elektronischen Bauelementen (siehe
Kapitel 2.1.2) soll nicht als Anlaß genommen werden, bei der Entscheidung für die Mikroelektronik eine abwartende Haltung einzunehmen. Die

kapitalintensive Entwicklungsphase ist weniger durch Geräte- und Materialkosten, als durch Personalkosten geprägt.

6.3.5 Innerbetriebliche Strukturänderungen

Die Befragung zur Frage 23 wurde mit Hilfe einer Matrix geführt, welche die
betrieblichen Funktionsbereiche sowie die veränderbaren Faktoren (Arbeit,
Organisation, Kapital) enthält. Aus Zeitgründen wurde das Expertengespräch auf die Bereiche Entwicklung und Forschung sowie Fertigung beschränkt. Wäre die gesamte Matrix in das Expertengespräch einbezogen worden, hätten insgesamt 190 Teilfragen gestellt werden müssen.

Die Auswertung des Datenmaterials zeigt, daß es durch die Anwendung der
Mikroelektronik zu einer Verdoppelung der Mitarbeiterzahl im Entwicklungsbereich kommen wird, wie dies in Bild 23 dargestellt ist.

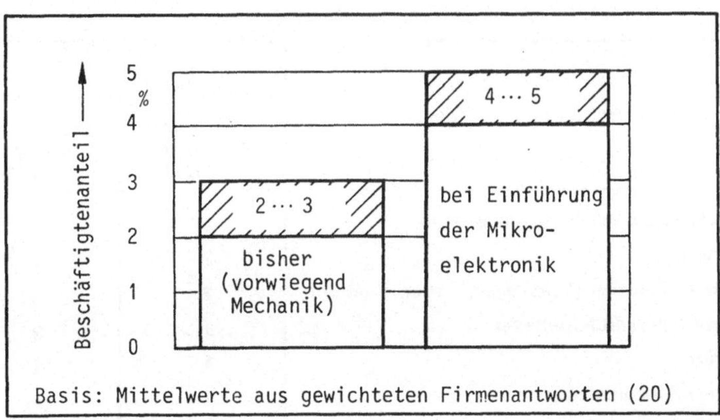

Bild 23: Anteil der Beschäftigten im Entwicklungs- und Konstruktionsbereich an den Gesamtbeschäftigten in den Büromaschinen-Betrieben
(bezogen auf Betriebe mit ca. 300 Beschäftigten)

Während heute (1978) nach Frage 20 und 23 der Anteil der im Entwicklungs-
und Konstruktionsbereich Beschäftigten bei Büromaschinen-Betrieben bei 2 %
bis 3 % liegt, wird dieser Anteil bei Einführung der Mikroelektronik
zwischen 4 % und 5 % betragen.

Die bisherige Personalstruktur wird wie Bild 24 zeigt am stärksten eine
Änderung bei den Entwurfs- und Entwicklungsingenieuren erfahren. Die Auswertung der Fragen 21 und 23 ergab, daß mindestens mit einer Verdoppelung
der Ingenieure gerechnet werden muß, insbesondere der Digitalelektroniker,
die gleichzeitig auch Programmieraufgaben durchführen können. Der Anteil
der Konstrukteure wird nahezu unverändert bleiben, da meist eine langjähri-
ge Berufserfahrung zur Verfügung steht. Einen deutlichen Anstieg wird es
auch bei technischen Zeichnern geben. Allerdings müssen diese sich Grundkenntnisse in der Programmierung und Elektronik aneignen, um Arbeitsunter-
lagen für den Bauelementeeinkauf und das Qualitätswesen aufstellen zu können. Bemerkenswert sind die geplanten Vorhaben, Auszubildende verstärkt in
den Entwicklungsbereich einzuführen. Auf diesem Wege beabsichtigt man,
qualifizierte Fachkräfte für die Fertigung, den Montagebereich und den
Servicebereich auszubilden.

	Anzahl der Personen	
Personalstruktur im E + K-Bereich	**vorwiegend Mechanik (1977)**	**bei Einführung der μE (1980)**
Entwurfs- und Entwicklungsingenieure	2	4 ··· 5
Konstrukteure	2	2 ··· 3
Technische Zeichner (Unterlagen, Dokumentation)	2	3 ··· 4
Laborant / gewerbl.Mitarbeiter	1	2
Hilfskräfte	1	1
Sonstige / Auszubildende	—	(2)
Basis: Mittelwerte aus den gewichteten Firmenantworten (20)		

Bild 24. Personalstruktur im Entwicklungs- und Konstruktionsbereich
          (E + K) (bezogen auf Betriebe mit ca. 300 Beschäftigten)

Über die Strukturänderungen in anderen Bereichen wie Fertigung, Vertrieb und
Service (Wartung u. Instandhaltung) können keine allgemein gültigen Aussagen
formuliert werden. So hängt das Ausmaß und die Art der Änderungen z.B. im Beschaffungsbereich, der Arbeitsvorbereitung, der Teilefertigung und der
Montage sehr stark vom Produkt, Fertigungstiefe und Losgröße ab. Die Losgröße schwankt z.B. in der Büromaschinen-Industrie zwischen ca. 10 (Offset-
anlagen) bis einigen 1o.ooo (Diktiergeräte) pro Jahr. In Kapitel 7 werden
deshalb in einem Praxisbeispiel die Strukturänderungen im Fertigungsbereich
aufgezeigt.

Faßt man die Ergebnisse der Analysen, insbesondere in den Kapiteln 4 und 5
der Arbeit zusammen, zeigt sich, daß man in der Büromaschinen-Industrie
vier Kategorien von Geräten feststellen kann, die bei Anwendung der Mikroelektronik zu unterschiedlichen fertigungstechnischen Auswirkungen führen.

<u>Kategorie 1</u>: Büromaschinen mit Mikroelektronik für Steuerung, Bedienungs-
vereinfachung, automatische Kontrolle.

Hierunter fallen im allgemeinen solche Geräte, die mechanische oder elektromechanische Funktionen haben, z.B. Schreibmaschinen, Diktiergeräte, Verviel-
fältigungs- und Postbearbeitungsmaschinen. In diesen Fällen wird es zu einer
Einstellung von Elektronik-Spezialisten und neuen Elektronikfertigungslinien
kommen müssen, während die mechanische Fertigung nur geringfügig entlastet
wird.

<u>Kategorie 2</u>: Büromaschinen, deren Funktionen durch die Mikroelektronik
ersetzbar sind.

Hierbei handelt es sich vorwiegend um "rechnende Geräte" wie Tisch- und
Taschenrechner, Registrierkassen (Uhren, Taxometer). Die fertigungstech -
nischen Folgen sind starke Reduktion der mechanischen Teilezahl, nicht aus-
gelastete Kapazitäten in der Mechanikfertigung, starke Reduktion der Montagezeit, einfachere Wartung, Sinken des Gerätepreises, gegebenenfalls er-
höhter Marktbedarf. Es ist nicht zu erwarten, daß weitere derzeit auf dem
Markt befindliche Büromaschinen in diese Kategorie fallen.

In Bild 25 wird am Beispiel des elektronischen, druckenden Tischrechners
die Reduktion der elektrischen Bauteile von 4.200 (1966) auf 1 (1976) und
der mechanischen Bauteile von 3.1oo (1966) auf 900 (1976) dargestellt.

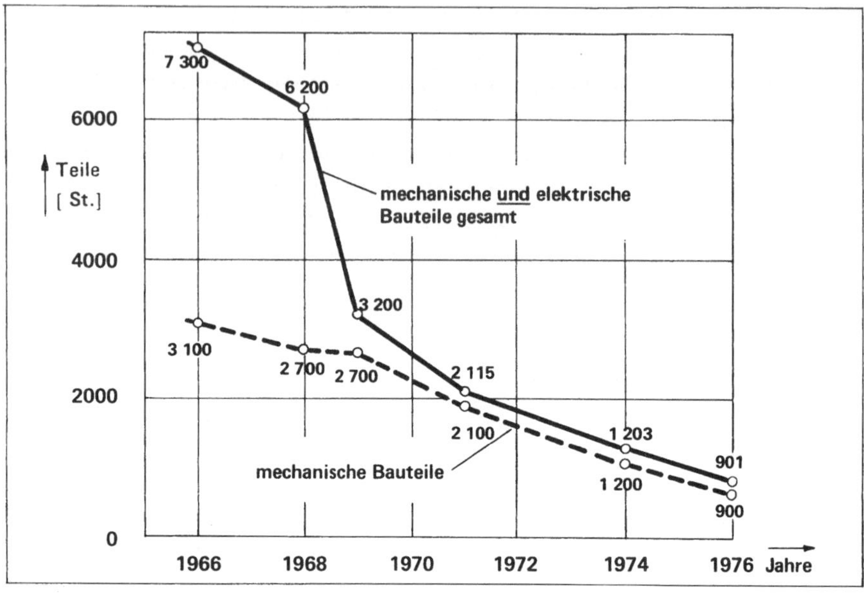

Bild 25:Bauteileanzahl elektronischer druckender Tischrechner /57/

Kategorie 3: Büromaschinen im Substitutionsfeld.

Hierunter fallen Büromaschinen, deren Funktionen komplett von anderen Geräten innerhalb der Informationsverarbeitung übernommen werden können, wie dies in Kapitel 5.3.3 analysiert wurde.

In derartigen Fällen muß über einen längeren Zeitraum gesehen die Produktion der betroffenen Geräte eingestellt werden. Es läßt sich derzeit schwer konkretisieren, um welche Büromaschinen es sich hierbei handelt, da die Substitutionsrichtung und -geschwindigkeit innerhalb der Informationsverarbeitung nicht statisch,sondern dynamisch ist.

Kategorie 4: Neuartige technische Geräte

Im breiten Feld der Datenerfassung bis zum Datentransport im weitesten Sinne wird es eine Reihe neuartiger Produkte geben, die mit Mikroelektronik zum ersten Mal wirtschaftlich realisierbar sind. Beispielsweise Identifikationssysteme, Zeiterfassungssysteme, Sicherheits- und Warnsysteme etc. Die Voraussetzung hierfür ist allerdings die Beherrschung der Mikroelektronik. Zusätzliche Produktlinien können eingerichtet werden.

7 PRAXISBEISPIEL

Die Auswirkungen der Mikroelektronik-Anwendung werden am Beispiel eines
Büromaschinen-Betriebes dargestellt, der u.a. Frankiermaschinen herstellt und hierfür ca. 350 Erwerbstätige beschäftigt.

Die Auswirkungen der Mikroelektronik im Unternehmensbereich Forschung
und Entwicklung bewegen sich im Rahmen der Branchendaten wie sie im Kapitel 6 der Arbeit ermittelt wurden. Im folgenden sollen deshalb schwer-
punktmäßig die Auswirkungen der Mikroelektronik im Fertigungsbereich untersucht werden.

Zunächst wird der IST-Zustand im Fertigungsbereich bei der Produktion
elektromechanischer Frankiermaschinen erhoben. Entsprechende Daten werden für die Produktion mikroelektronischer Frankiermaschinen ermittelt.
Hierbei können die Veränderungen teilweise nur in ihrer Tendenz angegeben werden, da ein Serienmodell einer mikroelektronischen Frankiermaschine noch nicht vorliegt.

7.1 Funktionsprofil der mikroelektronischen Frankiermaschine

Frankiermaschinen sind für das Freimachen von Postsendungen nach postalischen Vorschriften und dem fälschungssicheren Gebührenerfassen bestimmt.

Elektromechanische Frankiermaschinen weisen folgende Baugruppen auf:
Einstellwerk zum mechanischen Einstellen der Gebühr, Gebührenzähler und
Druckwerk zum Aufdrucken der Gebühr sowie des Datums und des Werbekli-
schees entweder auf die Poststücke direkt oder auf Klebestreifen (Bild 26
und Tabelle 41)

Bild 26: Beispiel einer Brieffrankierung mit der Frankiermaschine

BAUGRUPPEN		FUNKTIONEN	
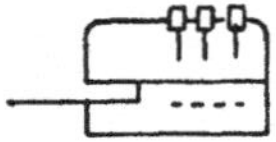		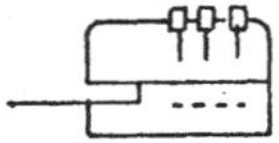	
- Einstellwerk - Gebührenzähler (Vorgabesystem, Wertkarten-System) - Druckwerk (Gebührenstempel, Datumsstempel, Werbeklischee und andere mehr) - ggf. Streifengeber	- Waage - Druckwerk (Gebühr, Datum, Werbeklischee) - Tastatur (numerisch) - Mikro-Rechner (inkl. verschiedene auswechselbare Speicher) - Digitalanzeige - ggf. Streifengeber	- Drucken von Daten (Gebühr, Datum, Absendeort, Werbeklischee) - Fälschungssichere Erfassung und Anzeige der Gesamtgebühren - Anzeige der frankierten Poststücke und des Portobestandes.	- automatisches Wiegen der Poststücke - Drucken von Daten (Gebühr, Datum, Absendeort, Werbeklischee) - fälschungssichere Erfassung und Anzeige der Gesamtgebühren - Erfassung und Anzeige von Teilgebühren (z.B. pro Unternehmensabteilung, pro Auftragsnummer) - Anzeige der frankierten Poststücke und des Portobestandes - Erweiterung des Bedienungskomforts: -- automatische Gebührenermittlung -- automatische Einstellung des Gebührendruckwerkes -- einfache Aktualisierung von Gebührenänderungen durch auswechselbaren ROM-Baustein -- einfaches "Auffüllen" des Portovorrates durch steckbare Speicher (von der DBP) -- ggf. automatische, beförderungsdistanzabhängige Gebührenermittlung. -- ggf. Codierung für automatische Sortierung
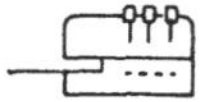	Frankiermaschine (elektromechanisch)		
	Frankiermaschine (mikroelektronisch)		

Tabelle 41: Gegenüberstellung der Funktionen u.Baugruppen von elektromechanischer und mikroelektronischer Frankiermaschine

Bei Anwendung der Mikroelektronik wird eine Erweiterung der Maschinen-
funktion erreicht. Im einzelnen wird die Horizontalintegration in Richtung der zusätzlichen Gewichtserfassung möglich. Die eingebaute digitale
Waage gibt das Wiegeergebnis in digitaler Form direkt an das Rechenwerk
der Frankiermaschine weiter, das dann automatisch die vorgeschriebene
Gebühr errechnet und gleichzeitig das Gebührendruckwerk steuert. Gebührenänderungen können durch den Anwender sehr einfach mit einem auswech-
selbaren ROM-Baustein (Festwertspeicher) aktualisiert werden. Durch mehrere elektronische Teilspeicher im Gerät ist eine beliebige Erfassung
der angefallenen Portoausgaben z.B. pro Unternehmensabteilung oder pro
Auftragsnummer möglich. Ebenso können jederzeit auf einem digitalen Display die verbrauchten und noch zur Frankierung zur Verfügung stehenden
Portowerte abgelesen werden.

Neben den Kriterien wie Gewicht oder Art der Sendung (Drucksache, Brief,
Express etc.) könnte die Beförderungsdistanz als weiterer Parameter zur
Gebührenermittlung berücksichtigt werden. Durch die Einführung der entfernungsabhängigen Gebühr (z.B. wie beim Telefon) wäre eine gerechtere
Gebührenstruktur zu erreichen. Hierzu müßte der Standort der Frankiermaschine in den Speicher eincodiert werden. Bei Angabe des Zielortes
würde dann die Grundgebühr entsprechend nach oben oder unten korrigiert.
Gleichzeitig könnte hierbei die maschinenlesbare Strichcodierung für
die automatische Briefsortierung erfolgen.

Die Wertvorgabe von Postgebühren kann mit austauschbaren mikroelektroni-
schen Steckspeichern durch den Anwender selbst erfolgen. Diese Speicher
können bei den Postämtern bezogen und dort so codiert werden, daß eine
Verwendung nur für die angemeldete Frankiermaschine möglich ist und eine
Maschinenblockierung nach Verbrauch der Wertvorgabe eintritt. In den
Postämtern müssen dann Geräte und Ausrüstungen zur Verfügung stehen, die
solche mikroelektronische Speicher auswerten und programmieren können.
Ebenso ist eine direkte Abbuchung der benötigten Portogebühren vom
Post- oder Bankkonto automatisch möglich.

7.2 Substitutionsprofil

Vom untersuchten Betrieb wird das Substitutionsprofil der Frankiermaschine
so bestätigt, wie es in Kapitel 5.4.4 der Arbeit ermittelt wurde (Bild 16).

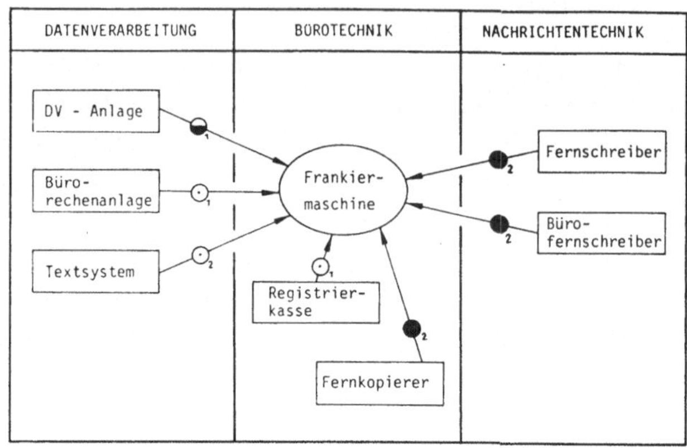

Bild 16: Substitutionsprofil der Frankiermaschine

Substitutionswirkungen primärer Art bestehen durch DV-Anlagen und Bürorechenanlagen. Bei diesen Geräten kann durch eine entsprechende Software
die fälschungssichere Gebührenerfassung erreicht werden. Bild 27 zeigt
das Beispiel einer "Freimachung" mit einer DV-Anlage. Die Gebühr (DM 0,50)
ist auf dem Originalbrief aufgedruckt und im Sichtfenster des Briefes erkennbar. Mit Registrierkassen lassen sich z.B. Gebührenstreifen direkt
bedrucken, wie dies zum Teil im Ausland zu beobachten ist.

Sekundäre Substitutionswirkungen bestehen durch Textsysteme, Fernschreiber, Fernkopierer und Bürofernschreiber. Der Verbreitungsgrad dieser Geräte - außer bei Fernschreibern - ist noch zu gering, so daß derzeit
keine Substitutionswirkungen zu beobachten sind. Vom Erhebungsbetrieb
aus rechnet man mit primären und sekundären Substitutionsauswirkungen
erst bei Frankiermaschinen mit einer Leistung von mehr als 12.000 Frankierungen pro Stunde. Für die betrachtete mikroelektronische Frankiermaschine mit einer Leistung von ca. 7.000 Frankierungen pro Stunde werden derartige Auswirkungen nicht gesehen.

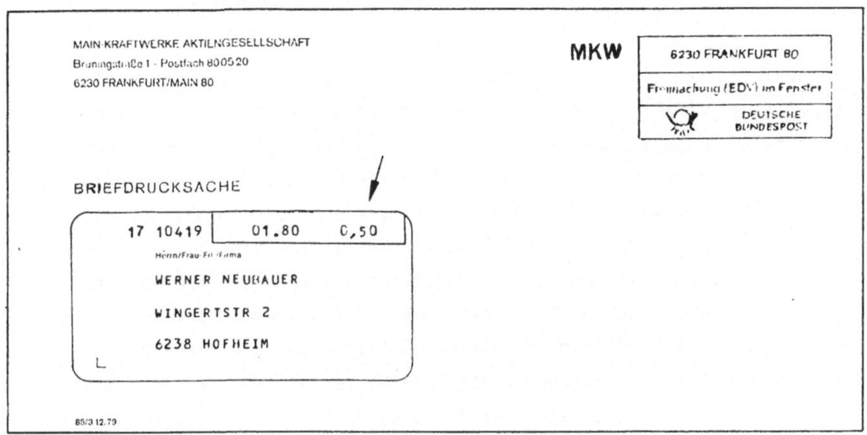

Bild 27: Beispiel einer "Freimachung" durch DV-Anlagen

Bei einem Bestand von über 185 000 Frankiermaschinen in der Bundesrepublik Deutschland geht man von einem jährlichen Zuwachs in Höhe von
8.000 bis 10.000 Frankiermaschinen, vorzugsweise für kleinere und mittlere Unternehmen aus. Im Erhebungsbetrieb rechnet man beim Angebot von
mikroelektronischen Frankiermaschinen mit einer Festigung und geringen
Erhöhung des Marktanteils.

7.3 Erhebung des IST-Zustands und Abschätzung der Strukturänderung

Im vorliegenden Praxisbeispiel umfaßt der gesamte Fertigungsbereich die
Teilbereiche Beschaffung, Arbeitsvorbereitung, Teilefertigung und Montage. Diese Teilbereiche werden jeweils auf ihre Veränderungen entsprechend den betrieblichen Produktionsfaktoren (Personal, Maschine,
Material) untersucht. Sofern es sich als relevant herausstellt, werden
als weitere Variablen die entsprechenden Kosten und Relationen direkt
erfaßt oder abgeleitet.

7.3.1 Beschaffung

Zur Herstellung von elektromechanischen Frankiermaschinen sind etwa 5% der
Gesamtbeschäftigten im Beschaffungsbereich tätig. Zur Herstellung

einer entsprechenden mikroelektronischen Frankiermaschine wird der prozentuale Anteil der Beschäftigten in diesem Bereich etwa gleich bleiben.
Es wird jedoch eine interne Verschiebung der Arbeitsintensität von der
Lagerhaltung zum Einkauf stattfinden. Bei mikroelektronischen Produkten
erfordern die Materialdisposition, Markterkundung und Kaufverhandlung
zusätzlichen Aufwand, während die Lagerhaltung stückzahlmäßig von 30 %
der Teile entlastet wird. Wertmäßig wird es allerdings im Lagerbereich
zu einer Erhöhung kommen, da mikroelektronische Teile den A-Teilen zu-
gerechnet werden müssen. Mit Einführung und Anwendung der Mikroelektronik muß sich das im Beschaffungsbereich tätige Personal zusätzliche
Kenntnisse aneignen. So müssen die Mitarbeiter beispielsweise Kenntnisse der englischen Sprache besitzen, da 90 % der elektronischen Halb-
leiter-Bauelemente in den USA und Japan hergestellt werden und Bauele-
mente-Ankündigungen, Datenblätter und Spezifikationen fast ausschließlich in englischer Sprache abgefaßt sind. Obwohl der Bauelementebezug
über Händler ausländischer Hersteller in Deutschland möglich ist, erfordern Marktbeobachtung und Korrespondenz entsprechende Sprachkenntnisse.
Neben der termingetreuen und qualitätskonstanten Anlieferung elektronischer Bauteile ist auf die Lieferfähigkeit durch Zweit- oder Dritther-
steller zu achten: Zum einen, um nicht in die Abhängigkeit eines Bauele-
mente-Herstellers hinsichtlich Produktionsausfall und Lieferengpaß zu
geraten, zum anderen aber wegen der indirekten Gewähr für den großen
Verbreitungsumfang dieser Bauelemente und der Wahrscheinlichkeit einer
längerfristigen Marktversorgung und einer Preisdegression.

Für die Lagerhaltung werden im Zusammenhang mit der Mikroelektronik
folgende Faktoren relevant:

- Optimierung der Lagerhaltungskosten elektronischer Bauteile, da diese
  den A-Teilen zuzurechnen sind, unter Beachtung der Preisdegression und
  Berücksichtigung neuartiger Bauelemente höherer Integrationsdichte.

- Beachtung von Umweltbedingungen für die Lagerhaltung (Temperatur,
  Feuchtigkeit und Lagerfähigkeit).

- Ermittlung der Lagerhaltungsquote im Hinblick auf die vertraglich ein-
  gegangene Garantieverpflichtung für die hergestellten elektronischen
  Produkte (ca. 5 bis 10 Jahre).

STRUKTURÄNDERUNGEN IM BESCHAFFUNGSBEREICH (Einkauf und Lager)		
	mechanische Bauart	mikroelektronische Bauart
PERSONAL:		
- Anteil	5% der Gesamtbeschäftigten	unverändert
- Struktur	Angelernte und Hilfskräfte	zusätzliche Elektroniker
- Kenntnisse	Mechanik-Erfahrung	zusätzliche Grundkenntnisse in Elektronik, Fremdsprachenkenntnisse
MASCHINEN:		
- Art	mechanisch bzw. optische Prüfgeräte	zusätzlich elektronische Prüfgeräte im Wert von ca. 0,5 Mio.DM
SONSTIGES:		
- Lagerfläche	-	um 30% der Teile reduziert
- Lagereinrichtungen	-	zusätzlich sind besondere Einrichtungen für ICs wegen Temperatur, Luftfeuchtigkeit etc. erforderlich

Tabelle 42: Strukturänderungen im Beschaffungsbereich

Die Anschaffung geeigneter Geräte für die vollständige Wareneingangs-
prüfung mikroelektronischer Bauteile wird im betrachteten Betrieb als
unwirtschaftlich angesehen, da hierfür Investitionen von ca. 0,5 Mio.
DM notwendig würden. Hier wird in der Regel so verfahren, daß die Waren-
ausgangsprüfung beim Bauelemente-Hersteller im Beisein eines Mitarbeiters aus der Einkaufsabteilung vorgenommen wird. In den anderen Fällen,
in denen Bauelemente vom Händler bezogen werden, stellen sich Funktions-
fehler der mikroelektronischen Bauteile erst beim Funktionstest der gesamten Maschine heraus. (Tabelle 42)

7.3.2 Arbeitsvorbereitung

Das Personal der Arbeitsvorbereitung und Betriebsmittelplanung muß sich
ebenfalls Grundkenntnisse in der Mikroelektronik aneignen, um die geeignete Auswahl der Betriebsmittel für die Fertigung treffen zu können. Ein
Hauptproblem wird dabei die Umsetzung der Entwicklungsergebnisse in Ar-
beitspläne und Arbeitsplandaten sein, da über die neue Technologie noch
keine Erfahrungen wie bei der Mechanik-Fertigung vorliegen. So muß beispielsweise untersucht werden, wie sich fertigbestückte Platinen kostengünstig herstellen lassen und ob die Installation eines Lötbades erforderlich ist.

Alternativ hierzu muß analysiert werden, ob die Eigenentwicklung der
Elektronik-Hardware überhaupt wirtschaftlich ist, oder ob zu Anfang der
Gerätefertigung eine fertiggetestete Mikro-Rechner-Platine eingebaut werden soll. Obwohl diese Mikro-Rechner-Platine höhere Leistungen bietet als
sie für Frankiermaschinen notwendig sind, kann diese von der Kostenseite
her (z.Z. zwischen DM 200,-- und 300,--) im Vergleich zu der eigenen
Herstellung günstiger sein. Bei größeren Stückzahlen sollte dann die "maß-
geschneiderte" Elektronik-Hardware gefertigt werden. Auch hierbei ist zu
prüfen, ob diese nicht kostengünstiger von Zulieferanten zu beziehen ist,
da diese meist über Computerprogramme für den optimalen Bestückungsplan,
über Lötbäder sowie Prüfeinrichtungen verfügen. Mitarbeiter im Bereich
der Arbeitsvorbereitung müssen sehr genau die Entwicklung elektronischer
Bauelemente verfolgen wie beispielsweise Integrationsdichte und Standardisierung damit langfristig eine Modulkonzeption der Elektronik-Hardware
für die gesamte Produktpalette realisierbar wird.

STRUKTURÄNDERUNGEN IN DER ARBEITSVORBEREITUNG		
	mechanische Bauart	mikroelektronische Bauart
PERONAL:		
- Anteil	-	in der Anfangsphase der mikro-elektronischen Produkte mehr
- Kenntnisse	Mechanik-Erfahrung	zusätzlich Elektronik-Grundkenntnisse und Erfahrungen bei der Herstellung von Elektronik-Hardware erforderlich
SONSTIGES:		
- innerbetriebl. Kontakte	-	verstärkte Kontakte mit der Entwicklungsabteilung und dem Einkauf sind notwendig
- außerbetriebl. Kontakte	-	verstärkt mit Elektronik-Hardwareherstellern

Tabelle 43: Strukturänderungen in der Arbeitsvorbereitung

Betrachtet man den bisherigen Arbeitsaufwand der Arbeitsvorbereitung für die mechanische Frankiermaschine, so läßt sich feststellen, daß dieser zunächst größer wird, da im Zusammenhang mit der Mikroelektronik grundsätzlich neue Probleme beim Fertigungsablauf zu lösen sind. Längerfristig ist jedoch wieder mit einer Arbeitsentlastung zu rechnen, insbesondere dann, wenn eine Standardisierung der Elektronik-Hardware erreicht ist. (Tabelle 43)

7.3.3 Teilefertigung

Von den insgesamt 1.400 Teilen der mechanischen Frankiermaschine werden rund 80 % in Eigenfertigung hergestellt. Hierfür sind 160 Spezialmaschinen wie Drehmaschinen, Fräsmaschinen, Graviermaschinen u.ä. eingesetzt. Lediglich 4 Fertigungsmaschinen sind universell einsetzbar (z.B. NC-Bearbeitungszentrum). Bei Anwendung der Mikroelektronik werden 36 % der mechanischen Teile nicht mehr benötigt. Die zusätzliche Wiegefunktion erfordert rund 40 mechanische Teile. Gleichzeitig werden 42 zusätzliche elektrische Teile wie Lampen, Schalter, Schrittmotoren, Anzeigen und mikroelektronische Teile wie Mikro-Rechner oder hybride integrierte Schaltkreise benötigt, die zu 100 % als Zulieferteile bezogen werden. Insgesamt reduziert sich die erforderliche Teilezahl für eine mikroelektronische gegenüber einer mechanischen Frankiermaschine um 30 % (Tabelle 44).

mechanische Frankiermaschine	mikroelektronische Frankiermaschine (µE)			Gesamt
	mechanische Teile		elektrische und elektronische Teile (gesamt)	
	bei µE	zusätzl. Wiegen	bei µE und Wiegen	
1.400 Teile	- 510	+ 40	+ 42	- 30%
(100 %)	(-36%)	(+3%)	(+3 %)	

Tabelle 44: Anzahl der erforderlichen Teile für eine mikroelektronische Frankiermaschine

STRUKTURÄNDERUNGEN IN DER TEILEFERTIGUNG	mechanische Bauart	mikroelektronische Bauart
PERSONAL:		
- Anteil	-	konstant bei Eigenfertigung des Elektronikteils (sonst 10 - 20 % weniger)
- Struktur: Hilfskräfte	13%	20%
angelernte Kräfte	55%	60%
Lehrberufe	30%	15%
Ingenieure	2%	5%
- Kenntnisse	-	zusätzlich Grundkenntnisse in Elektronik erforderlich
MASCHINE:		
- Spezialmaschinen	160	90
- Universalmaschinen	4	9
MATERIAL		
- Teilezahl	1400	Reduzierung um 30%
SONSTIGES Fertigungsfläche	-	konstant bei gesamter Elektronik-Fertigung, sonst 25 - 30 % weniger

Tabelle 45: Strukturänderung in der Teilefertigung

Gleichzeitig wird im Fertigungsbereich eine Verringerung der Spezialmaschinen von 160 auf 90 Einheiten eintreten beim zusätzlichen Einsatz von 5 weiteren NC-Maschinen wie Drehautomaten, Fräsautomaten und Bearbeitungszentren.

Die Personalstruktur im Fertigungsbereich weist einen Hauptanteil von 55 % angelernter Kräfte auf. Lehrberufe wie Mechaniker, Dreher, Fräser sind zu 30 % vertreten. Hilfskräfte z.B. für den innerbetrieblichen Transport haben einen Anteil von 13 % und Ingenieure von 2 %.

In dem Fall, in dem die Fertigung der Elektronik-Hardware als Zulieferteil bezogen wird, kann sich die Gesamtanzahl des Fertigungspersonals verringern (ca. 10 bis 20 %). Wenn jedoch wie angestrebt, längerfristig auch die Leiterplattenherstellung, Bestückung und Lötung im eigenen Betrieb vorgenommen wird, geht man von einer konstanten Beschäftigtenanzahl im Bereich der Teilefertigung aus. Für den letztgenannten Fall wird die Personalstruktur eine Erhöhung der Hilfskräfte auf 20%, eine Steigerung der angelernten Kräfte auf 60%, eine Reduzierung und Verschiebung bei den Lehrberufen vom Feinmechaniker zum Elektroniker auf 15% und eine Steigerung auf 5% bei qualifizierten Ingenieuren aufweisen (Tabelle 45).

Die benötigte Nettofertigungsfläche von 0,08 m² pro mechanischer Frankiermaschine und pro Jahr wird etwa gleichbleiben. Die Flächenreduzierung von ca. 10 bis 15 % durch 30 % weniger Teile wird zur Herstellung der Elektronik-Platine für das Lötbad, Bestückungsgeräte und Testgeräte benötigt.

7.3.4 Montage

Die Verringerung der Teilezahl bei der mikroelektronischen Frankiermaschine führt zu einer Verkürzung der Montagezeit um rund 40 %. Hierbei ist bereits die Montagezeit für die Waagenbaugruppe berücksichtigt und der Fremdbezug der Elektronik-Hardware angenommen.

Aufgrund der hohen Präzision bei der Montage von Gebührenwerk und Drucktrommel der mechanischen Frankiermaschine sind oft Nacharbeiten notwendig, die von Beschäftigten mit Lehrberufen ausgeübt werden. Diese haben mit 40 % einen hohen Anteil an der Personalstruktur in der Montage. Zu 46 %

STRUKTURÄNDERUNGEN IN DER MONTAGE		
	mechanische Bauart	mikroelektronische Bauart
PERSONAL:		
– Struktur		
Hilfskräfte	14%	12%
angelernte Kräfte	46%	67%
Lehrberufe	40%	21%
– Kenntnisse	-	zusätzlich Kenntnisse in Elektronik
MASCHINEN:	zu 98% mechanische Geräte und Vorrichtungen	zusätzlich elektronische Geräte (Oszillographen, Testgeräte etc.) im Wert von ca. 200 TDM
SONSTIGES: Montagezeit	-	40% weniger, falls Elektronik-Teile als Zulieferteil
Montagefläche	-	20 - 25% weniger, falls Elektronik-Fremdfertigung

Tabelle 46: Strukturänderungen in der Montage

sind angelernte Kräfte in der Montage eingesetzt.

Bei der Montage von mikroelektronischen Frankiermaschinen wird sich der Anteil der Hilfskräfte von 14% auf 12% leicht reduzieren. Angelernte Kräfte werden den meisten Anteil von 67% ausmachen und der Anteil der Personen mit Lehrberufen wird sich um ca. die Hälfte auf 21 % verringern bei gleichzeitiger Verlagerung der Kenntnisse in Richtung der Elektromechanik und Elektronik.

Falls die Elektronik-Hardware komplett von Drittfirmen bezogen wird, geht man von einer Verringerung der benötigten Montagefläche von 20 % bis 25 % aus.

Während für die mechanische Frankiermaschinen die in der Montage benötigten Betriebsmittel zu 98 % mechanischer Art sind, erfordern mikroelektronische Frankiermaschinen zusätzlich elektronische Geräte wie Oszillographen, Leiterplatten-Testgeräte und Mikro-Rechner-Entwicklungssysteme für den Funktionstest in Höhe von zusammen rund DM 200.000,--. (Tabelle 46).

7.3.5 Kostenstruktur

Bei der Fertigung mikroelektronischer Frankiermaschinen wird es auch zu einer Verschiebung in der Kostenstruktur kommen. Während bei der mechanischen Frankiermaschine die Personalkosten mit 64 % dominieren, stehen bei der mikroelektronischen Frankiermaschine die Materialkosten mit 48% an erster Stelle. Hierbei wurde davon ausgegangen, daß die gesamte Elektronik-Hardware als Zulieferteil bezogen wird. Bei der Gegenüberstellung der Kosten von mechanischer und mikroelektronischer Frankiermaschine ist zu beachten, daß die Kostenbasis der mikroelektronischen Frankiermaschine um 15 % höher liegt als der mechanischen.

	mechanische Frankiermaschine	mikroelektronische Frankiermaschine
Materialkosten	26 %	48 %
Personalkosten	64 %	43 %
Sonstige Kosten	10 %	9 %

Tabelle 47: Kostenstruktur der mechanischen und mikroelektronischen Frankiermaschine

Über die Anwendungen und Auswirkungen der Mikroelektronik liegen noch keine
gesicherten Erkenntnisse vor. Das trifft insbesondere für die mittelständisch
strukturierte Büromaschinen-Industrie zu, die sich zur Zeit mit der Anwendung
dieser neuen Technologie befaßt. Die vorliegende Arbeit soll deshalb einen
Beitrag zur Anwendung und Einführung der Mikroelektronik leisten.

Bevor überhaupt Aussagen über Büromaschinen gemacht werden konnten, war es erforderlich, ihre Funktionsprofile zu ermitteln. Als Ergebnis dieser Analyse
ergab sich eine morphologische Systematik, die eine Zuordnung von Büromaschinen ermöglicht und insbesondere als Suchfeld zur Ermittlung neuer Büromaschinen verwendet werden kann.

Um die gerätetechnische Ausprägung verschiedener Büromaschinen bei Anwendung
der Mikroelektronik zu ermitteln, wurden die beiden Hauptumfeldfaktoren Technologie und Wettbewerb - hervorgerufen durch Geräte der Nachrichtentechnik
und der Datenverarbeitung - untersucht. Die Untersuchung des ersten Faktors
wurde zweistufig vorgenommen. Das Ziel der ersten Stufe war es festzustellen,
welche bisherigen Büromaschinenfunktionen durch die Mikroelektronik ersetzt
werden können. Hierbei zeigten sich Anwendungsschwerpunkte im Bereich der Maschinensteuerung, d. h., der Erfassung und Speicherung physikalischer Größen
wie Druck, Temperatur, Umdrehung etc. und im Bereich der Verarbeitung von
Daten nach vorgegebenen Programmen. In der zweiten Untersuchungsstufe, bei
der Frage, welche zusätzlichen Funktionen mit der Mikroelektronik durchgeführt werden können, zeigten sich erhebliche Erweiterungsmöglichkeiten. So
können beispielsweise über die maschineninternen Steuerbefehle hinaus Daten
(Zahlen, Texte etc.) elektronisch erfaßt, gespeichert und elektronisch verarbeitet werden. Ebenso werden die elektronische Datenerfassung (z. B. mit
Lichtgriffel), die optische Informationsausgabe (z. B. mit Display, Bildschirm) sowie die Kommunikation bei der Dateneingabe und -ausgabe mit anderen informationsverarbeitenden Geräten möglich.

Nach einer weiteren Analyse des Substitutionsfeldes innerhalb der Geräte der
gesamten Informationsverarbeitung war es dann möglich, den Substitutionsdruck auf den Bereich der Bürotechnik zu quantifizieren und die gerätetechn-
nische Ausprägung von Büromaschinen anhand von Beispielen zu konkretisieren.

Parallel zu den Analysen wurde eine empirische Untersuchung bei rund 30 %
der deutschen Büromaschinen-Betriebe durchgeführt. Hierbei war die Ermittlung

der repräsentativen Technologieanwendung in der Büromaschinen-Industrie und
die Überprüfung der Analyse hinsichtlich der ermittelten Gerätekonzeptionen
möglich. Darüber hinaus wurden mit der Erhebung erstmalig Daten über den
innerbetrieblichen Strukturwandel qualitativer und quantitativer Art im
Entwicklungsbereich gewonnen. Strukturänderungen im Fertigungsbereich wurden
anhand eines Praxisbeispieles aufgezeigt.

Hiermit stehen für die Anwendung der Mikroelektronik in der Büromaschinen-
Industrie praktikable Entscheidungs- und Orientierungshilfen zur Verfügung.

9   SCHRIFTTUM

/1/   Friedrichs,G.: Einsatz von Mikroprozessoren - Auswirkungen auf Pro-
       duktion und Beschäftigung. Sonderdruck Rationalisierung 29 (1979)
       7/8 und 9, S. 11.

/2/   BMFT: Verzicht auf Elektronik rettet keine Arbeitsplätze, Hauff er-
       öffnet technologiepolitische Aktion. Blick durch die Wirtschaft
       22(1979) Nr. 1, S. 1.

/3/   Lange,S.: Neue Chancen der Informationstechnologie. In: Schriften-
       reihe der Fachgemeinschaft Büro-und Informationstechnik Nr. 36
       Düsseldorf 1978, S. 16 u. 17.

/4/   Warnecke,H.-J.;Bullinger,H.-J.;Maier,U.: Mikroelektronik ist unver-
       zichtbar. Blick durch die Wirtschaft 22 (1979) Nr. 168, S. 1 u.5.

/5/   Matthöfer,H.: Die Bedeutung der Mikroelektronik für die Industrie-
       struktur und Gesellschaftspolitik. Vortrag zur Eröffnung des 6.
       Internationalen Kongresses der Mikroelektronik, München 1974.

/6/   Blohm, H.: Grundlagen und Bedingungen moderner Büroorganisation. In:
       Gestaltung und Organisation der Büroarbeit in Industriebetrieben.
       Schriftenreihe des Instituts für angewandte Arbeitswissenschaft ,
       Köln 1977, S.7.

/7/   Stute, G.; Plasch, D.: Einfluß der Halbleitertechnik auf Steuersyste-
       me im Werkzeugmaschinenbau. In: Real-Time Data Handling And Process
       Control. Hrsg. H. Meyer, Brussels and Luxembourg 1980, S. 311-319.

/8/   DIN 41875 : Mikroelektronik, Grundbegriffe.

/9/   DIN 44300 : Informationsverarbeitung , Begriffe.

/10/   Blomeyer-Bartenstein, H.-P.: Mikroprozessoren und Mikroelektronik,
       Einführung in die Grundlagen und Anwendungstechnik. Schriftenreihe
       der Siemens AG Nr B 12/1420, 1975.

/11/   Gößler, R.: Ein/ausgabe - Bausteine für Mikroprozessoren. In: Mikro-
       prozessoren, Sonderausgabe der Elektronik, München 1977, S. 41.

/12/   Ruge, I.; Heuberger, A.; Eder, A.; u.a.: Mikroprozessoren und peri-
       phere Bauelemente. In: Anwendung der Halbleitertechnik in der mittel-
       ständischen Industrie. Hrsg. Fraunhofer Gesellschaft 1977. S. 93.

/13/   Goser, K.: Integrationstechniken für Mikroprozessoren. Oldenburg
       1978, S. 177.

/14/   Bohle, G.: Trends in der Mikrocomputertechnik. Vortragsunterlagen
       zum 42. VDE-Dozententreffen. München 1977, S. 16.

/15/   Einsele, T.: Entwicklungstendenzen der Rechnertechnologie und Rechner-
       struktur. In: DV Aktuell. Hrsg. K. Nagel. Stuttgart 1976, S 15.

/16/   Diebold : Studie Mikroprozessoren , Teil I und II. Frankfurt/M. 1976.

/17/   Pirker, T.: Büro und Maschinen. Tübingen 1962, S. 34 ff.

/18/   Ganzhorn, K.; Walter, W.: Die geschichtliche Entwicklung der Daten-
       verarbeitung. Überarbeitete und erweiterte Fassung. Hrsg. IBM-
       Deutschland GmbH. Stuttgart 1975, S. 26.

/19/   VDMA : Strukturbericht der Fachgemeinschaft Büro- und Informations-
       technik . Düsseldorf 1980.

/20/   o.V. : Jahresbericht der Fachgemeinschaft Büro- und Informationstechnik.
       Düsseldorf 1975, S. 17.

/21/   Holzwarth, H.: Wirtschaftliche und soziale Auswirkungen des Mikro-
       computer-Einsatzes. Vortrag auf dem 42. VDE-Dozententreffen. München
       1977. S. 1.

/22/   Pfeiffer, W.: Probleme kleiner und mittelgroßer Unternehmen im techno-
       logischen Trendbruch. In: Rationalisierung in der Strukturkrise.
       Bericht Nr. 4 der Forschungsgruppe für Innovation und technologische
       Voraussage. Nürnberg 1978.

/23/   Bierhals, R.: Auswirkungen der Mikroelektronik auf die bayerische
       Wirtschaft, Teilband 4 - Büromaschinen und Datenverarbeitung. Karls-
       ruhe 1978 , S. 59-72.

/24/   Mackintosh : Marktstudie Halbleiter. Studie im Auftrag des Bundes-
        ministeriums für Forschung und Technologie. Bonn 1976.

/25./   Scholz, L.: Die Verbreitung der Mikroelektronik in der Bundesrepublik.
        Gutachten im Auftrag des Bundesministeriums für Wirtschaft. Bonn 1970.

/26/   Diebold : Studie Mikroprozessoren. Teil I, Dez. 1975; Teil II, März
        1976.

/27/   Nieß, P.; Röck, H.; Schlauch, R.: Mikroprozessoren und Mikro-
        computer; Entwicklungstrends, Einsatzmöglichkeiten, Auswirkungen auf
        die Arbeitsplätze. Hrsg. RKW. 2. Aufl. 1978, S. 9-55.

/28/   Müller-Lutz, H.-L.: Das programmierte Büro. Wiesbaden 1964.

/29/   Hegner, K.: Büromaschinen. In: Handwörterbuch der Betriebswirtschaft.
        Hrsg. E. Grochla und W. Wittmann. 4. Aufl. Stuttgart 1974, S. 1065-1078.

/30/   Schramm, H.: Nomenklatur für den CeBIT- Haupt-und Fachkatalog.
        Hannover 1977.

/31/   Statistisches Bundesamt : Warenverzeichnis für die Industriestatistik
        Warengruppe 50. Wiesbaden 1975.

/32/   Thürbach, R.; Hutter, E. : Zum Stand der Organisation in mittel-
        ständischen Betrieben- Eine empirische Analyse . Göttingen 1976.

/33/   Zwicky, F.: Entdecken, Erfinden, Erforschen im Morphologischen
        Weltbild. München/Zürich 1966.

/34/   Seeger, H.: Elemente und Prinzipien der Tragwerksgestaltung als Teil-
        aufgabe des methodischen Konstruierens. Stuttgart 1974.

/35/   DIN 9765 : Diktiereinrichtungen; Klassifikation, Begriffe.

/36/   DIN 2108: Schreibmaschinen; (DIN 2140 Schreibautomaten) Klassifika-
        tion, Begriffe.

/37/   DIN 9752   : Rechenmaschinen.

/38/   DIN 9757   : Elektronische Rechenmaschinen; Klassifikation, Begriffe.

-118-

/39/   DIN 9763 : Abrechnungsmaschinen.

/40/   N.N: Registrierkassen In: Bürotechnische Sammlung 18 (1972) S.1-11.

/41/   DIN 9775 : Vervielfältigungsmaschinen; Bürodruckmaschinen, Klassifikation, Begriffe.

/42/   DIN 9780 : Vervielfältigungsmaschinen; Bürokopiergeräte, Klassifikation, Begriffe.

/43/   DIN 32742 Teil 8 (Entwurf) Fernkopierer, Begriffe.

/44/   DIN 9778 : Adressiermaschinen; Klassifikation, Begriffe.

/45/   DIN 9779 : Frankiermaschinen; Klassifikation, Begiffe.

/46/   Hansen, F.: Konstruktionssystematik. 2.Aufl. Berlin 1966.

/47/   Lill, A.: Einsatz und Anwendung von Mikrocomputern. In: Vortragsunterlagen zum 42. VDE-Dozententreffen. München 1977.

/48/   Scheller, H.: Mikroelektronik bei Büromaschinen. Referat auf der Mitgliederversammlung der Fachgemeinschaft Büro- und Informationstechnik 1977, München.

/49/   Röhrig, R.: Illustration des technischen Wandels durch Einsatz von Elektronik. In: Anwendung der Halbleitertechnik in der mittelständischen Industrie. Hrsg. Fraunhofer-Gesellschaft, Karlsruhe 1977, S. 13-36.

/50/   Wenner, G.: Funktion und Aufbau eines Mikroprozessors/Mikrocomputers. In: VDE-Dozententreffen. München 1977.

/51/   Ruge, I.; Heuberger, A.; u.a. : Mikroprozessoren und periphere Bauelemente. In: Anwendung der Halbleitertechnik in der mittelständischen Industrie. Hrsg. Fraunhofer-Gesellschaft Karlsruhe 1977 S. 91-116.

/52/   o.V. : Strukturbericht der Fachgemeinschaft Büro- und Informationstechnik im VDMA , Düsseldorf 1977.

/53/   Jantsch, E.: Technological Forecasting in Perspektive. OECD Paris 1967.

/54/ Fischer,F.: Praxis der Technikprognose. Techniken der Zukunft 3
      (1973), S. 91-94.

/55/ Braune,G.: Büromaschinen Einfuhr im Wandel der Zeit. büro-und
      informationstechnik 12 (1976) 6, S.25.

/56/ Schäfer,G,;Walter,G.: Auswirkungen des Strukturwandels auf Organisation
      und Personal mittelständischer Unternehmen.In:Anwendung der Halb-
      leitertechnik in der mittelständischen Industrie. Hrsg. Fraunhofer-
      Gesellschaft Karlsruhe 1977 S.177.

/57/ o.V.: Jahresbericht der Firma Olympia Werke AG, Wilhelmshaven 1976.

10. ANHANG

10.1 Ermittlung des Substitutionsausmaßes

Um die Größe der Substitution des Gerätes (A) auf das Gerät (B) zu ermitteln, wurden die Funktionsprofile beider Geräte jeweils gegenübergestellt.(Siehe untenstehende Beispiele 1 bis 3). Je mehr Funktionen des
Gerätes (B) von dem Gerät (A) ausgeführt werden können, umso größer ist
die Substitution des Gerätes (A) auf das Gerät (B).

Für dieArbeit wurden 3 Substitutionsbereiche gewählt, denen jeweils ein
Symbol zugeordnet ist. (Siehe untenstehende Tabelle). Das Symbol wird zusätzlich mit dem Index (1) für die primäre Substitution und mit dem Index
(2) für die sekundäre Substitution gekennzeichnet.

SUBSTITUTIONSAUSMASS	SYMBOL
FpG (A) ist zwischen (0···50)% mit FpG (B) identisch	$\odot_{1,2}$
FpG (A) ist zwischen (50···100)% mit FpG (B) identisch	$\ominus_{1,2}$
FpG (A) ist über 100% mit FpG (B) identisch	$\bullet_{1,2}$
FpG (A,B) = Funktionsprofil des Gerätes (A,B)	

Tabelle: Substitutionsbereiche und Symbole

Funktionsprofil Schreibautomat (A)	Funktionsprofil Schreibmaschine (B)	Substitution
- Lesen und Schreiben von Datenträgern - automatisches Drucken von Buchstaben, Ziffern, Sonderzeichen - automatische Selektion - Speichern von Buchstaben Ziffern, Sonderzeichen	Drucken von Buchstaben, Ziffern, Sonderzeichen	>100 % Symbol: $\bullet_1$

1. Beispiel: Primäre Substitution der Schreibmaschine durch den Schreib-
          automat.

Funktionsprofil Fernkopiergerät (A)	Funktionsprofil Frankiermaschine (B)	Substitution

- optisches Abtasten der
  Vorlage
- Digital isieren
- Übertragen (Telefon-
  leitung)
- Empfangen der digitalen
  Signale und Übersetzen
  in sichtbare Elemente
  (Punkte, Linien etc.)
	- Drucken von Daten (Ge-
	  bühr, Datum, Absende-
	  ort, Werbeklischee)
	- Fälschungssichere Er-
	  fassung und Anzeige
	  der Gesamtgebühren
	- Anzeige der frankier-
	  ten Poststücke und
	  des Portobestandes.
		= 100 % *
		
		Symbol:
		$\bullet_2$

2. Beispiel: Sekundäre Substitution der Frankiermaschine durch das
            Fernkopiergerät

* Bei Verwendung von Fernkopiergeräten wird die nachgeschaltete Bürofunktion
  "Frankieren" nicht mehr benötigt. Deshalb tritt eine völlige sekundäre Sub-
  stitutuion auf.

Funktionsprofil DV-Drucksystem (A)	Funktionsprofil Textsystem (B)	Substitution

- Lesen von Datenträgern
- automatischer Formular-
  druck (Vordruckeinrich-
  tung)
- automatischer Datendruck
  (Adresse, Text, variable
  Daten)
- programmgesteuerter Wech-
  sel von Schriftarten,
  Sonderzeichen, Unter-
  schriften etc.
- Kommunikation mit DV-
  Anlagen
	- Lesen und Schreiben von
	  Datenträgern
	- Speichern und Verarbei-
	  ten von Texten
	  (Adressen, Briefen,
	  Textbausteinen) und
	  Zahlen (Buchhalten)
	- automatisches Drucken
	  von Schrift- und
	  Sonderzeichen
	- Datenanzeige
	  (Text und Zahlen auf
	  Bildschirm
	- Kommunikation über
	  Fernsprechleitung und
	  andere Textsysteme oder
	  DV-Anlagen
		$(50 \cdots 100)\,\%$
		
		Symbol:
		$\ominus_1$

3. Beispiel: Primäre Substitution des Textsystems durch das DV-Druck-
            system.

10.2 Fragebogen

Für die Durchführung der empirischen Untersuchung in Kapitel 6 wurde ein Fragebogen verwendet. Die schraffiert gekennzeichneten Fragen Nr. 1, 2, 3, 5, 6, 7, 8, 9, 13, 14, 15, 20, 21, 22, und 23 wurden ohne die dazugehörigen Orientierungshilfen den Befragten bei der Kontaktaufnahme zugeleitet.

Der nachstehend wiedergegebene Fragebogen enthält darüberhinaus alle insgesamt gestellten Fragen, die z. T. auch aus Vertiefungsfragen und Kontrollfragen zur Überprüfung der Aussagen bestanden. Der Fragebogen ist vom formalen Aufbau her so konzipiert, daß er bei den Expertengesprächen gleichzeitig als Protokollierhilfe benutzt werden konnte.

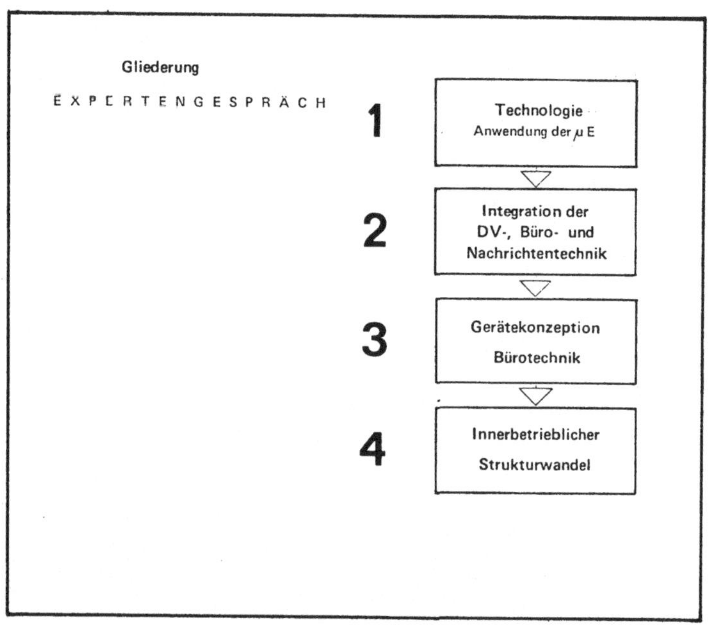

EXPERTENGESPRÄCH

Abkürzungen:

µE: Mikroelektronik
µP: Mikroprozessoren
DV: Datenverarbeitung
NT: Nachrichtentechnik
BT: Bürotechnik

1   TECHNOLOGIE-ANWENDUNG DER MIKROELEKTRONIK

Frage 1   Welche Gründe <u>für</u> die Anwendung der µE bei Büromaschinen sehen Sie?

<u>Vorwiegend technische Aspekte</u>

☐ besseres Preis-/Leistungsverhältnis

☐ weniger Wartung, wartungsfreie Reaktionsmöglichkeit der Maschine auf verschiedene Betriebszustände

☐ höherer Bedienungskomfort möglich

☐ Möglichkeit weitgehender Automatisierung der Produkte und bessere Bedienerführung (geringere Qualifikation des Bedieners)

☐ Kostendegression der elektronischen Bauelemente

☐ Anpassungsmöglichkeit an integriertes Bürosystem (andere Büromaschinen)

☐ flexible Produktanpassung an Kundenwunsch

☐ flexible Reaktion auf Marktnischen, mehr Marktnähe für Klein- und Mittelbetriebe

☐ selbstüberwachende Funktionsabläufe/Kontrolle

☐ geringeres Volumen, Gewicht, Geräusch

☐ niedriger Leistungsverbrauch

☐ umweltfreundlich

☐ selbstjustierende Gerätefunktionen möglich

☐ Sammeln, Auswerten, Speichern und Weiterleiten von Betriebsdaten der Maschine möglich

☐ kompatibel zur DV hinsichtlich Datenaustausch und Steuerbefehle

☐ Standardisierbarkeit und damit Kostensenkung der Elektronik-Hardware

☐ Sonstige

Vorwiegend wirtschaftliche Aspekte (zu Frage 1)

☐ um Gefahr der Substitution durch DV und Nachrichtentechnik zu begegnen

☐ um Wettbewerbsfähigkeit zu erhalten

☐ um vorhandene Arbeitsplätze zu sichern

☐ ....

☐ ....

☐ ....

☐ ....

<table>
<tr><td>░░░
Frage 2</td><td>Welche Gründe sehen Sie, die <u>gegen</u> die Anwendung der µE sprechen?</td></tr>
</table>

Vorwiegend technische Aspekte

☐ Informationsprobleme, fehlendes Know-how

☐ Abhängigkeit vom Bauelemente-Hersteller

☐ Sonstige

☐ . . . .

☐ . . . .

☐ . . . .

Vorwiegend wirtschaftliche Aspekte

☐ Verlust an Fertigungstiefe

☐ Änderung der Personalstruktur / Freisetzung

☐ Investitionsaufwand für Mikroelektronik

☐ organisatorische Probleme

☐ Amortisationsrisiko

☐ . . . .

☐ . . . .

☐ . . . .

<table>
<tr><td>░░░
Frage 3</td><td>Auf welche Art hat man sich im Betrieb am erfolgreichsten Kenntnisse über die µE angeeignet? (wird man sich aneignen)</td></tr>
</table>

☐ Lehrkit (Übungsgerät)

☐ Seminarbesuch bei Bauelemente-Herstellern

☐ Hinzuziehung externer Berater

☐ Neueinstellung von Spezialisten

☐ Sonstige

| Frage 4 | Wann haben Sie das erste Mal von µP gelesen/gehört? |

. . . .

. . . .

| Frage 5 | Welche Informationsquelle benutzen Sie zur laufenden Beobachtung der Entwicklung der µE? |

☐ Fachzeitschriften . . . .

. . . .

. . . .

☐ Recherchendienste

☐ Messen

☐ Seminare

☐ Gespräch mit Bauelemente-Herstellern - Inland/Ausland

☐ Gespräch mit Hochschulinstituten

☐ Sonstige . . . .

. . . .

<u>Sonstige Fragen:</u>

Welche Faktoren hält man darüber hinaus für so wichtig, daß sie ständig beobachtet werden müssen?

☐ Politischer Bereich

☐ Rechtlicher Bereich

☐ Gesetzgebung / Normen / Verordnungen

☐ Markt / Konkurrenz (In-, Ausland)

☐ . . . .

☐ . . . .

 **Frage 6** Auf welcher Stufe bei der Einführung der µE befindet sich der Betrieb gegenwärtig und nach welcher Zeit soll die Fertigung anlaufen?
(Die Matrix wurde ausgehändigt)

Fertigung

Erprobung

Entwicklung

Konzeption (Pflichtenheft)

Information

 **Frage 7** Welche <u>Gesamtkosten</u> (Initialkosten) werden zur Technologie-Anwendung der µE anfallen?
(zusätzlich zu den üblichen Betriebskosten für laufende Produkte)

	Jahre		(Kosten in TDM)	
	1	2	3	4

☐ **Personalkosten**

    µE-Spezialist ....

    Ersatzmann ....

    Techniker/Programmierer ....

☐ **Externe Dienstleistungen**

    Beratungsunternehmen ....

    Softwarehaus ....

☐ **Schulung**

    Management ....

    Entwickler/Konstrukteur ......

    AV ....

    Prüfer ....

    Servicepersonal ....

☐ **Investitionen**

    Entwicklungssystem ....

    Prüfmittel, Oszillograph, Lötbad, Klimaschrank, Digitalmeßgerät ...

    Prüfplatz ....

☐ **Aufwendung für Service/Vertrieb** .....

☐ **Organisatorische Umstellungen** ....

☐ **Prototypen/Musterbau** ....

☐ ....

☐ ....

☐ ....

2 INTEGRATION VON DATENVERARBEITUNG, BÜROTECHNIK UND NACHRICHTENTECHNIK

Frage 8 Wie sehen Sie die Entwicklung von Datenverarbeitung, Bürotechnik und Nachrichtentechnik in den nächsten 5 bis 10 Jahren?

. . . .

. . . .

. . . .

Frage 9 Wird es zu einer Integration der 3 Bereiche kommen?

Def. Integration = Ausrichtung der gerätetechnischen Problemlösung auf ein funktionstechnisch und kapazitiv abgestimmtes Bürosystem

☐ Nein, warum nicht?

. . . .

. . . .

. . . .

☐ Ja, aus welchem Grund?

. . . .

. . . .

. . . .

<table>
<tr><td>Frage 10</td><td>In welcher Richtung wird eine Integration verlaufen?</td></tr>
</table>

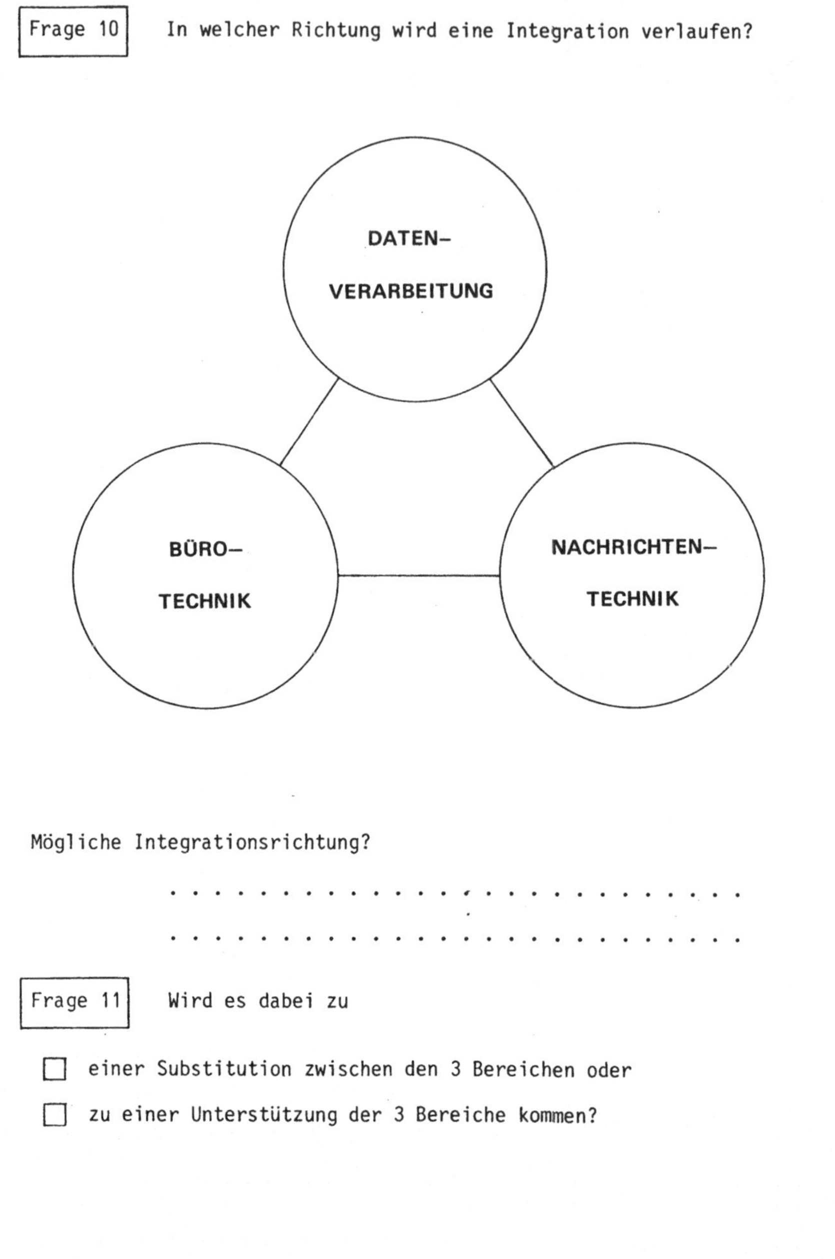

Mögliche Integrationsrichtung?

. . . .

. . . .

<table>
<tr><td>Frage 11</td><td>Wird es dabei zu</td></tr>
</table>

☐ einer Substitution zwischen den 3 Bereichen oder

☐ zu einer Unterstützung der 3 Bereiche kommen?

<table>
<tr><td>Frage 12</td><td>Wenn Integrationstendenzen gesehen werden:
Welche Faktoren bestimmen Ihrer Meinung nach die
Geschwindigkeit der Integration?</td></tr>
</table>

☐ Wettbewerb

☐ Technologie

☐ Markt und Nachfrage

☐ Gesetz und Rechtsprechung

☐ Kommunikationspolitik

☐ . . . .

☐ . . . .

☐ . . . .

☐ . . . .

<table>
<tr><td>Frage 13</td><td>Welche Konsequenzen für die Bürotechnik sind aus einer
Integration der 3 Bereiche zu erwarten, wenn sie sich
einen konstanten oder wachsenden Marktanteil sichern
will?</td></tr>
</table>

☐ Anpassung der Technologie an die digitale Informationsverarbeitung

☐ innovativer als DV und Nachrichtentechnik
(da sonst Gefahr der Substitution)

☐ Hardware / Software kompatibel mit DV und Nachrichtentechnik
(Kapazität, Datenträger)

☐ besseres Preis/Leistungsverhältnis als DV und Nachrichtentechnik

☐ höherer Automatisierungsgrad / bedienerfreundlich

☐ Vermeidung von Anwendungsproblemen

☐ Flexibilität hinsichtlich einer Anpassung an die bestehende
Organisation des Anwenders

☐ Angebot kompletter Maschinensysteme anstatt Einzelplatzmaschinen

☐ Sonstige

☐ . . . .

☐ . . . .

☐ . . . .

3 GERÄTEKONZEPT BÜROTECHNIK

Frage 14 Wie groß schätzen Sie den Einfluß der Substitution
durch andere Geräte auf die Konzeption der in
Tabelle 1 genannten Büromaschinen ein?
(nicht, schwach, mittel, stark)

Frage 15 Wie groß schätzen Sie den Einfluß der µE-Anwendung
auf die Konzeption der in Tabelle 1 genannten Büromaschinen ein?
(nicht, schwach, mittel, stark)

Tabelle 1: Wurde beim Gespräch ausgehändigt

ÜBERSICHT ÜBER DIE GERÄTE UND MASCHINEN DER BÜROTECHNIK

Quellen: Systematisches Warenverzeichnis für die Industriestatistik, Ausgabe 1975, Warengruppe 50 einschließlich Diktiergeräte, Fernschreiber, Kopiergeräte. Ferner wurden die zitierten Normen berücksichtigt. Neu entwickelte Geräte wie Fernkopierer, Ferntextgeräte sind bewußt noch nicht aufgelistet.

Diktiereinrichtungen (DIN 9765) □ □ Bürodiktiergerät

□ □ Reisediktiergerät

□ □ Zentrale Diktieranlage

Schreibmaschinen (DIN 2108) □ □ Schreibmaschine, mechanisch

□ □ Schreibmaschine, elektrisch

□ □ Schreibmaschine für Sonderzwecke

Schreibautomaten (DIN 2140 Vorlage) □ □ Schreibautomat mit Lochstreifen, -karten

□ □ Schreibautomat mit elektronischem Speicher

Fernschreiber □ □ Fernschreiber, elektromechanisch

□ □ Fernschreiber, elektronisch

Rechenmaschinen (DIN 9752 Teil 1) □ □ Ein- bis Vierspezies, nicht elektronisch

□ □ Elektronische Tisch- und Taschenrechner

Abrechnungsmaschinen (DIN 9763) □ □ Abrechnungsmaschine zur Datenerfassung

□ □ Buchungsmaschine

□ □ Fakturiermaschine

□ □ Mehrzweckabrechnungsmaschine

Einfluß der Substitution ————————————————————————— Einfluß der µE

Registrierkassen   □ □   Registrierkasse, nicht elektronisch

                                 □ □   Registrierkasse, elektronisch

Bürodruckmaschinen (DIN 9775)   □ □   Umdruckmaschine

                                 □ □   Schablonendruckmaschine

                                 □ □   Bürooffsetdruckmaschine

Bürokopiergeräte (DIN 9780)   □ □   Bürofotokopiergerät

                                 □ □   Bürolichtpausgerät

                                 □ □   Lichtpausautomat

                                 □ □   Elektrostatisches Bürokopiergerät

                                 □ □   Thermokopiergerät

Postbearbeitungsmaschinen   □ □   Adressiermaschine
      (DIN 9776 bis DIN 9779)
                                 □ □   Brieföffnungsmaschine

                                 □ □   Brieffalz- und Kuvertiermaschine

                                 □ □   Frankiermaschine

                                 □ □   Zusammentragmaschine

Sonstige Büromaschinen   □ □   Aktenvernichter

                                 □ □   Geldzähl- und -sortiermaschine

                                 □ □   Stempelmaschine

                                 □ □   Unterschriftmaschine

                                 □ □   Warenauszeichnungsgerät

                                 □ □   etc.

Einfluß der
Substitution ──────────────────────┘ └────────── Einfluß der µE

| Frage 16 | Was wird sich Ihrer Meinung nach bei den oben genannten Geräten bis 1985 ändern? |

☐ ....

☐ ....

☐ ....

☐ ....

☐ ....

4 INNERBETRIEBLICHER STRUKTUR-WANDEL

| Frage 17 | Wieviel Personen beschäftigen Sie im Betrieb? |

. . . . . .

| Frage 18 | Wie hoch war der Gesamtumsatz im letzten Jahr? |

. . . . . .

| Frage 19 | Wieviel Personen beschäftigen Sie im Servicebereich? |

. . . . . .

| Frage 20 | Wieviel Personen beschäftigen Sie in der Entwicklung und Konstruktion (bei mechanischen Produkten)? |

. . . . . .

gesamt . . . . Personen

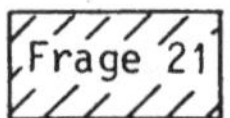

Frage 21 Welche Leistungsqualifikation (nicht Ausbildungsqualifi-
kation) haben diese Mitarbeiter?

Entwurfs- und Entwicklungs-Ingenieure

Konstrukteure

Technische Zeichner

Laboranten (gewerbl. Mitarbeiter)

Programmierer

Hilfskräfte

Sonstige . . . .

Frage 22 Wieviel % vom Umsatz wenden Sie für Forschung und
Entwicklung auf?

. . . .

Frage 23 Welche innerbetrieblichen Änderungen bei Einführung
der µE haben Sie beobachtet (werden Ihrer Meinung
nach auftreten)?
(siehe Tabelle 2)

Sollten bei der Befragung der einzelnen Matrixschnittpunkte passive
Antworten gegeben werden, wird mit geeigneten Zwischenfragen eine
genauere Antwort erfragt.

Funktionen im Betrieb	Arbeit	Organisation				Kapital				
Input, Output und Zustandsattribute		Aufbau-organisat	Ablauf-organisation			materiell			immateriell	
	Personal		Planung	Anweisung, Schulung	Information	Grundstück und Gebäude	Maschinen und Werkzeuge	Zulieferteile	Lizenzen	finanzielle Mittel
Geschäftsführung										
Entwicklung — Produktentwicklung										
Entwicklung — Konstruktion										
Entwicklung — Versuch										
Fertigung — Arbeitsvorbereitung										
Fertigung — Teilefertigung										
Fertigung — Montage										
Beschaffung — Einkauf										
Beschaffung — Lager										
Vertrieb — Marktbeobachtung										
Vertrieb — Verkauf										
Vertrieb — Werbung										
Vertrieb — Service										
Qualitätswesen										
Fabrikplanung und Organisation										
Personal- und Sozialwesen										
Finanz- und Rechnungswesen										
Rechtsabteilung										
Public Relations										

Tabelle 2 : Matrix der innerbetrieblichen Strukturen

10.3 Erläuterungen zur Befragung

Erhebungszeit:	Frühjahr bis Sommer 1978
Beteiligte Firmen:	insgesamt 12, davon 10 Firmen ausschließlich aus dem Bereich Büromaschinen.
Befragte Experten:	insgesamt 30, davon 27 aus dem Bereich Büromaschinen.
Auswertungsbasis:	gewichtete Firmenantworten. Die Expertengespräche wurden in Form von Gruppengesprächen geführt. Die konsolidierte Firmenantwort zu den einzelnen Fragen wurde entsprechend dem Know-how-Stand gewichtet. Zum Zeitpunkt der Befragung befanden sich 4 Betriebe auf der Stufe "Fertigung" (Wichtungsfaktor 5), 1 Betrieb auf der Stufe "Erprobung" (Wichtungsfaktor 4), 1 Betrieb auf der Stufe "Entwicklung" (Wichtungsfaktor 3), 3 Betriebe auf der Stufe "Konzeption" (Wichtungsfaktor 2) und 1 Betrieb auf der Stufe "Information" (Wichtungsfaktor 1).
Gesprächsdauer:	ca. 3 Stunden

Berechnungsgrundlagen: Formel (2), prozentuale Häufigkeit bezogen auf die Anzahl aller Nennungen

$$\varphi(x,y) = \frac{\left[\sum_{i=1}^{n} N(x)_i \cdot W_i \right] \cdot 100}{\sum_{x=1}^{j} \sum_{i=1}^{n} N(x) \cdot W_i} \qquad (2)$$

Formel (3), prozentuale Häufigkeit bezogen auf die Anzahl der Befragten

$$\varphi(x,y) = \frac{\left[\sum_{i=1}^{n} N(x)_i \cdot W_i \right] \cdot 100}{\sum_{i=1}^{n} Firma_i \cdot W_i} \qquad (3)$$

Dabei bedeuten:

$\varphi(x,y)$ = Häufigkeit der Antwort (x) zur Frage (y) in %

$N(x)$ = Nennung der Antwort (x) durch Firma i

W_i = Wichtungsfaktor der Firma i

n = Anzahl der befragten Firmen

j = Anzahl der verschiedenen Antworten zur Frage (y)

10.4 Erfahrungen bei den Interviews

Die in Form eines Gruppengespräches geführten Interviews lieferten zusätzliche Einsicht in die Expertenqualität sowie ergänzende Aussagen zu den Fragen. Der bereits bei der Kontaktaufnahme übergebene Fragebogen hat sich bewährt. Der Befragte weiß bereits im voraus, was von ihm erwartet wird. Zur
Weiterführung des Interviews genügt oft nur ein Stichwort. Der Interviewer
muß nicht langweilig werdende Fragesätze stellen, sondern kann mit ent-
sprechendem Hinweis auf die Fragen thematisch durch das Interview leiten.

Im Laufe der Befragung hat sich gezeigt, daß die zeitliche Konzentration des
Interviews auf ca. 3 Stunden zu effektiven Antworten führt. Bei Interviews
über diese Zeitdauer hinaus sinkt die Bereitschaft der Befragten merklich
ab. Die im Fragebogen (Kapitel 10.1) vorgesehenen Fragen wurden deshalb
nicht alle gestellt. So hätte beispielsweise die Interviewzeit zur Frage 23
"Innerbetrieblicher Strukturwandel" allein schon ca. 3 Stunden betragen.
Eine Konzentration der Frage 23 auf die Bereiche Entwicklung und Fertigung
wurde deshalb vorgenommen.

10.5 Ergänzende Bemerkungen zu den einzelnen Fragen

Zu Frage 1:

Aufgrund von Pilotbefragungen wurde zunächst eine offene Antwortliste als
Protokollierhilfe vorbereitet. Diese wurde nach der Befragung durch die zusätzlich gegebenen Antworten ergänzt bzw. gekürzt. Somit stand eine als
geschlossen zu betrachtende Antwortliste für die Auswertung nach Formel (2)
zur Verfügung. Ergänzt wurde die Antwortliste im Punkt "Standardisierbarkeit und damit Kostensenkung der Elektronik-Hardware". Zusammengefaßt wurden
die Antworten selbstüberwachende Funktionsabläufe, selbstjustierende Gerätefunktion und mögliche Automatisierung zu der Antwort "weitgehende Automatisierung der Funktionsabläufe durch selbstüberwachendes Regelsystem". Das
mögliche bessere Preis/Leistungsverhältnis wurde nicht als Grund angegeben.
Die Teilfrage nach den wirtschaftlichen Gründen für die Technologieanwendung
war nicht effektiv. Zwar wurden bei rund 11 % der befragten Firmen hierunter
die Erhaltung der Wettbewerbsfähigkeit und damit die Sicherung des Arbeitsplatzes verstanden, eine weitere Differenzierung der Antworten war jedoch
nicht möglich.

<u>Zu Frage 2:</u>

Die Auswertung erfolgt analog der in Frage 1. Die Protokollierliste wurde
in den Punkten Prüfaufwand und Ausbildungsproblem ergänzt.

<u>Zu Frage 3:</u>

Hier wurde von einer geschlossenen Antwortliste ausgegangen. Die Befragten
konnten mehrere Antworten geben. Deshalb sind in der Auswertung Mehrfach-
nennungen enthalten. Die Auswertung erfolgte nach Formel (3). Die Liste
möglicher Antworten wurde aufgrund der Gespräche während der Pilotbefragungen aufgestellt. Sie erwies sich bei allen Befragungen als zutreffend.

<u>Zu Frage 4:</u>

Mit dieser Frage sollte die Zeitspanne zwischen dem ersten Zeitpunkt der
Produktankündigung eines Mikroprozessors (Firma Intel im Jahre 1971 in den
USA) und dem Zeitpunkt, zu dem die Anwender durch Fachzeitschriften, Bücher
oder andere Medien informiert wurden, festgehalten werden. Ein Teil der Befragten schätzten, ab dem Jahr 1975 erste Artikel hierüber gelesen zu haben.
Überwiegend war jedoch kein genauer Zeitpunkt zu erfahren, so daß eine Auswertung nicht vorgenommen werden konnte.

<u>Zu Frage 5:</u>

Hier wurde methodisch analog Frage 3 vorgegangen sowohl, was die Antwortliste als auch, was die Auswertung betrifft.

<u>Zu Frage 6:</u>

Die Stufen der Mikroelektronik-Anwendung - Information bis Fertigung - sind
mit denen in Bild 18 "Zuordnung von Wichtungsfaktoren und Know-how-Stufen"
identisch. Die Zeitachse wurde in jährliche Abschnitte geteilt, ohne das
jeweilige Kalenderjahr anzugeben, um so eine Präjudizierung von bestimmten
Daten (z. B. 1980, 1984) zu vermeiden.

Die Auswertung der Erhebung erbrachte ein Streufeld der Nennungen, das auf
jeder Stufe durch eine Ellipse aus Übersichtlichkeitsgründen umgrenzt wurde.
Das Streufeld in der Stufe "Fertigung" hat die größte Ausdehnung. Die Experten sahen sich hier nicht in der Lage, ein fixes Datum anzugeben, sondern
schätzten ein optimistisches und ein pessimistisches Datum. Um die Schwerpunkte des Streufeldes in Bild 23 darzustellen, wurde eine "optimistische"
Kurve, die näherungsweise den frühesten Zeitpunkt auf jeder Stufe tangiert

und eine entsprechende "pessimistische" Kurve eingezeichnet. Diese Kurven
können dann als Grenzen des optimistischen bzw. pessimistischen Zeitverlaufes der Technologieanwendung definiert werden.

<u>Zu Frage 7:</u>
Bei dieser Frage war es nur möglich, zu den ersten 4 Punkten auswertbare Antworten zu bekommen. Angaben über die Aufwendungen für den Vertrieb, den
Service sowie für organisatorische Umstellungen und Prototypen-Bau waren
- sofern sie überhaupt gemacht wurden - zu produktspezifisch, als daß allgemeingültige Werte hätten abgeleitet werden können. Mehrheitlich konnten
die Experten keine Auskunft über die anfallenden Kosten geben, entweder weil
diese im Betrieb nicht gesondert erfaßt werden oder aber aus Vertraulichkeitsgründen. Für die Auswertung war es lediglich möglich, 2 Praxisbeispiele
auszuwerten, sofern identische Kosten angefallen sind. Die Werte in Tabelle 39 sind somit als Minimal-Aufwand anzusehen, der nur für den produkt-
unspezifischen Zeitraum der reinen Produktentwicklung innerhalb der Bürotechnik Gültigkeit besitzt.

<u>Zu Frage 8 ··· 13:</u>
Mit Abschnitt 2 des Expertengespräches war beabsichtigt, die Befragten hinsichtlich einer möglichen Integration bzw. Substitution unter den Geräten
der gesamten Informationsverarbeitung zu sensibilisieren. Bei der Befragung
zeigte sich, daß die Befragten mehr kontrovers diskutierten als nach einer
einheitlichen Meinung zu ringen. Die Auswertung der Fragen 8 ··· 13 war deshalb nicht möglich. Aus dem Verlauf der Befragung wurde deutlich, daß mit
den Fragen die Produktstrategien der Firmen direkt angesprochen wurden. Bei
einigen Firmen war man der Meinung, daß die gefertigten Büromaschinen lediglich als Hilfsgeräte für die Datenverarbeitung insbesondere bei der Datenerfassung und Datenausgabe bzw. nach wie vor als Einzelplatzgeräte zu konzi-
pieren sind. Der andere Teil der Firmen war sich voll bewußt, daß sie einer
Substitutionsgefahr von seiten der Datenverarbeitung ausgesetzt sind und sie
dieser Gefahr nur durch innovative Mikroelektronik-Anwendung begegnen können,
indem sie zum einen eine Funktionserweiterung bei den bisher gefertigten Geräten vornehmen oder sogar komplette Maschinensysteme anbieten (z. B. Post-
straßen), und zum anderen versuchen, mit neuen Geräten in die Informationsverarbeitung vorzustoßen.

Zu Frage 14 und 15:
Durch die Diskussion bei der Befragung im vorangegangenen Abschnitt 2
konnten die Begriffsinhalte der Substitution und Integration vorausgesetzt
werden. Allerdings waren die Befragten meist überfordert, Aussagen über das
gesamte Spektrum der Büromaschinen zu machen. Deshalb wurden in die Auswertung nur solche Geräte aufgenommen, für die mindestens 5 Aussagen vorlagen.

Die Experten konnten mit einer Nominalskala (nicht, gering, mittel, stark)
die Einflußstärke der Substitution bzw. die Einflußstärke durch die Anwendung der Mikroelektronik angeben. Bei der Auswertung zu den Fragen 14 und
15 wurden die Häufigkeiten der jeweiligen Einflußstärken durch das entsprechende Symbol angegeben. Die Aussagen wurden nicht gewichtet, da die
Fragestellung eine große Toleranzbreite bei der Antwort zuließ, so daß eine
Wichtung möglicherweise zu Verzerrungen des Endergebnisses geführt hätte.

Zu Frage 16:
Diese Frage diente lediglich zur Kontrolle, falls bei den Befragten der Eindruck entstand, daß die Antworten unüberlegt und voreilig gegeben wurden.

Zu Frage 17··· 19:
Die Fragen 17··· 19 wurden zur Überprüfung der in Kapitel 6.1.3 festgelegten
Auswahlkriterien verwendet. Die mögliche Quotientenbildung Umsatz/Beschäftig-
ten oder Serviceaufwand/Umsatz erwies sich in der Auswertung zu breit ge-
streut, je nachdem wie groß die Fertigungstiefe bzw. welche Vertriebsform
vorzufinden war. Angaben wurden deshalb nicht in die Auswertung aufgenommen.

Zu Frage 20:
Die Auswertung der ungewichteten Angaben zeigte einen Schwerpunkt im Bereich
von 6··· 9 Personen im Entwicklungs- und Konstruktionsbereich, das entspricht
ca. (2··· 3)% der Gesamtbeschäftigten bei Firmen, die noch keine Mikroelektronik anwenden, d. h. die sich z. Z. in der Informationsphase und Konzeptions-
phase befinden. Die Auswertung der ungewichteten Angaben solcher Firmen, die
sich bereits in der Entwicklungs- und Erprobungsphase bei der Mikroelektronik befinden, ergab einen Anteil von 12··· 15 Personen, d. h. von ca. (4··· 5)%
der Gesamtbelegschaft.

<u>Zu Frage 21:</u>

Mit dieser Frage wurde die Strukturierung nach Leistungsfunktionen der in
Frage 20 ermittelten Personen vorgenommen,sofern die Befragten diese nicht
schon bei Beantwortung der Frage 20 genannt hatten.

<u>Zu Frage 22:</u>

Die Auswertung der ungewichteten Angaben zeigte einen Schwerpunkt im Bereich
von $(4 \cdots 5)\%$ bei solchen Firmen, die vorwiegend mechanische Produkte herstellen und ggf. auf der Know-how-Stufe Information und Konzeption sind.
Der Minimalwert lag bei 2 %, der Maximalwert bei 10 %. Die Angaben von Firmen auf der Know-how-Stufe Entwicklung bis Fertigung waren nicht auswertbar,
da sie entweder nicht exakt erfaßt wurden oder aber der Anteil der "Lern-
kosten" nicht genau von den gesamten Forschungs- und Entwicklungsangaben
abgegrenzt werden konnte.

<u>Zu Frage 23:</u>

Die für Frage 23 herangezogene Matrix erwies sich zwar als systematisch
richtig aber im Rahmen der Befragung weitgehend als nicht praktikabel, da
insgesamt 190 Teilfragen hätten gestellt werden müssen, die aber den zeitlichen Rahmen mehrfach gesprengt hätten. Deshalb wurde eine Beschränkung
auf die Bereiche Entwicklung und Fertigung vorgenommen und die verschiedenen
Ausprägungen - Arbeit, Organisation, Kapital - in die Befragung einbezogen.
Dem Interviewer wurden hierdurch weitere Einblicke in die Probleme und Lösungen bei Einführung der Mikroelektronik ermöglicht, die insbesondere im
Abschnitt 6.3 "Branchendaten" ihren Niederschlag gefunden haben.

Stufenweise Ableitung eines praktischen Planungssystems für den Entwicklungsbereich
Von R. Hichert. ISBN 3-7830-0149-8.
1978, 151 Seiten, kartoniert. 52,— DM

Produktionsplanung mit Auftragsfamilien
Von U. W. Geitner. ISBN 3-7830-0161.7.
1979, 110 Seiten, kartoniert. 45,— DM

Thermisch-chemisches Entgraten
Von T. Wagner. ISBN 3-7830-0164-1.
1979, 111 Seiten, kartoniert. 45,— DM

Untersuchung der Materialflußkosten bei ausgewählten Systemen der Zentralen Arbeitsverteilung
Von R. Wenzel. ISBN 3-7830-0162-5.
1979, 168 Seiten, kartoniert. 86,— DM

Anpassung und Einführung eines Planungssystems für die Ablaufplanung im Konstruktionsbereich
Von W. Dangelmaier. ISBN 3-7830-0163-3.
1979, 168 Seiten, kartoniert. 80,— DM

Längenmessungen an bewegten Teilen mit berührungslos wirkenden Aufnehmern
Von H. Lang. ISBN 3-7830-0157-9.
1979, 89 Seiten, kartoniert. 42,— DM

Untersuchung multistabiler Strömungselemente und ihr Einsatz in sequentiellen Steuerungen
Von A. Ernst. ISBN 3-7830-0157-9.
1979, 122 Seiten, kartoniert. 48,— DM

Taktile Sensoren für programmierbare Handhabungsgeräte
Von M. Schweizer. ISBN 3-7830-0158-7.
1979, 91 Seiten, kartoniert. 42,— DM

Die rechnerunterstützte Prüfplanung
Von P. Bläsing. ISBN 3-7830-0152-8.
1979, 100 Seiten, kartoniert. 44,— DM

Verfahren zur Fabrikplanung im Mensch-Rechner-Dialog am Bildschirm
Von W. Ernst. ISBN 3-7830-0156-0.
1979, 218 Seiten, kartoniert. 72,— DM

Rechnerunterstütztes Verfahren zur Leistungsabstimmung von Mehrmodell-Montagesystemen
Von M. Görke. ISBN 3-7830-0155-2.
1979, 139 Seiten, kartoniert. 50,— DM

Standortbezogene Betriebsmittel
Von G. Pflieger. ISBN 3-7830-0167-6.
1979, 127 Seiten, kartoniert. 52,— DM

Die betriebswirtschaftliche Beurteilung neuer Arbeitsformen
Von B.-H. Zippe. ISBN 3-7830-0168-4.
1979, 350 Seiten, kartoniert. 98,— DM

Untersuchung des Arbeitsverhaltens programmierbarer Handhabungsgeräte
Von B. Brodbeck. ISBN 3-7830-0169-2.
1979, 117 Seiten, kartoniert. 48,— DM

Untersuchung eines kohärent-optischen Verfahrens zur Rauheitsmessung
Von N. Rau. ISBN 3-7830-0174-9.
1979, 117 Seiten, kartoniert. 48,— DM

Entwicklung einer programmierbaren, pneumatischen Steuerung
Von D. Klemenz. ISBN 3-7830-0171-4.
1979, 93 Seiten, kartoniert. 42,— DM

Diese Berichte sind zu beziehen durch den Krausskopf-Verlag, Lessingstraße 12, 6500 Mainz

IPA Forschung und Praxis

Berichte aus dem Fraunhofer-Institut für Produktionstechnik und Automatisierung, Stuttgart, und dem Institut für Industrielle Fertigung und Fabrikbetrieb der Universität Stuttgart

Herausgeber: Prof. Dr.-Ing. H. J. Warnecke

Die Berichte 38 und folgende sind zu beziehen durch den Springer-Verlag, Berlin Heidelberg New York

Informatik-Fachberichte 230

Herausgeber: W. Brauer
im Auftrag der Gesellschaft für Informatik (GI)

A. Bode   R. Dierstein
M. Göbel   A. Jaeschke (Hrsg.)

Visualisierung von Umweltdaten in Supercomputersystemen

1. Fachtagung
Karlsruhe, 8. November 1989

Proceedings

Springer-Verlag

Berlin Heidelberg New York London
Paris Tokyo Hong Kong Barcelona

Herausgeber

A. Bode
Institut für Informatik der Technischen Universität München
Barerstr. 23, D-8000 München 2

R. Dierstein
Deutsche Forschungsanstalt für Luft- und Raumfahrt e. V.
Zentrale Datenverarbeitung
D-8031 Oberpfaffenhofen

M. Göbel
Fraunhofer-Arbeitsgruppe Graphische Datenverarbeitung
Wilhelminenstr. 7, D-6100 Darmstadt

A. Jaeschke
Kernforschungszentrum Karlsruhe GmbH
Institut für Datenverarbeitung in der Technik
Postfach 36 40, D-7500 Karlsruhe 1

CR Subject Classifications (1987): B.2.1, B.4.4, C.1.1-2, C.5.1, I.3, J.2, J.6., J.m

ISBN-13: 978-3-540-52746-6   e-ISBN-13: 978-3-642-75805-8
DOI: 10.1007/978-3-642-75805-8

CIP-Titelaufnahme der Deutschen Bibliothek.
Visualisierung von Umweltdaten in Supercomputersystemen: ... Fachtagung ...; proceedings.
– Berlin; Heidelberg; New York; London; Paris; Tokyo: Springer, 1. Karlsruhe, 8. November 1989.
– 1990
    (Informatik-Fachberichte: 230)

NE: GT

Druck- u. Bindearbeiten: Weihert-Druck GmbH, Darmstadt
2145/3140-543210 – Gedruckt auf säurefreiem Papier

Vorwort

Die Datenmengen, die bei der Modellierung, der Simulation und der Überwachung von Umweltsituationen anfallen, sind heute schon so groß, daß sie nur noch mit Supercomputersystemen in verantwortbaren Zeiten sinnvoll bearbeitet werden können. Was für die Eingabedaten gilt, wiederholt sich bei der Ausgabe: Die Ergebnisse der Berechnungen oder Auswertungen sind in den meisten Fällen schier endlos scheinende Zahlenkolonnen, die, so hergenommen, wie sie entstanden sind, keine brauchbaren Aussagen gestatten. Die Ergebnisdaten müssen deshalb weiter analysiert und interpretiert werden, sei es durch erfahrenes und DV-kundiges Fachpersonal, sei es durch weitergehende Transformationen und geeignete Formen der Darstellung.

Die Visualisierung von Umweltdaten setzt in diesem Punkt ein. Sie versucht, das umfangreiche Datenmaterial mit Werkzeugen der Graphischen Datenverarbeitung in Form von Bildern darzustellen und dabei die Modellvorstellungen derjenigen Wissenschaftler und Ingenieure wiederzugeben, die in erster Linie Fachleute ihrer wissenschaftlichen und technischen Disziplinen sind und erst danach - wenn überhaupt - DV-Spezialisten.

Darüber hinaus ist es Aufgabe und Ziel der Visualisierung umfangreicher und komplexer Mengen wissenschaftlicher Daten, die Modellierung und Steuerung von Umweltprozessen nicht mehr nur rein numerisch anzugehen, sich also ganz auf die Datenstrukturen zu beziehen, sondern sie graphisch-interaktiv auf der Grundlage bildlicher Darstellungen aufzubauen und durchzuführen.

Der Fachbereich 4 *Informationstechnik und Technische Nutzung der Informatik* der Gesellschaft für Informatik hat deshalb am 8. November 1989 im Kernforschungszentrum Karlsruhe (KfK) die 1. Fachtagung zum Thema

Visualisierung von Umweltdaten in Supercomputersystemen:
Datenstrukturen - Modelle - Graphische Darstellung

veranstaltet, und zwar im Rahmen des 4. Symposiums *Informatik im Umweltschutz* der Gesellschaft für Informatik (GI) und der 10. Jahrestagung der *Gesellschaft für Informatik in der Landwirtschaft (GIL)*.

Schwerpunkte der Tagung waren die

- Visualisierung räumlicher Daten,
- Anwendung von Hochleistungssystemen,
- Visualisierung und Interaktion in Umweltinformationssystemen.

Viele haben dazu beigetragen, daß diese Fachtagung durchgeführt werden konnte. Dank gilt den Initiatoren und Organisatoren dieser Tagung, den Herren Prof. Dr. Arndt Bode, TU München, Prof. Dr. José Encarnação, TH Darmstadt, Dr. Andreas Jaeschke, KfK Karlsruhe und Dipl.-Inform. Martin Göbel, FhG-AGD, Darmstadt, Dank auch allen Mitgliedern des Organisations- und des Programmkomitees - Dank vor allem aber den Vortragenden, die durch ihre Beiträge diese Tagung und diesen Tagungsband möglich machten.

Oberpfaffenhofen, im Januar 1990   Rüdiger Dierstein

Inhaltsverzeichnis

Farbtafeln

Farbtafeln

Farbige Abbildungen zu den Beiträgen

H. Burfeindt
Schalldruckberechnung im PKW-Innenraum
Bild 5 und 10

J. Hillmann
Einsatz von Supercomputern für die Crashberechnung
Bild 11

P. Riegger
Die verschiedenen Ebenen bei der Bearbeitung ...
Bild 8 - Bild 11

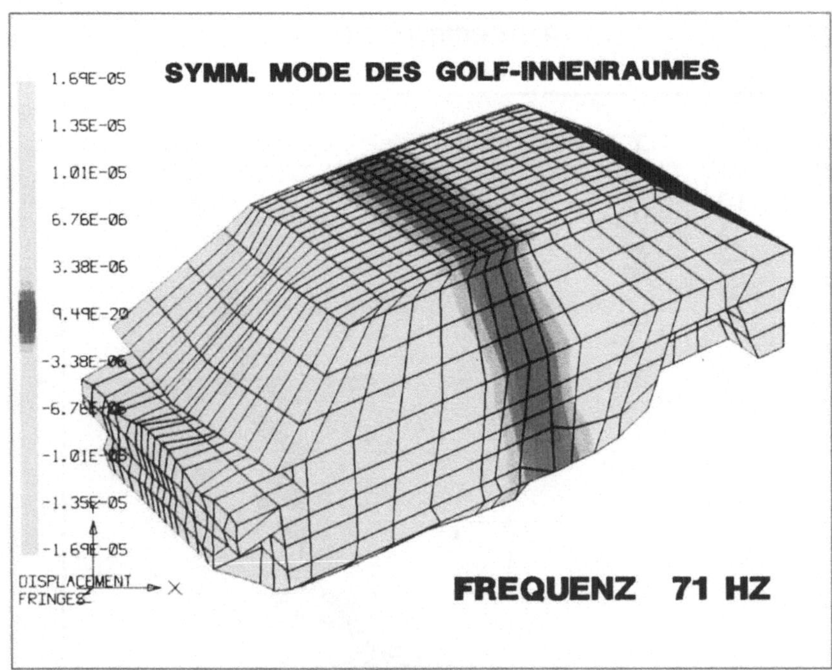

BILD 5

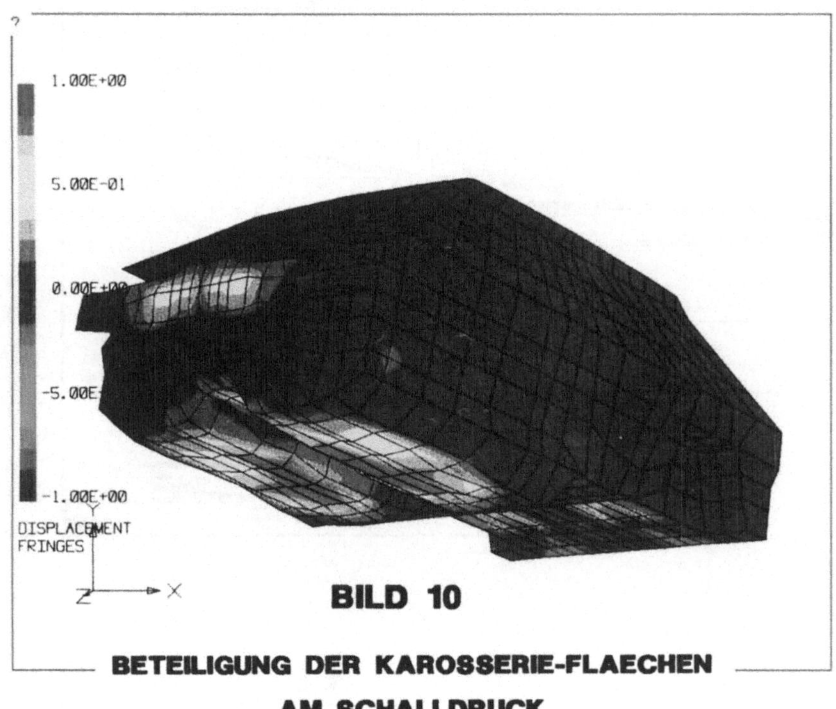

BILD 10

BETEILIGUNG DER KAROSSERIE-FLAECHEN AM SCHALLDRUCK

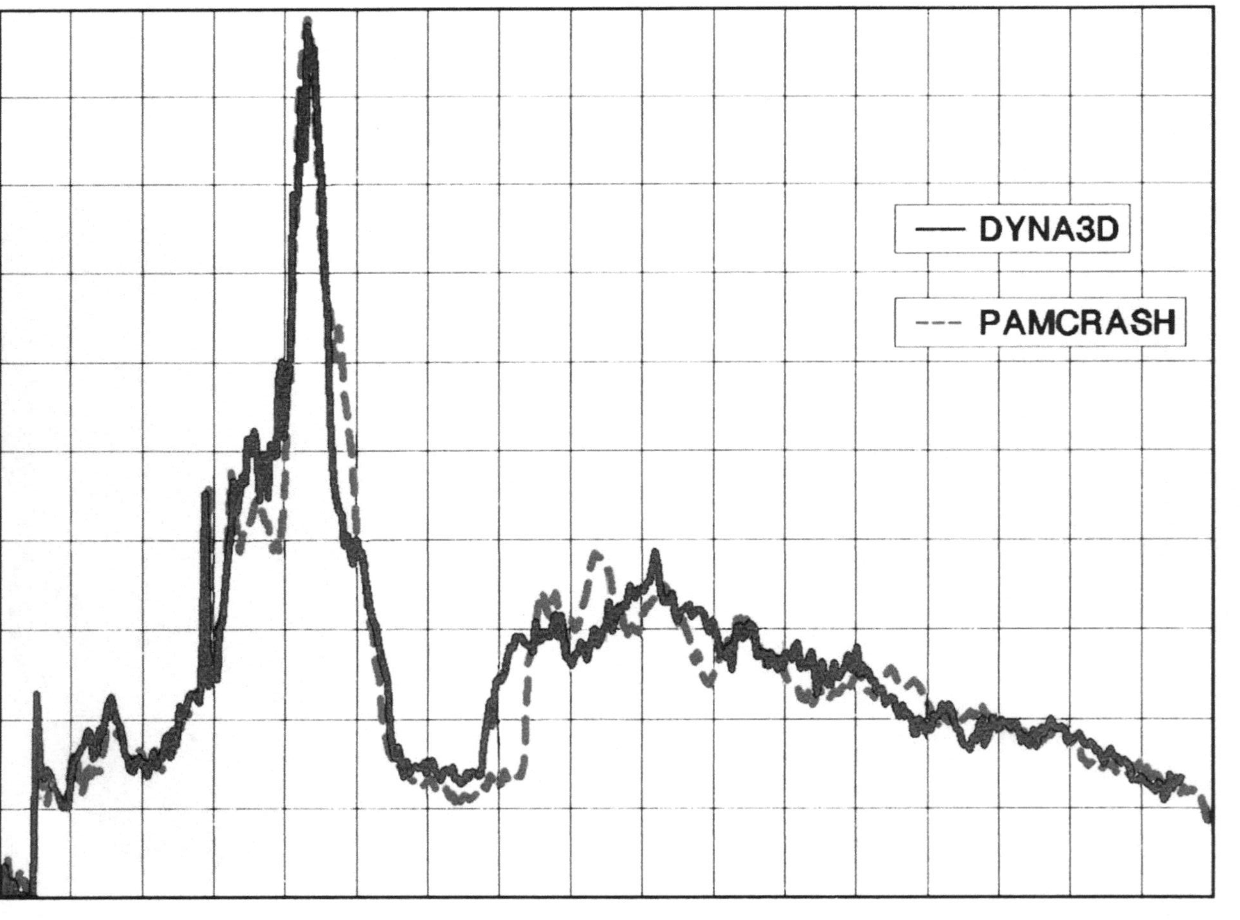

Bild 11: Vergleich der Aufprallkraft-Zeit Kurven für DYNA3D und PAMCRASH

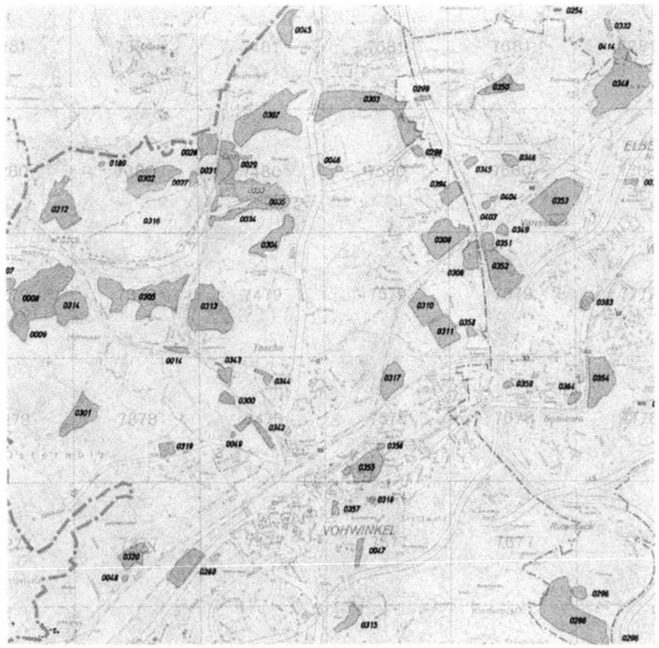

Bild 8.   Altlastenkataster der Stadt Wuppertal

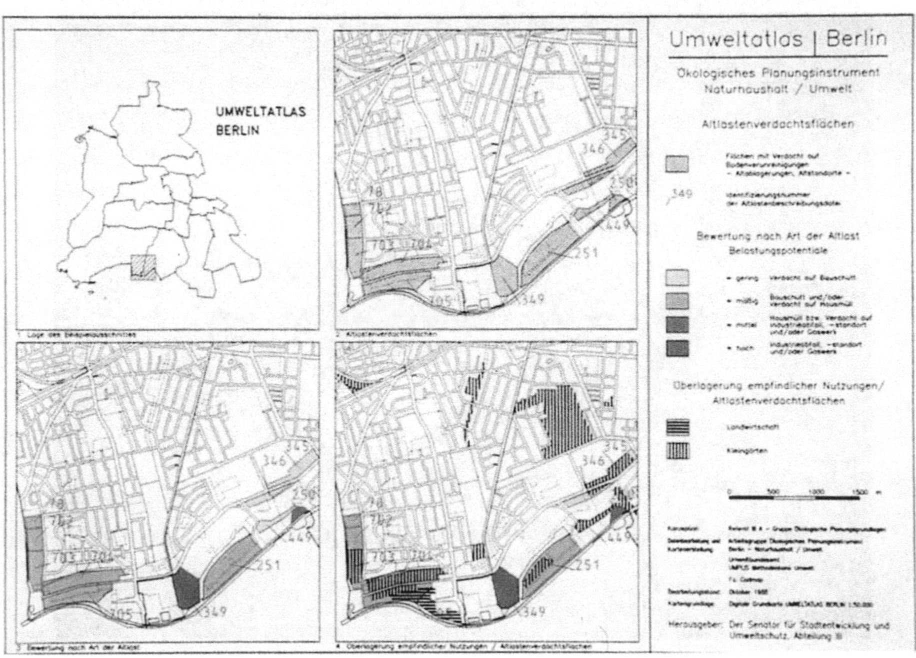

Bild 9.   Bewertung der Belastungspotentiale von Altlasten

Bild 10. Landnutzungsklassifizierung im Raum Rosenheim mit LANDSAT-TM-Daten

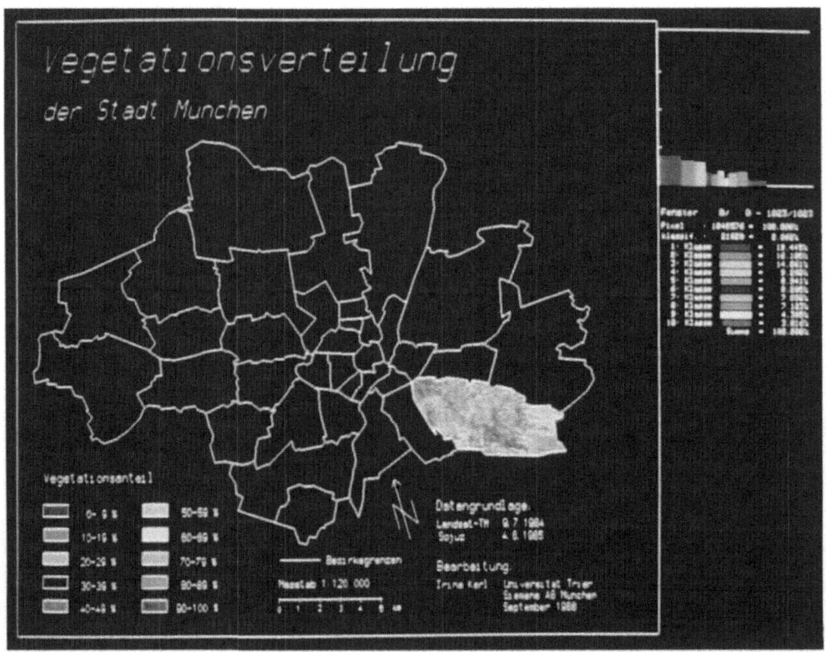

Bild 11. Vegetationsverteilung der Stadt München - Klassifizierung mit LANDSAT-TM- und SOJUS-Daten

Visualisierung von Volumendaten in verteilten Systemen

Martin Frühauf, Kennet Karlsson
Fraunhofer-Arbeitsgruppe Graphische Datenverarbeitung
Wilhelminenstr. 7, D-6100 Darmstadt

Zusammenfassung

Durch den Einsatz leistungsfähiger Rechner wird es in zunehmendem Maße möglich, auch die innere Struktur komplexer, heterogener Objekte zu visualisieren. Das erfordert die Verarbeitung von umfangreichen Volumenmodellen. Es werden an Beispielen Möglichkeiten zur Generierung solcher Volumenmodelle gezeigt. Danach werden die Verarbeitungsschritte zur Generierung von 3D-Darstellungen der Volumenmodelle und Möglichkeiten zu deren Beschleunigung durch schnelle Algorithmen und Datenreduktion vorgestellt. Zum Schluß wird auf die Möglichkeiten der graphisch-interaktiven Visualisierung solcher Daten in verteilten Systemen bestehend aus Supercomputern und leistungsfähigen Graphik-Workstations eingegangen.

1. Einleitung

Leistungsfähige Supercomputer ermöglichen die Lösung von immer komplexeren Problemen. Dabei werden große Datenmengen verarbeitet oder als Berechnungsergebnisse produziert. Diese Datenmengen werden in Zukunft noch weiter zunehmen. Man kann sagen, daß Forschungsergebnisse davon abhängen, wieviele Daten und Simulationsergebnisse der Forscher begreifen und verarbeiten kann [1]. Daher muß man geeignete Wege suchen, diese Informationen zu erfassen, zu analysieren und sie in einer zweckmäßigen Form an Wissenschaftler und Ingenieure weiterzugeben. Diese Technik wird Visualisierung genannt [2]. Die Computergraphik spielt hierbei eine zentrale Rolle. In zunehmenden Maße wird ein Bedarf an graphisch-interaktiver Visualisierung bestehen, d. h. der Forscher muß die Möglichkeit haben, die Darstellungsweise der Berechnugsergebnisse interaktiv zu steuern, zu manipulieren und seinen speziellen Bedürfnissen anzupassen. Interaktive Anwendungen stellen aber besonders hohe Anforderungen an die Zeit, die die Generierung von Darstellungen benötigen darf. Diese Zeitanforderungen einzuhalten, erfordert den Einsatz möglichst leistungsfähiger Rechner auch für die graphischen Verfahren zur Visualisierung von Meßwerten oder Simulationsergebnissen. Andererseits bieten Graphik-Workstations exzellente Möglichkeiten zur qualitativ hochwertigen Darstellung, so daß der Einsatz eines verteilten Systems bestehend aus einem Supercomputer und einer oder mehrerer Graphik-Workstations vorteilhaft erscheint.

Viele Ansätze zur Visualisierung beschränken sich auf die Verarbeitung oberflächenorientierter Datenstrukturen. Einhüllende Oberflächen von Meßpunkten im dreidimensionalen Raum werden dabei durch Triangulierung erzeugt, d. h. die darzustellende Oberfläche besteht aus einer - meistens relativ geringen - Anzahl von dreieckigen Polygonen. In zunehmendem Maße wird aber auch die Visualisierung komplexer Volumen möglich und notwendig. Dabei interessiert den Wissenschaftler nicht nur die Oberfläche eines Objektes, Körpers oder allgemein eines Volumens, sondern auch dessen innere Struktur. Es ist daher notwendig stets das gesamte Volumenmodell verfügbar zu haben. Zur Visualisierung werden dann Schnitte und Transparenzen im Volumen vom Benutzer definiert und die entsprechenden Darstellungen erzeugt. Ein Volumenmodell besteht aus einer Anzahl von einzelnen, regelmäßig angeordneten Volumenelementen. Diese Volumenelemente sind mit bestimmten Werten belegt. Ein Volumenelement in diesem Modell wird Voxel genannt. Beispielsweise besteht ein Volumen aus 256^3 Voxeln.

Die im folgenden vorgestellten Verfahren und Überlegungen zur Visualisierung von Volumendaten sind in den verschiedensten Anwendungsgebieten der Visualisierung technischer und naturwissenschaftlicher Daten und Meßwerte anwendbar. Insbesondere auch auf Umweltdaten aus der Meteorologie oder Geophysik sowie bei der Visualisierung der Ergebnisse von Strömungsberechnungen.

2. Volumenmodelle

2.1 Generierung von Volumenmodellen aus Meßwerten

Oft sind Meßpunkte in einem regelmäßigen Gitter im dreidimensionalen Raum angeordnet, sie können aber auch unregelmäßig im Raum verteilt sein. Die Daten an den Meßpunkten können Skalare, Vektoren oder Funktionen mit ihren Parametern sein.

Bei der Visualisierung der Ergebnisse von Strömungsberechnungen besteht das Volumenmodell aus dem berechneten Druck sowie dem Geschwindigkeitsvektor an den Knotenpunkten des Finite-Element-Gitters.

Bei medizinischen Anwendungen wird ein Volumenmodell aus einer Serie von Schichtbildern durch Interpolation zwischen den Schichten erstellt. Diese Schichtbilder können z. B. Computer- oder Kernspin-Tomogramme sein. Die Daten an den Meßpunkten sind Dichtewerte der untersuchten Gewebe und sind skalar. In einem Volumenmodell ist stets die gesamte Information zur darzustellenden Szene enthalten. Dadurch lassen sich graphisch-interaktive Änderungen des Modells, wie sie bei der Operationsplanung benötigt werden, ohne eine aufwendige Neuberechnung der Objektoberflächen durchführen.

Auch die Visualisierung von Materialeigenschaften erfordert die Verarbeitung von Volumenmodellen. Dabei kann das Volumenmodell aus den geometrischen Abmessungen des Werkstücks generiert werden. Verschiedenen Materialeigenschaften oder -zuständen - z. B. Temperatur, Spannung usw. - können dann durch verschiedene Werte der Voxel repräsentiert werden.

Ein Problem bei der Verwendung von Volumenmodellen stellt die große Anzahl der in einer Szene enthaltenen Voxel dar. Bei der allgemein üblichen Auflösung von Computer-Tomogrammen in der Medizin von 256 x 256 Pixeln ergibt sich beispielsweise ein Volumen von 256 x 256 x 256 $\approx$ 16 Millionen Voxeln. Hier wird deutlich das solche Datenmengen nur von Rechnern mit entsprechender Hauptspeicherkapazität effizient verarbeitet werden können. Die Datenmenge läßt sich zwar durch die Erstellung eines Octrees [3] komprimieren, allerdings kann die Rotation des im Octtree gespeicherten Volumen nicht mehr effizient ausgeführt werden [4].

2.2 Generierung von 3D-Darstellungen aus Volumenmodellen

Zur Generierung verschiedener Ansichten der als Volumenmodell vorliegenden Szene sind folgende Operationen durchzuführen:
1. Auswahl der darzustellenden Voxel
2. Schneiden des Volumens
3. Rotation des Volumens
4. Projektion des Volumens
5. Berechnung der Oberflächennormale
6. Schattieren der Darstellung
7. Skalierung der Darstellung

Die Operationen 1 - 4 müssen immer im Objektraum durchgeführt werden, d. h. sie erfordern die Verarbeitung aller Volumenelemente. Einfache Verfahren berechnen die Oberflächennormale im Bildraum mit Hilfe eines Z-Buffers. Anspruchsvollere Darstellungen erfordern die Berechnung der Oberflächennormalen im Objektraum. Die Oberflächennormale wird dabei aus den vorliegenden Meßpunkten hergeleitet. Da die Oberflächennormale zusammen mit dem Farbwert an einem Meßpunkt die Darstellung des Meßwertes bestimmt, sind je nach der Art der vorliegenden Daten und der gewünschten Darstellung unterschiedliche Verfahren zur Berechnung notwendig, auf die hier nicht im einzelnen eingegangen werden soll.

Während die Operationen 1 und 2 durch einfache Vergleiche ausgeführt werden können, erfordert die Rotation der Szene um beliebige Winkel die Anwendung einer 3 x 3 Rotationsmatrix auf jedes einzelne Volumenelement. Diese Operation benötigt einen großen Anteil der zur Darstellungsberechnung notwendigen Rechenzeit. Daher soll hier ein Verfahren vorgestellt werden, mit dem der Rechenaufwand für die Anwendung der Rotationsmatrix erheblich verringern läßt, in dem man sich die regelmäßige Anordnung der Voxel im Volumen zu Nutze macht. Dennoch ist es sinnvoll, so viele Schritte zur Visualisierung von Volumenmodellen wie möglich auf Supercomputern durchzuführen, um die Rechenzeit zu verkürzen.

2.3 Rotation und Projektion von Volumenmodellen

Die Koordinaten der Voxel werden als ganzzahlig angenommen. Der Bildraum wird back-to-front (BTF) traversiert und mit Hilfe der Inversen der Rotationsmatrix werden die Positionen der im Bildraum einzutragenden Voxel im Objektraum bestimmt. Der Bildraum wird durch ein zweidimensionales Bildraster und einen z-Buffer, in dem die z-Koordinaten der Voxel im Bildraster abgelegt sind, repräsentiert. Die Projektion der Szene geschieht durch die Back-to-Front-Traversierung des Volumens [5] und Eintragen des rotierten Voxels in das Bildraster bei gleichzeitigem Eintrag der z-Koordinate in den z-Buffer.

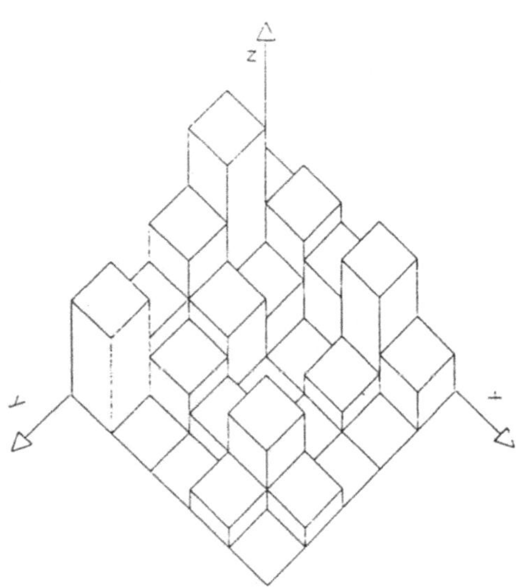

Abb. 1: Ergebnis der BTF-Traversierung

Soll die Projektion des Volumens nicht gleichzeitig mit der Rotation erfolgen, da noch weitere Berechnungsschritte im Objektraum durchgeführt werden müssen, kann mit diesem inkrementellen Rotationsverfahren natürlich auch ein rotiertes Volumenmodell erzeugt werden.

Durch die Anwendung des BTF-Verfahrens wird eine implizite hidden-surface Eliminierung durchgeführt. Falls der Objektraum traversiert wird und die Voxel in den Bildraum rotiert und projeziert werden, können durch Rundung auf ganzzahlige Positionen Löcher im Bildraum entstehen. Bei der Traversierung des Bildraumes wird das vermieden, da für jede Position im Bildraum genau ein Voxel aus dem Objektraum projeziert wird.

Sei k die Position eines Voxels im Objektraum, k' die Position des Voxels im Bildraum und R die Rotationsmatrix.

Es gilt:

$$k' = k * R \qquad (2.1)$$

mit $T = R$-1 folgt

$$k = k' * T \qquad (2.2)$$

oder

$$[k_x, k_y, k_z] = [k_x{'}, k_y{'}, k_z{'}] * T \qquad (2.3)$$

Sei

$$[k_x{'}, k_y{'}, k_z{'}] = [(k\text{-}1)_x{'} + 1, (k\text{-}1)_y{'}, (k\text{-}1)_z{'}] \qquad (2.4)$$

dann gilt

$$[k_x, k_y, k_z] = [(k\text{-}1)_x{'} + 1, (k\text{-}1)_y{'}, (k\text{-}1)_z{'}] * \begin{bmatrix} t_{11} & t_{12} & t_{13} \\ t_{21} & t_{22} & t_{23} \\ t_{31} & t_{32} & t_{33} \end{bmatrix} \qquad (2.5)$$

daraus folgt

$$[k_x, k_y, k_z] = [(k\text{-}1)_x + t_{11}, (k\text{-}1)_y + t_{12}, (k\text{-}1)_z + t_{13}] \qquad (2.6)$$

Dies gilt analog auch für die Inkrementierung der y- oder z-Koordinate sowie für die Dekrementierung.

In diesem Algorithmus enthalten nur die Koeffizienten der Rotationsmatrix gebrochene Zahlen. Wenn für diese Koeffizienten eine Festpunktdarstellung gewählt wird, indem man sie mit 2^n multipliziert und danach in eine ganze Zahl konvertiert, benötigt man zur Rotation eines Voxels drei Ganzzahladditionen und drei Shift-Operationen um n Stellen. Mit den Shift-Operationen wird die Multiplikation der Matrixkoeffizienten egalisiert.

Ein anderes Rotationsverfahren benutzt Tabellen zur Rotation der Voxel [5]. In diesen Tabellen sind Einträge $t_{ij} * k$ mit $k = 0, 1, 2, \ldots , 255$ und $i, j = 1, 2, 3$ abgelegt. Die Position eines Voxels im Bildraum kann dann durch Addition der entsprechenden Tabelleneinträge berechnet werden. Dieses Verfahren hat Vorteile, wenn eine große Zahl der Voxel im Objektraum für die Darstellung nicht relevant sind, so daß sie nicht in den Bildraum transformiert werden müssen. Bei dem oben vorgestellten inkrementellen Verfahren bringt das keine Vorteile, da jede Transformation von der Transformation des Vorgängers abhängt.

Mit Hilfe des z-Buffers kann zu jedem Voxel im Bildraster der Gradient berechnet werden [6]. Der Gradient ist ein Maß für die Neigung der durch die Voxel approximierten Objektoberfläche. Er ist die Grundlage für die Generierung schattierter Darstellungen mit Beleuchtungsmodellen [7]. Dieses Schattieren im Bildraum hat den Vorteil, daß das Berechnen der Neigungen nur für die Voxel durchgeführt werden muß, die auch tatsächlich dargestellt werden. Dies ist sinnvoll, denn die einmalige Berechnung der Neigungen im Objektraum ist nicht möglich, wenn interaktiv Änderungen des Volumenmodells vorgenommen werden. Allerdings hängt die Qualität der Darstellungen entscheidend von der Präzision der Neigungsberechnung ab. Die Berechnung der Neigung im Bildraum ist daher nicht immer ausreichend. Auf die Verfahren zum Rendering von Voxelmengen soll hier nicht eingegangen werden. Es sei verwiesen auf [6 8 9 10]. Auch Teilberechnungen dieser Verfahren können auf einem Supercomputer durchgeführt werden.

2.4 Generierung eines oberflächenorientierten Datenmodells aus dem Volumenmodell

Ein Verfahren zur Reduktion der Datenmenge und der damit verbundenen Bearbeitungszeit, das sogenannte Cuberille-Verfahren, ist von G. T. Herman [11] entwickelt worden. Ausgehend von einem Oberflächenelement eines Objekts wird die ganze Oberfläche des Objekts mit Hilfe eines Graphensuchverfahrens im segmentierten Volumen verfolgt. Ausgabe des Algorithmus ist eine Menge von Oberflächenelementen, die die Oberfläche des Objekts bilden. Ein Oberflächenelement ist in diesem Modell eine Voxelseite, d.h. eine der sechs Seiten eines würfelförmigen Volumenelements. Das Datenmodell baut auf sauberen mathematischen Definitionen auf und hat u.a. den Vorteil, daß mehrere Objekte in einem Volumen unabhängig voneinander behandelt werden können.

Für die Darstellung der Cuberille-Oberfläche können dieselben Verfahren verwendet werden wie für die direkte Darstellung des segmentierten Volumens, z.B. das Back-to-Front Verfahren, wobei die relativ geringe Anzahl von zu zeichnenden Voxeln die Darstellung erheblich schneller macht.

Ein großer Nachteil dieses Modells und oberflächenorientierter Datenmodelle im allgemeinen, ist, daß interaktive Manipulationen aufwendig werden, da die Information über die innere Struktur der Objekte verlorengegangen ist. Jede Manipulation muß auf dem segmentierten Volumen ausgeführt werden und die Oberfläche muß dann neu generiert werden. Oberflächenorientierte Modelle werden deshalb verwendet, um schnelle Ansichten aus verschiedenen Richtungen zu erzeugen, werden aber für interaktive Manipulationen kaum eingesetzt. Nach unserer Auffassung ist es aber durchaus möglich, ein lokales "Stopfen" eines Teiles der Oberfläche nach einer lokalen Manipulation in dem Cuberille-Modell schnell durchzuführen.

Ein Objekt O in dem segmentierten Volumen besteht aus einer Menge von Voxeln. Die Oberfläche des Objekts O besteht aus einer Menge F von Oberflächenelementen (Voxelseiten). Betrachten wir ein Voxel V in dem Objekt O. Wenn das Voxel V gelöscht wird (in dem segmentierten Volumen) müssen die Seiten von V, die an der Oberfläche lagen, aus der Menge F gelöscht werden und neue Voxelseiten, die jetzt neu zur Oberfläche dazugekommen sind, müssen zu F hinzugefügt werden. Diese neuen Oberflächenelemente sind identisch mit den Seiten von V, die nicht an der Oberfläche lagen. Bei dem Löschen eines einzelnen Voxels sind damit die notwendigen Änderungen in der Menge der Oberflächenelemente unmittelbar bestimmt.

Ein allgemeiner Ansatz für die lokale Neugenerierung der Oberfläche ist der lokale Einsatz des Graphensuchalgorithmus. Betrachtet man die Oberflächenelemente als Knoten und die Ränder der

Oberflächenelemente als Kanten, kann die Oberfläche in einem gerichteten Graphen dargestellt werden. In dem Graphen hat jeder Knoten genau zwei Vorgänger und genau zwei Nachfolger. Betrachten wir wieder das Voxel V im Objekt O. Wenn V im segmentierten Volumen gelöscht wird, müssen die Seiten von V, die an der Oberfläche lagen, aus der Menge F gelöscht werden. Der Algorithmus wird dann am Vorgänger der gelöschten Oberflächenelemente fortgesetzt. Wenn der Algorithmus terminiert, ist die Oberfläche wieder vollständig (Beweis dazu, siehe [11]). Mit diesem Verfahren kann die Oberfläche auch bei größeren Manipulationen lokal neugeneriert werden. Der gerichtete Graph muß dabei nicht gespeichert werden, da die Vorgänger eines Oberflächenelements sich sehr schnell berechnen lassen.

Das Hauptproblem bei der Implementierung des Graphensuchalgorithmus ist die Handhabung der großen Datenmengen. Das Volumen besteht beispielsweise aus 256 x 256 x 256 Voxeln. Wird jedes Voxel mit vier Bit repräsentiert belegt das Volumen 8 MByte. Die Ausgabe des Algorithmus kann in einem vier-dimensionalen Array mit 256 x 256 x 256 x 6 Voxelseiten gehalten werden, wobei jede Voxelseite mit einem Bit repräsentiert wird. Dieses Bit gibt die Zugehörigkeit zur Oberfläche des Objekts an. Mit 12 MByte ist dieses Array viel größer als die in [11] beschriebene Datenstruktur, die für eine Implementierung auf einem Minicomputer entwickelt wurde. Mit dem Array wird aber der Algorithmus einfacher und schneller. Die Rechenzeit verhält sich linear zu der Anzahl von Oberflächenelementen. Die großen Datenmengen setzen allerdings einen großen Hauptspeicher voraus und das Verfahren eignet sich deshalb für die Verarbeitung auf einem Supercomputer im Hintergrund der Visualisierung.

3. Verteilte Systeme

Die oben erwähnten Schritte zur Bildberechnung 1 - 5 sind unabhängig von dem zur Darstellung verwendeten Graphikpaket und der verwendeten Graphik-Workstation. Sie dienen zur Erzeugung eines Bildraster sowie des Gradienten zu jedem Bildpunkt als Maß für die Neigung der Objektoberfläche. Diese Daten dienen bei der Berechnung auf einem Supercomputer als Eingabe zur Bildgenerierung auf einer Graphik-Workstation.

Da die einzelnen Voxel voneinander unabhängig sind und unabhängig voneinander dargestellt werden, läßt sich die Bildberechnung aus Volumenmodellen auch leicht auf Parallelrechnern ausführen, ohne daß dazu spezielle Algorithmen entwickelt werden müssen. Beim oben vorgestellten Algorithmus zur Rotation der Voxelräume kann man zunächst die Rotation für das jeweils erste Voxel einer Schicht berechnen, und kann dann die Rotation der Schichten parallel ausführen. Wenn die Projektion parallel durchgeführt wird, ist zu beachten, daß das Eliminieren verdeckter Voxel nicht mehr durch einen einfachen Back-to-Front-Algorithmus durchgeführt werden kann. Allerdings kann der BTF-Algorithmus in zwei Schritten durchgeführt werden. Im ersten Schritt wird der BTF-Algorithmus parallel auf bestimmte disjunkte Intervalle der Tiefe des Voxelraumes angewendet. Auf die Ergebnisse dieser Berechnungen wird dann erneut ein BTF-Algorithmus angewendet und das endgültige Bildraster erzeugt.

3.1 Kommunikation in verteilten Systemen

UNIX-Systeme bieten eine komfortable Möglichkeit für die Kommunikation zwischen Prozessen. Zwei Prozesse sind über "sockets" gekoppelt und kommunizieren über diese miteinander. Diese Prozesse können auch auf verschiedenen Rechnern ablaufen. Wenn die Verbindung zwischen zwei Prozessen einmal eingerichtet wurde, können beliebig große Datenpakete von einem Prozeß zu einem anderen transferiert werden. Damit können aufwendige Berechnungen zur Bilderzeugung auf einem schnellen Hintergrundrechner durchgeführt werden und die Graphik-Workstation zur gleichen Zeit ausschließlich zur Generierung von Bildern verwendet werden. Voraussetzung dafür ist, daß Formate zum Austausch der Bilddaten festgelegt werden. Solche Formate können Bildraster mit Z-Buffer oder den Gradienten zu jedem Bildpunkt wie oben beschrieben oder bereits vollständig berechnete Rasterbilder sein [13].

Bei der Verteilung der einzelnen Berechnungsoperationen ist der Zeitgewinn durch die Berechnung auf einem schnellen Hintergrundrechner gegen den Zeitaufwand für den Datentransfer abzuwägen. Ein Bildraster belegt z. B. 256 x 256 Byte (bei einem Byte pro Bildpunkt). Die gleiche Datenmenge wird noch einmal für den z-Buffer benötigt. Diese Datenmengen können nur auf einem LAN effizient übertragen werden, d. h. eine verteilte Berechnung ist nur sinnvoll, wenn z. B. UNIX-Systeme über Ethernet gekoppelt sind.

Es ist natürlich auch möglich alle Verarbeitungsschritte zur 3D-Darstellung von Volumenmodellen auf einem Supercomputer durchzuführen und die dort berechneten Rasterbilder auf eine Graphik-Workstation zu übertragen. Allerdings führen leistungsfähige Graphik-Workstations Schattierungen heute bereits mit spezieller Hardware durch, so daß die dort gebotene Leistung durch Software auf Supercomputern i. a. nicht erreicht wird. Weiterhin werden in Zukunft Schattierungsfunktionen in Graphikstandards [14] auf Workstations verfügbar sein, die dann dort genutzt werden können.

3.2 Interaktion in verteilten Systemen

Falls eine Graphik-Workstation und ein schneller Hintergrundrechner über ein schnelles Netz gekoppelt sind, lassen sich in diesem System auch graphisch-interaktive Anwendungen realisieren. Mit einer graphischen Benutzungsoberfläche werden vom Benutzer Parameter zur Darstellung der Szene spezifiziert. Parameter zur Darstellung sind z. B. Winkel zur Rotation der Szene oder Schnittebenen. Sie parametrisieren die Rechenschritte zur Darstellung, die auf dem Hintergrundrechner ablaufen. Die berechnete Darstellung wird dann wie oben beschrieben auf die Graphik-Workstation übertragen. Nach unseren Erfahrungen mit Systemen, in denen Benutzungsoberfläche und Anwendungsprogramm auf unterschiedlichen Rechnern installiert sind und ablaufen, stellt die Übertragung der spezifizierten Parameter über ein Ethernet keine vom Benutzer wahrnehmbare Verzögerung bei der Ausführung des Anwendungsprogramms dar.

4. Ausblick

Es wurde ein Überblick über die bei der interaktiven Visualisierung von komplexen, heterogenen Volumenmodellen auftretenden Probleme gegeben, und es wurden Möglichkeiten der Beschleunigung der Visualisierung vorgestellt. Die damit erreichten Antwortzeiten können interaktive Anwendungen aber noch keineswegs befriedigen, sind aber in Anbetracht der Komplexität des Visualisierungsproblems beachtlich. Wie in allen Anwendungsbereichen der Computergraphik wird sich in Zukunft ein weiterer Zeitgewinn durch schnellere Hardware erreichen lassen. Ferner ist es möglich, Darstellungen minderer Qualität - etwa als Preview - in kürzeren Zeiten zu erzeugen.

Literatur

[1]   Fangmeier, S. M.: "The Scientific Visualization Process"
in: Proc. ACM Siggraph '88, Vol. 20, pp. 26, Atlanta, USA, 1988.

[2]   Encarnacao, J. L.; Schönhut, J.: "High Performance, Visualisation and Integration: The Computer Graphics Headlines for the 90's"
Proc. IFIP TC 5 Conference on CAD/CAM Technology Transfer, Mexico City, Mexico, North-Holland, 1988.

[3]   Meagher, D.: "Geometric Modeling Using Octree Encoding"
Computer Graphics and Image Processing 19, pp. 129, 1982.

[4]   Samet, H.; Webber, R. E.: "Hierachical Data Structures and Algorithms for Computer Graphics"
IEEE GC&A, pp. 48, May 1988.

[5]   Frieder, G.; Gordon, D.; Reynolds, R. A.: "Back-to-Front Display of Voxel-Based Objects"
IEEE CG&A, pp. 52, Jan 1985.

[6]   L. Chen, G. T. Herman, R. A. Reynolds, J. K. Udupa: "Surface Shading in the Cuberille Environment"
IEEE CG&A, Dec 1985.

[7]   Foley, J. D.; van Dam, A.: "Fundamentals of Interactive Computer Graphics"
Addison Wesley, 1984.

[8]   Kajiya, J. T.; "Von Herzen, B. P.: Ray Tracing Volume Densities"
Computer Graphics, pp.165-174, Vol.18, No.3 (1984)

[9]   Sabella, P.: "Rendering Algorithm for Visualizing 3D Scalar Fields"
Computer Graphics, pp.51-58, Vol.22, No.4 (1988)

[10]   Upson, C.; Keeler, M.: "V-BUFFER: Visible Volume Rendering"
Computer Graphics, pp.59-64, Vol.22, No.4 (1988)

[11]   Artzy, E.; Frieder, G.; Herman, G. T.: "The Theory, Design, Implementation and Evaluation of a Three-Dimensional Surface Detection Algorithm"
Computer Graphics and Image Processing 15, pp.1-24, (1981)

[12]   Boecker, F. R. P.; Hoehne, K.-H.; Tiede, U.; Riemer, M.: "Algorithmen und Datenstrukturen für die Interaktion in dreidimensionalen medizinischen Szenen"
in: Hommel, G.; Schindler, S. (Hrsg.): Proc. GI - 16. Jahrestagung, S. 659-675, Springer-Verlag, Berlin (1986)

[13] Hofmann, G. R.: "FTCRP - Übertragungsformat für den farbtreuen, geräteunabhängigen
Transfer von Rasterbildern"
FhG-AGD, (1988)

[14] ISO: "Programmer's Hierachical Interactive Graphics System - Basic Rendering (PHIGS
BR)"
ISO/WD.

VISUALISIERUNG 3-DIMENSIONALER SKALARER DATENFELDER: TRANSPORTTHEORIE–MODELL

Wolfgang Krüger
ART+COM e.V.
Hardenbergplatz 2
D–1000 Berlin 12

Zusammenfassung
In dieser Arbeit wird eine allgemene Methode für die Visualisierung von Volumendaten aus Wissenschaft und Technik vorgestellt. Es werden insbesondere die Modellgrundlagen, die möglichen Anwendungen und die Relationen zu vorhandenen Modellen diskutiert. Das verwendete Modell, die lineare Transporttheorie zur Beschreibung der Ausbreitung von virtuellen Lichtstrahlen, enthdlt unterschiedlichste Möglichkeiten, 3-dimensionale Datenfelder mit inneren Strukturen (z. B. punktförmigen Details oder starken Inhomogenitäten auf Flächen) zu visualisieren.

1. Einführung

Zu den klassischen Bereichen der Wissenschaft, Theorie und Experiment, kam mit der Entwicklung leistungsfähiger Computer ein dritter hinzu, der der rechnergestützten Simulation. Die Fähigkeit der Supercomputer bzw. moderner Experimentaleinrichtungen, gewaltige Datenmengen in kurzer Zeit zu berechnen bzw. durch Messungen zu erzeugen, führt zu einer nicht mehr auswertbaren Flut von "zweidimensionalen" Daten auf Papier und Bändern. Unter dem Stichwort "Visualization in Scientific Computing" [MDB87] hat eine Kommission der amerikanischen Supercomputerzentren ein Programm für einen Ausweg aus diesem Dilemma entwickelt. Die Entwicklung von allgemein benutzbaren, interaktiven Visualisierungsprogrammen zur Darstellung großer 3-dimensionaler Datenfelder und ihrer zeitlichen Veränderung ist eine der vorgeschlagenen Methoden, da schon heute leistungsfähige Graphik-Workstationen für den allgemeinen Gebrauch in Forschungs- und Entwicklungseinrichtungen bereitstehen. Die bei interaktiver Nutzung der Visualisierungsmöglichkeiten auftretenden Datenflüsse können mit Hilfe von Breitbandkommunikationsnetzen auf Glasfaserbasis bewältigt werden.
Die 3-dimensionale graphische Visualisierung in Wissenschaft und Technik soll der

Information, dem besseren Verständnis und der Erkenntnissteigerung dienen. Der interaktive Gebrauch der Visualisierungstechniken während des Simulations- bzw. Meßprozesses wird gegenüber der bloßen Dokumentation immer wichtiger werden, d. h. sie müssen vor allem für die Anwender selbst leicht handhabbar sein. Für ein Softwarepaket zur Visualisierung 3-dimensionaler Datenfelder ergeben sich deshalb als wesentliche Anforderungen:

- Flexibilität des Visualisierungsprogramms gegenüber unterschiedlichen 3-dimensionalen skalaren Datenarten und -größen;
- leichte Handhabbarkeit auch für Computergraphik-Nichtspezialisten durch Benutzung nur weniger, leicht interpretierbarer Steuerparameter;
- Ausnutzung der auf Graphik-Workstationen vorhandenen Routinen zur Datendarstellung, -transformation und -nachbehandlung;
- Möglichkeit der Berechnung von Erscheinungsbildern der Volumeneigenschaften auf beliebige Schnittebenen durch das Volumen;
- Möglichkeiten der Überlagerung bzw. Differenzbildung von Datenfeldern durch Entkopplung der Berechnung von Lichtintensität und -farbe;
- Möglichkeit der Ankopplung von Methoden zur Kontrastverstärkung bei Datenfeldern mit schwachen lokalen Inhomogenitäten;
- effizienter, möglichst rekursiver Algorithmus zur Abbildung der Volumeneigenschaften auf eine 2-dimensionale Lichtintensitätsverteilung auf dem Bildschirm.

Beispiele für 3-dimensionale skalare Felder, die in Wissenschaft und Technik untersucht werden, sind:

- Gravitationsfelder;
- elektrische und andere Potentialfelder;
- Dichteverteilungen von Flüssigkeiten, Gasen, Plasmas;
- Temperaturverteilungen;
- Verteilungen von Verunreinigungen in der Atmosphäre, in Flüssigkeiten, in festen Körpern;
- einzelne Komponenten eines Vektorfeldes, z. B. die Vertikalgeschwindigkeit einer Strömung;
- Dichteverteilungen von Gewebe aus radiologischen Messungen.

Beispiele für Visualiserungen von Volumeneigenschaften kommen aus so unterschiedlichen Bereichen wie der Astrophysik und Kosmologie [Ups86], der Meteorologie [Hus83], Geophysik [Sab88], Strömungslehre [UK88] und der Humanmedizin [RM87, DCH88, Lev88]. Die Begrenztheit von 2-dimensionalen, z. B. projektiven, Visualisierungsmodellen für die Darstellungen von Messungen in der Meteorologie und Geophysik wird in [Hus83] diskutiert.

Das in dieser Arbeit vorgestellten Visualiserungsprogramm für 3-dimensionale Datenfelder enthält im wesentlichen drei Teile:

- Aufbereitung des vorgegebenen Datenfeldes (Definition und Normierung des 3-dimensionalen Gitters; Auswahl bzw. Ergänzung, Normierung und Skalierung des gegebenen Volumendatenfeldes; optimale Speicherung);

- Abbildung der Volumeneigenschaften auf eine 2-dimensionale Lichtintensitätsvertei- lung auf den Rasterbildschirm (Transporttheorie-Modell für die simulierten Licht- strahlen; Abbildung der Volumeneigenschaften auf die Absorptions- und Streukoef- fizienten und die verschiedenen Quellterme);
- Nachbearbeitung und Darstellung der Bilddaten (Kontrastverstärkung durch Fil- terprozesse oder Falschfarben-Methoden; Glättung von Rauscheffekten hervorge- rufen durch Datenfeldungenauigkeiten oder Diskretisierungsfehler; Darstellung des Erscheinungsbildes auf verschiedenen Schnittflächen).

Diese Arbeit konzentriert sich auf den zweiten Punkt, die Erläuterung des Trans- porttheorie-Modells zur Visualisierung 3-dimensionaler skalarer Datenfelder. Es läßt sich zeigen, daß einige der schon vorhandenen Visualisierungsmodelle [RM87, Sab88, UK88, Lev88] als Spezialfälle enthalten sind. Im folgenden Abschnitt wird die Methode des Volumen-Ray Tracing auf Grundlage der linearen Transporttheorie beschrieben. Die besonderen Vorteile dieses sehr allgemeinen Modells liegen dabei in den vielfältigen Abbildungsmöglichkeiten der vorgegebenen Volumeneigenschaften auf die strukturell unterschiedlich wirkenden Parameterfelder Absorptions-, Streu- und Quellterm. Die Wirkungsweise dieser Terme innerhalb des Visualisierungsprozesses wird durch Testbil- der dokumentiert. In einem Anhang werden kurz die Grundlagen der linearen Trans- porttheorie erläutert und Algorithmen für die numerische Berechnung angegeben.

2. Visualisierung via Transporttheorie-Modell

Da der Visualisierungsalgorithmus möglichst universell einsetzbar sein soll, ist eine um- fangreiche Vorbearbeitung des vorgegebenen Datenfeldes erforderlich. Einzelne Schritte sind:

- Während des Einlesens werden die Daten entsprechend der Gitterbeschreibung sor- tiert und die Extremalwerte bestimmt;
- "zufällig" angeordnete Datenwerte werden durch Interpolationsalgorithmen auf ein angepaßtes Gitter abgebildet, um "explite" Speicherung der Gitterkoordinaten zu vermeiden;
- die eingelesenen diskreten 3-dimensionalen Felddaten werden normiert, z. B. auf den Bereich $[-1, 1]$, d. h. das Datenfeld wird auf eine diskrete, normierte Volumendichte abgebildet.

Das Modell für die Darstellung dieser 3-dimensionalen Volumendichte als 2-dimen- sionale Lichtintensitätsverteilung auf dem Bildschirm benutzt die Formalismen der li- nearen Transporttheorie für die Lichtausbreitung in inhomogenen amorphen Körpern [Cha60, CZ67, DM79]. Auf diesem Modell beruhen auch moderne Algorithmen für die Bildsynthese von Wolken [KV84] oder für die Synthese komplexer "natürlicher" Szenen [Kaj86].

Für die Anwendung dieses Modells auf das Problem der Visualisierung allgemeiner 3-dimensionaler Datenfelder sind drei Hauptbestandteile zu erläutern, das abstrakte Transporttheorie-Modell, die zugehörigen Auswertungsalgorithmen und die Möglichkeiten der Abbildung des vorgegebenen Datenfeldes auf die Modellparameter. Die mathematisch-physikalischen Grundlagen des linearen Transporttheorie-Modells und der angepaßten Auswertungsalgorithmen werden im Anhang kurz erläutert.

Die lineare Transporttheorie beschreibt die Ausbreitung von Teilchen (Photonen, Elektronen, Neutronen, Ionen, usw.) in inhomogenen amorphen Körpern. Die Anzahl und Bewegungsrichtung der Teilchen in jedem Volumenelement genügt dabei einer Integro-Differentialgleichung (Boltzmann Gleichung) (s. Formel A1 im Anhang). Die Art der räumlichen Ausbreitung der Teilchen hängt dabei von den Parametern Absorption, Quellstärke und Streuung ab, die durch Eigenschaften der Volumendichte modifiziert werden können. Die Auswertung dieser Gleichung im Rechner erfolgt durch Diskretisierung der formalen Lösung (A4) (s. Anhang).

Das hier vorgestellte Visualisierungsmodell simuliert die Ausbreitung "virtueller" Lichtstrahlen durch das 3-dimensionale Datenfeld, das auf eine Volumendichte abgebildet wurde. Dabei wird die Lichtintensität und die Ausbreitungsrichtung an den Endpunkten eines jeden Wegelements gemäß Formel (A4) unter Benutzung von (A13) und (A14) in Abhängigkeit von der lokalen Absorption, Quellstärke und Streustärke berechnet (s. Abbildung 1). Ohne Berücksichtigung von Streuungen ergibt sich der gerade Weg 1, während bei Einschalten von Streuprozessen die Bahn 2 berechnet werden muß. Die Gesamtlichtintensität auf dem Bildschirm ergibt sich dann aus der normierten Summe der Intensität $I_s(1)$ und allen Werten der Intensität $I_s(2)$, die durch die Monte-Carlo Simulation von zusätzlichen Lichtstrahlen erhalten werden kann.

Die Anwendung des linearen Transporttheorie-Modells auf das Problem der Visualisierung "natürlicher" oder abstrakter skalarer Datenfelder erfordert eine angepaßte Abbildung der vorgegebenen Information auf die charakteristischen Parameterfelder (Absorptionterm Σ_t, Streuterm Σ_s und Quellterme q_s bzw. q_v). Das vorgeschlagene Transporttheorie-Modell besitzt eine große Anzahl von Möglichkeiten, um die Eigenschaften des normierten und skalierten Datenfeldes $F(\mathbf{x})$ mit $\mathbf{x} = (x, y, z)$ auf diese drei Parameterfelder der Transporttheorie abzubilden.

1) Für nichtkomplexe, relative homogene Volumendichten bietet sich die einfache Abbildung auf den Absorptionsterm und einen Volumenquellterm mit Emissionsrichtung $\mathbf{s}$

$$\Sigma_t(\mathbf{x}; k) = c_1(k) \cdot F(\mathbf{x})$$
$$q_v(\mathbf{x}, \mathbf{s}; k) = c_2(k) \cdot F(\mathbf{x})$$

$$\tag{1}$$

an [Sab88], wobei $c_1 \geq 1$ und $c_2 \geq 1$ freie Parameter sind, die farbabhängig sein können. Diese beiden Terme können natürlich auch proportional zum Betrag des Feldgradienten gewählt werden. Die Berechnung der Lichtintensität auf dem Bildschirm erfolgt nach einem einfachen Rekursionsalgorithmus (s. Gleichung A13 im Anhang), wobei die Parameterwerte an den Wegelementenden durch entfernungsabhängige Interpolation über die benachbarten acht Dichtewerte ermittelt werden. Der Vorteil dieser Abbildung liegt in der möglichen einfachen Rechnerauswertung, nur die geraden Strahlen (s. Abbildung 1) werden verfolgt. Der Nachteil dieser Wahl besteht im Verlust an Tiefeninformation durch das Fehlen von Schattierungseffekten (s. auch Abbildung 2). Die Zuordnung (1) entspricht der Simulation einer Röntgen-Durchleuchtung für $c_2 = 0$.

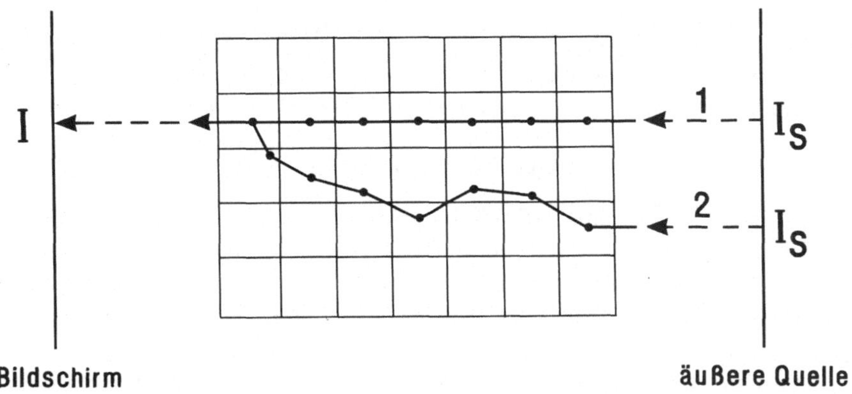

Abb. 1: Beispiel für mögliche Lichtwege innerhalb des Volumen-Ray Tracing

2) Für das Hervorheben von starken Feldinhomogenitäten auf inneren Flächenelementen oder von z. B. Äquipotentialflächen bietet sich das Modellieren von Flächenladungen an. Sie sind definiert durch

$$q_s(\mathbf{x}_s, \mathbf{s}; k) = c_3(k) \cdot (\mathbf{s} \cdot \mathbf{e}_s) \cdot \left| F^+ - F^- \right|, \tag{2}$$

wobei $\mathbf{x}_s$ die Fläche beschreibt, $\mathbf{e}_s$ die lokale Oberflächennormale ist und die Intensitätsdifferenz zwischen den beiden Oberflächenseiten proportional zum Volumendichte-Gradienten senkrecht zur Oberfläche gesetzt wird [Sab88]. Der Parameter $c_3 > 0$ kann farbabhängig gewählt werden.

Diese Abbildung eignet sich besonders für Anwendungen in der Medizin, wo die Grenzen zwischen unterschiedlichen Gewebearten besonders hervorgehoben werden sollen [DCH88, Lev88]. Die Anwendung von Zuordnung (1) und (2) of CT-Daten in einem vereinfachten phänomenologischen Modell wird in [RM87] gezeigt. Auch interessante Äquipotentialflächen von komplexen Makromolekülen könnten mit dieser Methode besonders hervorgehoben werden, wenn man der entsprechnenden Potentialfläche eine Flächenladung zuordnet (s. auch Abbildung 3).

3) Vorgegebene extreme Volumendichten oder Dichteschwankungen können auch durch Abbildung auf dem Streuterm in Gleichung (A3) besonders hervorgehoben werden.

Der Streuterm könnte in zwei wesentlichen Fällen Bedeutung haben:

- Selektives Hervorheben von lokalen Volumendichte-Fluktuationen kann mit einem Volumenstreukoeffizienten Σ_s erreicht werden durch die Identifizierung

$$\Sigma_s\{\mathbf{x}; k) = c_4(k) \cdot F(\mathbf{x}), \qquad (3)$$

  wobei $c_4 > 0$ ist. Ein zusätlicher Freiheitsgrad besteht in der Möglichkeit, den Winkelanteil des differentiellen Streuquerschnitts z. B. mit verstärkter Vorwärts- oder Rückstreuung zu wählen (s. Anhang). Dieser Fall ist besonders geeignet für die Visualisierung von atmosphärischen Effekten (Wolken, Dunst, Verunreinigungen) [KV84].
  Aerosole (Wolken, Dunst) oder Regengebiete streuen und/oder brechen das durchfallende Licht, so daß Punktlichtquellen diffus erscheinen oder Regenbogeneffekte auftreten. Auch Datenfelder mit Substrukturen in symmetrischen Anordnungen können durch ein Einbeziehen von Streuungen gemäß Formel (A6) und (A7) mit kleinem mittleren Streuwinkel deutlicher dargestellt werden ("channeling"-Effekt) [SU89].
- Eine Hervorhebung von Grenzflächen zwischen Volumenregionen mit stark abweichender Dichte (z. B. bei CT-Anwendungen) kann durch Berücksichtigung eines Reflexions- und/oder Transmissionskerns (s. Gleichungen A8-11 im Anhang) erreicht werden. Wird eine spiegelnde Reflexion auf einer interessanten Fläche mit einer zusätzliche Punktlichtquelle simuliert, ergeben sich vom Einfalls- und Ausfallswinkel abhängige Schattierungseffekte, die den 3-dimensionalen Eindruck verstärken (s. Abbildung 4). Die Definition einer Semitransparenz der Flächen erlaubt die Abbildung von auch verdeckten Strukturen, der Tiefeneindruck wird ebenfalls verstärkt.

Da die Gleichungen der Transporttheorie linear sind, können mehrere korrelierte Datenfelder (z. B. Volumendichte und -temperatur) gleichzeitig visualisiert werden, indem man die Modulation der Lichtintensität und die der Farbgebung entkoppelt. Elektrische Potentialfelder von verschiedenen Atomen in Molekülen oder Datenfelder mit unterschiedlichen Vorzeichen können z. B. auf getrennte Frequenzbereiche bzw. RGB-Bereiche der Lichtintensität abgebildet werden. Ebenso läßt sich auch die Differenz zweier Datenfelder (z. B. Ergebnisse aus Messungen und Simulationen) darstellen.

Als Beispiel für ein Datenfeld wurde die quantenmechanische Wahrscheinlichkeitsdichte für den Aufenthaltsort des Elektrons in einem H-Atom (3d- und 4d-Konfiguration) gewählt. Abbildung 2 zeigt die Visualisierung mit Hilfe des Algorithmus (A13) und der Zuordnung (1). Abbildung 3 berücksichtigt zusätzlich die Wirkung einer Flächenquelle gemäß Zuordnung (2). Die Rolle der spiegelnden Reflexion zur Hervorhebung des Tiefeneindrucks wird in Abbildung 4 dokumentiert, wobei in jedem Oberflächenpunkt die Reflexion einer zusätzlichen punktförmigen Lichtquelle an einer "rauhen" Oberfläche gemäß Formel (A10) und den Algorithmen in [CT81] simuliert wird.

Die Vorteile des vorgestellten Visualiserungsmodells für 3-dimensionale skalare Datenfelder liegen in seinem exakten mathematisch-physikalischen Fundament, dem schon vorhandenen Fundus an Auswertungsalgorithmen aus über 40 Jahren Anwendung in unterschiedlichsten Bereichen und den vielfältigen Möglichkeiten, die vorgegebenen Daten

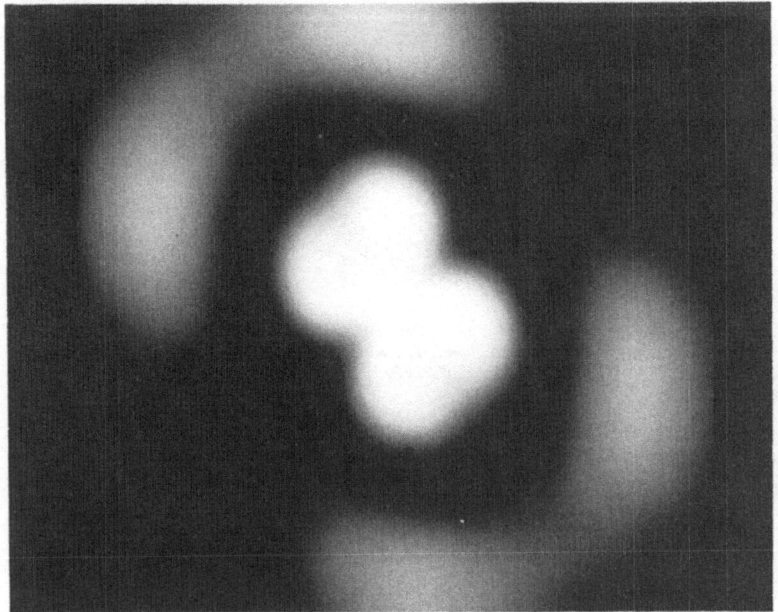

Abb. 2: Darstellung mit Zuordnung auf Absorptions und Volumenquellterm

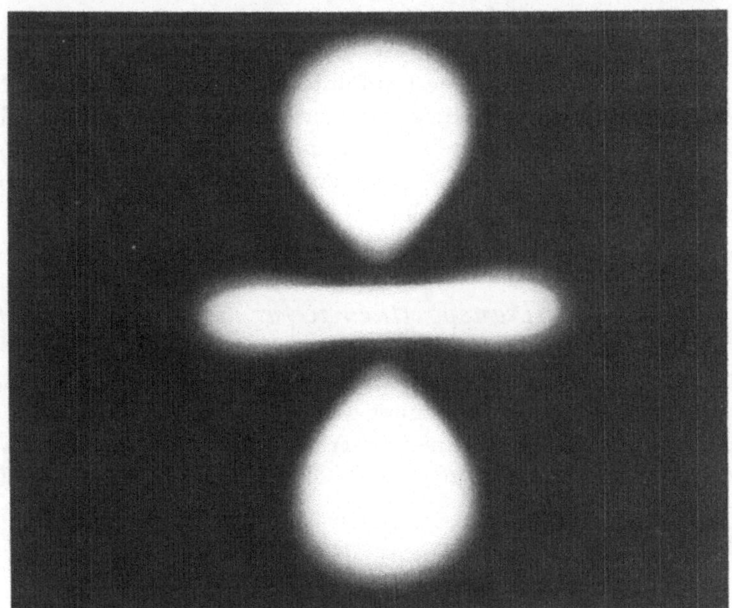

Abb. 3: Darstellung mit Zuordnung auf Volumenquellterm und einen Flächenquellterm ("Visualisierung von Äquipotentialflächen")

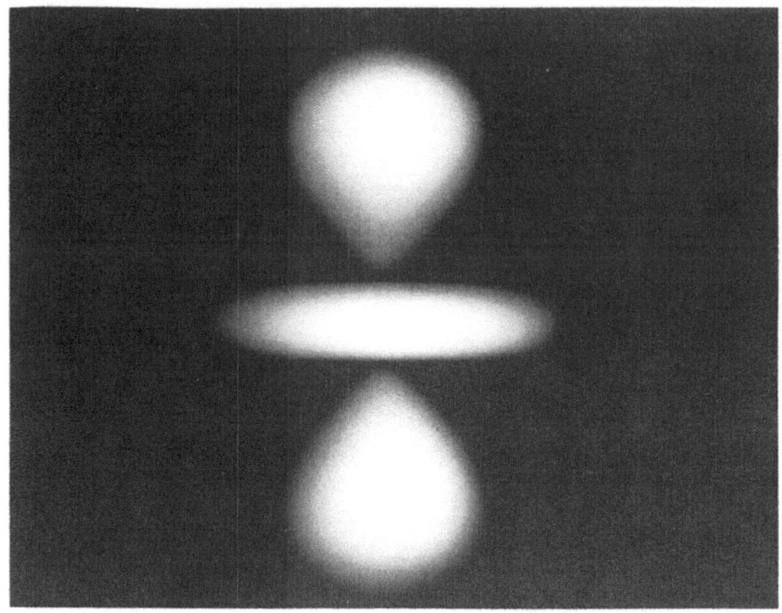

Abb. 4: Darstellung mit Zuordnung auf Flächenquellterm
und spiegelnden Oberflächenreflexionsterm

(Feldstärke, Gradient, Krümmung, usw.) auf unterschiedlich wirkende Modellparameter abzubilden. Viele der schon verwendeten "phänomenologischen" Modelle sind in diesem Modell enthalten. Der größte Nachteil dieses aufwendigen Modells ist noch die erforderliche Rechenzeit, insbesondere bei Vorhandensein von feinkörnigen Inhomogenitäten oder bei Benutzung von Streuungssimulationen.

Anhang: Lineare Transporttheorie für die Lichtausbreitung

Mit Hilfe der linearen Transporttheorie kann die Ausbreitung von "Lichtstrahlen" in inhomogenen amorphen Körpern berechnet werden. Im folgenden werden die wesentlichen Formeln und Algorithmen der linearen Transporttheorie erläutert. Weitergehende Informationen sind in Textbüchern zu finden [Cha60, CZ67, DM79, Mar80].

1) Grundgleichungen der linearen Transporttheorie

Ein Lichtstrahl wird durch die lokale Lichtintensität $I(\mathbf{x}, \mathbf{s}; k)$ im Punkt $\mathbf{x} = (x, y, z)$

mit der Ausbreitungsrichtung $\mathbf{s}$ und der Frequenz k (z. B. im einfachsten diskreten Fall $k = R$, G oder B) beschrieben.

Die räumliche Ausbreitung der lokalen Intensität I folgt einer Bilanzgleichung in der Form einer linearen Integro-Differentialgleichung

$$(\mathbf{s} \cdot \mathbf{D}) \cdot I(\mathbf{x}, \mathbf{s}; k) + \Sigma_t(\mathbf{x}; k) \cdot I(\mathbf{x}, \mathbf{s}, ; k) = Q(\mathbf{x}, \mathbf{s}; k), \qquad (A1)$$

wobei $\mathbf{D}$ der Nabla-Operator ist. Der Dämpfungs koeffizient Σ_t ist gegeben durch

$$\Sigma_t(\mathbf{x}; k) = \Sigma_a(\mathbf{x}; k) + \Sigma_s(\mathbf{x}; k), \qquad (A2)$$

wobei Σ_a den lokalen Absorptionskoeffizienten pro Weglängeneinheit und Σ_s den totalen Streuquerschnitt pro Volumeneinheit bezeichnet.

Der verallgemeinerte Quellterm Q hat die Form

$$\begin{aligned} Q(\mathbf{x}, \mathbf{s}; k) = \; & q(\mathbf{x}, \mathbf{s}; k) \\ & + \Sigma_s(\mathbf{x}; k) \int dk' \int d\mathbf{s}' \, K(\mathbf{x}, \mathbf{s}' \to \mathbf{s}; k' \to k) \cdot I(\mathbf{x}, \mathbf{s}'; k'), \end{aligned} \qquad (A3)$$

wobei q eine punkt-, flächen- und/oder volumenförmige Lichtquelle beschreibt. K ist der differentielle Streuquerschnitt, der die Winkelstreuung und die Frequenzverschiebung des Lichts generiert.

Die Lösung der Gleichung (A1) kann in Form einer Integralgleichung

$$\begin{aligned} I(\mathbf{x}, \mathbf{s}; k) = \; & I_s(\mathbf{x} - R\mathbf{s}, \mathbf{s}; k) \cdot \exp\left[-P(R)\right] \\ & + \int dR' \, Q(\mathbf{x} - R'\mathbf{s}, \mathbf{s}; k) \cdot \exp\left[-P(R')\right] \end{aligned} \qquad (A4)$$

gegeben werden. Hierbei bezeichneit R die Weglänge und I_s ist die durch die Volumenoberflächen im Punkt $\mathbf{x}_s = \mathbf{x} - R\mathbf{s}$ einfallende Lichtintensität. Die effektive optische Weglänge wird definiert durch

$$P(R) = \int\limits_O^R dR' \cdot \Sigma_t(\mathbf{x} - R'\mathbf{s}; k). \qquad (A5)$$

Der zweite Anteil des Quellterms in (A3) beschreibt die Streuung des einfallenden Lichts pro Weglänge. Grundsätzlich kann man zwei Arten von Streuung unterscheiden:

a) Volumenstreuung, wobei $\Sigma_s(\mathbf{x}; k)$ z. B. proportional zur Volumendichte gewählt werden kann. Der Kern K beschreibt die Winkelverteilung des gestreuten Lichts z. B. in den Formen

$$K(\mathbf{x}, \mathbf{s}' \to \mathbf{s}) = \begin{cases} \frac{1}{4\pi} & \text{für isotrope Streuung,} \\ \delta(\mathbf{s} + \mathbf{s}') & \text{für Rückstreuung,} \\ K_{HG}(\cos\Theta) & \text{für mittlere Streuwinkel.} \end{cases} \qquad (A6)$$

Hierbei ist K_{HG} die Henyey-Greenstein Approximation [HG41] für die allgemeine Streufunktion K

$$K_{HG}(\cos\Theta) = \frac{1 - g^2}{(1 - 2g \cdot \cos\Theta + g^2)^{3/2}} \qquad (A7)$$

mit dem Streuwinkel $\cos\Theta = (\mathbf{s}\cdot\mathbf{s}')$ und g mit $|g| \leq 1$ entspricht dem Mittelwert von $\cos\Theta$.

b) Oberflächenstreuung an einem Flächenpunkt $\mathbf{x}_s$ kann beschrieben werden durch die Relation

$$-(\mathbf{e}_s \cdot \mathbf{s}_{\text{out}}) \cdot I^{\text{out}}(\mathbf{x}_s, \mathbf{s}_{\text{out}}; k) = \Sigma_s(\mathbf{x}_s; k) \cdot \int dk' \int ds_{\text{in}} \cdot$$

$$(\mathbf{e}_s \cdot \mathbf{s}_{\text{in}}) K_s(\mathbf{x}_s, \mathbf{s}_{\text{in}} \to \mathbf{s}_{\text{out}}; k' \to k) \cdot I^{\text{in}}(\mathbf{x}_s, \mathbf{s}_{\text{in}}; k'), \qquad (A8)$$

wobei $\mathbf{e}_s$ die Flächennormale ist. Die Flächenstreufunktion K_s hängt nur von den angenommenen lokalen Eigenschaften der betrachteten Fläche ab. K_s kann in der Form

$$K_s = K_{\text{spec}} + K_{\text{back}} + K_{\text{diff}} \qquad (A9)$$

modelliert werden. Hierbei bezeichnet K_{spec} den spiegelnden Reflexionsanteil

$$K_{\text{spec}} = K_s(\mathbf{x}_s; k' \to k) \cdot \delta(\mathbf{s}_{\text{in}} - \mathbf{s}_s) \qquad (A10)$$

mit der Reflexionsrichtung $\mathbf{s}_s = \mathbf{s}_{\text{in}} - \mathbf{e}_s \cdot (\mathbf{s}_{\text{in}} \cdot \mathbf{e}_s)$. Um ausgedehnte Glanzlichter auf den Oberflächen zu erhalten wird die Delta-Funktion in (A10) z. B. durch eine gaußförmige Verteilung genähert, um die Reflexion an rauhen Oberflächen zu simulieren [CT81]. Der Rückstreuanteil K_{back} kann durch

$$K_{\text{back}} = K_b(\mathbf{x}_s; k' \to k) \cdot \delta(\mathbf{s}_{\text{in}} + \mathbf{s}_{\text{out}}) \qquad (A11)$$

beschrieben werden. Der Anteil K_{diff} kann über alle Raumwinkel gleichmäßig verteilte Rückstreuung beschreiben.

Grundsätzlich können immer auch farbverschiebende (inelastische) Streukerne eingeführt werden.

2) Algorithmen zur rechnergestützten Auswertung

Die Gleichung (A4) bildet die Grundlage für den Volumen-Ray Tracing Algorithmus, der das 3-dimensionale Datenfeld (Volumendichte) auf den Bildschirm abbilden soll. Eine einfache Ray-Tracing-Konfiguration besteht z. B. aus einer ebenen Lichtquelle im Unendlichen, von der parallele Lichtstrahlen ausgehen, die durch das betrachtete Volumen moduliert und auf dem Bildschirm als Intensitätsverteilung visualisiert werden (s. Abb. 1).

Die lokalen Werte der Transporttheorie-Parameter (Σ_t, Σ_s und q) an den Endpunkten der Wegelemente können durch Interpolation der Werte auf den benachbarten acht Gitterpunkten mit entsprechender Abstandsgewichtung erhalten werden.

Als Lösungsansatz für die Gleichung (A4) nimmt man die Entwicklung (Neumann'-sche Reihe) [Mar80, Kaj86]

$$I = I_o + \sum_{i=1}^{n} I_i, \qquad (A12)$$

wobei I_o die Lösung von Gleichung (A4) ohne den Streuterm in (A3) ist. Die Lösung I_o entspricht einem geraden Lichtweg durch das Volumengitter (s. Weg 1 in Abb. 1). Die Entwicklungsterme I_i entsprechen dann Lichtwegen mit i-facher Streuung (s. Weg 2 in Abb. 1).

Die Berechnung von I_o, das Verfolgen von geraden Lichtstrahlen durch die Volumendichte, kann bei Benutzung der Trapezregel durch die einfache Rekursionsregel

$$I_o(s + ds) = [I_o(s) + .5 \cdot q(s) \cdot ds]$$
$$\cdot \exp[-.5(\Sigma_t(s) + \Sigma_t(s + ds)) \cdot ds] + .5 \cdot q(s + ds) \cdot ds \qquad (A13)$$

erfolgen, wobei $I_o(0)$ gleich dem Anfangswert I_s gesetzt wird. Die Länge des Wegelements ds muß dabei der Größenordnung der Volumendichte-Inhomogenitäten angepaßt werden.

Die multiplen Streuterme I_i folgen gemäß (A3) und (A4) aus der Rekursionsformel

$$I_i(\mathbf{x}, \mathbf{s}; k) = \int dR' \cdot \exp[-P(R')] \cdot \overline{Q}_{i-1}(R'; k), \qquad (A14)$$

wobei $\overline{Q}_{i-1}$ gegeben ist durch

$$\overline{Q}_{i-1} = \Sigma_s(\mathbf{x} - R'\mathbf{s}; k) \cdot \int dk' \int d\mathbf{s}' \cdot K(\mathbf{x} - R'\mathbf{s}, \mathbf{s}' \to \mathbf{s}; k' \to k)$$
$$\cdot I_{i-1}(\mathbf{x} - R'\mathbf{s}, \mathbf{s}'; k'). \qquad (A15)$$

Die Auswertung dieser Rekursionsformel kann bei nichttrivialem Streuquerschnit K mit Hilfe der Monte-Carlo-Methode erfolgen [Mar80, Kaj86], wobei die Weglänge zwischen zwei Streuungen z. B. durch die mittlere Volumendichte bestimmt wird.

Literaturverzeichnis

[CZ67]   K.M. Case, P.F. Zweifel, *Linear Transport Theory*, Addison-Wesley, Reading, 1967

[Cha60]   S. Chandrasekhar, *Radiative Transfer*, Dover, New York, 1960

[CT81]   R.L. Cook, K.E. Torrance, A reflectance model for computer graphics, *Computer Graphics* **13**, No. 3 (1981), 307-316

[DCH88]   R.A. Drebin, L. Carpenter, P. Hanrahan, Volume rendering, *Computer Graphics* **22**, No. 4 (1988), 65-74

[DM79]   J.J. Duderstadt, W.R. Martin, *Transport Theory*, Wiley, New York, 1979

[HG41]   L.G. Henyey, J.L. Greenstein, in *Astrophys. J.* **93** (1941), 70

[Hus83]   K.J. Hussey et al., Environmental data display, *Environ. Sci. Technol.* **17**, No. 2 (1983), 163-170

[Kaj86]   J.T. Kajiya, The rendering equation, *Computer Graphics* **20**, No.4 (1986), 143-150

[KV84]   J.T. Kajiya, B.P Van Herzen, Ray tracing volume densities, *Computer Graphics* **18**, No. 3 (1984), 165-174

[Lev88]   M. Levoy, Display of surfaces from volume data, *IEEE CG & A*, May 1988, 29-37

[Mar80]   G.I. Marchuk et al., *The Monte Carlo Method in Atmospheric Optics*, Springer-Verlag, Berlin 1980

[MDB87]   B.H. McCormick, Th.A. DeFanti, M.D. Brown, eds., Visualization in scientific computing, *Computer Graphics* **21**, No. 6 (Nov. 1987)

[RM87]   G. Russel, R.B. Miles, Display and perception of 3-D space-filling data, *Appl. Optics* **26**, No. 6 (1987), 973-982

[Sab88]   O. Sabella, A rendering algorithm for visualizing 3D scalar fields, *Computer Graphics* **22**, No. 4 (1988), 51-58

[SU89]   A.H. Sørensen, E. Uggerhøj, The channeling of electrons and positrons, *Scientific American*, (June 1989)

[UK88]   C. Upson, M. Keeler, V-buffer: Visible volume rendering, *Computer Graphics* **22**, No. 4 (1988), 65-74

[Ups86]   C. Upson, The visual simulation of amorphous phenomena, *The Visual Computer* **2**, (1986), 321-326

Schalldruckberechnung im PKW-Innenraum

H. Burfeindt, Volkswagen AG Wolfsburg
H. Zimmer, SFE GmbH Berlin
(Gesellschaft für Strukturanalyse in Forschung und
Entwicklung)

Es werden die Ergebnisse eines auf dem Finite Elemente Programm NASTRAN basierenden Berechnungsverfahrens zur PKW-Innenraumakustik im Vergleich zu Messungen dargestellt.

Das Verfahren berücksichtigt die Interaktion zwischen Blechstruktur und eingeschlossenem Luftvolumen des Innenraumes, die Dämpfung der Luftschallwellen über die meßbaren Impedanzen von absorbierender Innenauskleidung und die Wirkung von Entdröhnungsmaterialien.

1. Einleitung

Akustische Eigenschaften von Fahrzeugen sind zur Zeit erst in einer späten Prototypenphase experimentell bestimmbar.

Es ist wünschenswert, durch geeignete Berechnungsverfahren in einer frühen Entwicklungsphase des Fahrzeugs Aussagen und Prognosen zur Innenraumakustik machen zu können. Ein möglicher Ansatz hierzu ist die Methode der Finiten Elemente, deren Anwendung auf komplexe Bauteile zur Ermittlung des strukturmechanischen Verhaltens heute Stand der Technik ist.

Ein solches Verfahren ließe sich dann schon sinnvoll einsetzen, wenn berechnete Schallpegel[1] die gleichen Charakteristiken wie gemessene zeigen und tendenzmäßig hinsichtlich Strukturveränderungen qualitativ "richtige" Schalldruckpegel berechnet werden können.

Damit gäbe es die Möglichkeit, Trendaussagen hinsichtlich des zu erwartenden Schalldrucks bei Parameteränderungen an einzelnen Bauteilen der Karosserie rechnerisch zu prognostizieren.

2. Berechnungsverfahren

Die Berechnung des Schalldrucks im Innern eines PKW's simuliert zwei schwingungsfähige Systeme, die miteinander gekoppelt sind (1, 2):

- die Fahrzeugstruktur, an der die Erregerkräfte angreifen und deren Störung als Körperschall weitergeleitet wird.

- den von der Fahrzeugstruktur eingeschlossenen Luftraum, an dessen Berandung der Körperschall Luftschallwellen abstrahlt, die einen Schalldruckpegel erzeugen.

Bei Vorhandensein von Innenausstattung ist der Luftraum zusätzlich teilweise von schallabsorbierendem Material berandet.

---

1)Berechneter bzw. gemessener Schallpegel bedeuten in diesem Bericht die bezogene Übertragungsfunktion vom Karosserie-Anregungspunkt zum Aufpunkt im Luftinnenraum.

Die Lösung des gekoppelten Gleichungssystems in den physikalischen Koordinaten

$\quad\quad${p} = Druckvektor der Luftknoten

$\quad\quad${w} = Verschiebungsvektor der Strukturknoten

wäre wegen der großen Zahl von Freiheitsgraden (insbesondere des Strukturmodells) zu aufwendig.

Daher wird eine Transformation in den Modalraum des Struktur- bzw. Luftmodells durchgeführt über die Verknüpfungen:

$$\{p\} = [\Phi_L]\,\{\eta\}$$

$$\{w\} = [\Phi_S]\,\{\eta\}$$

Dabei bedeuten:

$\quad\quad\{\eta_L\}$ = modaler Druckvektor

$\quad\quad\{\eta_S\}$ = modaler Verschiebungsvektor

$\quad\quad[\Phi_L] = [\Psi_1{}^L, \Psi_2{}^L, \ldots]$ = Modalmatrix der Luft

$\quad\quad[\Phi_{LA}] = [\Psi_1{}^{LA}, \Psi_2{}^{LA}, \ldots]$ = Modalmatrix der Luft im Bereich Luft/Absorber

$\quad\quad[\Phi_S] = [\Psi_1{}^S, \Psi_2{}^S, \ldots]$ = Modalmatrix der Struktur

Nach Ausführung der Transformation erhält man als gekoppeltes Gleichungssystem in den modalen Freiheitsgraden der Luft $\{\eta_L\}$ und der Struktur $\{\eta_S\}$:

$$\left|\begin{array}{c|c}[\bar S] & \\ \hline [-\bar\Theta^T] & [\bar K]\end{array}\right|\left\{\frac{\eta_L}{\eta_S}\right\} - \omega^2 \left|\begin{array}{c|c}[\bar P] & [\bar\Theta] \\ \hline & [\bar M]\end{array}\right|\left\{\frac{\eta_L}{\eta_S}\right\} - i\omega \left|[\bar S_A]\right|\left\{\frac{\eta_L}{\eta_S}\right\} + i\omega \left|[\bar P_A]\right|\left\{\frac{\eta_L}{\eta_S}\right\} = \left\{\frac{0}{\bar F}\right\} \qquad (1)$$

$$[\bar S] = \frac{1}{\varrho}[\Phi_L^T][S][\Phi_L]$$
= Modale Steifigkeit der Luft

$$[\bar K] = [\Phi_S^T][K][\Phi_S]$$
= Modale Steifigkeit der Struktur

$$[\bar P] = \frac{1}{c^2\varrho}[\Phi_L^T][P][\Phi_L]$$
= Modale Masse der Luft

$$[\bar M] = [\Phi_S^T][M][\Phi_S]$$
= Modale Masse der Struktur

$$[\bar S_A] = \frac{B(\omega)}{Z_A(\omega)}[\Phi_{LA}^T][S_A][\Phi_{LA}]$$
= Modale Steifigkeit des Absorbers

$$[\bar P_A] = \frac{1}{Z_A(\omega)}[\Phi_{LA}^T][P_A][\Phi_{LA}]$$
= Modale Masse des Absorbers

$$[\bar F] = [\Phi_S^T]\{F\}$$
= Modaler Lastvektor

$$[\bar\Theta] = [\Phi_L^T][\Theta][\Phi_S]$$
= Modale Kopplungsmatrix

Die Größen Z_A (ω) und B (ω) beschreiben die Absorptionswirkung schalldämpfender Materialien der Innenausstattung.

Z_A (ω) ist die lokal wirkende, komplexe akustische Impedanz
bei senkrechtem und B (ω) die flächenhaft wirkende, komplexe akustische Impedanz bei schrägem Einfall der Schall-
wellen (3). Beide Größen sind meßtechnisch bestimmbar.

Zusätzliche Dämpfungswirkung der Struktur kann als sog.
Strukturdämpfung und modale Dämpfung berücksichtigt werden.

Lokal dämpfende Bereiche der Struktur, wie etwa die
Gummi-Einfassungen der Scheiben, werden durch diskrete
viskose Dämpfer beschrieben.

Die körperschalldämpfende Wirkung von auf Blechflächen
aufgeklebten Schwermatten kann berücksichtigt werden, indem der betreffende Bereich als Sandwich-Platte mit Strukturdämpfung und gekoppelter Biege-Membranspannung aufge-
faßt wird.

Mit dem in Gl. (1) dargestellten Gleichungssystem wird die
Erregungsrechnung zur Ermittlung des Schalldrucks durchgeführt.

3. Finite Element Modellierung

Um die anfallende Datenmenge zu begrenzen, werden die
Schalldruckberechnungen an einem halben Karosseriemodell
durchgeführt. Symmetrische und antimetrische Lösungen werden zum Schluß überlagert zum Gesamtergebnis.

Dabei wird eine symmetrische Fahrzeugstruktur vorausgesetzt, was nur näherungsweise erfüllt ist.

Das Finite-Elemente-Modell der Rohkarosserie zeigt Bild 1.
Es besteht aus ca. 11 000 Schalenelementen und 10 400 Knoten und hat ca. 62 000 Freiheitsgrade.

Türen und Heckklappe sind nicht als Finite-Elemente-Modell
nachgebildet, sondern als modale Modelle aus experimenteller Modalanalyse in die Rechnung mit einbezogen.

Daraus ergab sich die Forderung nach Aufteilung der Fahrzeugstruktur in Superelemente. Deren Residualstruktur besteht aus ca. 3 900 Freiheitsgraden.

Das in Bild 2 dargestellte Finite-Elemente-Modell der Luft
besteht aus ca. 1 280 Volumelementen mit ca. 1 500 Freiheitsgraden.

Bild 3 zeigt das in den Rechnungen verwendete Finite-Elemente-Modell der absorbierenden Flächen, bestehend aus ca.
900 Schalenelementen entsprechend ca. 1 000 Freiheitsgraden.

4. Ablauf einer Schalldruckberechnung

Die auf NASTRAN basierende Berechnungskette läuft in drei
Schritten ab:

- Erzeugung des Lastvektors {F} und des Koppellastvektors
  zur Bestimmung der Flächenmatrix [A] zwischen Luft/-
  Struktur und Luft/Absorber in SOL 61.

- Reduktion der Superelemente von Struktur und Luft und
  Berechnung der Eigenwerte in SOL 63.

  Bestimmung der Modalmatrizen $[\Phi_L]$ und $[\Phi_S]$ der Luft bzw.
  der Struktur und der Kopplungsmatrix $[\Theta]$.

  Bei der Kopplung Struktur/Luft brauchen die Strukturknoten nicht auf korrespondierende Luftknoten zu fallen.
  Ihre Wirkung auf umgebende Luftknoten wird durch Ein-
  flußfaktoren entsprechender Gewichtung beschrieben.

- Aufstellen der modalen Steifigkeits- und Massenmatrizen
  $[S_A]$ bzw. $[P_A]$ des Absorbermaterials und Berechnung der
  erzwungenen Schwingung des gekoppelten System Struktur/-
  Luft (Gl. 1) einschließlich Dämpfung durch Absorbermate-
  rial und Struktur durch Erregung mittels der modalen
  Last.

  Das Ergebnis ist der Modalvektor $\{\eta_L\}$ bzw. nach erfolg-
  ter Rücktransformation der Druck $\{p\}$ im Hohlraum. All
  dies geschieht in SOL 71.

  Die aus der symmetrischen bzw. antimetrischen Rechnung
  erzielten Ergebnisse werden anschließend überlagert, und
  man erhält den Schalldruck im Innern des kompletten
  Fahrzeugmodells.

5. Ergebnisse der Rechnungen und Vergleich mit Messungen

Für den Vergleich Rechnung/Messung wurden eine Rohkarosserie des Golf schrittweise bis zu vollständigen Innenausstattung aufgerüstet und die Rechnungen an einem dem jeweiligen Ausbauzustand der Rohkarosserie entsprechenden
Berechnungsmodell durchgeführt. Der Vergleich erfolgte mit
Messungen an der Rohkarosserie im dazugehörigen Ausbauzustand (4).

Folgende Ausbaustufen wurden gewählt:

(1) offene Rohkarosserie ohne Scheiben, Tür und Heckklappe

(2) geschlossene Rohkarosserie mit Front-, Seiten- und
    Heckscheibe sowie Türen und Heckklappe ohne sonstige
    Innenausstattung

(3) wie Stufe (2) und zusätzlich Vorder- und Hintersitze

(4) wie Stufe (3) und zusätzlich mit Schwermatten-Belegung
    im Querwand- und vorderen Bodenbereich

(5) geschlossene Rohkarosserie mit vollständiger Innenaus-
    stattung

Rechnungen und Messungen erfolgten im Frequenzbereich 20 -
200 Hz. Einleitungsort für die Krafterregung (Sinus-Kraft
von 1 N) war vorn im linken Längsträger. Im folgenden werden die Ergebnisse der jeweiligen Ausbaustufe diskutiert.

5.1 Offene Rohkarosserie in Ausbaustufe (1)

Berechnete Eigenwerte, Schwingungsmoden sowie Übertragungsfunktionen wurden mit den Ergebnissen experimenteller Modalanalyse verglichen. Eine teilweise eindeutige Zuordnung der berechneten und gemessenen Schwin-
gungsformen konnte bis ca. 60 Hz erzielt werden. Für
höhere Frequenzen wird die Zuordnung wegen der vermehrt auftretenden lokalen Schwingungsmoden und höheren Modendichte immer schwieriger.

Tab. 1 zeigt eine Gegenüberstellung berechneter und
gemessener Eigenfrequenzen und Moden.

Ein Beispiel einer berechneten Übertragungsfunktion im
Vergleich zur Messung ist in Bild 4 dargestellt.

Die Rohkarosserie ist in der Rechnung modal gedämpft,
wobei die Dämpfungswerte aus dem Experiment stammen.

5.2 Geschlossene Rohkarosserie in Ausbaustufe (2)

Die Rohkarosserie enthält in diesem Zustand nur Scheiben sowie Türen und Heckklappen, umhüllt damit einen
geschlossenen Luftraum. Die elastische Lagerung der
Scheiben ist durch Federelemente simuliert, Dämpfung
der Gummieinfassung wird durch viskose Dämpfer modelliert. Türen und Heckklappe sind als modales Modell
dargestellt. Über SOL 43 (Component mode synthesis)
werden die aus experimenteller Modalanalyse erhaltenen
modalen Größen wie Masse, Steifigkeit, Dämpfung unter
Benutzung der Eigenformen, Gesamtmasse und Trägheits-
momente in Steifigkeits-, Massen- und Dämpfungsmatri-
zen umgewandelt und in NASTRAN eingelesen. Die Modal-
messungen an Tür bzw. Heckklappe erfolgten am ungefes-
selten System.

Die Berechnung der Eigenfrequenzen und Moden des Luft-
raumes ist unproblematisch und bedarf keines besonderen Aufwandes.

Zu Vergleichszwecken wurden diese auch experimentell
bestimmt, die Ergebnisse sind in Tab. 2 den Resultaten
der Rechnung gegenübergestellt. Bild 5 zeigt als Beispiel die niedrigste im Luftraum auftretende Schwingungsmode.

Zur Überprüfung des Rechenmodells wurden wiederum Eigenfrequenzen, Moden und Übertragungsfunktionen der
geschlossenen Rohkarosserie ermittelt.

Die Messungen zeigen, daß durch die Ausstattung der
Rohkarosserie mit Türen, Heckklappe und Scheiben bei
tiefen Frequenzen hohe Verlustfaktoren durch System-
dämpfung infolge von Gummidichtungen, Scharnieren etc.
auftreten. Die Resonanzfrequenzen verlagern sich nur

geringfügig zu höheren Frequenzen, jedoch kann sich
die geänderte örtliche Steife- und Massenverteilung
lokal durchaus in einer Veränderung der Modenform auswirken.

Tab. 3 enthält einige berechnete Moden im Vergleich
zur Messung, Übertragungsfunktionen sind im Bild 6 und
7 dargestellt.

Bei der Berechnung des Schalldrucks im Fahrzeuginnenraum wird die vollständige Kopplung zwischen Luftkör-
per und umgebender Blechstruktur berücksichtigt, Rückwirkungen der Luft auf die Struktur werden also mit
erfaßt.

Türen und Heckklappe existieren als modales Modell und
sind über Scharnier und Schloß mit der Struktur verbunden. Eine Ankopplung an den Luftraum besteht nicht.

Bild 8 und 9 zeigen den berechneten Schalldruck im
Vergleich zur Messung bei Anregung durch eine Sinus-
kraft am vorderen Längsträger.

Die Rechnung zeigt im oberen Frequenzbereich bei ca.
130, 140 und 170 Hz Überhöhungen gegenüber der Messung. Die Abweichung bei 170 Hz ist zum Teil in der zu
weichen Anbindung des Daches an die Querträger, modelliert durch elastische Federn zur Nachbildung einer
Klebung, begründet.

Anhand von Polardiagrammen kann die Beteiligung der
Karosseriemoden am Schalldruck nach Betrag und Phase
graphisch sichtbar gemacht werden. Karosseriemoden,
die den Schalldruck verstärken, sollen gezielt durch
Strukturveränderungen an der Karosserie beeinflußt
werden, um so den Schalldruck zu reduzieren.

Außerdem ist es möglich, den Einfluß der Karosseriezonen am erzeugten Schalldruck graphisch zu verdeutlichen. Eine solche Darstellung liefert Hinweise über
Strukturbereiche, die als Schallquelle bzw. -senke
wirken, wie in Bild 10 gezeigt.

5.3 Geschlossene Rohkarosserie in Ausbaustufe (3)

Diese Ausbaustufe entspricht der geschlossenen Rohkarosserie mit eingebautem Vorder- und Hintersitz.

Zur Beschreibung der Absorptionswirkung des Sitzbela-
ges ist nach Gl. (1) die Kenntnis der Impedanzwerte
$Z_A(\omega)$ bzw. $B(\omega)$ erforderlich. Diese wurden experimentell ermittelt.

Im Schwerpunkt der Sitze und Lehnen angebrachte kon-
zentrierte Massen beschreiben im Rechenmodell die dynamische Massenwirkung von Vorder- und Hintersitz.

Wie aus Bild 11, 12 zu ersehen, ist der Einfluß der
Sitze auf den Schallpegel gering.

Den berechneten Schallpegel im Vergleich zur Messung
zeigt Bild 13, 14. Die Zuverlässigkeit der gemessenen

Impedanzwerte, insbesondere für die Bulkimpedanz B(ω),
ist nicht bekannt.

Die bestehenden Diskrepanzen zwischen Rechnung und
Messung sind zum Teil auf diese Unsicherheit zurückzuführen.

5.4 Geschlossene Rohkarosserie in Ausbaustufe (4)

Zusätzlich zu den Sitzen enthält die Rohkarosserie
körperschalldämpfende Schwermatten im Querwand- und
vorderen Bodenbereich.

Die Elemente der Strukturflächen, die mit diesem Material bedeckt sind, werden als "Sandwich" behandelt und
über NASTRAN-PCOMP-Karten beschrieben. NASTRAN erzeugt
hieraus entsprechende PSHELL und MAT2 "balkdata" Karten für die jeweiligen Elemente.

E-Modul und Verlustfaktor für das Schwermatten-Mate-
rial wurden experimentell ermittelt.

Der Dämpfungseffekt ist auch hier recht gering, eine
deutliche Reduktion des Schallpegels ist nur im oberen
Frequenzbereich etwa bei 130 bis 140 und 170 Hz erkennbar.

Bild 17, 18 zeigen den berechneten Schallpegel im Vergleich zur Messung.

5.5 Geschlossene Rohkarosserie in Ausbaustufe (5)

Jetzt enthält die geschlossene Rohkarosserie die gesamte innere Ausstattung einschließlich der Armaturen-
tafel. Die Massenbeiträge des jeweiligen Ausstattungs-
materials werden durch Angabe der "nonstructural mass"
auf den PSHELL "bulk data" Karten der entsprechenden
Elemente berücksichtigt.

Die Impedanzen Z_A (ω) und B (ω) der schallabsorbieren-
den Materialien wie Teppich und Polsterung wurden experimentell ermittelt.

Ihre dämpfende Wirkung ist wesentlich stärker als die
des Materials zur Dach- und Seitenverkleidung, das
eine glatte, harte Oberfläche besitzt.

In der gegenwärtigen Rechnung beeinflußt der Teppich
aufgrund seiner Masse und absorbierenden Oberfläche
den Schalldruck.

Einige Messungen scheinen darauf hinzudeuten, daß der
Teppich auf einer dünnen Luftschicht liegend gedacht
werden kann und so ein schwingungsfähiges System bildet, besonders im höherfrequenten Bereich. Dadurch
wird das akustische Verhalten zusätzlich beeinflußt.

Die Dämpfung des Schallpegels bei Vorhandensein der
gesamten Innenausstattung ist signifikant besonders im
höheren Frequenzbereich von 130 bis 200 Hz, wie aus
Bild 19 und 20 ersichtlich wird. Hier ist der Schalldruck für die Fälle mit/ohne vollständige Innenaus-

stattung dargestellt. Sowohl Rechnung als auch Messung zeigen deutliche Pegelabsenkungen besonders bei 130, 170 und 190 Hz. Tendenzmäßig ergibt sich aus der Rechnung also ähnliches (wenn auch stärkeres) Dämpfungsverhalten wie bei der Messung.

Bild 21, 22 zeigen den berechneten Schallpegel im Falle vollständiger Innenausstattung im Vergleich zur Messung an den Positionen des Fahrer-/Beifahrerohres.

Auffallend ist die Diskrepanz zwischen Rechnung und Messung im Frequenzbereich 140 - 180 Hz in Bild 22 (Position Beifahrerohr).

Möglicherweise spielt hier die Tatsache eine Rolle, daß die Berechnung an einem Rechenmodell durchgeführt wurde, das Symmetrie voraussetzt, die Karosserie mit der Innenausstattung sich jedoch unsymmetrisch verhält.

Die Messungen selbst zeigen in dem o. g. Frequenzbereich deutliche Unterschiede an den Positionen Fahrer-/Beifahrerohr, wie aus Bild 23 zu entnehmen ist.

6. <u>Zusammenfassung und Bewertung</u>

Das beschriebene Berechnungsverfahren berücksichtigt die wechselseitige Interaktion zwischen Karosserie und Luftinnenraum und die Dämpfung des Luftschalles durch poröse Absorberstoffe. Als Dämpfungsmechanismen in der Struktur werden die modale Dämpfung und lokal wirkende Dämpfer (z. B. zur Beschreibung dämpfender Gummieinfassungen) berücksichtigt.

Auf dem Karosserieblech zur Körperschalldämpfung aufgeklebte Schwermatten werden als Sandwichplatte mit Struktur-Dämpfung behandelt.

Aufgrund bisheriger Erfahrungen hat sich gezeigt, daß Finite Element Berechnungen für die Prognose akustischer Trendaussagen bei Parameterstudien an einzelnen Bauteilen heute schon unterstützend zum Experiment eingesetzt werden können.

Der sich jetzt bietenden Möglichkeit, rechnerisch die Beteiligung der Karosserieflächen und -moden am Schalldruck bestimmen zu können, um daraus Rückschlüsse auf Maßnahmen zur Verminderung des Schalldruckpegels abzuleiten, wird dabei große Bedeutung beigemessen.

Dagegen ist der absolute Schalldruck im Fahrzeug zur Zeit noch nicht zuverlässig im Sinne einer Prognose berechenbar.

Dies liegt unter anderem an den Grenzen der mathematischen Modellierbarkeit von zufällig variierenden Fertigungsdetails der Karosserie, die dem Rechenmodell nicht bekannt gemacht werden können, das Übertragungsverhalten jedoch beeinflussen.

Hierzu gehören auch beispielsweise Undichtigkeiten der Türgummileisten, die einen Druckausgleich nach außen ermöglichen, der im Rechenmodell aber nicht berücksichtigt werden kann.

Hinzu kommen Vereinfachungen bei der Erstellung des Finite Elemente Modells, wie zum Beispiel die Annahme kontinuierlicher Schweißverbindungen an Stelle von Schweißpunkten am realen Modell oder zu grober Vernetzung einzelner Bereiche und Vernachlässigung von Sicken oder Löchern.

Schließlich ist die Frage zu stellen, ob außer den oben angegebenen Dämpfungsmechanismen noch weitere mit in Betracht gezogen werden müssen, wie etwa die vernachlässigte Schallabstrahlung nach außen oder Dämpfung durch doppelwandige Strukturen wie Dachhimmel oder Türen.

Literatur:

(1) Burfeindt, Sarfeld, Zimmer: Finite Elemente Berechnungsverfahren zur PKW-Innenraumakustik unter Berücksichtigung von Dämpfungsmechanismen durch Absorber, VDI-Bericht 537

(2) Burfeindt, Zimmer: Calculating sound pressure in car interiors, Proceedings of the MSC/NASTRAN European User's Conference, London 1989

(3) Bliss: A Study of Bulk Reacting Parous Sound Absorbers and a New Boundary Condition for Thin Porous Layers. 1981

(4) Die Messungen wurden an der TU Berlin (Institut für Technische Akustik, Prof. Heckl) durchgeführt und sind in verschiedenen Berichten dokumentiert.

Die Berechnungen wurden mit Unterstützung der Firma SFE, Berlin, durchgeführt.

Eigenwert Nr.		Form	Frequenz Rechnung	Messung
1	ANTI	Dachscheren + Rotation	29.1	26.3
2	SYM	Reserveradmulde (lokal)	31.5	–
3	ANTI	Querschwingung + TORSION	32.1	30.6
4	ANTI	1. Globale Torsion	38.5	35.8
5	SYM	Globale Biegung, starkes Abknicken des Vorderwagens	39.3	35.9
6	SYM	1. Globale Biegung	40.7	–

Tabelle 1

Berechnete und gemessene Eigenfrequenzen/Moden der offenen Rohkarosserie

Mode Nr.	Experiment Eigenfrequenz Hz	Rechnung Eigenfrequenz Hz
1*	18.05	0
2	74.83	70.98
3	133.75	131.54 und 127.39
4	150.74	152.16
5	171.16	166.85
6	179.60	177.69
7	–	181.78

Tabelle 2

Berechnete und gemessene Eigenfrequenz der Luftraummoden

* Die erste Mode stellt eine über dem ganzen Volumen konstante Druckverteilung dar.

Die Messung ergibt nicht Null, da in der Realität die Berandung des Luftvolumens flexibel und nicht starr ist, wie in der Rechnung vorausgesetzt.

Eigenwert Nr.		Form	Frequenz Rechnung	Messung
1	ANTI	Torsion des Vorderwagens gegen Kabine	30.1	29.6
2	SYM	Reserveradmulde (lokal)	31.7	–
3	ANTI	Globale Torsion des Fahr-zeugs	34.2	31.6
4	SYM	Globale Biegung und Dach-schwingung	41.93	37.0

Tabelle 3

Berechnete und gemessene Eigenfrequenzen/Moden der geschlossenen Rohkarosserie ohne Ausstattung

A n h a n g
============

- ## Rechnerkonfiguration und Rechenzeitbedarf

Die Berechnungen sind auf einer CRAY X-MP 14 mit VAX 8800
und CDC CYBER 990 als Frontendrechner durchgeführt worden.
Diese sind mit der CRAY über Hyperchannel verbunden (vgl.
Bild 23). Die Rechenzeit für eine vollständige Analyse per
NASTRAN V65, d. h. Berechnung des symmetrischen bzw. antimetrischen Lastfalles und Überlagerung beträgt ca. elf bis
zwölf cpu/h.

Die Verweilzeit für eine Analyse beläuft sich auf durchschnittlich 32 h.

Bei der Berechnung fallen relativ große Datenmengen an
(Restartinformation) in der Größenordnung von ca. 1,2 GB,
die auf den CRAY-Platten über längere Zeit nicht abgelegt
werden können.

Diese werden stattdessen auf den Platten der IBM 3090 gespeichert. Bild 24 zeigt benutzte Software und die Rechner-
umwelt.

- ## Anforderungen aus Sicht des Anwenders

Die Berechnung läuft über eine Anzahl verketteter Jobs ab,
wobei der jeweils fertig werdende Job den darauffolgenden
startet.

In Zukunft wäre anzustreben, die "Turnaroundzeit" für eine
Analyse bei Modellgrößen wie sie momentan vorliegen
(~ 60 000 Freiheitsgrade) dahingehend zu reduzieren, daß
das Ergebnis einer Berechnung, die heute gestartet würde,
morgen vorläge.

Momentan stehen maximal 65 500 Sektoren als SSD einem Job
zur Verfügung. Jedoch würde ein Job mit einer solchen SSD-
Anforderung lange in der Input-Queue stehen müssen. Daher
wird der SSD-Bedarf für einen Job der Berechnungskette auf
max. 30 000 Sektoren begrenzt. Als Nachteil handelt man
sich dann relativ hohe I/O-Zeiten, die in die Größenordnung
des CPU-Bedarfs kommen, ein. Daher wäre eine Erweiterung
der SSD-Kapazität anzustreben. Eine Erhöhung des Kernspei-
chers würde ebenfalls den I/O-Bedarf reduzieren.

Weiterhin fallen, wie oben erwähnt, sehr große Datenmengen
an, die als Restartdaten auf den IBM-Platten abgelegt werden. Bei Ausführung von Restartjobs zur Datenauswertung ist
i. a. sehr wenig CPU-Zeit notwendig, und die meiste Zeit
wird zum Datentransfer IBM <--> CRAY benötigt.

Angestrebt wird daher eine Datenhaltung auf den CRAY-Platten, wobei gleichzeitg versucht werden soll, durch spezielles DMAP in NASTRAN den Anteil der ausgeschriebenen Restartdaten weiter auf ein notwendiges Minimum zu reduzieren.

Abbildungen

Abb. 1:   Finite Elemente Modell der Rohkarosserie

Abb. 2:   Finite Elemente Modell der Luft

Abb. 3:   Finite Elemente Modell der absorbierenden Flä-
              chen

Abb. 4:   Berechnete Karosserie-Übertragungsfunktion bei
              offener Karosserie im Vergleich zur Messung

Abb. 5:   Schwingungsmode im Luftraum

Abb. 6, 7:   Berechnete Übertragungsfunktionen der geschlos-
              senen Karosserie im Vergleich zur Messung

Abb. 8, 9:   Berechneter Schalldruck im Fahrzeuginnenraum im
              Vergleich zur Messung

Abb. 10:   Beteiligung der Karosseriezonen am Schalldruck

Abb. 11, 12: Einfluß der Sitze auf den Schallpegel, berechnet
              und gemessen

Abb. 13, 14: Berechneter Schalldruck im Fahrzeuginnenraum mit
              Sitzen im Vergleich zur Messung

Abb. 15, 16: Einfluß der Schwermatten auf den Schallpegel,
              berechnet und gemessen

Abb 17, 18:   Berechneter Schalldruck im Fahrzeuginnenraum mit
              Schwermatten im Vergleich zur Messung

Abb. 19, 20: Einfluß der gesamten inneren Ausstattung auf den
              Schallpegel, berechnet und gemessen

Abb. 21, 22: Berechneter Schalldruck im Fahrzeuginnenraum mit
              vollständiger Innenausstattung im Vergleich zur
              Messung

Abb. 23:   Gemessener Schalldruck im Fahrzeuginnenraum mit
              vollständiger Innenausstattung an der Position
              Fahrerohr/Beifahrerohr

Abb. 24:   Benutzte Software und Rechnerumgebung

Generell bezeichnet in der Legende "NASTRAN" die berechnete
Kurve und "TU/SFE" oder "VW" die entsprechende Messung.

FEM - MODELL DER GOLF ROHKAROSSERIE
FUER AKUSTIK RECHNUNGEN

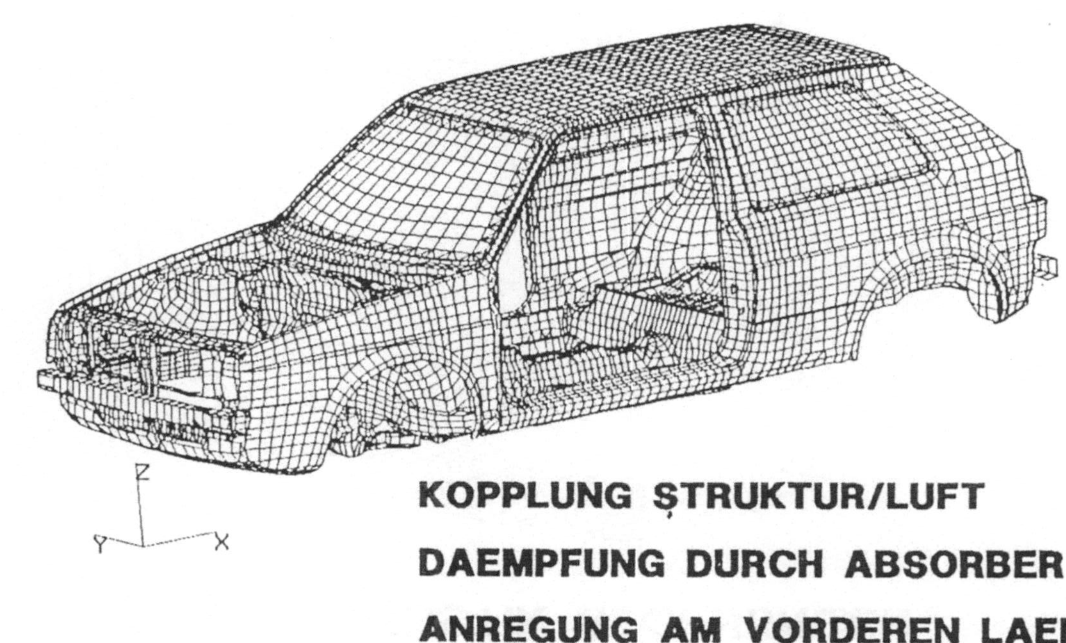

BILD 1

FEM - MODELL DES GOLF-INNENRAUMES

FUER AKUSTIK RECHNUNGEN

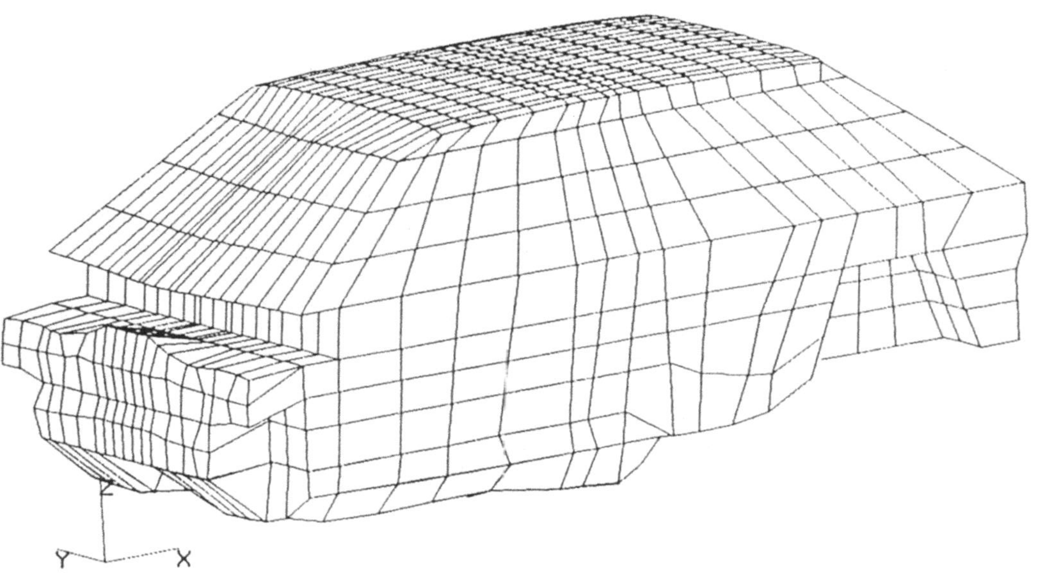

BILD 2

FEM - ABSORBERMODELL DES GOLF
FUER AKUSTIK RECHNUNGEN

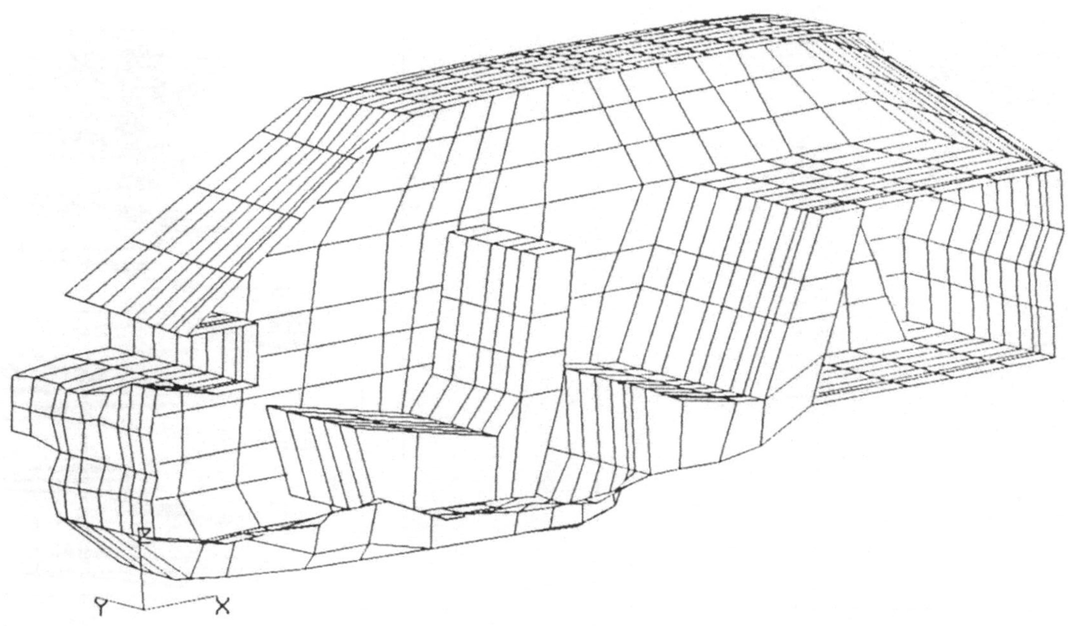

BILD 3

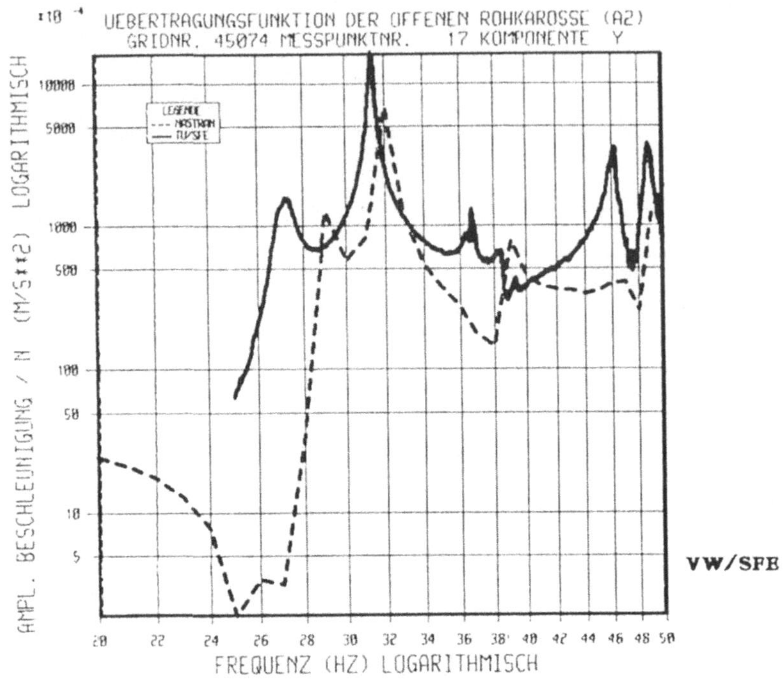

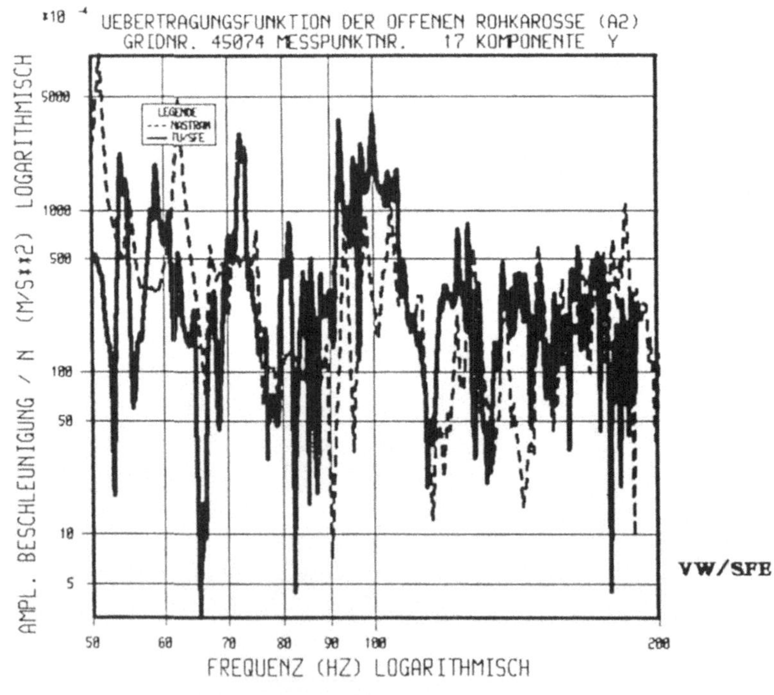

x10 -4
UEBERTRAGUNGSFUNKTION DER OFFENEN ROHKAROSSE (A2)
GRIDNR. 45074 MESSPUNKTNR.   17 KOMPONENTE Y
AMPL. BESCHLEUNIGUNG / N (M/S**2) LOGARITHMISCH
LEGENDE
NASTRAN
TU/SFE
FREQUENZ (HZ) LOGARITHMISCH
VW/SFE

x10 -4
UEBERTRAGUNGSFUNKTION DER OFFENEN ROHKAROSSE (A2)
GRIDNR. 45074 MESSPUNKTNR.   17 KOMPONENTE Y
AMPL. BESCHLEUNIGUNG / N (M/S**2) LOGARITHMISCH
LEGENDE
NASTRAN
TU/SFE
FREQUENZ (HZ) LOGARITHMISCH
VW/SFE

BILD 4

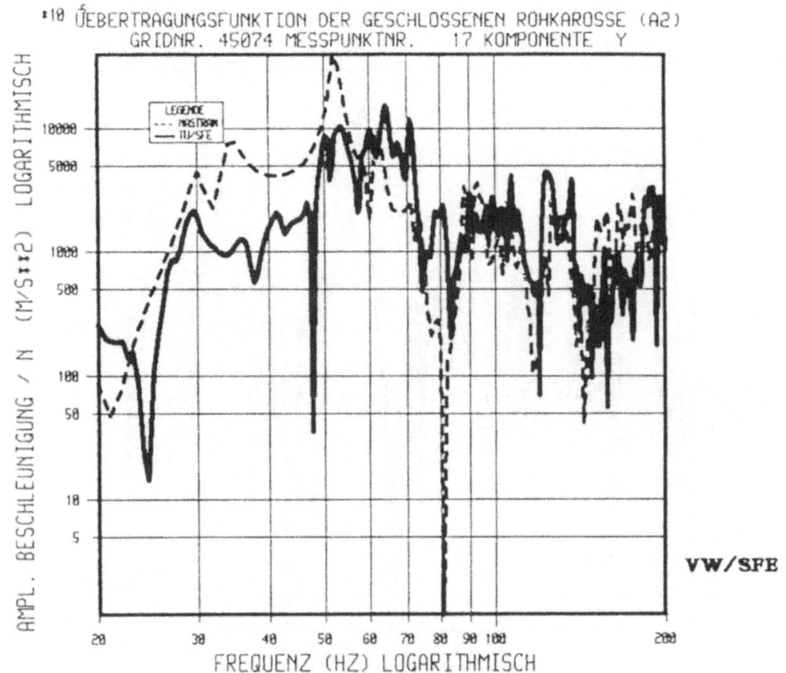

±10 UEBERTRAGUNGSFUNKTION DER GESCHLOSSENEN ROHKAROSSE (A2)
GRIDNR. 45074 MESSPUNKTNR.   17 KOMPONENTE Y
AMPL. BESCHLEUNIGUNG / N (M/S**2) LOGARITHMISCH
LEGENDE
NASTRAN
TU/SFE
10000
5000
1000
500
100
50
10
5
20 30 40 50 60 70 80 90 100 200
FREQUENZ (HZ) LOGARITHMISCH
VW/SFE

±10 UEBERTRAGUNGSFUNKTION DER GESCHLOSSENEN ROHKAROSSE (A2)
GRIDNR. 45375 MESSPUNKTNR.   23 KOMPONENTE Z
AMPL. BESCHLEUNIGUNG / N (M/S**2) LOGARITHMISCH
LEGENDE
NASTRAN
TU/SFE
1000
800
600
400
200
100
80
60
40
20
10
8
6
20 30 40 50 60 70 80 90 100 200
FREQUENZ (HZ) LOGARITHMISCH
VW/SFE

BILD 6

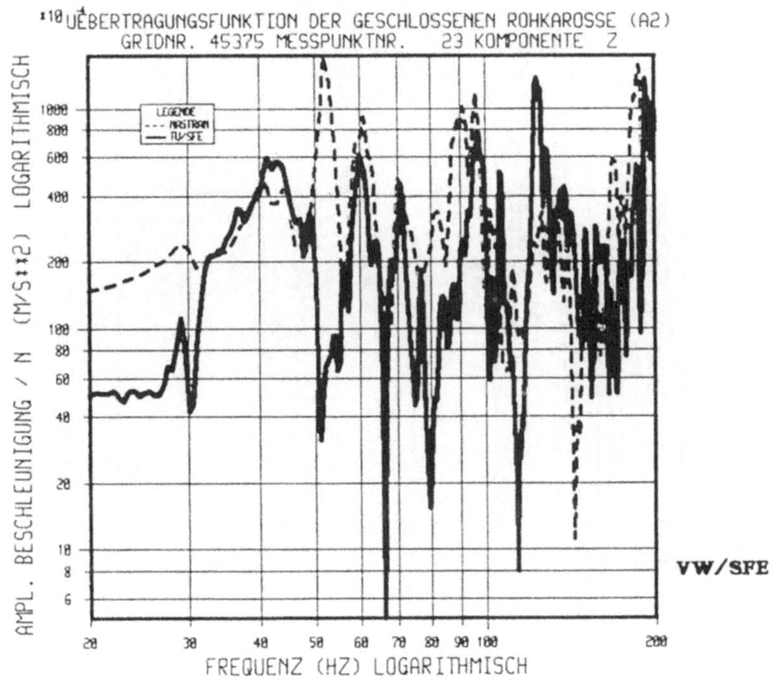

BILD 7

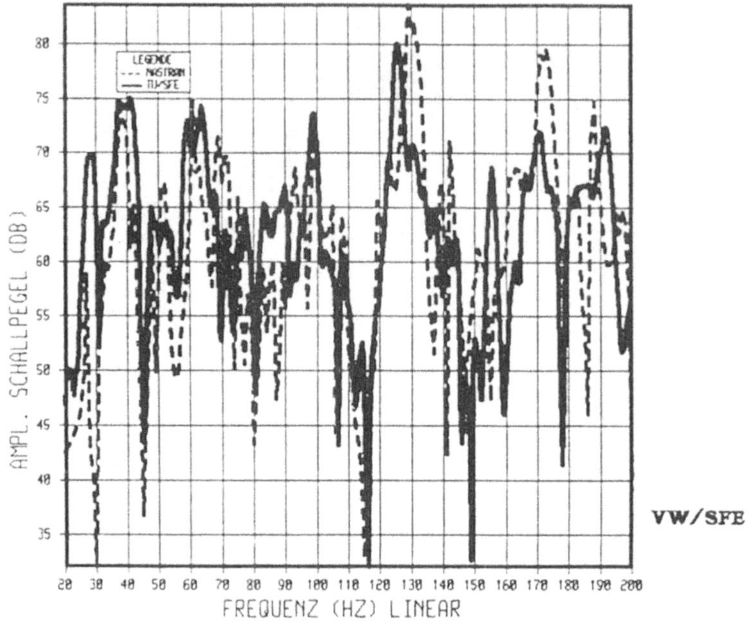

SCHALLPEGEL GESCHLOSSENE ROHKAROSSE (A2) AM FAHREROHR
LEGENDE
NASTRAN
TU/SFE
AMPL. SCHALLPEGEL (DB)
FREQUENZ (HZ) LINEAR
VW/SFE

SCHALLPEGEL GESCHLOSSENE ROHKAROSSE (A2) AM BEIFAHREROHR
LEGENDE
NASTRAN
TU/SFE
AMPL. SCHALLPEGEL (DB)
FREQUENZ (HZ) LINEAR
VW/SFE

BILD 8

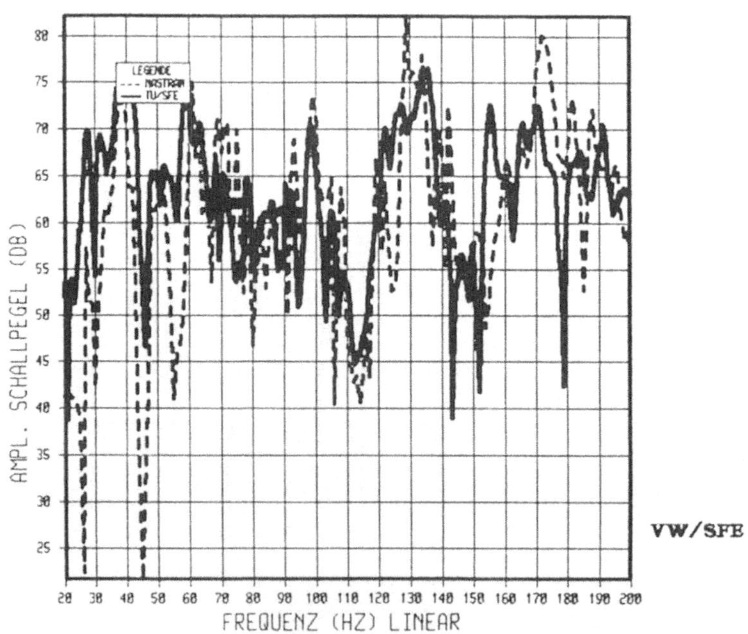

BILD 9

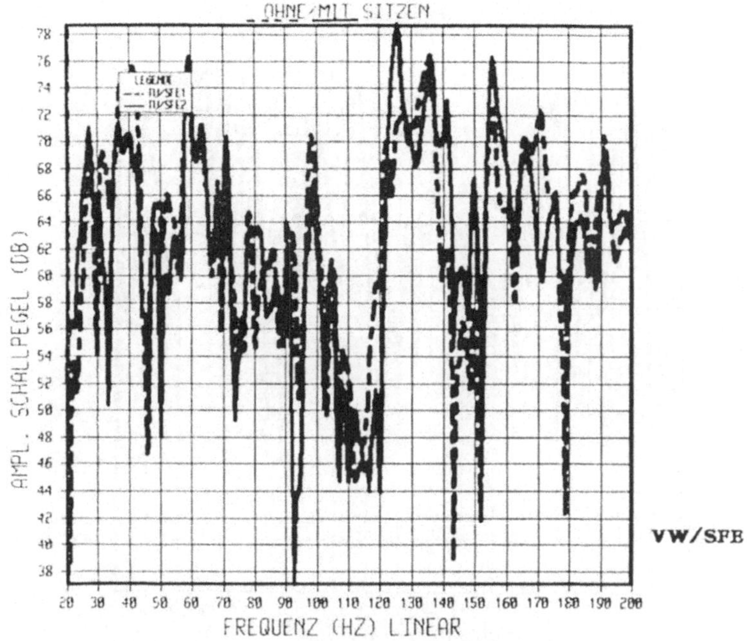

BILD 11   MESSUNG

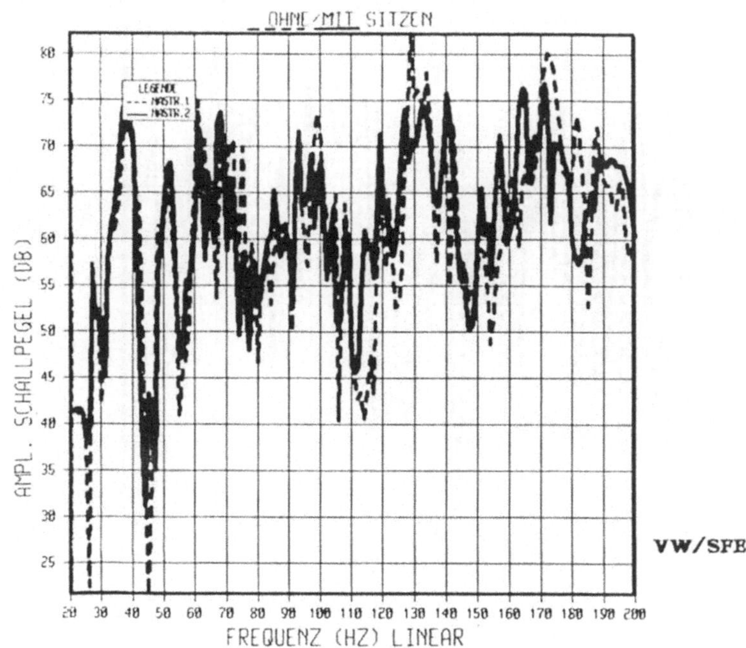

BILD 12   RECHNUNG

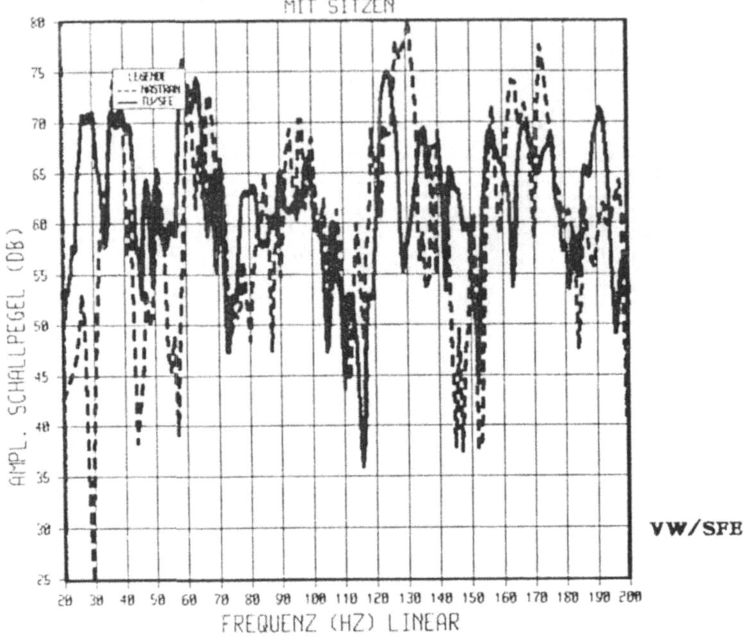

BILD 13

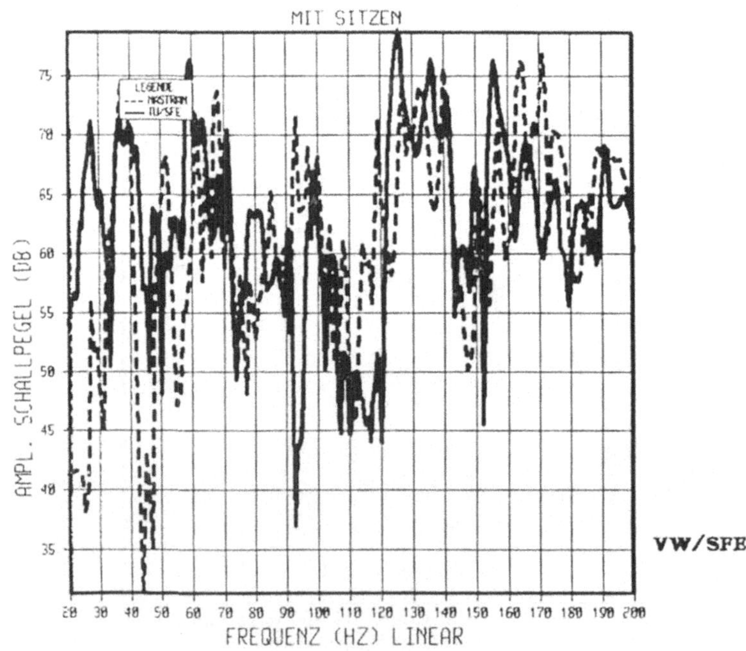

BILD 14

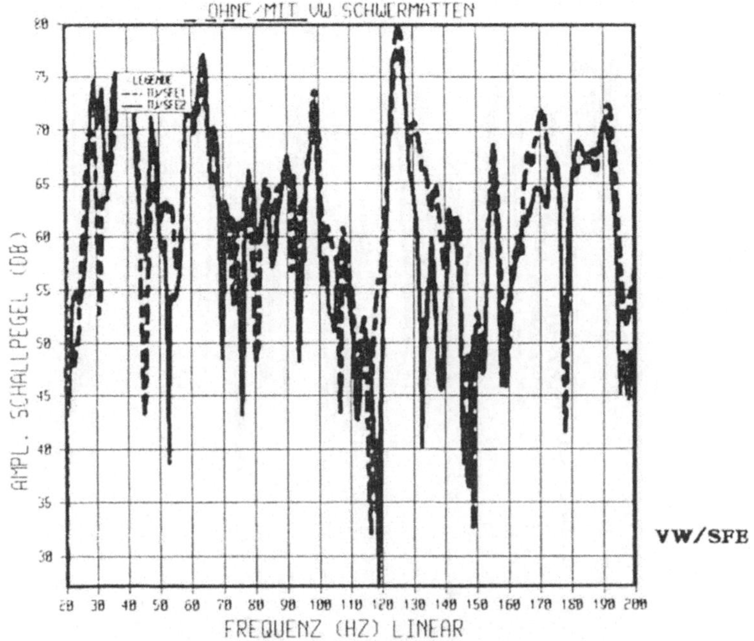

BILD 15   MESSUNG

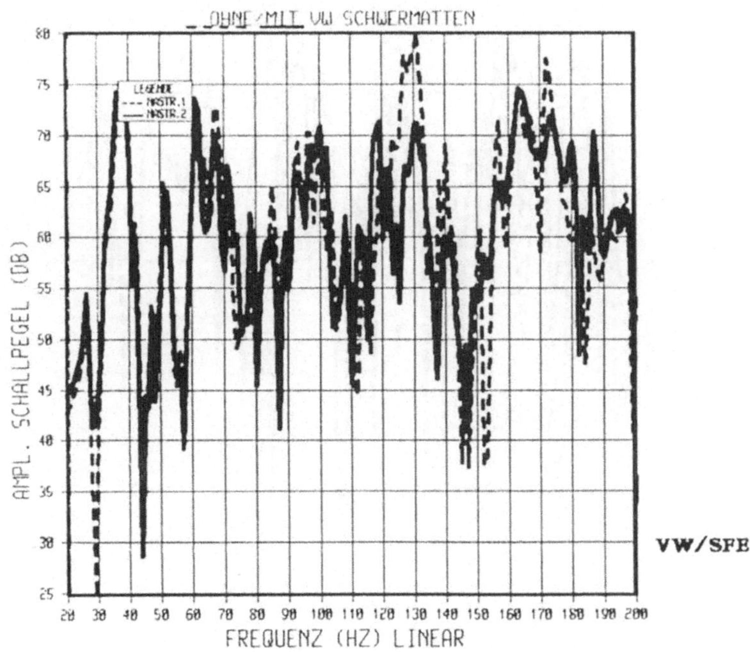

BILD 16   RECHNUNG

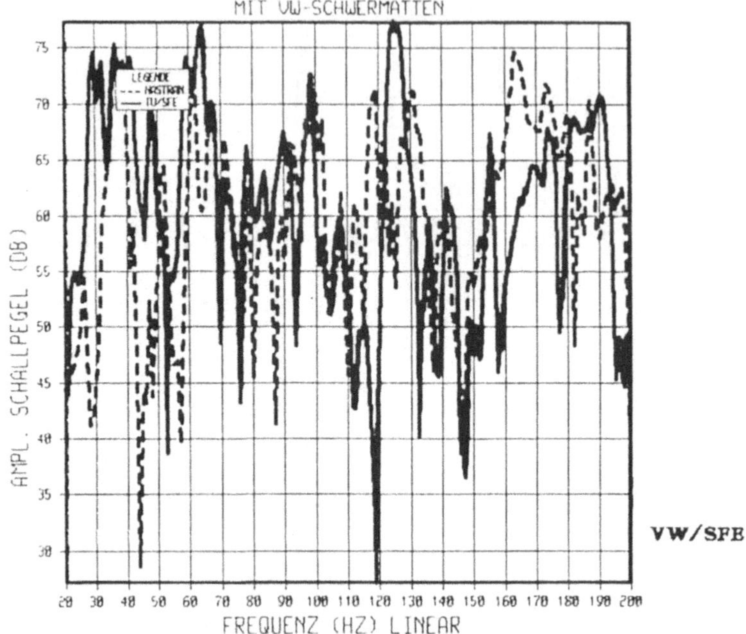

BILD 17

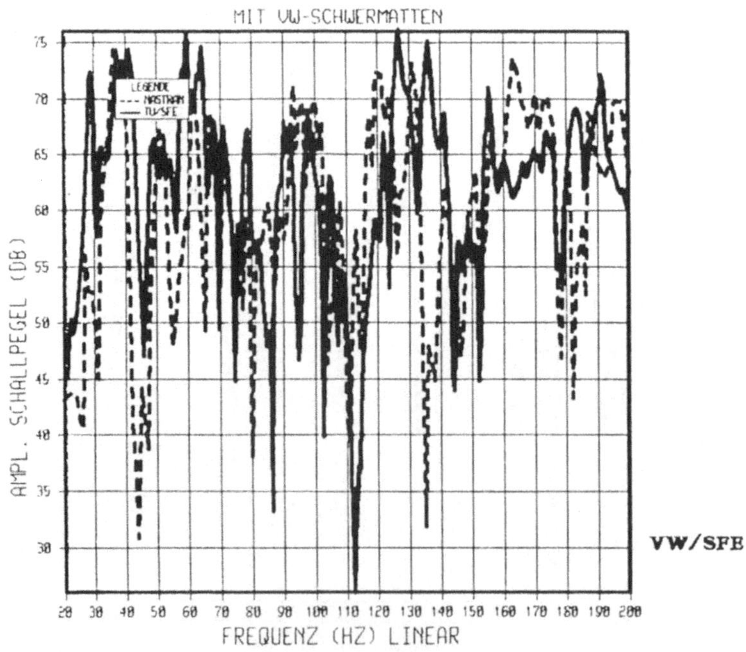

BILD 18

SCHALLPEGEL AUSGEKLEID./GESCHL. KAROSSE (A2) AM FAHREROHR

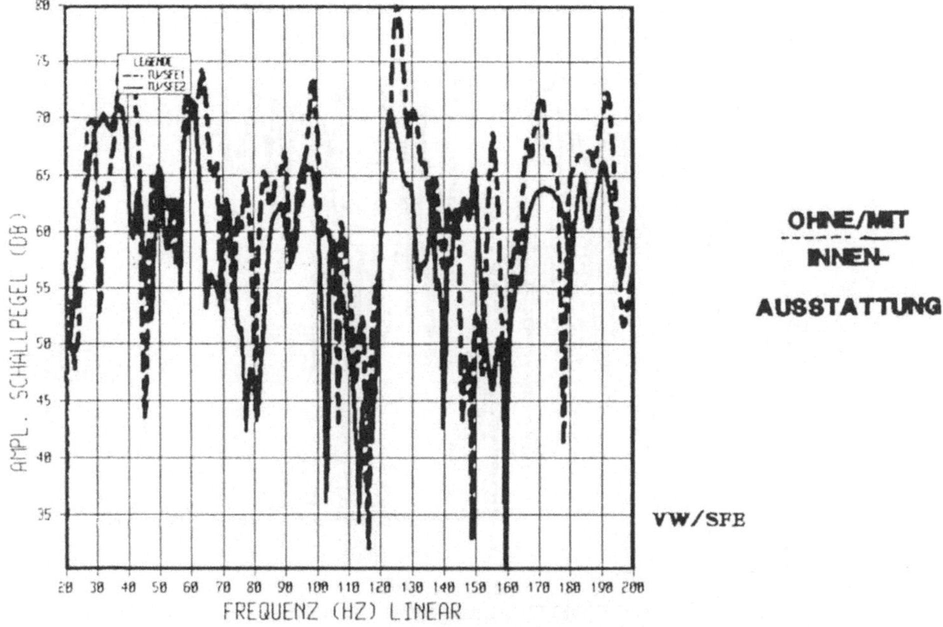

BILD 19   MESSUNG

SCHALLPEGEL AUSGEKLEID./GESCHL. KAROSSE (A2) AM FAHREROHR

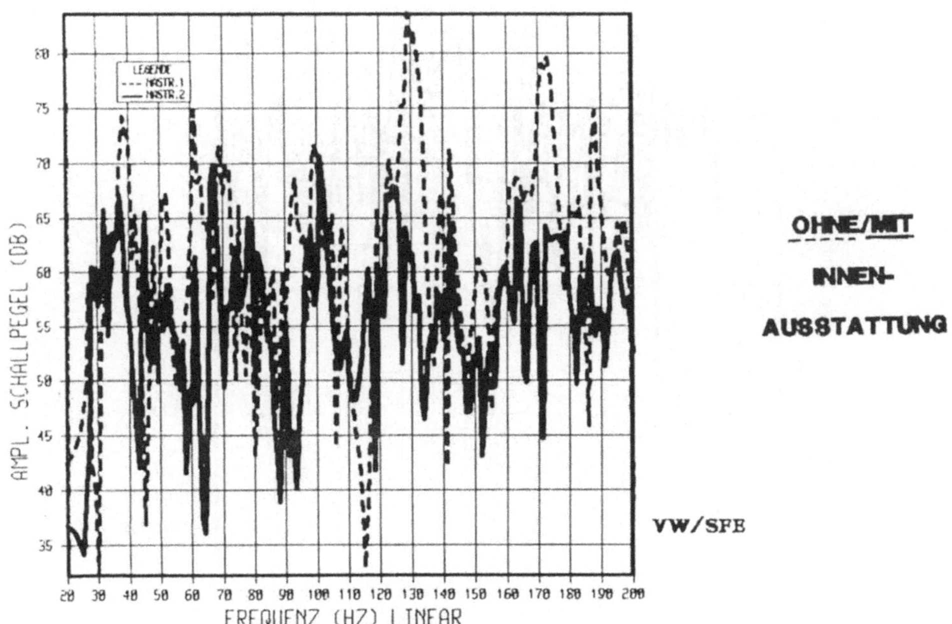

BILD 20   RECHNUNG

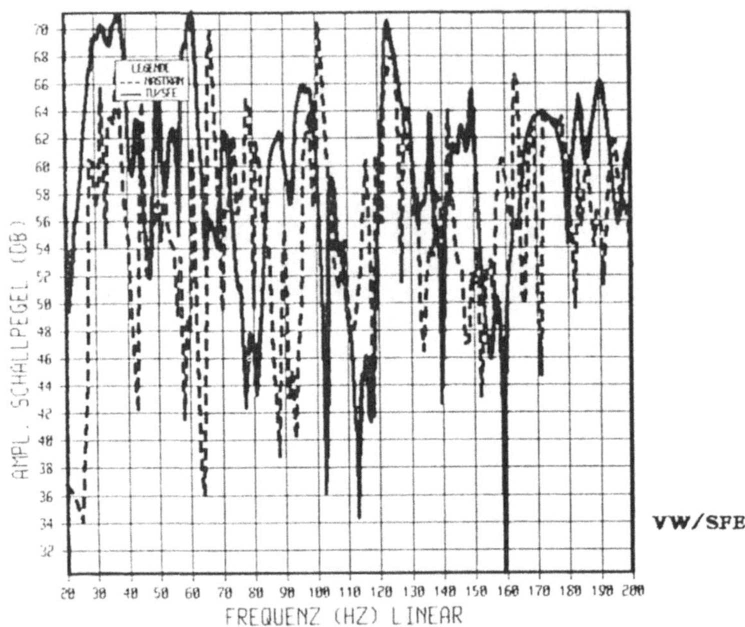

BILD 21

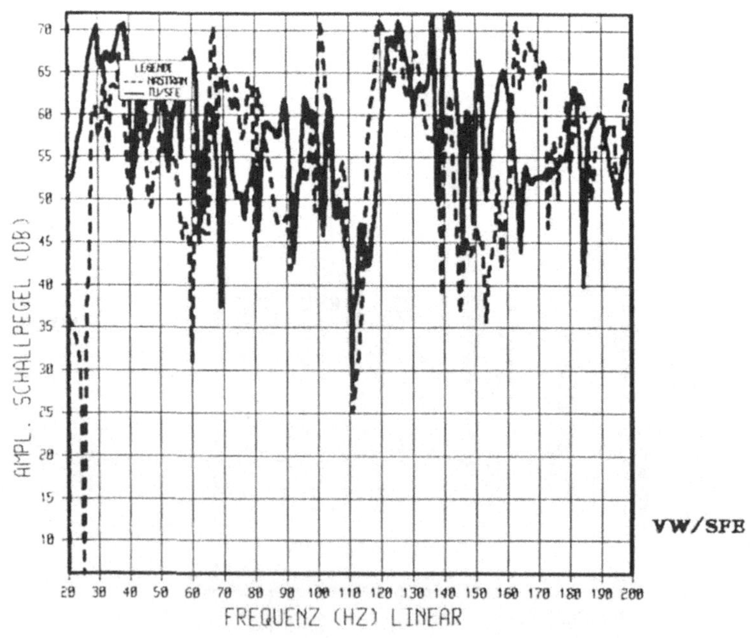

BILD 22

ROHKAROSSERIE MIT KOMPL. INNENAUSSTATTUNG

FAHREROHR/BEIFAHREROHR

SCHALLPEGEL AUSGEKLEIDETE KAROSSE (A2)

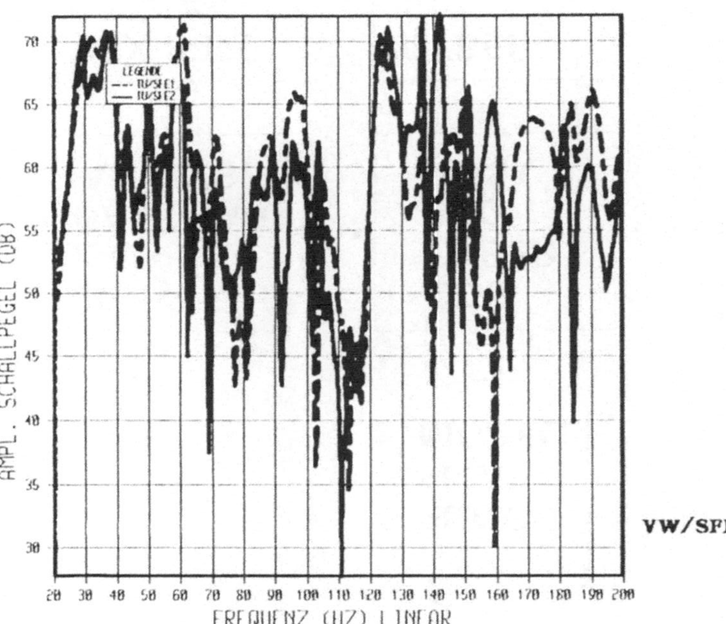

BILD 23   MESSUNG

BENUTZTE SOFTWARE UND RECHNER

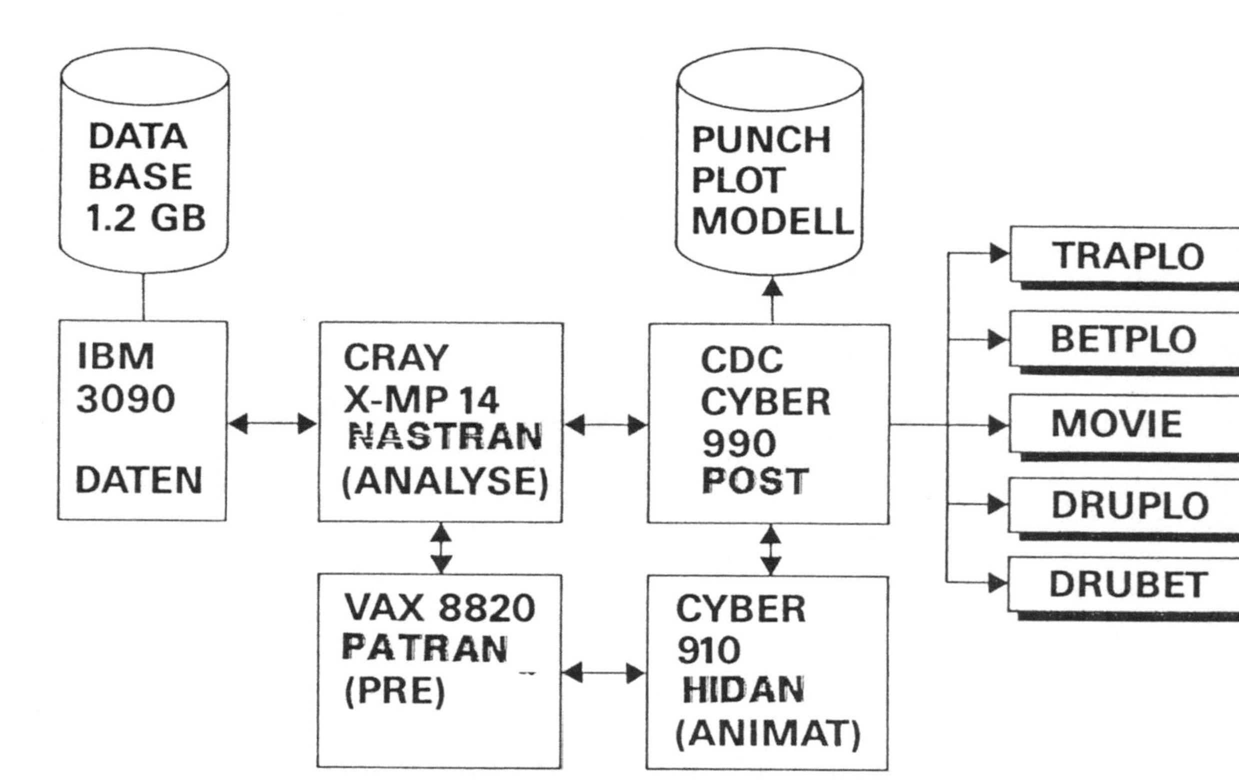

BILD 24

Der zukünftige Parallelrechner
von der Superworkstation zum Supercomputer

Wolfgang K. Giloi
GMD-TUB
Forschungszentrum für innovative Rechnersysteme und -technologie
Berlin

Zusammenfassung

Hochparallele MIMD-Architekturen bestehen aus einer großen Zahl von kooperierenden Knotenrechnern. Durch Verwendung einer neuen Generation von Mikroprozessoren wird der einzelne Knotenrechner eine Leistung von einigen hundert MFLOPS haben. Das hierbei noch zu lösende Problem ist das der Entwicklung von hochoptimierenden Compilern, die es ermöglichen, das enorme Leistungspotential dieser skalaren Pipeline-Prozessoren auch wirklich zunutzen. Werden solche Architekturen als Systeme mit verteiltem Speicher ausgeführt, so werden sie in weiten Grenzen skalierbar, d.h. es lassen sich Parallelrechner mit einheitlicher Hardware und Systemsoftware im Leistungsbereich von einigen hundert MFLOPS (Superworkstation) bis zu einigen hundert GFLOPS (Supercomputer) realisieren. Für spezielle, komplexe Operationen der dreidimensionalen Graphik und der Bildanalyse wird es sich weiterhin lohnen, die universellen Knotenrechner des Systems durch Spezialknoten für diese Operationen (dies sind spezielle Vektorprozessoren oder systolische Arrays) zu ergänzen. Die photorealistische Erzeugung dreidimensionaler Bilder und die dreidimensionale Bildanalyse können auf solchen Superworkstations in Echtzeit durchgeführt werden.

1. Einleitung

In den letzten Jahren hat sich ein inflationärer Gebrauch des Worts „Supercomputer" breit gemacht. Jeder Rechner, der die Leistung erreicht, die die 1976 auf den Markt gebrachte CRAY-1 hatte, wird gerne als Supercomputer apostrophiert. Die kommende Generation von auf einem Chip untergebrachten 64-bit-Mikroprozessoren wie z.B. der Intel N11 wird aber auch diese Leistungsklasse erreichen, so daß nach dieser Definition in absehbarer Zukunft auch der einfache Einprozessor-Arbeitsplatzrechner ein Supercomputer wäre.

Wir wollen daher den Gebrauch der Bezeichnung „Supercomputer" denjenigen Rechnersystemen vorbehalten, die das nach dem jeweiligen Stand der Technik mögliche Höchstmaß an Leistung auf dem Anwendungsgebiet, für das sie konzipiert sind, erbringen. Im Sinne dieser Definition kann man von „Superworkstations" für CAD oder CAE sprechen, die im Leistungsbereich von einigen 100 MFLOPS bis zu einigen GFLOPS liegen werden, dabei aber noch unter oder sogar auf dem Schreibtisch Platz finden, bzw. von „Supercomputern" für nichtnumerische oder numerische Anwendungen, deren Leistung gegenwärtig im Bereich von einigen GFLOPS, in etwa 2-3 Jahren bei 10-100 GFLOPS, und zu Beginn des dritten Jahrtausends bei etwa einem TFLOPS liegen wird.

Bis vor wenigen Jahren war die Supercomputer-Architektur ausschließlich die der *Vektormaschine* und die Supercomputer-Technologie die der *Höchstgeschwindigkeits-Schaltkreise* (ECL). Nur wenige Rechnerarchitekten (wozu sich der Verfasser rechnen darf) hatten bisher die Weitsicht, zu erkennen, daß man mit hochparallelen MIMD-Architekturen nicht nur eine ebenso hohe oder auf die Dauer sogar höhere Leistung als mit den Vektormaschinen würde erzielen können, sondern durch Verwendung der hochintegrierten, wenig Leistung verbrauchenden und damit sehr viel billigeren Schaltkreis- und Aufbautechnik dieses auch zu einem wesentlich günstigeren Preis. Die Masse der „Ungläubigen" konnte den Preisvorteil zwar nicht bestreiten, war aber bisher der Meinung, daß die hochparallelen Systeme wesentlich schwieriger zu programmieren und letztlich aufgrund des Kommunikationsaufwands vielleicht auch weniger effizient als die einfacheren Pipeline-Vektorprozessoren wären.

Erst in allerjüngster Zeit beginnt sich der Durchbruch der hochparallelen MIMD-Architekturen abzuzeichnen. Ein Indiz hierfür ist die ACM Supercomputing Conference vom November 1989, wo namhafteste Fachleute (Rechnerarchitekten, Compiler- und Anwendungsexperten) der USA in einer dreistündigen *Panel Discussion* das Thema *„Teraflops Machines - Myth or Reality"* diskutierten und dabei ohne Ausnahme die Sicht äußerten, daß in den nächsten Jahren die *„killer micros"* (wie es ein Panelist ausdrückte) die Vektormaschinen zu verdrängen beginnen werden. Als Beispiele für besonders richtungsweisende Entwicklungen in dieser Richtung wurden die Connection Machine [1], die iPSC-Rechner [1] und der SUPRENUM-Rechner [1], [2] genannt. Besonders illustriert wurde diese Entwicklung aber durch die Andeutungen des Vorstandsvorsitzenden der Firma Cray Research, ebenfalls in dieser Richtung tätig zu werden [3].

Dieser Beitrag versucht aufzuzeigen, welche Entwicklungen auf diesem Gebiet bis zur Mitte der neunziger Jahre zu erwarten sind und welche Problemkomplexe erst noch befriedigend gelöst werden müssen. Dabei wird nicht nur auf Allzweck-Supercomputer für numerische Anwendungen eingegangen (auf hochparallele nicht-numerische Rechner einzugehen zu wollen wäre noch zu früh), sondern auch auf Spezialrechner, z.B. für photorealistische dreidimensionale Bilddarstellungen oder Echtzeit-Bilderkennung.

2. Technologie-Entwicklungsprognosen

In jüngster Zeit ist eine revolutionäre Entwicklung auf dem Gebiet der Mikroprozessoren eingetreten, die sich insbesondere in einer exponentiellen Zunahme derr MIPS-Leistung äußert. Nach Joy gilt für die Leistungszunahme seit 1984 die Formel

$$\text{MIPS} = 2^{YEAR\ 1984}$$

Dieses *Joysche Gesetz* wird durch Bild 1 veranschaulicht.

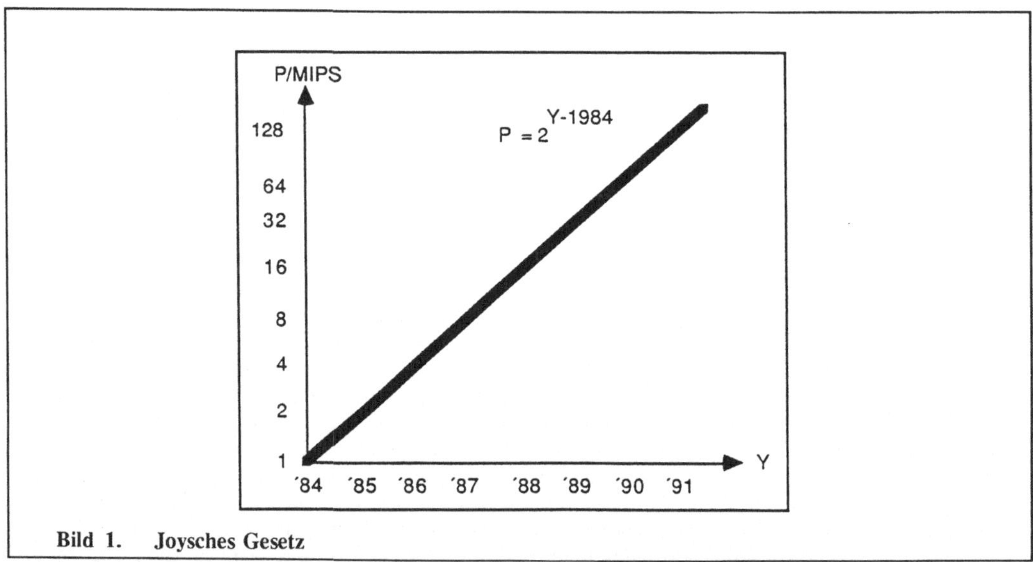

Bild 1.   Joysches Gesetz

Das Joysche Gesetz läßt den Eindruck entstehen, als handle es sich bei dieser Leistungssteigerung um einen stetigen Prozeß. Dem ist jedoch nicht so. Das Joysche Gesetz - beliebig extrapoliert - erweckt die Vorstellung, daß 1994 die Leistung des einzelnen Mikroprozessors 1 GIPS erreicht. Wenn diese exponentielle Leistungszunahme über die Jahre gelten würde, dann brauchte man sich schließlich nicht mehr mit Parallelarchitekturen zu beschäftigen. Spezielle Hardware für Funktionen der photorealistischen Bilderzeugung oder der Bildanalyse würde sich ebenfalls nicht mehr lohnen. In Wirklichkeit wird die in Bild 1 gezeigte Kurve aber irgendwann abknicken. Wir wollen hier untersuchen, wann dieser Knickpunkt zu erwarten ist. Dazu müssen wir betrachten, wo die starke Leistungssteigerung der letzten Jahre herrührt. Wir werden weiterhin untersuchen, wie über die Leistung des einzelnen Prozessors hinaus weitere Leistungssteigerung erzielt werden kann.

Bild 2 zeigt die Zunahme der Taktfrequenz von Mikroprozessoren über die Jahre 1987-1993. Die Kurve zeigt eine Geschwindigkeitsverdopplung etwa alle drei Jahre an, die durch eine Halbierung der Kanallängen erreicht wird.[1] Die treibende Kraft ist hierbei die Entwicklung bei den dynamischen Speicherbausteinen (DRAM). Dabei ist bemerkenswert, daß die DRAM-Bausteine selbst aufgrund gegenläufiger Effekte nicht im gleichen Maße schneller werden.

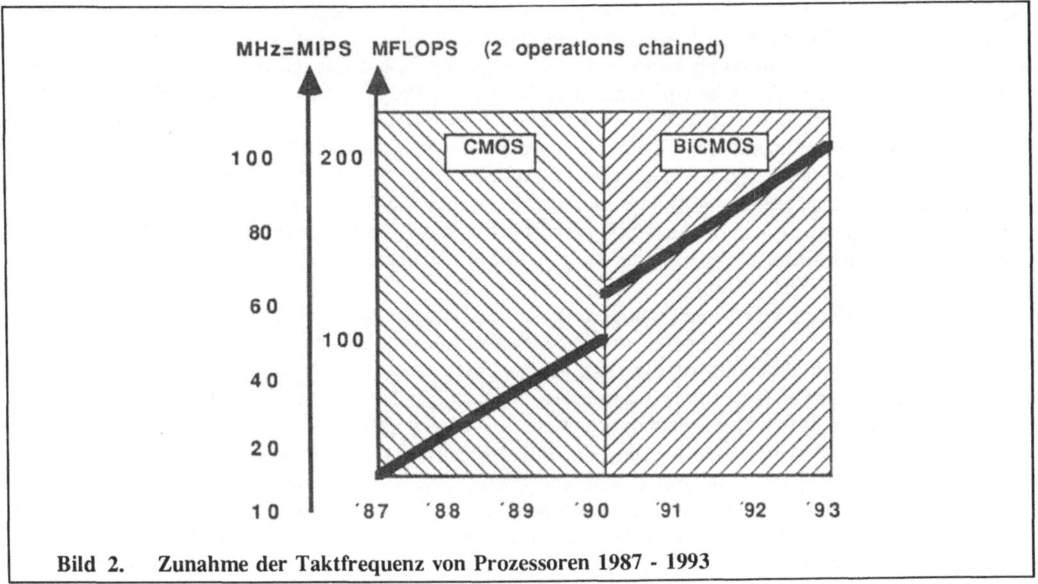

Bild 2.   Zunahme der Taktfrequenz von Prozessoren 1987 - 1993

Tabelle 1 gibt die vorhergesagte Weiterentwicklung der DRAM-Bausteine an. Die Zugriffszeit der DRAM wird kaum mehr wesentlich unter den jetzt erreichten Bestwert von etwa 25 ns für den Zugriff im *static column mode* bzw. 60 ns für den wahlfreien Zugriff (die Zykluszeit beträgt mehr als das doppelte) gesenkt werden können. Man erkennt, daß die Diskrepanz zwischen Prozessor-Geschwindigkeit und DRAM-Geschwindigkeit immer größer wird, was Rückwirkungen auf die Prozessorarchitektur hat (Notwendigkeit von *Cache*-Speichern). Günstiger sind die Verhältnisse bei statischen Speicherbausteinen (SRAM), die sich grundsätzlich jeweils mit einem Viertel der Kapazität des entsprechenden SRAM-Bausteins realisieren lassen[2], wobei die Zugriffszeit im Maximalfalle bei CMOS-SRAM inzwischen nahe bei 10 und bei BiCMOS-SRAM deutlich unter 10 Nanosekunden liegt.

Eine Geschwindigkeitsverdopplung bei den Prozessoren alle 3 Jahre entspricht einer Steigerung von 26 % pro Jahr. Der Unterschied zum Faktor 2, wie ihn das Joysche Gesetz angibt, kann somit nur durch architektonische Maßnahmen erzielt worden sein. Wie sie alle wissen, ist es die RISC-Bewegung, die diesen Prozeß in Gang gebracht hat.

---

[1] Die Halbierung der Kanallänge halbiert den Strom, reduziert aber die der Fläche proportionale Kapazität um den Faktor 4. Dadurch werden Kapazitäten doppelt so schnell umgeladen.

[2] Für eine DRAM-Zelle werden 2 Transistoren benötigt (einer als Ladungsspeicher, der andere zur Ankopplung). SRAM-Zellen sind Flipflops, für die typischerweise 6 Transistoren aufgewendet werden.

Jahr	Dimension (µ)	Kapazität (Mbit)	Zahl der Transistoren
1983	2.5 ..... 2.0	0.25	0.5 Millionen
1986	1.25 ... 1.0	1	2 Millionen
1989	0.8 ..... 0.7	4	8 Millionen
1992	0.5	16	32 Millionen
1995	0.35	64	128 Millionen

Tabelle 1.   Entwicklung der DRAM-Technologie 1983-1995

3. Der Pipeline-Prozessor

Das Ziel der RISC-Prozessor-Entwicklung war es, durch extreme Einfachheit der Befehle, Überlappung der Transporte von Befehlen und Daten und der Befehlsausführung und fest verdrahteter Steuerung anstelle der Mikroprogrammierung zu Prozessoren zu gelangen, die mit jedem Takt einen Befehl ausführen können. Dies mag für Arbeitsplatzrechner, die nur der Programmentwicklung dienen, akzeptabel sein, für Arbeitsplatzrechner im CAD- und CAE-Bereich benötigt man jedoch nach wie vor komplexere Funktionen wie zum Beispiel die Gleitpunktoperationen, die nicht innerhalb eines Taktzyklus von 20...25 Nanosekunden ausgeführt werden können, zumindest nicht in CMOS-Technologie.

Da aber bereits das Holen und Interpretieren der Befehle, das Holen der Daten und die Ausführung der Befehle im Pipelineverfahren überlappt ausgeführt werden, hindert einen niemand daran, die Ausführung komplexerer Befehle ebenfalls in das *pipelining* einzubeziehen. Dies hat zur Entwicklung der Pipeline-Skalarprozessoren geführt.

Das Pipeline-Verfahren ist nun nicht gerade neu. Es ist diese Methode, die den Vektorrechnern seit vielen Jahren ihren starken Leistungsvorsprung gegenüber konventionellen „Super Mainframes", die von der Hardware her etwa gleich aufwendig sind, verleiht. Neu ist die Anwendung dieses Prinzips auch im skalaren Prozessor, und dies wurde erst durch die enormen Fortschritte möglich, die man in den letzten Jahren bezüglich der Entwicklung hochoptimierender Compiler gemacht hat.

Was der Pipeline-Skalarprozessor mit dem Vektorprozessor gemein hat, ist die Tatsache, daß beide Prozessoren im günstigsten Falle mit jedem Taktzyklus eine vollständige Operation ausführen kann. Beim Vorhandensein entsprechender Hardware schließt dies Gleitpunktoperationen ein. Hierdurch ist mehr als durch jede andere Maßnahme die plötzliche enorme Leistungssteigerung erzielt worden, wie sie durch die Aufstellung in Tabelle 2 zum Ausdruck gebracht wird[3] [4]. Wie Tabelle 2 zeigt, steht zu erwarten, daß der skalare Pipeline-Prozessor in wenigen Jahren den in gleicher Technologie ausgeführten Vektorprozessor leistungsmäßig eingeholt haben wird - vorausgesetzt, das Compilerproblem kann gelöst werden.

Im Gegensatz zum Vektorprozessor, bei der der ununterbrochene Strom von ausführbaren Operationen, der zur Füllung der Pipeline benötigt wird, durch die natürliche Ordnung der Vektorelemente und die a priori gegebene Datenunabhängigkeit der elementenweisen Ausführung der Operationen der Vektor-Datentypen gegeben ist, muß beim skalaren Pipeline-Prozessor ein solcher Operationsstrom erst vom Compiler erzeugt werden, und zwar auf der Grundlage einer aufwendigen Datenabhängigkeitsanalyse, sowie komplizierter Optimierungsalgorithmen. Um es vorwegzunehmen: Solche Compiler gibt es im Augenblick noch nicht, aber es wird sie in absehbarer Zeit geben.

Es gibt noch einen anderen Unterschied zwischen dem Pipeline-Vektorprozessor und dem Pipeline-Skalarprozessor. Der Vektorprozessor erhält seine Datenströme aus dem Hauptspeicher oder einem eigenen, hinreichend großen Vektorspeicher. Seine Leistung ist damit letztlich durch die Speicherbandbreite begrenzt, ganz gleich, wie leistungsfähig der Pipelineprozessor ist. Beispiel: der Intel-Prozessor i860, der im günstigsten Falle für einen Speicherzugriff 2 Takte benötigt, vorausgesetzt der Speicher ist ein im *static column mode* betriebener DRAM oder ein schneller SRAM, so daß keine

---

[3]   Die in Tabelle 2 angegebenen Werte entstammen zum Teil entsprechenden Firmen-Druckschriften, zum Teil sind es Werte, die von Herstellern in Gesprächen mit uns genannt wurden.

Prozessor-Typ	1990 (40 MHz)	1991 (50 MHz)	Zahl der Chips/ Technologie
1. „Von Neumann Type"			
TRANSPUTER T840	4	5	1 PGA/CMOS
2. Skalarer Pipeline-Prozessor			
MOTOROLA MC68040	6.4*	8*	1 PGA/CMOS
MOTOROLA MC88000	10	16	3 PGA/CMOS
INTEL i860	40/20**	50/25**	1 PGA/CMOS
INTEL N11		100/100	1 PGA/CMOS
3. Vektor-Prozessor			
ADSP7110/7120	80*	?	3 PGA/ECL
WEITEK WTL3364	80*	100**	1 PGA/CMOS
GENESIS (Entwurf)		120**	2 PGA/BIGMOS
Erläuterungen	Spitzenleistungen in MFLOPS, IEEE double precision		
	PGA — pin grid array		
	* — geschützt (Motorola gibt keine Spitzenleistung an)		
	** — „chaining" von 2 Operationen; der zweite Wert gibt die bei der Vektor-verarbeitung erzielbare Spitzenleistung an		

Tabelle 2. Spitzenleistung der neuesten Generation von Mikroprozessoren

zusätzlichen Wartezustände entstehen, wird bei der Verarbeitung längerer Vektoren niemals über 20 MFLOPS hinauskommen. Im Gegensatz dazu führt der Skalarprozessor seine Operationen so weit wie möglich auf Daten aus, die sich in seinen internen Registern oder dem *on-chip cache* befinden, und es ist Sache des Compilers, die im Gegensatz zur Vektorverarbeitung nun gegebenen Datenabhängigkeiten zwischen den Operationen dazu zu nutzen, möglichst viele Zwischenergebnisse intern zu speichern und damit die Anzahl der externen Speicherzugriffe zu minimieren. Das bedeutet aber auch, daß die angegebene Spitzenleistung nur im Burst-Modus allenfalls erreicht wird (Merke: Die Spitzenleistung ist die Leistung, von der der Hersteller garantiert, daß sie niemals überschritten wird).

4. Das Compiler-Problem

Die enormen Spitzenleistungs-Angaben - in der Regel so viele MIPS oder MFLOPS pro Funktionseinheit des Prozessors wie der Takt in MHz beträgt - der neuesten Generation von Mikroprozessoren wie den Intel-Prozessoren i486 oder i860 haben zunächst eine Euphorie hervorgerufen, die sehr bald von einer ebenso wenig gerecht fertigten negativen Beurteilung abgelöst wurde, sobald echte Leistungsdaten wie z.B. LINPACK-Benchmarkwerte bekannt wurden. So hat der i860, der von Intel als 80 MFLOPS-Prozessor, bzw. (unter Zusammenzählung aller „Äpfel und Birnen") als 1 20-MIPS-Prozessor eingeführt wurde, eine LINPACK-Leistung von 7 MFLOPS mit dem Green Hills Fortran Compiler (der C Compiler liefert etwa den gleichen Wert) oder 13 MFLOPS handcodiert [5]. Der Leistungsunterschied um fast den Faktor 2 zeigt, wie sehr es noch beim Compiler hapert. In der Tat führt der Green Hills Compiler alle heute üblichen Optimierungen wie *colored register allocation* und *loop unrolling and compaction* aus, kann jedoch weder den Pipelinebetrieb des Prozessors noch seinen *dual instruction mode* noch seinen *dual operation mode* ausnutzen. Einen Compiler, der das können wird, wird es erst in etwa 2 bis 3 Jahren geben.

Was der i860 in bestimmten Fällen wirklich leisten kann, zeigt zum Beispiel Tabelle 3. Wir sehen hier ein (handcodiertes) Programm für die innerste Schleife eines Ray-Tracing-Algorithmus[4]). Durch Ausnutzung des *dual instruction modes* sowie dem vierfachen *loop unrolling* kann der gesamte Algorithmus mit nur 8 Befehlen - d.h. in nur 200 Nanosekunden - ausgeführt werden. Man sieht, daß dabei die Pipeline sehr gut gefüllt werden kann. Bis es einen Compiler gibt, der einen solch optimalen Code zu erzeugen in der Lage ist, werden, wie gesagt, aber noch mindestens zwei Jahre vergehen.

Nun kann man, wie dies im obigen Beispiel geschehen ist, für Spezialanwendungen wie 3D-Graphik oder Bildanalyse die zeitkritischsten Algorithmen durchaus von Hand codieren, da diese in der Regel aus nur kurzen und damit überschaubaren Prozeduren bestehen. Für komplexe Anwendungsprogramme gilt dies natürlich nicht, hier wird man auf die noch ausstehenden leistungsfähigen Compiler warten müssen.

5. Der Multi-PE-Prozessor

Was läßt sich in Zukunft tun, um das Joysche Gesetz noch weiter erfüllen zu können? Mit dem Takt ist man bei CMOS mit 50 MHz am Ende angelangt. BiCMOS wird es erlauben, noch einmal einen Faktor 4 an Geschwindigkeit zu gewinnen (über einen Zeitraum von 6 Jahren, d.h. bis etwa 1995). Damit sind etwa um 1995 Mikroprozessoren mit einer Spitzenleistung von 200 MIPS bzw. 200 MFLOPS für einzelne Operationen und 400 MFLOPS für zwei gleichzeitig ausgeführte Gleitpunkt-Operationen („chaining") zu erwarten.

Weitere Leistungssteigerungen können darüber hinaus nur noch durch weitere Vervielfachung der Funktionseinheiten auf dem Chip erzielt werden. Intel hat mit dem i960 bereits einen Prozessor für „eingebettete Systeme" auf dem Markt, der zwei Integer-Einheiten besitzt und daher als 66-MIPS-Prozessor (bei 33 MHz Taktfrequenz) gehandelt wird. Motorola wird mit dem 88110 das gleiche tun.

Die Vervielfachung von Funktionseinheiten verschärft natürlich die Compilerproblematik noch weiter stark. Es ist ja bereits jetzt schon gerade der Dual Instruction Mode (Ausführung einer Integer- und einer Gleitpunkt-Operation gleichzeitig) bzw. der Dual Operation Mode (Ausführung von 2 Gleitpunkt-Operationen gleichzeitig), die beim i860 das größte Problem für den Compiler darstellt. Dies ist plausibel, wenn man bedenkt, daß jetzt Compiler jetzt nicht nur einen optimierten Operationsstrom erzeugen muß, sondern mehrere, aufeinander synchronisierte Ströme.

Das gleiche Problem stellt sich auch bisher schon bei der *Very Long Instruction Word (VLIW) Machine* [6], die ebenfalls durch das Vorhandensein mehrerer Funktionseinheiten gekennzeichnet ist. Der Compiler für eine VLIW-Maschine „kompaktisiert" den ursprünglichen, sequentiellen Code durch Ausnutzung der Parallelarbeitsmöglichkeiten mehrerer Funktionseinheiten und beschleunigt dadurch die Programmausführung. Die Code-Kompaktisierung ist an sich ein Verfahren, welches man in der Mikrocode-Optimierung seit vielen Jahren anwendet. Entscheidend ist aber jetzt, daß man nicht wie beim Mikrocode nur *basic blocks* (das sind Code-Teile, die außer am Eingang oder Ausgang keine Sprungbefehle aufweisen) betrachtet, sondern lange, mit Sprungbefehlen durchsetzte Code-Sequenzen. Dadurch ergibt sich ein höherer Grad an nutzbarer Parallelität. Ein Verfahren, das dies ermöglicht, ist unter dem Namen *Trace Scheduling* entwickelt worden [6]. Die Anzahl der Funktionseinheiten in VLIW-Maschinen muß dennoch aber klein bleiben (typisch 4, höchstens 8), um noch sich lohnende Ausnutzungsgrade zu erhalten.

Auf diese Weise die von Joy für 1994 vorhergesagten Leistung von 1 GIPS wirklich zu erreichen (z.B. durch 8 parallel arbeitende Funktionseinheiten bei 120 MHz Takt) erscheint angesichts dieser Betrachtungen unrealistisch. Aber auch wenn man realistischerweise annimmt, daß die Joysche Kurve etwa bei einem halben GFLOPS abknicken wird, wird man immer noch einen Prozessor mit sehr hoher Leistung als Baustein für Multiprozessor-Architekturen zur Verfügung haben, durch die man, wie es

---

[4]) Das Programm wurde von Michael Rüsse geschrieben.

FB UNIT			CORE UNIT	ADDER PIPELINE			
				1	2	3	R
LOOP				-	fix(n)	fix(e)	-
d.pfadd	e	de	fe	; bc DONE	e+de	-	fix(n)	fixe(e)
d.pfadd	n	dn	fn	; shl #2 in in	n+dn	e+de	-	fix(n)
d.pfsub	zr	dz	--	; fld terrain(in) zl	zr-dz	n+dn	e+de	-
d.fxfr	fe	--	ii	; nop	zr-dz	n+dn	e+de	
d.pfix	e	--	e	; nop	fix(e)	zr-dz	n+dn	e+de
d.fxfr	fn	--	in	; sht #10 ii ii	fix(e)	zr-dz	n+dn	
d.pfix	n	--	n	; nop	fix(n)	fix(e)	zr-dz	n+dn
d.pfgt	zr	zt	zr	; add	-	fix(n)	fix(e)	zr-dz
d.pfadd	e	de	fe	; bc DONE	e+de	-	fix(n)	fix(e)
d.pfadd	n	dn	fn	; shl #2 in in	n+dn	e+de	-	fix(n)
d.pfsub	zr	dz	--	; fld terrain(in) zi	zr-dz	n+dn	e+de	-
d.fxfr	fe	--	ii	; nop	zr-dz	n+dn	e+de	
d.pfix	e	--	e	; nop	fix(e)	zr-dz	n+dn	e+de
d.fxfr	fn	--	in	; shl #10 ii ii	fix(e)	zr-dz	n+dn	
d.pfix	n	--	n	; nop	fix(n)	fix(e)	zr-dz	n+dn
d.pfgt	zr	zt	zr	; add	-	fix(n)	fix(e)	zr-dz
d.pfadd	e	de	fe	; bc DONE	e+de	-	fix(n)	fix(e)
d.pfadd	n	dn	fn	; shl #2 in in	n+dn	e+de	-	fix(n)
d.pfsub	zr	dz	--	; fld terrain(in) zl	zr-dz	n+dn	e+de	-
d.fxfr	fe	--	ii	; nop	zr-dz	n+dn	e+de	
d.pfix	e	--	e	; nop	fix(e)	zr-dz	n+dn	e+de
d.fxfr	fn	--	in	; shl #10 ii ii	fix(e)	zr-dz	n+dn	
d.pfix	n	--	n	; nop	fix(n)	fix(e)	zr-dz	n+dn
d.pfgt	zr	zt	zr	; add	-	fix(n)	fix(e)	zr-dz
d.pfadd	e	de	fe	; bc DONE	e+de	-	fix(n)	fix(e)
d.pfadd	n	dn	fn	; shl #2 in in	n+dn	e+de	-	fix(n)
d.pfsub	zr	dz	--	; fld terrain(in) zl	zr-dz	n+dn	e+de	-
d.fxfr	fe	--	ii	; nop	zr-dz	n+dn	e+de	
d.pfix	e	--	e	; nop	fix(e)	zr-dz	n+dn	e+de
d.fxfr	fn	--	in	; shl #10 ii ii	fix(e)	zr-dz	n+dn	
d.pfix	n	--	n	; nop	fix(n)	fix(e)	zr-dz	n+dn
d.pfgt	zr	zt	zr	; add	-	fix(n)	fix(e)	zr-dz
DONE							

Tabelle 3.   i860-Programm für die innerste Schleife eines Ray Tracing-Algorithmus

inzwischen zum Stand der Technik geworden ist, die Leistung des einzelnen Prozessors multiplizieren kann.

6. Multiprozessor-Chips

Im Gegensatz zu den hochregulären Speicherstrukturen sind Prozessor-Layouts stark irregulär. Vor allem wird beim Prozessor ein erheblicher Teil der Chipfläche für die internen Verbindungsstrukturen (Busse) benötigt. Dadurch läßt sich bei gleicher Technologie höchstens die Hälfte der Transistoren des entsprechenden DRAM-Bausteins realisieren. Um hier ein Musterbeispiel zunennen: den 2 Millionen Transistoren des 1-Mbit-DRAM stehen beim i860 knapp 1 Million Transistoren gegen über. Der i860 zeigt, daß man damit noch nicht einen voll befriedigenden Prozessor realisieren kann, sondern Kompromisse eingehen muß, die die Leistung beeinträchtigen (keine *snoop logic* zur Gewährleistung der *cache coherence*, keine Prozesskennung im Cache, die Caches sind zu klein, die doppelt-genaue Multiplikation benötigt 2 Takte). Außerdem scheinen außer den Erfindern des Transputers die Prozessor-Architekten noch nicht erkannt zu haben, daß man bei einem Prozessor, der als Baustein für Multiprozessor-Architekturen gedacht ist, spezielle Hardwareeinrichtungen für die Kommunikation mit anderen Prozessoren vorsehen muß, wenn man eine effiziente Kommunikation erzielen will [4], [7].

Mit der inzwischen existierenden Technologie des 4-Mbit-DRAMs lassen sich aber alle diese Nachteile beheben. Solche Prozessoren werden nicht zuletzt mit Registerfiles, Instruktions- und Datencaches von angemessener Kapazität, sowie speziellen Funktionseinheiten z.B. für Graphik oder Signalverarbeitung ausgestattet sein. Mit der ab 1992 zu erwartenden Technologie des 16-Mbit-DRAM wird man dann 4 solcher Prozessoren auf einem Chip unterbringen können. Da dies im wesentlichen nur die Replikation des Layouts des einzelnen Prozessors bedeutet, fällt der Entwurfsaufwand hierfür nicht sehr ins Gewicht. Entsprechende Gehäuseformen mit einer hinreichend großen Zahl von Anschlüssen wird es in der Form der TAB-Bausteine *(tape bounded devices)* geben.

Wir sehen hierin einen Weg, den Fortschritt der Größtintegration zu nutzen, ohne wie beim Multi-PE-Prozessor das Compilerproblem immer weiter zu komplizieren. Tatsächlich verlagert sich das Software-Problem, und zwar vom Compiler zum Knoten-Betriebssystem, welches zwangsläufig nun auch ein Multitasking-Betriebssystem sein muß, um die Prozessoren geeignet einsetzen zu können. Entwicklungen wie MACH [8] oder PEACE [9] sind aber der Beweis dafür, daß sich solche Multitasking-Betriebssysteme sehr effizient implementieren lassen.

Mit solchen Multiprozessor-Bausteinen lassen sich hochparallele Systeme aufbauen, bei denen mehrere Knotenrechner mit ihren privaten, viele MByte großen Speichern auf einer Platine untergebracht sind. Voraussetzung hierfür ist, daß diese Bausteine wirklich konsequent als Komponenten für Multiprozessor-Architekturen konzipiert werden, wozu noch erhebliche Forschungsarbeit mit dem Ziel der Entwicklung hocheffizienter Kommunikationsmechanismen zu leisten ist.

Den kompletten Rechenknoten einschließlich seines Speichers *auf einem Chip* wird es hingegen nicht geben können, da man heute Speicherkapazitäten fordert, die ein Vielfaches der Kapazität eines einzelnen DRAM-Bausteins betragen.

7. Parallelrechner-Architekturen

Die Leistung im GFLOPS-Bereich, die zum Beispiel für Echtzeit-Anwendungen auf den Gebieten der Simulation, der photorealistischen dreidimensionalen Graphikdarstellungen oder der Bildanalyse benötigt werden, wird man auch in absehbarer Zeit nur durch die Parallelarbeit einer entsprechenden Anzahl von Prozessoren erhalten, d.h. durch *MIMD-Parallelrechnerarchitekturen.*

Es gibt zwei Kategorien von MIMD-Parallelrechnerarchitekturen, die *speichergekoppelten Multiprozessorsysteme (shared memory systems)* und die aus einer Vielzahl von Knotenrechnern bestehenden *Systeme mit verteiltem Speicher (distributed memory systems).* Da beim System mit verteiltem Speicher die Kommunikation nicht über gemeinsam benutzte, allen Knoten zugängliche Speicherbereiche erfolgen kann (da es nur „private" Speicher gibt), sondern nur durch den Austausch von Botschaften, wird dieses auch als *botschaften-orientiertes System (message-passing system)* bezeichnet.

Beide Kategorien unterscheiden sich wesentlich in der Granularität der Parallelarbeit und damit auch in dem *Programmiermodell* für den Benutzer.

In den speichergekoppelten Multiprozessorsystemen findet Parallelarbeit auf der Ebene der einzelnen Anweisungen einer Programmiersprache mit skalaren Datentypen (in der Regel ist dies eine „von Neumann"-Sprache wie Fortran, C, usw.) statt *(fine grain parallelism).* Dies geschieht vorwiegend dadurch, daß die Iterationen einer Schleife gleichzeitig ausgeführt werden (DO ALL-Konstrukt). Berechnung wird im Sinne des Von Neumann-Modells als schrittweise Veränderung des Speicherzustands der Maschine verstanden, wobei hier im Gegensatz zum sequentiellen Rechner der Zustand einer Anzahl von Speicherobjekten gleichzeitig verändert werden kann.

In den botschaften-orientierten Parallelrechnern findet die Parallelarbeit hingegen in der Form konkurrenter, kommunizierender Prozesse statt *(coarse grain parallelism).* Dies entspricht dem Programmiermodell des *objektorientierten Programmierens.*

Bisher sind die speichergekoppelten Multiprozessorsysteme dominierend. Hierfür gibt es zwei Gründe:

1. Ihr Programmiermodell entfernt sich weniger vom Gewohnten.
2. Die Kommunikation über einen gemeinsam zugänglichen Speicher stellt die einfachste und effizienteste Lösung dar, solange die Zahl der Prozessoren klein ist (4, 8 oder höchstens 16).

Bei hochparallelen Systemen mit einer großen Zahl von Knotenrechnern läßt sich die Speicherkopplung jedoch nicht vernünftig anwenden, und zwar wegen der überhand nehmenden Zugriffskonflikte, die sehr schnell einen untragbaren „System-Flaschenhals" erzeugen können. Ein weiterer Vorteil der verteilten Systeme ist, daß sie im Gegensatz zu den speichergekoppelten Systemen in weiten Grenzen skalierbar sind (s. unten). Schließlich ist der *coarse grain parallelism* prinzipiell effizienter als der *fine grain parallelism*, da zwischen den einzelnen Kommunikationsvorgängen ein wesentlich höheres Maß an Rechenarbeit geleistet wird.

Bei den botschaften-orientierten Systemen ist man dafür mit einem potentiell starken Flaschenhals anderer Art konfrontiert, der durch die Verlustzeiten gegeben ist, während der die Knotenrechner auf eine Botschaft warten müssen und dabei nichts anderes tun können. Diese *Latenzzeit* für einen Botschaften-Austausch wird durch die Summe zweier Werte gegeben, die *startup time* und die *transmission time*.

Die Transmission Time ist die für die Übertragung der Botschaft selbst benötigte Zeit. Sie kann durch ein sehr breitbandiges Verbindungsnetzwerk und die Verwendung möglichst effizienter Verbindungsprotokolle beim heutigen Stand der Technik sehr gering gemacht werden; wie gering, ist letztlich eine Frage des Aufwands. Es läßt sich zeigen, daß ein gleichzeitiges Optimum von Leistung und Kosteneffektivität durch eine zweistufige Verbindungshierarchie erreicht wird, d.h. durch eine Struktur, in der auf der unteren Ebene eine gewisse Zahl von Knotenrechnern jeweils zu einem *Cluster* verbunden werden und auf der oberen Ebene dann die so geformten Cluster untereinander [4], [10].

Die Startup Time ist die Zeit, die für die vorbereitenden Schritte benötigt wird, bis eine Botschaften-Übertragung überhaupt erst begonnen werden kann. Sie hängt sehr stark von der Art des für die Inter-Prozeß-Communication (IPC) verwendet en Protokolls ab (und damit letztlich davon, welche Sicherheitsanforderungen für den Botschaften-Austausch gestellt werden). Für den Fall einer vom Betriebssystem durchgeführten Kommunikation auf der Grundlage eines gesicherten Rendezvous-Protokolls liegt die Startup Time typischerweise bei etwa 0.5 - 2 ms. Durch eine extrem effiziente Implementierung, wie sie im PEACE-Betriebssystem vorgenommen wurde [9] (Teams von leichtgewichtigen Prozessen), läßt sich dieser Wert auf 100 - 300 µs reduzieren. Durch Aufwand eines speziellen Kommunikationsprozessors kann man die Startup-Zeit um eine weitere Zehnerpotenz verringern [7]. Damit steht dem Aufbau sehr effizienter, hochparalleler MIMD-Architekturen mit verteiltem Speicher nichts mehr im Wege.

Will man auch beim System mit verteiltem Speicher am gewohnteren Programmierstil des gemeinsam benutzten Speichers (s. oben) festhalten, so erfordert dies, daß man auf das botschaftenorientierte System ein *virtual shared memory* aufsetzt. Wie man dies möglichst effizient und gleichzeitig kosteneffektiv durchführt, ist ebenfalls noch ein Forschungsthema. Man kann aber vorweg sagen, daß auch hier nur eine geeignete Hardware-Unterstützung (z.B. wieder in der Form des dediziert en Kommunikationsprozessors) zu einer tragbaren Effizienz führen kann.

8. Lohnt sich noch die Vektorverarbeitung?

Bis vor etwa einem Jahr war die Antwort auf diese Frage ein eindeutiges Ja. Bevor 1988 die ersten RISC-Prozessoren mit Gleitpunkt-Hardware wie z.B. der Motorola MC88000 verfügbar wurden, gab es als billige Lösung nur die Gleitpunkt-Coprozessoren von der Art der Motorola MC88881/88882 oder der Intel i80287/80387) mit einer Leistung in der Größenordnung von 100 KFLOPS. Durch Hinzufügen eines Vektorprozessors (z.B. mit den Bausteinen WTL2264/2265 oder WTL3364 von Weitek oder den Bausteinen ADSP7110/7120 von Analog Devices) konnte man die skalare Gleitpunkt-Leistung um etwa eine Größenordnung und die Pipeline-Vektorleistung um über 2 Größenordnungen steigern. Gegenwärtig ist bei einem Knotenrechner mit dem Intel i860 als CPU durch Hinzufügen eines Vektorprozessors (z.B. WTL 3364) immer noch eine Steigerung der Vektorverarbeitungsleistung etwa um den Faktor 3 zu erzielen. Da die dadurch verursachte Kostensteigerung des Knotenrechners nur etwa 40-50 % des Preises eines skalaren Knotens beträgt, ist die „Vektorisierung" bei Rechnern für numerische Anwendungen immer noch ein gutes Geschäft.

Mit dem etwa in einem Jahr verfügbar gewordenen i860-Nachfolger (N11) wird aber zumindest nominell die gleiche Spitzenleistung erreicht werden, die die dann verfügbaren Vektorprozessor-Bausteine haben werden (s. Tabelle 2). Wie der skalare Pipeline-Prozessor im Falle der Vektorverarbeitung gegenüber einem speziellen Vektorprozessor bezüglich der echt erzielbaren Leistung abschneiden wird, wirft letztlich wieder die bereits diskutierte Compilerfrage auf. In den nächsten 2-3 Jahren zumindest ist immer noch ein Leistungsunterschied von immer noch einem Faktor 2 zu erwarten. Dieser Leistungsunterschied kann natürlich aber auch durch Verdoppelung der Knotenzahl ausgeglichen werden (s. den Abschnitt „Multiprozessor-Chips"), und es wird noch sorgfältiger Untersuchungen bedürfen, hier die optimale Lösung zu finden.

Eindeutiger zu beantworten ist die obige Fragestellung, wenn es um spezielle Operationen der Graphik oder der Signal- und Bildverarbeitung geht. Tabelle 4 liefert einen Vergleich der Arbeitsgeschwindigkeit des Intel i860 mit der Arbeitsgeschwindigkeit spezieller Pipeline-Prozessoren für repräsentative Operationen der Graphik und Bildverarbeitung.

Algorithm	INTEL i860 (40 MHz)	Pipeline Processor (30 MHz)
Double precision vector operations	20 MFLOPS	60 MFLOPS
Ray tracing	5 million incremental steps	---
Phong shading	0.2 million pixels	20 million pixels
4×4 matrix multiplication	1 million transformations	5 million transformations
3×3 convolution over small window	20 million operations	60 million operations
3×3 convulution of unwindowed image	10 million operations	340 million operations (systolic array chip)
Fast fourier transform	0.7 million complex values	5 million complex values (TRW chip set)

Tabelle 4. **Leistung des i860 im Vergleich zu dedizierten Prozessoren**

Dieser Leistungsvergleich zeigt, daß es sich in jedem Falle lohnt, in einer hochparallelen MIMD-Architektur spezielle Knoten für spezielle Aufgaben vorzusehen. Wendet man das oben beschriebene Prinzip der Clusterung durch Aufbau einer mehrstufig-hierarchischen Verbindungsstruktur an, so wird man solche speziellen Knoten in die Cluster integrieren. Bild 3 zeigt dies am Beispiel eines speziellen Knotens für die Erzeugung dreidimensionaler Bilder mit schattierten Oberflächen in Echtzeit, wie er in die Cluster des in der Entwicklung befindlichen GENESIS-Supercomputers [4], integriert werden soll.

9. Skalierbarkeit der Architektur

Es wurde bereits erwähnt, daß botschaften-orientierte Systeme in weiten Grenzen skalierbar sind. Das heißt, man kann die Zahl der Knotenrechner in weiten Grenzen wählen, ohne daß dies Rückwirkungen auf die Systemsoftware hat. Damit sind bei standardisierter Hardware und Systemsoftware zum Beispiel die in Tabelle 5 angeführten Konfigurationen möglich.

Jedes dieser Systeme kann durch Spezialknoten für Signal- und Bildverarbeitung, Graphik und Netzwerkanschlüsse (Ethernet, FDDI, ...) ergänzt werden. Plattenspeicher lassen sich sowohl auf der Ebene des einzelnen Knotenrechners (billige Festplatten (Winchester) mit SCSI-Interface) wie auch auf

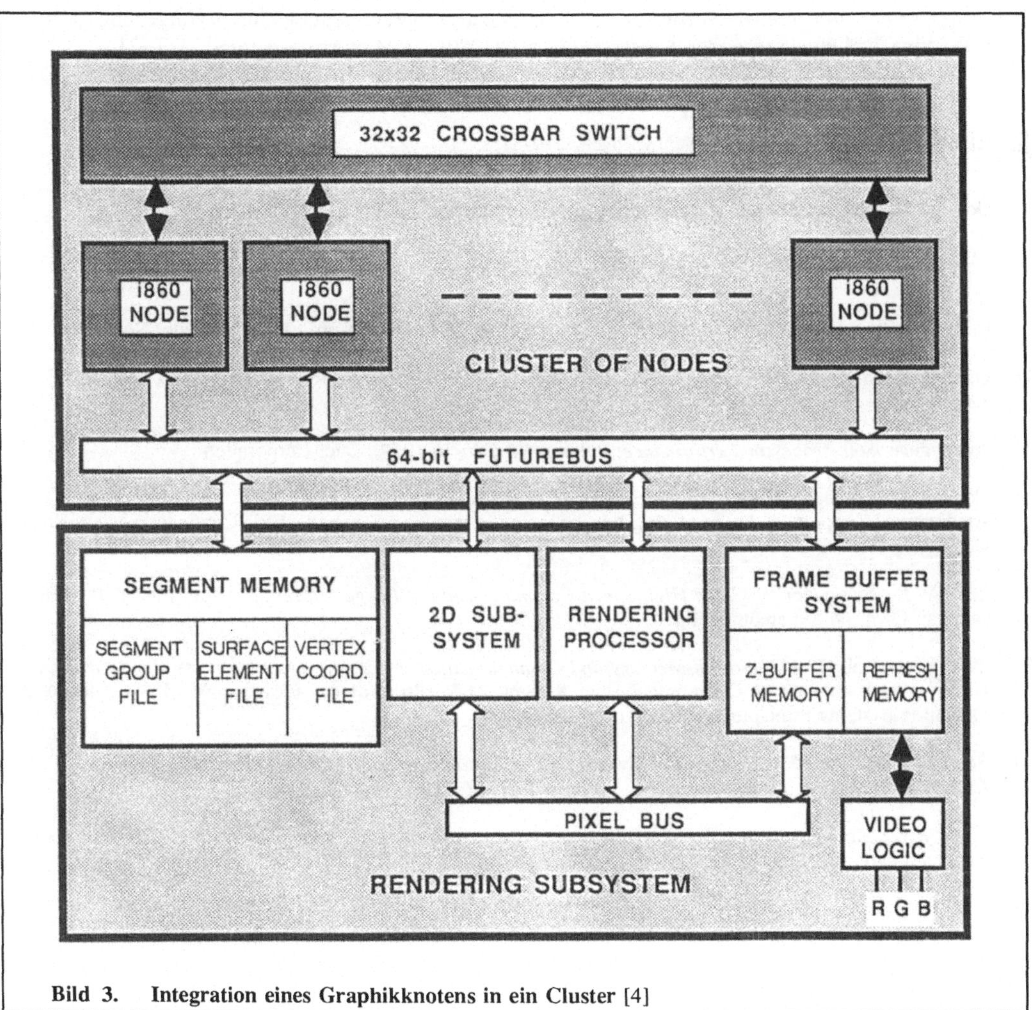

Bild 3.   **Integration eines Graphikknotens in ein Cluster** [4]

System-Typ	Leistungsbereich	Aufbau
Super-Arbeitsplatzrechner	0.1 ... 1 GFLOPS	1 ... 4 Knotenrechner 1 Platine, Tischgehäuse
Super-Workstation	1 ... 10 GFLOPS	1 Cluster von (bis zu) 32 Knoten
Supercomputer höchster Leistung	100 ... 1000 GFLOPS	bis zu 32 Cluster, entsprechend viele Schränke

Tabelle 5.   **Konfiguration verschiedener Systeme aus gleicher Hardware und Software**

der Clusterebene (Hochgeschwindigkeitsplatten mit eigenem Controller) in das System integrieren [4].
Als vorgeschalteter Rechner, der die Benutzeroberfläche bereitstellt, dient ein Standard-Arbeitsplatz-

rechner mit seiner universellen Software-Ausstattung und Programmentwicklungs-Umgebung (UNIX mit X-Windows und entsprechenden Crosscompilern). (1989), ACM order no. 4 15891, 313-321

10. Literaturverzeichnis

[1] Gonauser M., Mrva M.(ed.): *Multiprozessor-Systeme*, Springer-Verlag 1989

[2] Giloi W.K.: *The SUPRENUM Architecture*, Proc. CONPAR 88, Part A, British Computer Society 1988, 1-8

[3] Rollwagen J.: *Keynote Speech at Supercomputing '89*, ACM Internat. Conf., Reno, Nevade, Nov. 1989

[4] Giloi W.K.(ed.): *GENESIS - The Architecture and Its Rationale*, Intern. Report, ESPRIT-II Project P2702, June 1989

[5] Anonymus: *i860 Processor Performance, Release 1.0 (March 1989)*, Intel Corporation

[6] Colwell R.P. et al.: *A VLIW Architecture for a Trace Scheduling Compiler*, Proc. 2nd Internat. Conf. on Architectural Support for Programming Languages and Operating Systems, IEEE Computer Society Press, Oct. 1987, 180-192

[7] Giloi W.K., Schroeder W.: *Very High-Speed Communication in Large MIMD Super computers*, Proc. 3rd. Internat. Conf. on Supercomputing

[8] Young M. et al.: *The Duality of Memory and Communication in the Implementation Multiprocessor Operating System, of a* ACM Operating System Review 21.5, (Proc. of the Eleventh ACM Symposium on Operating Systems Principles, Austin, Texas 1987)

[9] Schroeder W.: *The PEACE Operating System and Its Suitability for MIMD Message Passing Systems*, Proc. CONPAR 88, Part A, British Computer Society 1988, 17-24

[10] Giloi W.K., Montenegro S.: *Super Interconnection Structures for Super Computers*, Proc. ICS 89, Internat. Supercomputing Institute 1989, 310-316

Einsatz von Supercomputern für die Crashberechnung

J. Hillmann

PKW-Berechnung

Volkswagen AG Wolfsburg

Wurden Crashsimulationen von Gesamtfahrzeugen noch vor wenigen Jahren als
'numerisches Abenteuer' bewertet (1), so hat sich dieser Zweig der Berechnung
inzwischen so weit entwickelt, daß er heute als zielfindend eingestuft wird (2).

In diesem Beitrag wird der erreichte Stand der Crashberechnungen bei Volkswagen an einigen Beispielen aufgezeigt. Neben der ständigen Weiterentwicklung der
Finite-Element Verfahren kommt der grafischen Aufbereitung der Berechnungsergebnisse (Postprozessing) eine wachsende Bedeutung zu (3), denn sie führt zu
einer verbesserten Dialogfähigkeit zwischen den Berechnungsingenieuren und den
Mitarbeitern in den Konstruktions- und Versuchsabteilungen. Abschließend werden
aus der Sicht des Berechnungsingenieurs zukünftige Anforderungen an die Hard-
und Software für die Crashsimulation formuliert.

1   EINLEITUNG

Vom Beginn der Entwicklungsgeschichte eines neuen Fahrzeuges bis zum Serienanlauf müssen immer wieder Zielkonflikte gelöst werden. Um die optimale 'Crash'-
Lösung zu finden, wurden bisher fast ausschließlich Crashversuche an Komponenten, Aggregateträgern und später an Prototypen durchgeführt. Mit der Verfügbarkeit von Supercomputern und numerisch stabilen expliziten dynamischen Finite-Element Verfahren sind Berechnungsingenieure seit einiger Zeit in der Lage, prognosefähige Aussagen zum Crashverhalten komplexer Strukturen zu liefern, bevor
diese gebaut werden sind (4).

Der Wert der Berechnungsunterstützung wird wesentlich durch den zeitkritischen Ablauf der Entwicklung bestimmt. In der Vorentwicklungsphase werden ausgehend vom Finite-Element-Modell (FE-Modell) des Vorgängerfahrzeuges umfangreiche Grundsatzuntersuchungen in enger Zusammenarbeit mit den Konstrukteuren durchgeführt. Die gesammelten Erkenntnisse fließen in das neue Fahrzeug ein. Zum Ende der Konstruktionsphase muß in möglichst kurzer Zeit aus den CAD-Daten und evtl. weiteren Zeichnungen das FE-Modell der I. und später II. Baustufe generiert werden. Bei Volkswagen ist für diesen Prozeß ein in dem CAD-System VWSURF integrierter Netzgenerator VWMESH entstanden. Über das Konzept und den erreichten Entwicklungsstand berichten U. Sorgatz und H. Deuter in (5). Je schneller das Modell erstellt werden kann, um so früher können Fehlstellen aufgespürt und korrigiert werden.

2   CRASHBERECHNUNGEN

Im Jahre 1985 wurden die ersten Crashberechnungen an Fahrzeugkarosserien durchgeführt (vgl. (6)). Seit 1987 werden bei Volkswagen die Programme DYNA3D (8) (Prof. Hallquist/Prof. Schweizerhof) und PAMCRASH (9) (Haug u.a., Fa. ESI) auf einer CRAY X-MP/14 verwendet (vgl. (10)).

Bis heute konnte durch die enge Zusammenarbeit mit den Softwareerstellern die
GENAUIGKEIT und die
ZUVERLÄSSIGKEIT gesteigert, das
ANWENDUNGSSPEKTRUM erweitert und die
RECHENZEITEN erheblich verkürzt werden.

Die gleichzeitige Verfügbarkeit beider Programme erlaubt eine absolute Beurteilung des Leistungsvermögens bezüglich dieser Kriterien.

2.1 BERECHNUNGSVERFAHREN

Die Gleichgewichtsbedingung für den linearen dynamischen Fall lautet:

$$M \ddot{x}_t + D \dot{x}_t + K x_t = p_t$$

mit den bekannten Größen und p_t als Lastvektor.

Im linearen Fall ohne Berücksichtigung von Dämpfungsanteilen können die inneren Kräfte f_i als Produkt aus Steifigkeitsmatrix und Verschiebungsvektor berechnet werden:

$$f_i = K \, x_t.$$

Bei Berücksichtigung von Nichtlinearitäten werden die inneren Kräfte berechnet aus:

$$f_i = \int_V B^T 6 \, dV.$$

Da die Massenmatrix M nur auf der Hauptdiagonalen besetzt ist, sind alle Gleichungen entkoppelt:

$$\ddot{x}_t = M^{-1} \, (p_t - f_i).$$

Mit dem zentralen Differenzenverfahren werden die Geschwindigkeiten und Verschiebungen zum Zeitpunkt $t + \Delta t$ ermittelt (explizites Verfahren).

Die Einfachheit des Verfahrens wird durch sehr kleine Zeitschritte 'erkauft'. Die numerische Stabilität des expliziten Verfahrens ist nur dann hinreichend gesichert, wenn für den kleinsten Zeitschritt min dt die Bedingung eingehalten wird:

$$\min \Delta t \leqslant \frac{\min \Delta l}{\sqrt{E/e}}$$

mit

$$\min \Delta l \quad \text{kleinste Elementkantenlänge im gesamten FE-Netz;}$$
$$E \quad \text{Elastizitätsmodul;}$$
$$e \quad \text{Dichte des verwendeten Materials.}$$

Für Nutzanwendungen im Automobilbau liegt der kleinste Zeitschritt zwischen 2 µs und 0,5 µs.

In DYNA3D und PAMCRASH stehen dem Anwender Balken-, Schalen-, Schweiß-punkt- bzw. Nietelemente, unterschiedliche Werkstoffmodelle, verschiedene Kontaktdefinitionen usw. zur Verfügung.

Kontaktbereiche können als Master-slave-contact oder Single-surface-contact definiert werden. Mit steigender Zahl von Kontaktdefinitionen steigt auch der Berechnungsaufwand deutlich an. Bis zu 75 % der CPU-Zeit kann von den Kontaktalgorithmen benötigt werden.

2.2 BERECHNUNGSAUFWAND

Der Berechnungsaufwand steigt linear mit der Anzahl der verwendeten Elemente an. Er kann wie folgt abgeschätzt werden:

$$\text{CPU-Sek.} = \text{Ncycle} \times \text{Nelem} \times \text{Tcycle}$$

mit

Ncycle – Anzahl der Zeitschritte für die Gesamtberechnungszeit T:
$\qquad$ T : Ncycle $\quad$ T/(1,5*Δt);
Nelem $\;$ – Anzahl der Elemente und
Tcycle – Time per zone cycle

Der 'Time per zone cycle', d.h. die Berechnungszeit für ein Element ist stark abhängig vom verwendeten Rechner und von Art und Umfang der Kontaktbereiche.

Für die CRAY X-MP/14 gilt:

$\geqslant$ 20 µs – ohne Kontakt und elastisches Materialverhalten;
$\leqslant$ 90 µs – 50 % Kontakt und plastisches Materialverhalten.

Für die Cyber 990 VF liegen die Zeiten etwa doppelt, für eine VAX 11-780 etwa 500 - 600 mal so hoch.

Zur Zeit wird bei VW mit speziellen Fahrzeugmodellen für den Front-, Seiten- und Heckcrash gearbeitet. Jedes FE-Modell umfaßt etwa 15 000 bis 25 000 Elemente. Für etwa 40 - 50 % der Elemente sind Kontaktbedingungen definiert. Der mittlere Zeitschritt liegt in der Größenordnung $\Delta t = 1$ µs. Wird die Crashsimulation mit T = 100 ms festgelegt, so ergibt sich für die CRAY X-MP/14 folgende CPU-Zeit:

CPU-Sek. = 100 000 cycle * 20 000 Elemente * 90 µs

         = 180 000 Sekunden = 50 Stunden.

Eine VAX 11-780 wäre also mit der Lösung dieses Problems ca. 3 - 3 1/2 Jahre beschäftigt. Doch 50 Stunden Rechenzeit für einen solchen Job auf der CRAY können - auch an einem Wochenende - kaum zur Verfügung gestellt werden. Hier muß also die Gesamtberechnungszeit gesenkt und es muß mit Restarts gearbeitet werden.

2.3 PRE- UND POSTPROZESSING

Für die Geometrie- und Netzerstellung wird neben PATRAN immer stärker das CAD-System VWSURF mit VWMESH eingesetzt. Die Einzelbauteile werden schließlich mit PATRAN zum FE-Gesamtmodell zusammengefügt. Hier werden auch Materialeigenschaften, Kontaktbereiche usw. definiert. Mit Hilfe des VW eigenen Programms TRECAN werden dann die Inputdecks für DYNA3D und PAMCRASH erstellt.

Für die Auswertung der meist sehr umfangreichen Ergebnisdaten (Postprozessing-Phase) stehen eine ganze Reihe weiterer Programmsysteme zur Verfügung. Mit TAURUS, MOVIE und PATRAN können Verformungsbilder als Drahtmodell oder 'fringe plots' - auch mit verdeckten Linien - dargestellt werden. Einzelne Kurvenverläufe können mit den UNIRAS-Routinen präsentationsfähig aufbereitet werden. Das Programm PASIR wurde von VW speziell für die Animation von FE-Strukturen unter Ausnutzung der lokalen Fähigkeiten des PS390 von Evans and Sutherland entwickelt. Die Verformungen für einzelne Zeitpunkte werden als Drahtmodelle im richtigen zeitlichen Ablauf nacheinander dargestellt. Schon mittels weniger Bilder kann der Betrachter den Ablauf der wichtigsten Ereignisse verfolgen und bewerten. Falsche Randbedingungen, Durchdringungen, Modellierungsfehler usw. werden erkannt.

Über einen Converter kann ein Videorecorder direkt angeschlossen werden, so daß visualisierte Crashberechnungsergebnisse auf diese Weise sehr kostengünstig gespeichert werden können. Für die Insassensimulation stehen weitere Programme zur Verfügung (vgl. 11).

Bild 1 gibt einen Überblick über die bei VW verwendete Hard- und Software für Crashberechnungen.

3   CRASHBERECHNUNGSERGEBNISSE

3.1 LÄNGSTRÄGERBERECHNUNG

Crashanalysen sind zu einem wichtigen Werkzeug in der Entwicklungsgeschichte eines neuen Fahrzeuges geworden. Die Einbindung in die Sicherheitsentwicklung ist in (4) ausführlich dargestellt. Die dort angegebenen Beispiele werden mit den aktuellsten Programmversionen für DYNA3D und PAMCRASH (hier: Stand Februar 1989) erneut berechnet, dargestellt und verglichen, dabei greifen wir für die Beurteilung von Verbesserungen in den Programmpaketen im Sinne eines Benchmark-tests immer wieder auf die 'alten' Beispiele zurück.

Bild 2 zeigt das FE-Modell eines Längsträgerabschnitts, der im vorderen Bereich durch den Kühlerträger in Querrichtung abgestützt ist. Die Anbindungspunkte am Längsträger sind zusätzlich verstärkt.

Die Abschätzung nach Beermann (12) für eine statische Belastung ergibt für den vorderen Bereich eine mittlere Faltenbeulkraft von 62,0 kN. Berücksichtigt man den Einfluß der Geschwindigkeit mit dem Faktor $\alpha = 1,2$, so ergibt sich eine mittlere Faltenbeulkraft von 74,4 kN. Um das rechnerisch ermittelte Energiepotential des Trägers voll auszuschöpfen, wird für den Versuch mit einer 1100 kg Barriere die Aufprallgeschwindigkeit mit $v_o = 24,6$ km/h festgelegt.

Das FE-Modell besteht aus 2928 Schalenelementen. Die Kontaktbereiche sind in sechs Zonen mit insgesamt 1520 Elementen (Single-surface-contact) aufgeteilt.

Wie in der Realität werden auch im FE-Modell die Flansche des Längsträgers und des Deckbleches örtlich durch Schweißpunktelemente miteinander verknüpft. Diese Bereiche werden in die Kontaktdefinitionen mit aufgenommen. Aus Symmetriegründen wird nur eine Fahrzeugseite berechnet.

Es werden die Ergebnisse der Programmversionen von August 1988 (V0888) und Februar 1989 (V0289) verglichen. Die Berechnungsergebnisse bis 120 ms sind für PAMCRASH in Tafel 1 und für DYNA3D in Tafel 2 zusammengestellt.

Dabei bedeutet:

    volle Ite.   - Iterative Erfüllung der Fließbedingung in jedem Zeit-
                           schritt;

    drei Ite.   - Annäherung an die Fließbedingung mit drei Iterations-
                           schritten;

    ohne Ite.   - Keine Iteration im Werkstoffgesetz.

Mit max. u_x wird die größte Verschiebung in x-Richtung bezeichnet.

In PAMCRASH wird das isoparametrische Schalenelement nach Belytschko/Lin/ Tsay (13) verwendet. In DYNA3D ist auch ein Schalenelement nach Hughes/ Liu (14) implementiert. Damit werden große Dehnungen und große Rotationen korrekt erfaßt.

Version	Plastizität	Ncycle	CPU-Sek.	max u_x
V0888	ohne Ite.	137 537	40 500	271 mm
V0289	ohne Ite.	129 126	33 700	314 mm
V0289	volle Ite.	120 221	30 900	318 mm

Tafel 1: Zusammenstellung der Berechnungsergebnisse für PAMCRASH

Vergleicht man die max. Verschiebungen für PAMCRASH, so ergeben sich für die neue Version größere Verschiebungen als bisher (s. Tafel 1). Hier wurden die Default-Werte der Hourglass-Koeffizienten geändert und es wurden einige Änderungen in den Kontaktalgorithmen vorgenommen. Die Rechengeschwindigkeit konnte um ca. 13 % gesteigert werden.

Version	Element	Plastizität	Ncycle	CPU-Sek.	max u_x
V0888	Hughes	drei Ite.	157 904	42 190	317 mm
V0289	Belytschko	ohne Ite.	124 928	24 276	294 mm
V0289	Belytschko	volle Ite.	138 206	27 360	280 mm
V0289	Hughes	volle Ite.	131 045	35 550	285 mm

Tafel 2:   Zusammenstellung der Berechnungsergebnisse für DYNA3D

Die Berechnungsergebnisse für DYNA3D zeigen, daß die max. Verschiebungen in der neuen Version kleiner sind als in der alten Version (s. Tafel 2). Hier wurden die Kontaktalgorithmen weiter verbessert. Die Unterschiede in den Verschiebungen für die Schalenelemente nach Hughes und Belytschko sind recht gering, es ergeben sich aber doch deutliche Unterschiede zwischen den verschiedenen Möglichkeiten zur Erfüllung der Fließbedingung.

Auch in DYNA3D konnte eine deutliche Steigerung der Rechengeschwindigkeit erreicht werden. Die Werte in Tafel 2 belegen, daß das Schalenelement nach Hughes erheblich rechenaufwendiger ist als das Schalenelement nach Belytschko. Dabei stellt das Element nach Hughes mit voller Iteration im Werkstoffgesetz theoretisch die bestmögliche Näherung dar.

Die berechneten Verformungen für DYNA3D und PAMCRASH sind in den Bildern 3 und 4 in sechs Phasen bis t = 120 ms nach dem Aufprall dargestellt.

Für den Versuch wurde ein Längsträgerpaar mit dem Kühlerträger als vordere Querverbindung auf einer Halteplatte befestigt (s. Bild 5). Bild 6 zeigt einen Längsträgerabschnitt nach dem Versuch. Es wurde eine max. dynamische Verschiebung von 306 mm erreicht. Wird das kontaktgebende Element in die Auswertung mit einbezogen, so ergibt sich ein etwas kleinerer Verformungsweg. Der entsprechende Zeitversatz ist dann ebenfalls zu berücksichtigen.

In Bild 7 sind die von DYNA3D und PAMCRASH berechneten und im Versuch gemessenen Aufprallkräfte als Funktion der Zeit aufgetragen.

3.2 GESAMTFAHRZEUGBERECHNUNG

Für die Erstellung des Gesamtfahrzeug-Modells wurden weitgehend Teile aus bereits bestehenden FE-Netzen verwendet. Der Motor- und der Getriebeblock sind über spezielle Lager mit den tragenden Teilen verbunden. Anbauteile wurden als Punktmassen berücksichtigt. Im Bereich des Vorderwagens sind insgesamt 16 Kontaktzonen (Single-surface-contact) mit 8153 Kontaktelementen definiert.

Bild 8 zeigt das Gesamtfahrzeug-Modell. Es besteht aus 15267 Schalenelementen und mehr als 100 Balkenelementen. Fast 50 % der Elemente wurden für die Modellierung der Längsträger verwendet. So kann das Faltenbeulphänomen der Längsträger auch im Gesamtfahrzeugmodell erfaßt werden.

Das Crashverhalten des Fahrzeugmodells wurde mit PAMCRASH und DYNA3D berechnet. Die Daten sind in Tafel 3 zusammengestellt.

	Version	Element	Plastizität	Ncycle	CPU-Sek.
DYNA3D	V0289	Belytschko	volle Ite.	123 302	128 840
PAMCRASH	V0289	Belytschko	ohne Ite.	95 258	128 100

Tafel 3:   Zusammenstellung der Daten

Die verformte Struktur 90 ms nach dem Aufprall ist in Bild 9 bzw. Bild 10 dargestellt.

Vergleicht man beide Bilder, so sind nur geringe Unterschiede feststellbar. Die mit PAMCRASH berechnete max. Verschiebung in x-Richtung weicht nur um 12,6 mm vom DYNA3D Ergebnis ab.

Für eine Bewertung der Ergebnisse sollte aber nicht nur das globale Strukturverhalten maßgebend sein. Es muß auch das lokale Verhalten einzelner Strukturelemente und die Wechselwirkung miteinander betrachtet werden. Dafür ist die Animation der Berechnungsergebnisse auf dem PS 300 von Evans uns Sutherland mittels PASIR ein wichtiges Werkzeug.

In Bild 11 sind die Aufprallkraft-Zeit Kurven dargestellt. Der Zeitpunkt des Wandaufprall des Motors ist identisch. Die Kraftspitze ist in der Berechnung jedoch immer größer als im Versuch, solange 'weiche' Anbauteile wie der Kühler nicht berücksichtigt werden.

Nach 30 ms sind bereits 60 % der kinetischen Energie in plastische Arbeit umgewandelt. Den überwiegenden Teil haben die Längsträger übernommen.

Mit geringem Aufwand können auch die Beschleunigungs-, Geschwindigkeitsund Verschiebungs-Zeit Kurven für verschiedene Knotenpunkte ermittelt werden.

Die speziell gefilterten Beschleunigungs-Zeit Kurven werden dann als Eingabedaten für das Insassensimulationsprogramm MADYMO verwendet. Mit diesem Werkzeug kann das Rückhaltesystem optimal an das Verhalten der Fahrzeugstruktur angepaßt werden, um so ein hohes Maß an Sicherheit für die Insassen zu erreichen.

4.   AUSBLICK

Supercomputer der nächsten Generation mit mehreren Prozessoren werden die vielfache Leistungsfähigkeit heutiger Supercomputer haben. Diese Tatsache wird nicht nur Auswirkungen auf die Software, sondern auch auf die Größe der FE-Modelle haben. Werden heute noch Modelle für jede spezielle Crashart aufgebaut, um die Berechnungszeit in einer sinnvollen Größenordnung zu halten, so wird es dann sicher nur noch ein Fahrzeugmodell geben, das für sehr viele Berechnungslastfälle geeignet ist. Ein solches Gesamtfahrzeugmodell wird dann aus mehr als 50 000 Elementen bestehen. Bis dahin müssen jedoch noch eine ganze Reihe von 'Werkzeugen' weiterentwickelt werden, damit Modelle solcher Größenordnung sinnvoll aufgebaut, verwaltet und berechnet werden können.

Die heute eingesetzte Software für das Postprozessing muß weiter verbessert und erheblich komfortabler gestaltet werden. Besonders die Crashsimulation kann nicht auf die Animation verzichten. Es muß möglich werden, flächenhaft dargestellte Modelle (hidden line) in Echtzeit zu drehen. Ein solches Werkzeug kann ganz erheblich zum Verständnis der komplexen physikalischen Vorgänge beitragen. Dieses wird dann eine hervorragende Basis für die Diskussion mit den Konstukteuren und Versuchsingenieuren sein.

Mit den heute zur Verfügung stehenden Mitteln können jedoch bereits prognosefähige Aussagen zum Verhalten der Karosserie unter Crashbelastung gemacht werden. Die Güte der Ergebnisse wird mit feiner werdenden Netzen, weiter verbesserten Berechnungsalgorithmen und noch leistungsfähigeren Supercomputern auch in Zukunft weiter steigen. Durch eine rechnerische Begleitung von der Vorentwicklungsphase bis zum Serienanlauf wird es gelingen, Fehlentwicklungen zu vermeiden und damit einen Beitrag zur Verkürzung der Entwicklungszeiten und Senkung der Entwicklungskosten zu leisten.

LITERATURLISTE

(1)   Fiala, E.; Sorgatz, U.: Moderne Methoden für die Karosserie-Ent-
        wicklung. Stahl und Eisen 106 (1986), Nr. 12, S. 29-35.

(2)   Seiffert, U.; Scharnhorst, T.: Die Bedeutung von Berechnungen
        und Simulationen für den Automobilbau. VDI-Bericht Nr. 699
        (1988), S. 1 - 36.

(3)   Spreng, H.P.; Pries, H.: Einsatz numerischer Verfahren bei Ent-
        wicklung und Optimierung des neuen VW-PASSAT und ihre Auswir-
        kungen. VDI-Bericht Nr. 699 (1988), S. 655-676.

(4)   Hillmann, J.; Rabethge, W.: Rechnergestützte Entwicklung einer
        Vorderwagenstruktur zur Verbesserung der Sicherheit von PKW-In-
        sassen beim Frontaufprall. Automobiltechnische Zeitschrift (1988),
        Nr. 11, S. 641-646.

(5)   Sorgatz, U.; Deuter, H.: Das System VWMESH zur Idealisierung
        von Tragstrukturen im CAE-Konzept. VDI-Z 131 (1989) Nr. 3,
        S. 26-32.

(6)   Haug, E., Scharnhorst, T. and Dubois, P.: FEM-Crash, Berech-
        nung eines Fahrzeugfrontalaufpralls. VDI-Bericht Nr. 613 (1986),
        S. 479-505.

(7)   DYNA3D USER'S MANUAL (Version 13). Hallquist, J.O.;
        Benson, D.J.: (Nonlinear Dynamic Analysis of Structures in three
        Dimensions) Rev. Jan. 1989.

(8)   Hallquist, J.O.; Schweizerhof, K.: CRASH/IMPACT-Berechnungen
        mit DYNA3D - Neue Entwicklungen, User-Seminar München (Septem-
        ber 1987).

(9)   PAMCRASH MANUAL (Version 10.2), Rev. 1-89/JCB Engineering
        System International. (1989).

(10)   Hillmann, J., König, C., Schettler-Köhler, R. und Schneider, J.:
        Crashsimulation. Interner Bericht VW-Wolfsburg (1988).

(11)   Meyer-Prüssner, R.: PAPAS-Animation of Passenger Simulation
        Results. 1. Madymo User's Meeting. TNO Delft (Sept. 1988).

(12)   Beermann, H.-J.; Staisch, A.: Aufpralluntersuchungen mit verein-
        fachten Strukturmodellen. IfF-Tagung Braunschweig (1982),
        S. 205-237.

(13)   Belytschko, T.; Lin, J.I.; Tsay, C.S.: Explicit Algorithms for the
        Nonlinear Dynamic of Shells. Comp. Methods in Applied Mechanics
        and Engineering 42 (1984), pp. 225-251.

(14)   Hughes, T.J.R.; Liu, W.K.: Nonlinear Finite Element Analysis of
        Shells. Three-dimensional Shells. Computational Methods in Applied
        Mechanics 27 (1981), pp. 331-362.

	Geometrie-Erstellung	Preprozessing FE-Modell	Crash-berechnungen	Postprozessing FE-Ergebnisse	MKS-Insassen-simulation
Hardware	Tektronix Workstation PS 390	Tektronix PS 390 Workstation	CRAY X-MP/14	Tektronix PS 390 Workstation Video	Tektronix Video :
Software	VW SURF PATRAN :	VDA-Schnittstelle · VW MESH PATRAN :	TRECAN · DYNA 3D PAMCRASH	CONVERT, PCPLOT, PCTIME · PATRAN PASIR TAURUS MOVIE UNIRAS :	MADYMO PASIR PAPAS :

Bild 1: Einsatz von Hard- und Software für die Crashberechnung bei VW-Wolfsburg

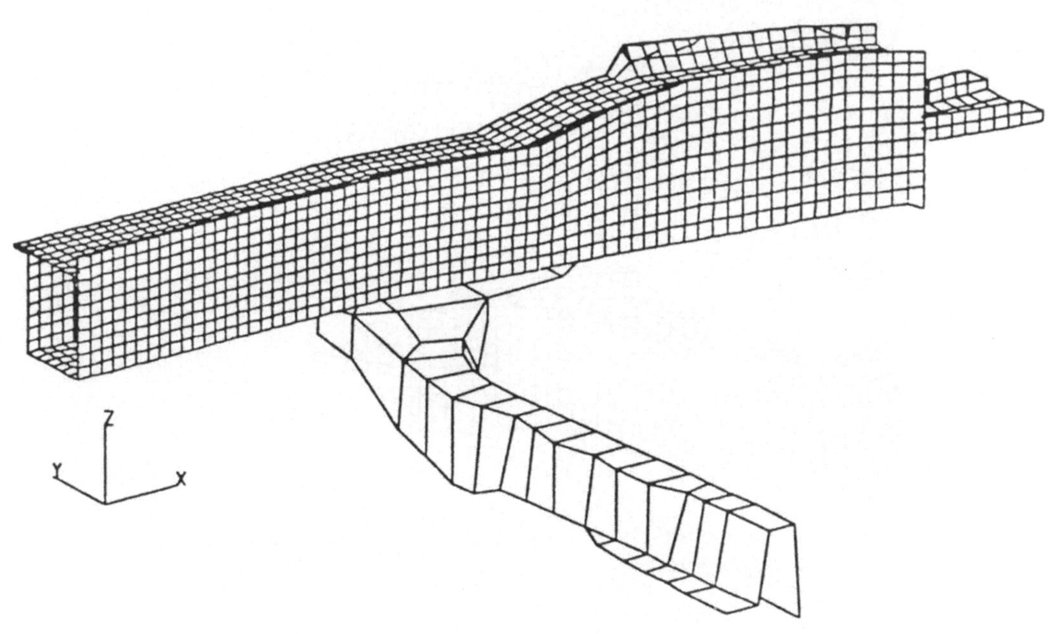

Bild 2: Finite-Element-Modell des Längsträgerabschnitts

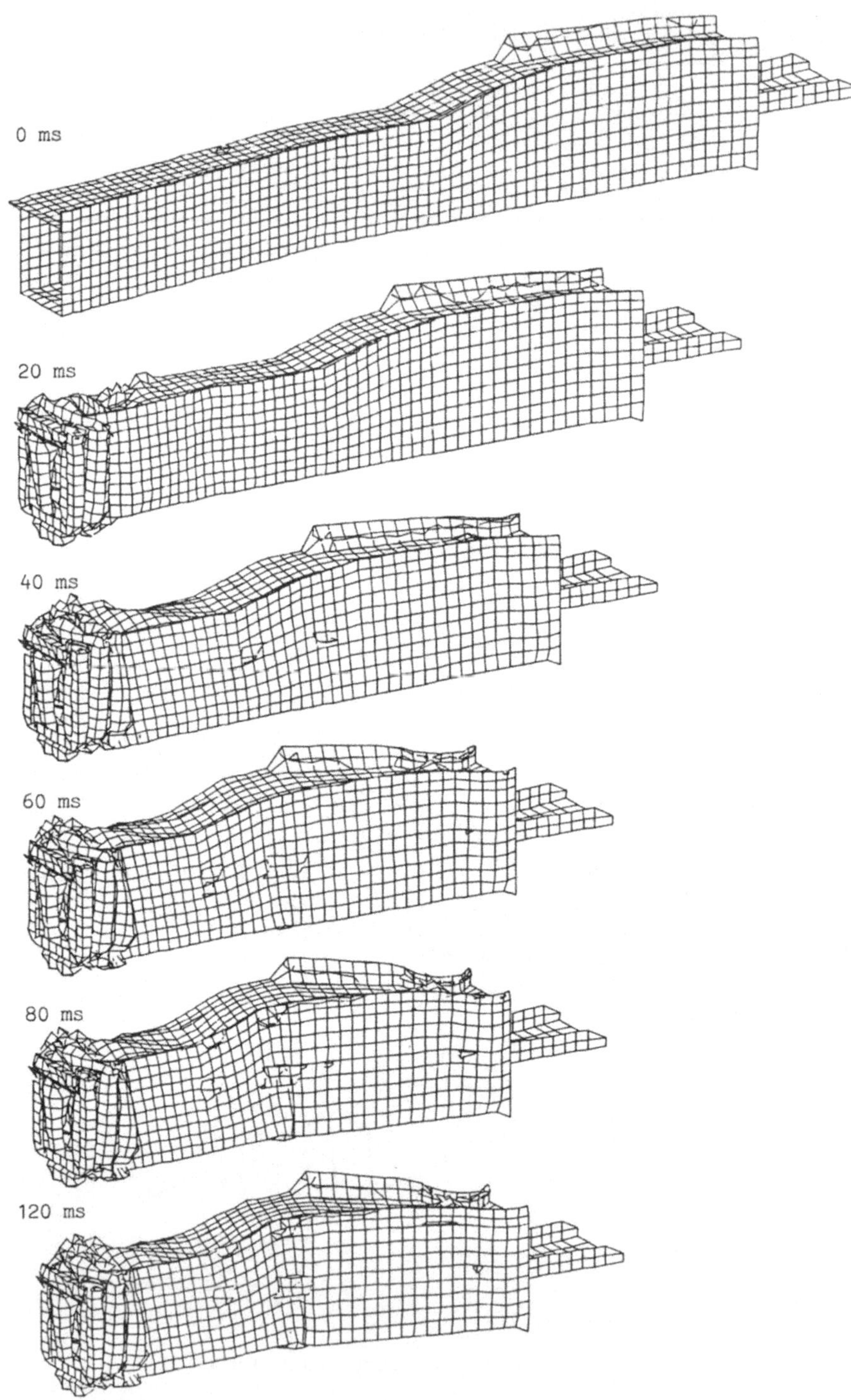

Bild 3:   Sequenz der verformten Längsträgerstruktur bis 120 ms
DYNA3D – V0289, Hughes, volle Ite.

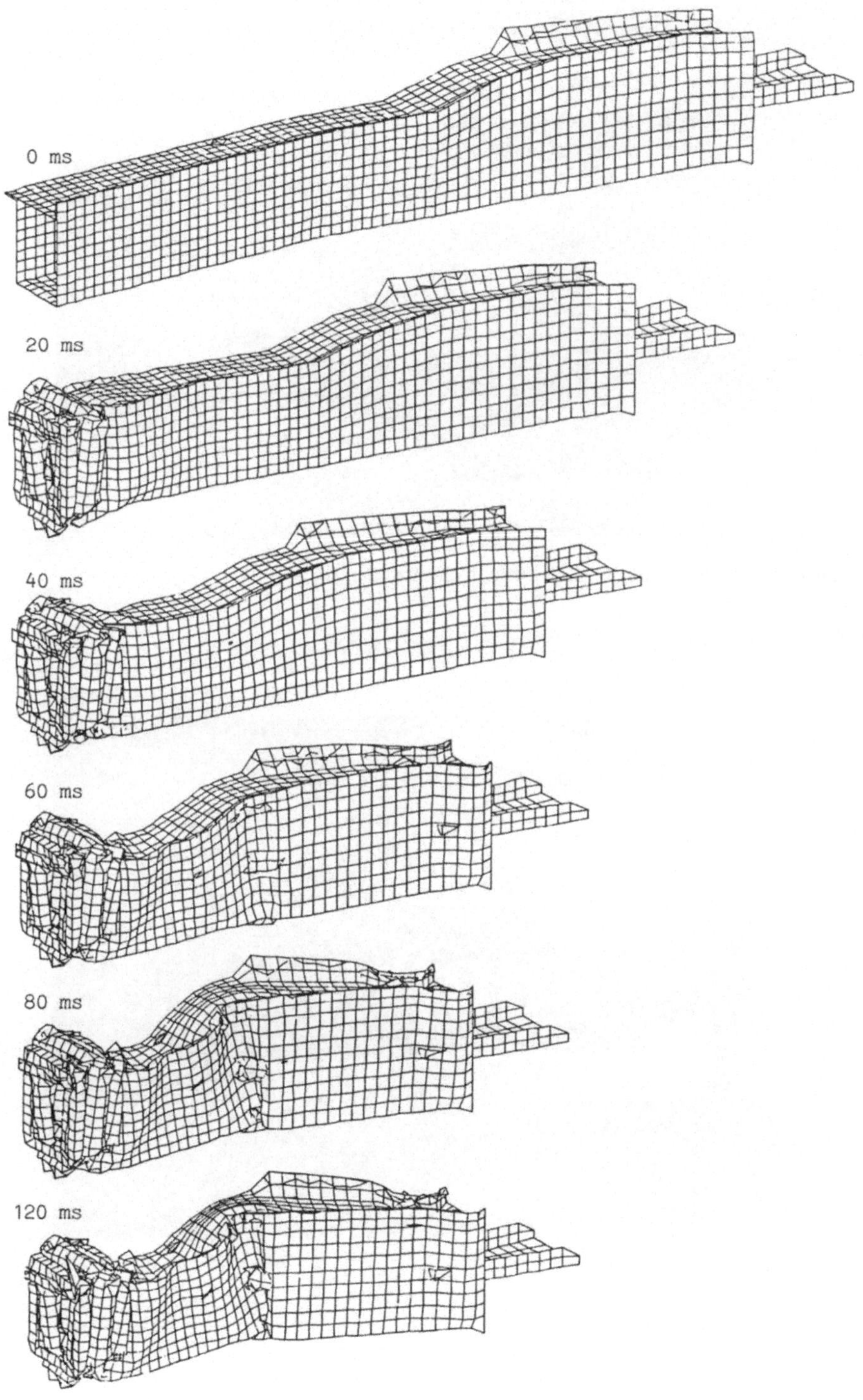

Bild 4: Sequenz der verformten Längsträgerstruktur bis 120 ms
PAMCRASH - V0289, volle Ite.

Bild 5:   Längsträgerpaar vor dem Versuch

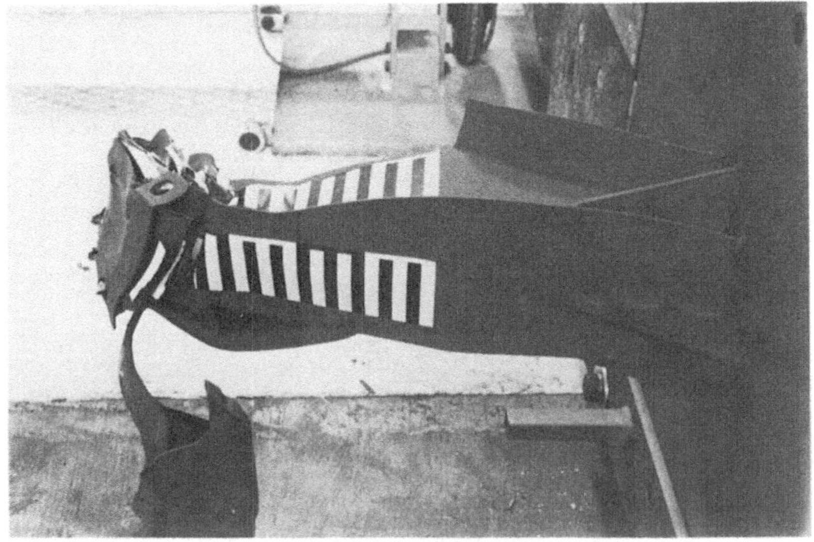

Bild 6:   Längsträger nach dem Aufprall

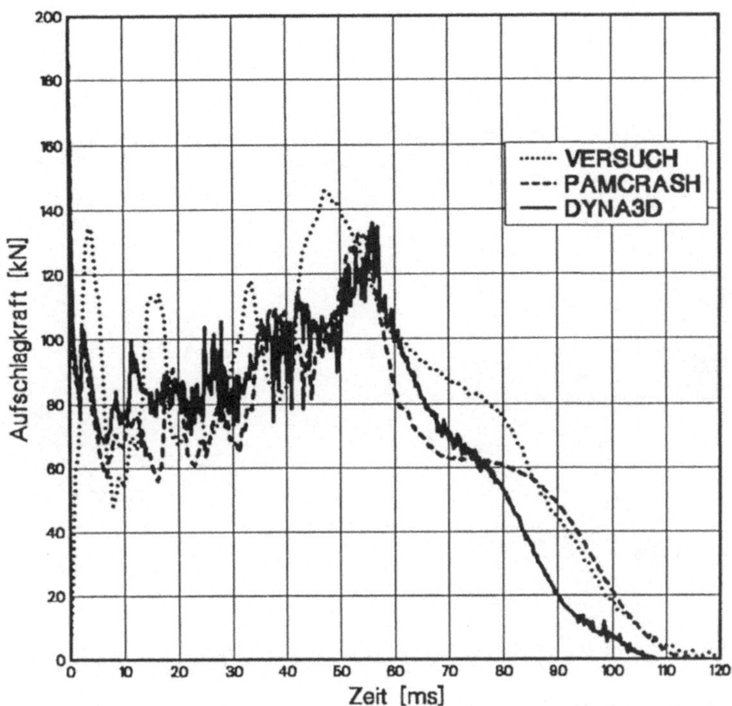

Bild 7:   Vergleich der Kraft-Zeit Kurven aus Berechnung und Versuch

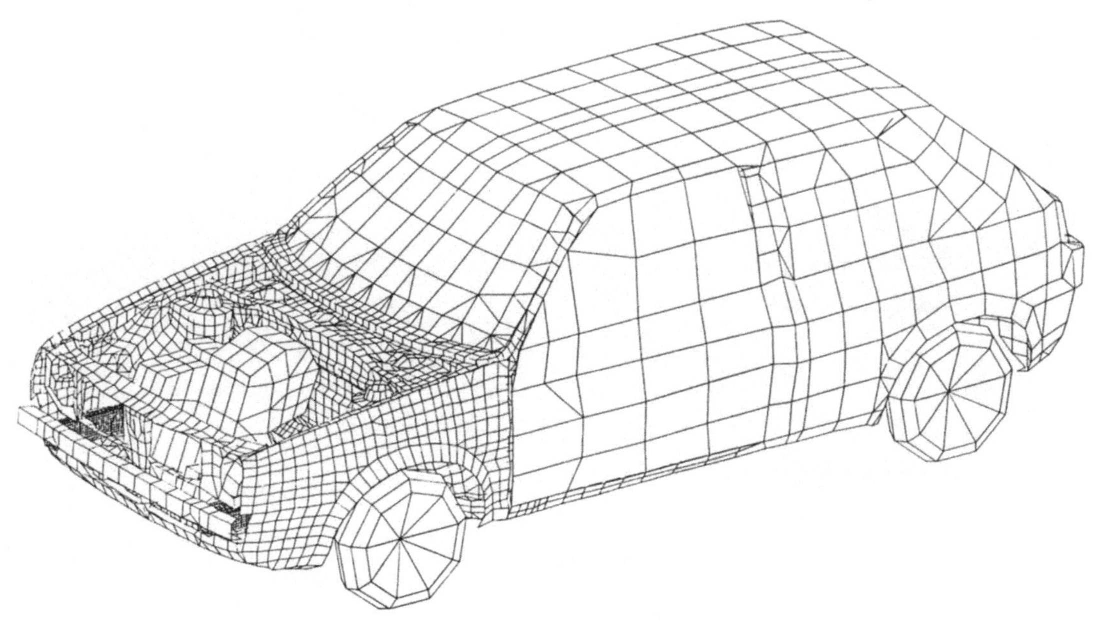

Bild 8:   Finite-Element Modell des Gesamtfahrzeugs

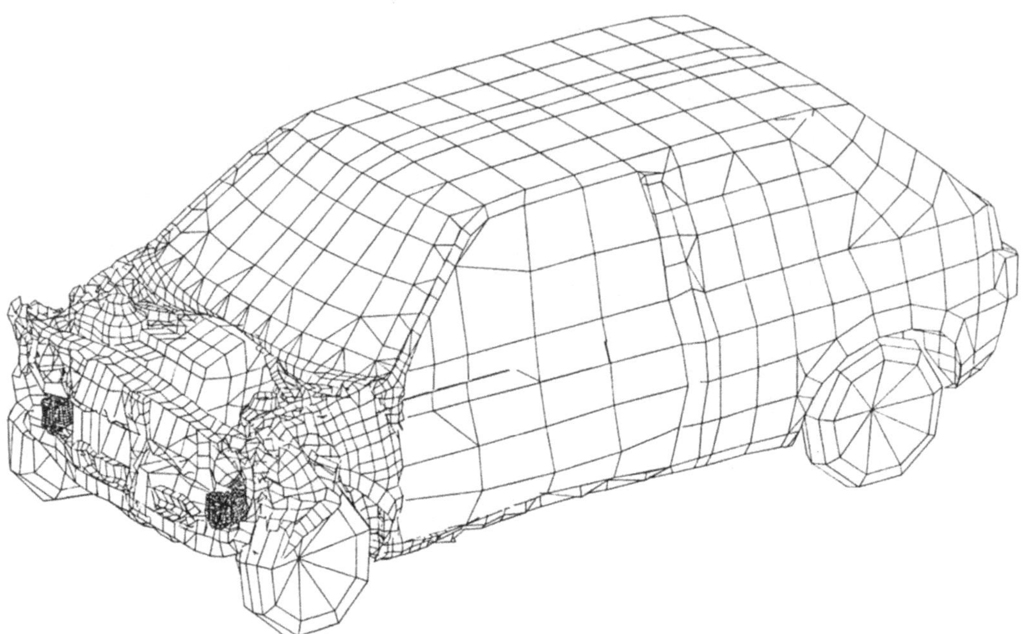

Bild 9:   PAMCRASH Verformte Fahrzeugstruktur 90 ms nach dem Aufprall

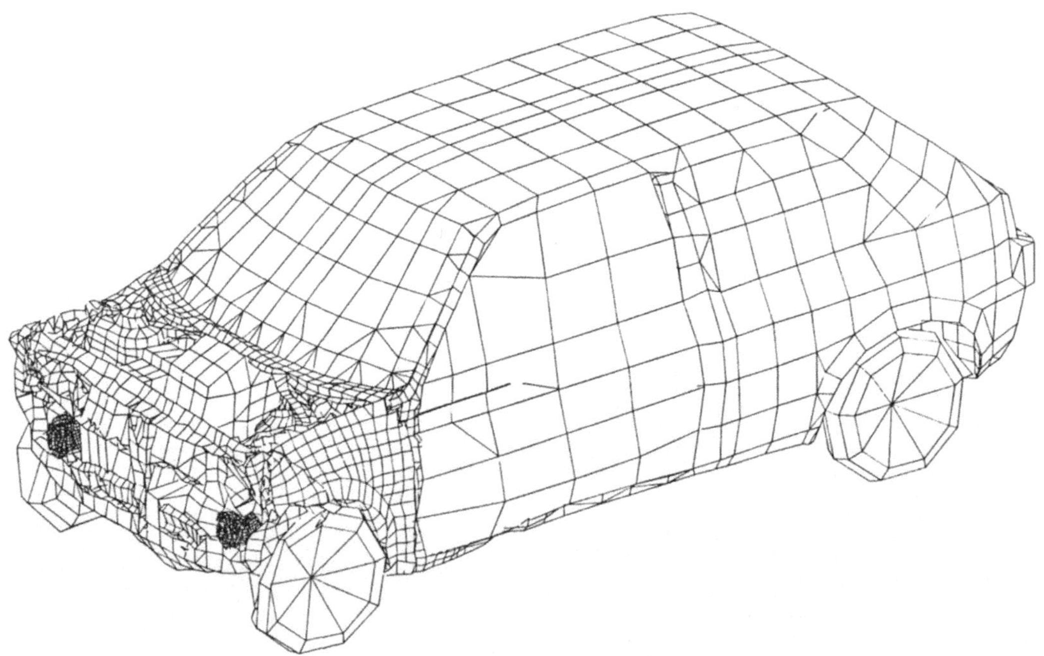

Bild 10:   DYNA3D Verformte Fahrzeugstruktur 90 ms nach dem Aufprall

KARTOGRAPHISCH ORIENTIERTE DARSTELLUNG VON MESSWERTEN

Reinhold Müller-Meernach, Franz Josef Prester
S.E.P.P. GmbH, Lohmühlweg 4, 8551 Röttenbach

Dr. Peter Weigert
Bundesgesundheitsamt, Zentrale Erfassungs- und Bewertungstelle für
Umweltchemikalien (ZEBS), Werner-Voß-Damm 62, 1000 Berlin 42

1. Zusammenfassung

In einem bundesweiten Projekt werden Lebensmittelproben genommen und auf Schadstoffe
untersucht. Die gemessenen Daten werden auf einem Mainframe gesammelt und verwaltet. Es
wird ein Arbeitsplatz beschrieben, welcher diese Daten vom Host-Rechner holt und graphisch visualisiert. Hierbei steht die kartographische Darstellung im Vordergrund.
Die Aufgabenschwerpunkte des Systems sind erstens das interaktive Arbeiten am Bildschirm um die erfaßten **Meßwerte schnell** zu **sichten und** zu **bewerten,** zweitens die **graphische Verknüpfung von Meßreihen** um auffällige Korrelationen zwischen den Meßreihen
festzustellen, sowie Gebiete mit hoher oder niedriger Schadstoffkonzentration zu loka-
lisieren und drittens die **Erstellung von veröffentlichungsreifem Kartenmaterial.**
Die Realisierung erfolgte auf einem modernen Arbeitsplatzrechner mit aktueller Graphikhardware, deren integrierter Graphikprozessor schnelle Bildaufbauzeiten ermöglicht.
Standardisierte Graphiksoftware GKS und das mehrtaskfähige Betriebssystem OS/2 halten
die Softwarekosten niedrig und ermöglichen den Einsatz des Arbeitsplatzes auch für
andere Aufgabenstellungen.

2. Daten

In etwa 70 Regionen der Bundesrepublik Deutschland werden zusammen etwa 1500 Lebensmittel auf 20-40 Stoffe untersucht. Dies führt zu etwa 30.000 bis 40.000 Meßwerten pro
Quartal, ab 1991 verdoppelt sich diese Zahl (/1/, /2/).
Die Meßwerte werden auf einem BS2000 Rechner über das Datenbanksystem ADABAS verwaltet.
Über eine Standard-PC-Kopplung werden ausgewählte Meßwerte und Aggregationen aus ihnen
auf den graphischen Arbeitsplatz gekoppelt und dort mit Hilfe der Datenbank ORACLE
organisiert. Hier werden die darzustellenden Meßreihen zusammengestellt.

3. Regionen

Bezugsgebiet ist die Bundesrepublik Deutschland einschließlich West-Berlin. Es stehen aus Grenzabschnittsdateien generierte Grenzpolynomdateien für Bundesländer, Regierungsbezirke, Landkreise und Gemeinden zur Verfügung. Die Identifizierung erfolgt über den Gemeindekennziffernschlüssel. Die Regionengrenzdaten und -polygone wurden von /3/ erfaßt.

Darzustellende Regionen können aus den Meßwertdateien generiert werden, interaktiv bestimmt werden oder aus vorhergehenden Sitzungen übernommen werden.

Die Regionen können sowohl zusammenhängend als auch explodiert dargestellt werden, auch können interessante Regionen mit einer Umrandung in einstellbarer Strichstärke versehen werden.

4. Datendarstellung

Die Darstellung basiert in erster Linie auf der Relation 'Gemeindekennziffer-Meßwert'. Zur kartographischen Einfärbung ist eine Klassenbildung erforderlich. Diese kann automatisch, halbautomatisch oder manuell erfolgen. Die Klasseneinteilung wird als Vorschlag für eine Legendengenerierung verwendet.

Den Klassen wird ein Farbverlauf zugeordnet.

Neben der Erstellung von veröffentlichungsreifem Kartenmaterial ist die gleichzeitige Darstellung von mehreren Meßreihen für gleiche Regionen Aufgabenschwerpunkt des Systems. Für diese Verknüpfung von Meßwerten stehen zwei Verfahren zur Verfügung:

1. Normierte Addition der Klassenränge:
   Die addierten Klassenränge der Meßwerte für eine Region werden bezüglich der Anzahl der Meßreihen normiert. Der Farbverlauf über die Klassen bleibt erhalten.

   Diese Darstellung ermöglicht das Erkennen von 'hoch-hoch' und 'niedrig-niedrig' Korrelationen.

2. Farborientierte Darstellung:
   Diese Darstellung wirkt wie das Übereinanderlegen von Folien auf dem Overheadprojektor. Es entstehen neue Farbverläufe. Die Anzahl der resultierenden Klassen ist das Produkt der Ausgangsklassen. Hier schränken die Hardwaremöglichkeiten die Anzahl der Ausgangsklassen ein.

   Diese Darstellung ermöglicht dem Anwender, die resultierende Karte zu beurteilen und läßt Rückschlüsse auf die konstituierenden Meßwerte zu.

Durch eine Mehrebenentechnik können Flüsse und die Hauptverkehrswege (Schiene und Straße) ein- und ausgeblendet werden. Dies gilt auch für die Namen der Regionen.

Für ein sinnvolles Arbeiten in diesem Sinne sind sehr schnelle Bildaufbauzeiten erforderlich. Dies betrifft sowohl den Gesamtbildaufbau, als auch insbesondere die Darstellung der Änderung der Meßwerte beim Visualisieren von neuen oder weiteren Meßreihen. Die verwendetete Hardware wird durch geeignete Softwareunterstützung diesen Anforderungen gerecht.

3. Farben

Die Farbzuordnung erfolgt über sogenannte Paletten. Dies sind Farbverläufe, welche vom Anwender interaktiv bestimmt werden und unter einem Namen abgespeichert werden können. So kann zu einen ein einheitliches farbliches Erscheinungsbild des Kartenmaterials gesichert werden, zum anderen kann das System an unterschiedliche Farbfähigkeiten von z.B. Bildschirm und Plotter angepaßt werden.

5. Layout

Zum Gestalten der Karten stehen dem Anwender eine Reihe von Möglichkeiten zur Verfügung:
Diagramme in Balken- und Kuchenform, Notchbox- und Box-Whiskerdiagramme sowie entsprechende Legenden hierzu erweitern das Darstellungsspektrum. Außerdem können interaktiv freie Texte mit verschiedenen Textparametern plaziert werden. Eine Vektorgraphik ermöglicht es, im Dialog mit Maus oder Tablett Bezugspfeile zu setzen und Objekte zu umranden oder zu unterstreichen. Ein Logo mit variablem Text ermöglicht eine leichte Identifizierung der Karten.
Verschiedene Plottformate sind einstellbar (Größe und Orientierung).

6. Hardware

Das System wurde auf einen Arbeitsplatzrechner mit 80386 Prozessor und mathemathischem Co-Prozessor realisiert. Das System ist mit einem Hochleistungsgraphikboard ausgestattet, welches auf einem der modernsten integrierten Graphikkontroller, dem QPDM von AMD, basiert. Die Auflösung beträgt 1024 x 1268 Bildpunkte bei 256 Farben gleichzeitig auf einem 19" Monitor.

7. Software

Die graphische Implementierung basiert auf dem Standardsystem GKS. So konnten die Softwarekosten gering gehalten werden und das System ist offen für die Zukunft. Dies betrifft sowohl die allgemeine Portierbarkeit als auch den technischen Fortschritt der Hardware. Ebenso können problemlos verschiedene Plotter- oder Druckermodelle eingesetzt werden.
Das Betriebssystem OS/2 wurde aus mehreren Gründen eingesetzt: Es fehlen einige lästige MS-DOS Beschränkungen wie z.B. die 640 kB Speicherplatzgrenze, die Softwareentwicklung ist komfortabel. Datenbank, Hostkopplung und Visualisierung sind durch die Mehrtaskfähigkeit parallel betreibbar. Weiterhin sind neben dem beschriebenen System weitere preiswerte Standard-Softwareprodukte einsetzbar. OS/2 erlaubt gegenüber anderen Mehrtaskbetriebssystemen eine effiziente und schnelle Ansteuerung der graphischen Hardware. In /4/ befindet sich eine ausführliche Darstellung über die technischen Datails der Implementierung.

8. Alternativen

Neben dem Einsatz eines modernen PCs unter MS-OS/2 wurde auch die Verwendung von sogenannten Grafikworkstations unter UNIX (Warenz. v. AT&T) erwogen. Jedoch lagen hier die durchschnittlichen, vergleichbaren Hardwarekosten ungefähr doppelt so hoch, wobei oft im Grafikbereich nicht die gleiche Leistung (Vektoren/sec, Auflösung) erreicht werden konnnte. Außerdem wäre ein Unix-Rechner am Einsatzort in einer MS-DOS-Umgebung ein Fremdkörper gewesen.

9. Erfahrungen

Gegenüber anderer Software, welche den Entwurf von Karten in den Vordergrund stellt, bietet das beschriebene System die Möglichkeit zum interaktiven Arbeiten, d.h. zum schnellen Sichten und Arbeiten mit Meßwerten und Regionen. Ermöglicht wurden die sehr kurzen Bildaufbauzeiten durch Mehrebenentechnik sowie die intelligente Ausnutzung der Fähigkeiten moderner Graphikhardware.

Der Einsatz von Standardkomponenten hält die Beschaffungskosten niedrig, und macht den Arbeitsplatz auch über den vorgesehenen Zweck hinaus nutzbar.

Die Erfahrungen mit Softwareentwicklung unter MS-OS/2 können als durchweg positiv bezeichnet werden.

10. Literatur/Information

Ein Überblick über das System befindet sich in /5/, /6/ ist eine umfangreiche Produktbeschreibung mit vielen Einsatzbeispielen.

/1/ BGA Tätigkeitsbericht 1988, Berlin 1988.

/2/ Weigert, P., Müller, J.: "Analytical Quality Assurance in the German Food
   Contamination Monitoring Programme", Fresenius Zeitschrift für analytische
   Chemie, 6/1988, pp.736-737.

/3/ GH Kassel, FB Wirtschaftwissenschaften, Dr. Hans-Friedrich Eckey,
   Nora-Platiel-Str. 4, 35 Kassel.

/4/ Woznik, W: "Kundenspezifische Entwicklung unter OS/2", CAD-CAM Report,
   Juni 1989, pp.70-73.

/5/ Müller-Meernach, R.: "Interaktives Meßwertdarstellungssystem", Infografik,
   Feb. 1989, pp.26-28.

/6/ KoDaM Produktbeschreibung, 22 Seiten, S.E.P.P. GmbH, Lohmühlweg 4,
   8551 Röttenbach.

Bundesland Bayern

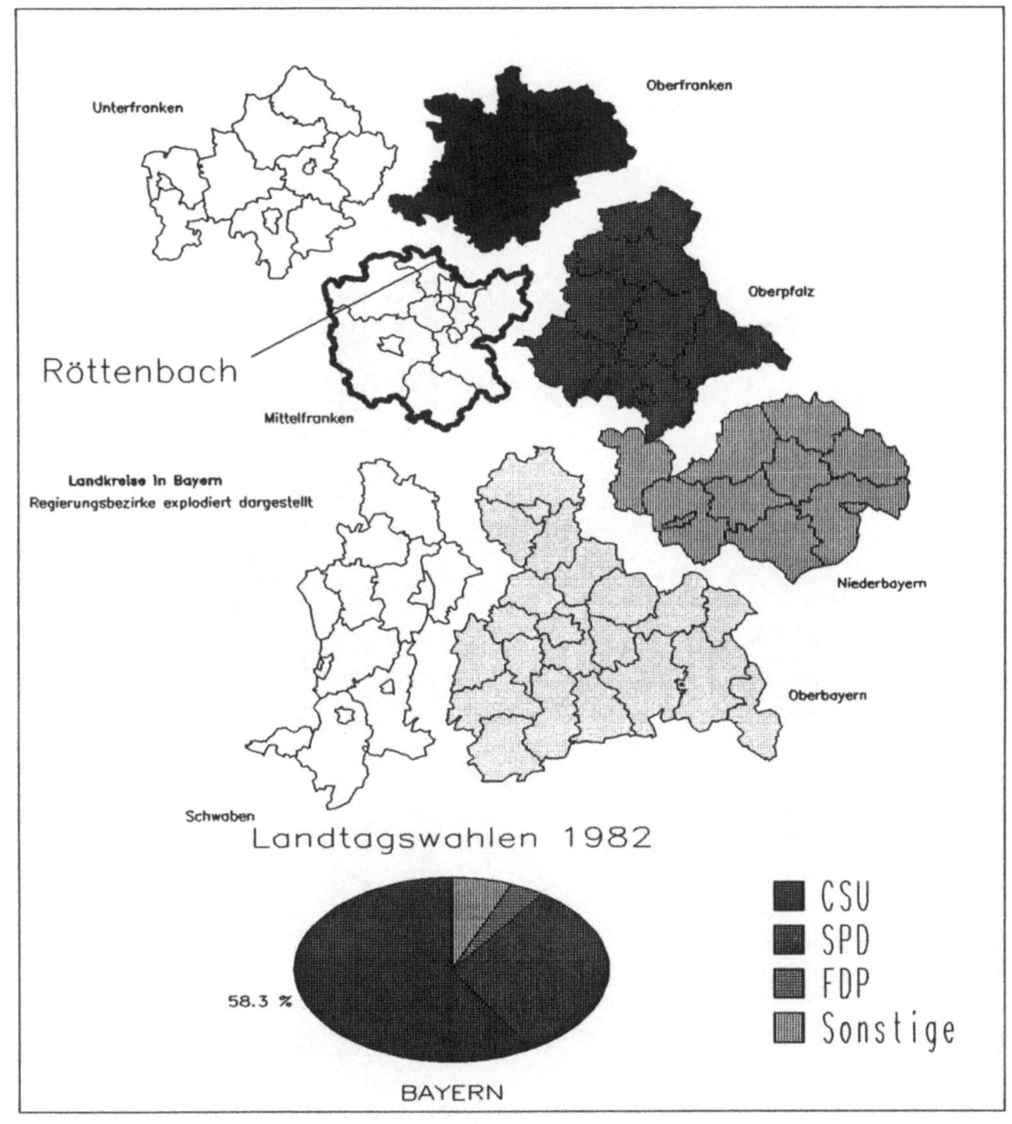

Thematische Karten mit
KoDaM von S.E.P.P.

KoDaM von S.E.P.P.

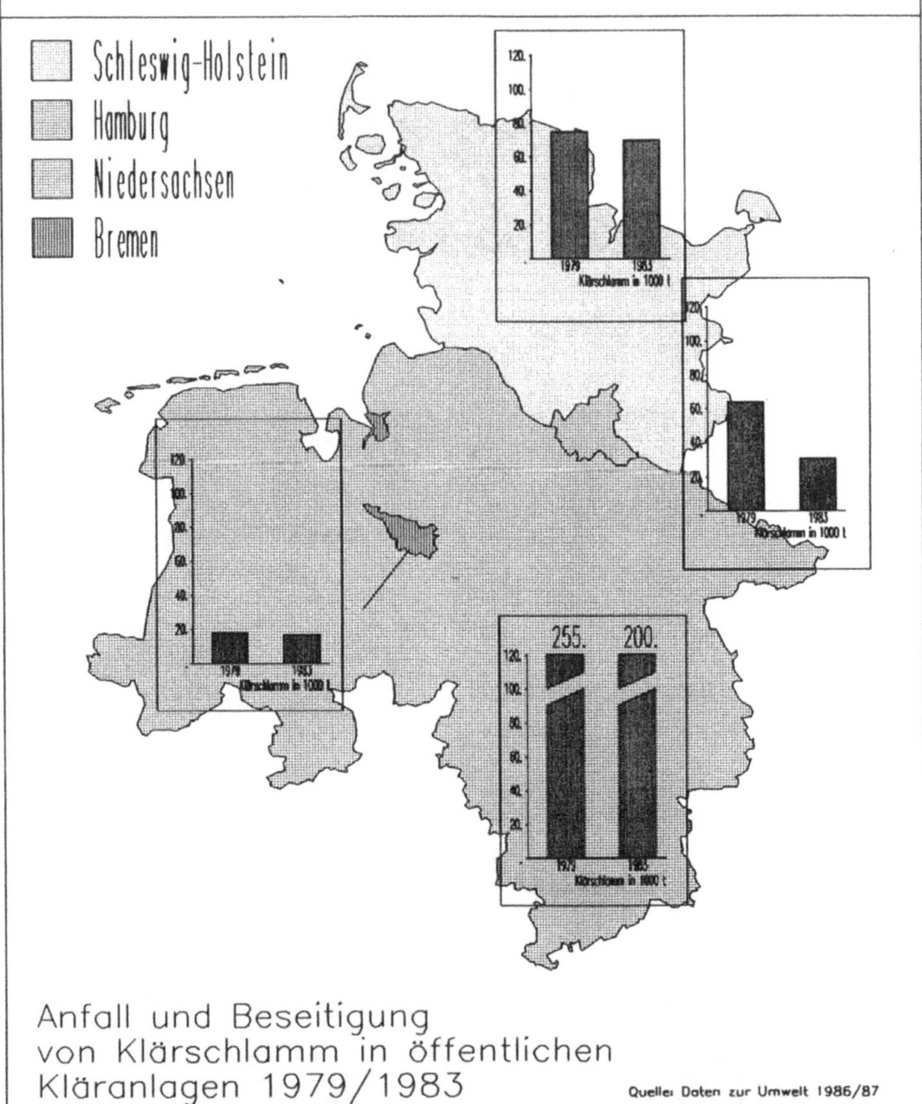

Thematische Karten
KoDaM von S.E.P.P.
Schleswig-Holstein
Hamburg
Niedersachsen
Bremen
Klärschlamm in 1000 t
255.
200.
Anfall und Beseitigung
von Klärschlamm in öffentlichen
Kläranlagen 1979/1983
Quelle: Daten zur Umwelt 1986/87
KoDaM von S.E.P.P.

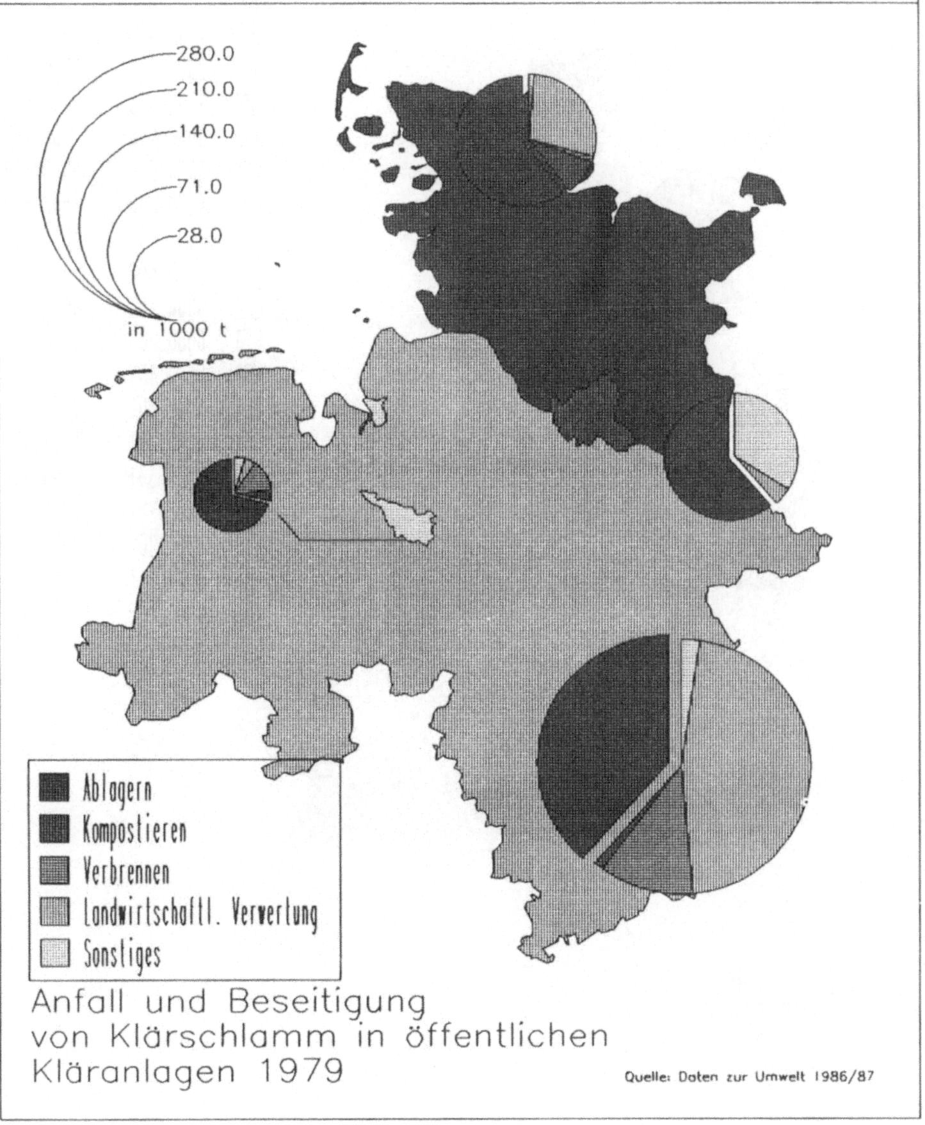
Thematische Karten
KoDaM von S.E.P.P.
280.0
210.0
140.0
71.0
28.0
in 1000 t
Ablagern
Kompostieren
Verbrennen
Landwirtschaftl. Verwertung
Sonstiges
Anfall und Beseitigung
von Klärschlamm in öffentlichen
Kläranlagen 1979
Quelle: Daten zur Umwelt 1986/87

Thematische Karten

KoDaM von S.E.P.P.

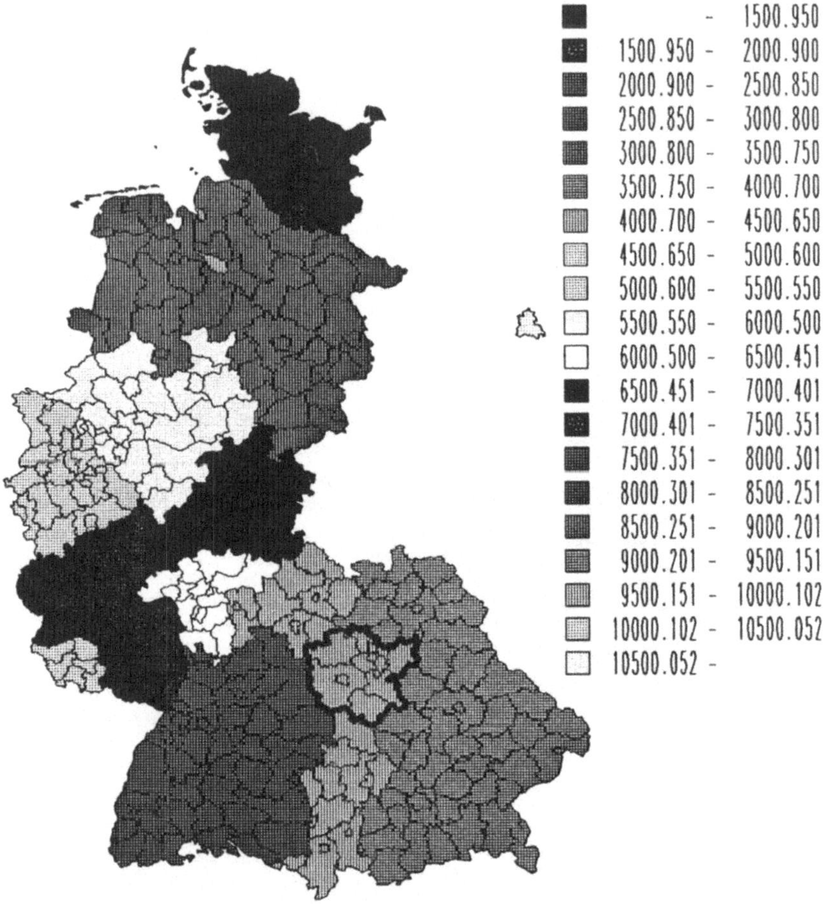

KoDaM von S.E.P.P.

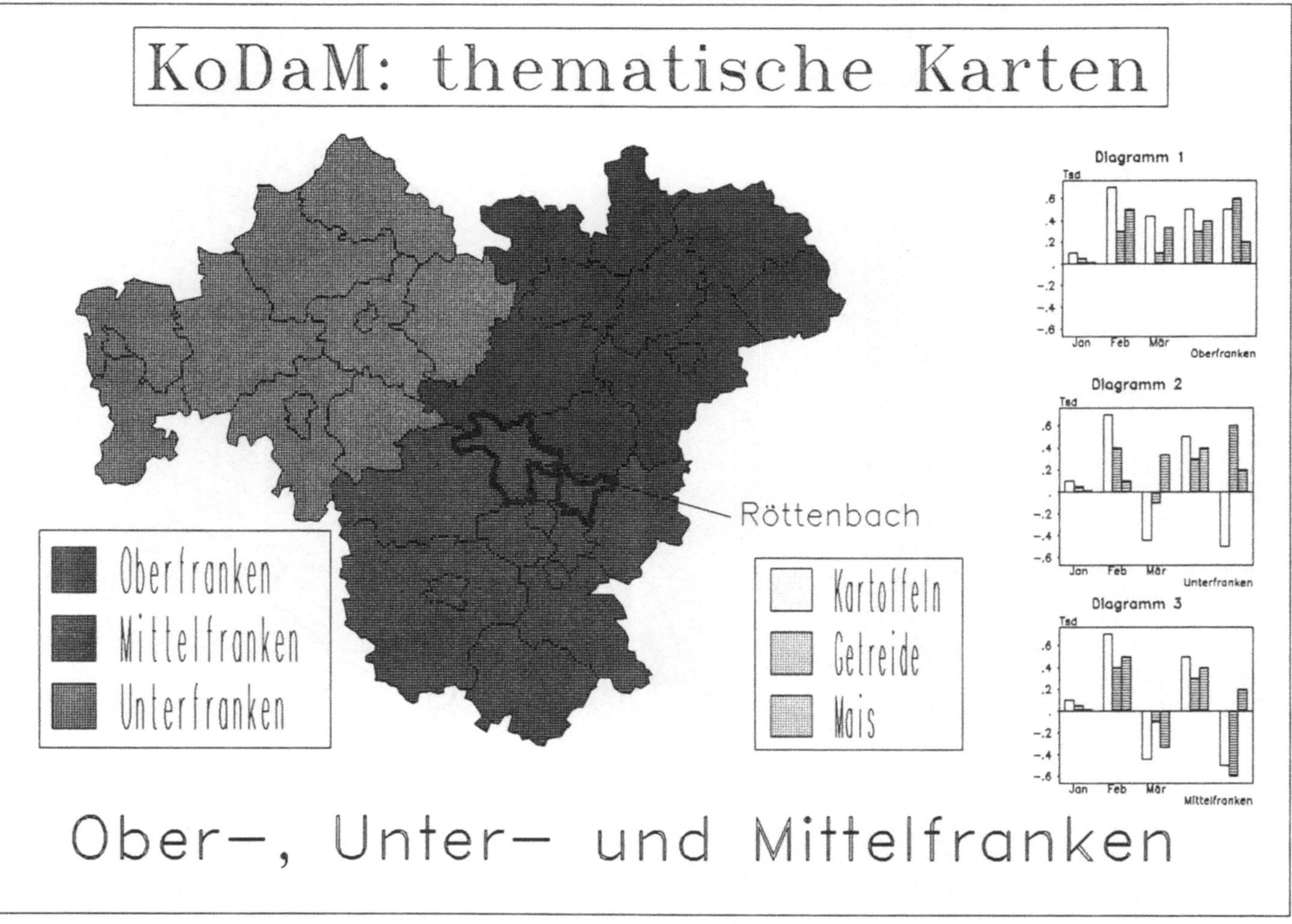

KoDaM: thematische Karten
Diagramm 1
Tsd
.6 .4 .2 -.2 -.4 -.6
Jan Feb Mär
Oberfranken
Diagramm 2
Tsd
.6 .4 .2 -.2 -.4 -.6
Jan Feb Mär
Unterfranken
Diagramm 3
Tsd
.6 .4 .2 -.2 -.4 -.6
Jan Feb Mär
Mittelfranken
Röttenbach
Kartoffeln
Getreide
Mais
Oberfranken
Mittelfranken
Unterfranken
Ober-, Unter- und Mittelfranken
KoDaM von S.E.P.P.

Bundesland Nordrhein-Westfalen

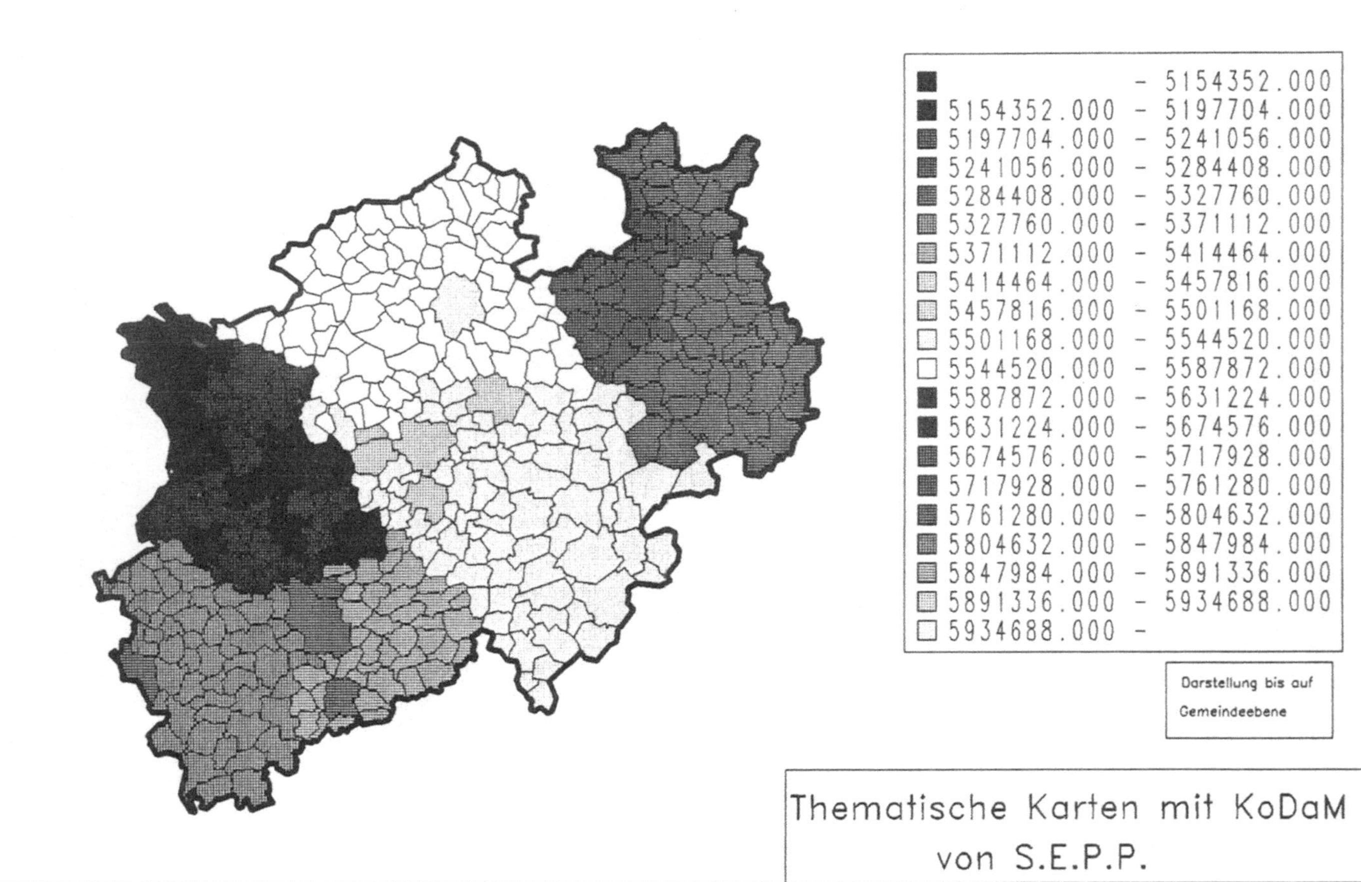

Die verschiedenen Ebenen bei der Bearbeitung von Umweltdaten mit Geoinformationssystemen

Peter Riegger
EDV Studio Ploenzke
München

Zusammenfassung

Projekterfahrungen bei Umweltbehörden haben eine in den Anforderungen gänzlich unterschiedliche Behandlung von Umweltdaten in Geoinformationssystemen aufgezeigt. Diese Erkenntnis hat zu einer strategischen Abgrenzung geführt, die sich auf drei Ebenen beschreiben läßt:

1. Unterstützung von Umweltkatastern auf der Verwaltungsebene,
2. der Umweltarbeitsplatz zur analytischen Bearbeitung von Umweltdaten;
3. die hybride Grafik für die Integration von Raster- und Vektordaten.

Vom Umweltkataster wird eine exakte Nachbildung von Grenzverläufen erwartet, Systemvoraussetzung ist ein Vektorgrafiksystem mit Sachdatenhaltung. Der Umweltarbeitsplatz stellt geringere Anforderungen an die Kartographie, verlangt dagegen viele und sehr leistungsfähige methodische Komponenten. Für die Sachdatenhaltung sollte eine Datenbank-Schnittstelle existieren. Bei den hybriden Grafiksystemen wird die Leistungsfähigkeit von vektorbasierten und rasterbasierten Systemen ausgenutzt. Ihr wichtigstes Einsatzgebiet ist derzeit die Integration von Fernerkundungsdaten.

1. Einleitung

Die Forderungen nach wirksamen Instrumentarien zur Bewältigung der Umweltkrise hat sich mittlerweile auf allen Verwaltungsebenen ausgebreitet. Eine konkrete Vorstellung dessen, was wirklich gewünscht wird, ist allerdings in den wenigsten Fällen gegeben. Am liebsten wäre dem Kunden ein Instrumentarium, das all seine Probleme bewältigen könnte - jedoch nach seinen Vorstellungen. Diese können - soweit keine Rechtsnormen und Verwaltungsvorschriften den Rahmen bestimmen - recht subjektiv sein und werden teilweise durch regionale Besonderheiten und politische Zielsetzungen geprägt.

Dies trifft besonders auf die Integration von Geo-Informationssystemen (GIS) in die Umweltarbeit - vorzüglich in Umweltinformationssysteme (UIS) - zu. Hier können sogar schon Unterschiede in der Verwaltungsstruktur zu verschiedenen Lösungswegen führen. So ist es bei Kommunen, die über eine eigene Vermessungsverwaltung verfügen, selbstverständlich, die dort aufgebauten Systeme mit in die Überlegung einzubeziehen. Dies geht teilweise soweit, daß die Vermessungsverwaltung - weil in ihr die Know-how-Träger sitzen - maßgeblich für die Integration der Umweltdaten in ein GIS verantwortlich ist.

Vielerorts hat diese Vorgehensweise zu Spannungen geführt, denn die Umweltämter sind oft weniger an großen Verwaltungssystemen interessiert, sondern wünschen sich vielmehr für sie leichter verständliche - und das heißt ihren Problemen (Analyse der geographischen Information) angepaßte - GIS. Dieser Ansatz verlangt vor allem methodische Bausteine für die Auswertung der alphanumerischen (Statistik) und graphischen (Verschneidung) Daten. Der Anspruch auf die geometrische Genauigkeit der Daten ist weniger hoch, denn auch in der Natur gibt es kaum exakte Abgrenzungen, sondern meist nur Übergänge von einen Zustand in den anderen.

Auch für diese Anforderungen bietet der Markt Produkte an. Oft passen sie sich dem allgemeinen Zustand der Umweltämter an: Auf dem eventuell sogar von zu Hause mitgebrachten PC werden die ersten Programme geschrieben, weitere Ausbaustufen sollen nun auf dem angeeigneten Computerverständnis aufbauen. Kommen die Umweltexperten gerade von der Universität, dann werden vielleicht noch die dort eingesetzten Systeme adaptiert - wobei man schon von Glück sprechen kann, wenn jemand in der landschaftsplanerischen, geographischen oder ökologischen Ausbildung überhaupt an einer gescheiten DV-Ausbildung teilhaben konnte.

Festzuhalten ist die Tatsache, daß diese kleinen Systeme bei den großen Datenmengen und komplexen Aufgabenstellungen, die im Umweltschutz anzutreffen sind, schnell an die Kapazitätsgrenze stoßen. Selbst wenn die Entwicklung von PC's in dem Bereich der zu verarbeitenden Datenmenge rasch voranschreitet, so kann sie dennoch nicht mit den jetzt schon sehr dringend anstehenden Notwendigkeiten an Lösungsansätzen im Umweltschutz Schritt halten. GIS müssen integraler Bestandteil eines vernetzten Systems sein, und dementsprechend sind auch die Standards zu definieren.

Es sollte als eine selbstverständliche Tatsache angesehen werden, daß die Belange der Vermessung nicht unbedingt denen des Umweltschutzes entsprechen. Dies muß auch in der Systembetrachtung berücksichtigt werden. Das heißt nicht, daß ein GIS, das für die Vermessung gut ist, deshalb für den Umweltschutz nicht taugt. Bei ein und demselben System können ja durch das modulare Angebot die verschiedenen Aufgabenbereiche berücksichtigt werden. Kernaussage soll sein, daß die Systeme nicht unbedingt identisch sein müssen. Wichtig ist vielmehr, daß der Transfer von Daten gewährleistet ist, um den Aufbau von redundanten Datensätzen zu vermeiden.

Damit wären zwei Systemansätze beschrieben, wobei der erste, der sich mit der Datenverwaltung beschäftigt, als Umweltkataster und der zweite, der sich auf die geographische Analyse bezieht, als Umweltarbeitsplatz bezeichnet werden soll. Bliebe noch das hybride graphische Informationssystem, das als reale Zukunftsperspektive mit in die Betrachtung einbezogen werden soll. Bisher widerstrebt die preisliche Kalkulation, als auch die Frage nach der Nützlichkeit von Bildverarbeitungsfunktionen, dem Einsatz solcher Systeme. In einem integrierten Konzept werden sie aber dennoch bald Berücksichtigung finden - wenn auch vorerst als Einzelerscheinung für besondere Aufgabenstellung (Bild 1).

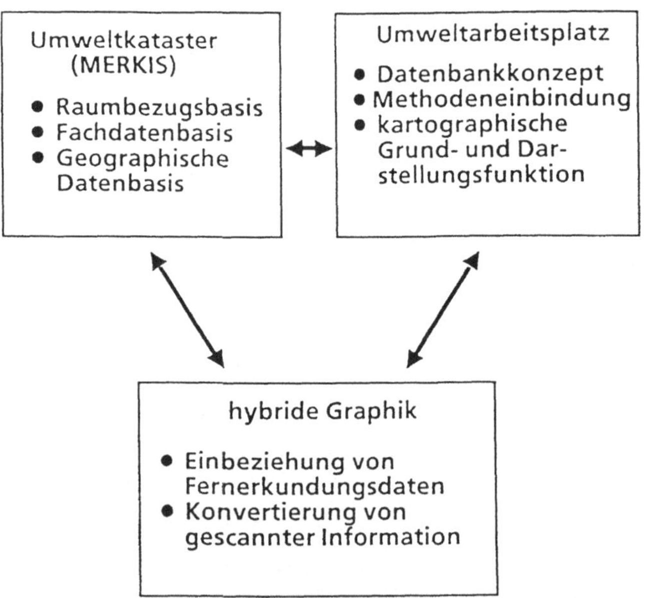

Bild 1. **Das Drei-Ebenen-Konzept für den Einsatz von GIS im Umweltschutz**

2. Datenstruktur

Stiefel /STIE87/ unterscheidet GIS nach den zwei verschiedenen Ansätzen in vektorbasierte und rasterbasierte Systeme. Damit wären durchaus die beiden wichtigen Graphikkomponenten angesprochen, jedoch sind GIS noch durch spezifische Methodenansätze sowie die Sachdatenhaltung charakterisiert. Geospezifische Methodenansätze sind z.B. das digitale Geländemodell (DGM) und die Rasterzellenverarbeitung (Griding). Nicht alle verwendete Methoden müssen integraler Bestandteil eines GIS sein (Statistikverfahren, Zeitreihenanalyse u.a.). Ebenso ist die Sachdatenhaltung nicht auf das GIS beschränkt. Deshalb müssen von einem GIS Schnittstellen zu externen Methoden- und Datenbanken bestehen (Bild 2).

2.1 Vektorgraphik

Der Großteil der heutigen GIS hat sich aus den vektorbasierten Systemen entwickelt. Vektordaten werden aus vermessungstechnischen Berechnungsprogrammen, der photogrammetrischen Auswertung von Luftbildern oder durch Digitalisieren analoger Vorlagen gewonnen. Die einzelnen Objekte (Punkt, Linie, Fläche) werden dabei durch die Speicherung von Deskriptoren (geometrische, qualitative, quantitative und evt. Namensinformationen) eindeutig beschrieben.

Für die Speicherungskonzepte nimmt der Punkt eine Sonderstellung ein, da seine geometrische Information schon durch ein einziges Koordinatenpaar eindeutig festgelegt ist. Linien entstehen durch die Verkettung von Punkten mittels Zeichenvorschrift. Flächen können durch Verweis von Flächen auf Linien oder relational durch den Verweis von Linien auf Flächen abgelegt werden. Moderne kartographische Datenhaltungskonzepte zeichnen sich durch eine horizontale (blattschnittlose) und vertikale (Zeichenebenen) Speicherung der geometrischen Information aus /SCHI85/.

2.2 Rastergrafik

Unter dem Begriff Rastergraphik wird die Übernahme von Bildern in digitaler Form verstanden. Rasterdaten können zum einen durch Fernerkundungssensoren, zum anderen durch Scannen analoger Vorlagen erfaßt werden. Die Rasterbilder setzen sich aus Pixeln zusammen, deren qualitative Information sich aus den Farbwerten ergibt. Für die Manipulation der Rasterdatem stehen die Methoden der Bildverarbeitung (Grauwertoperationen, Filterverfahren u.a.) zur Verfügung /GOEP87/.

Je nach Informationstiefe (Frequenz) und Bildintensität (Kontrast) benötigen Rasterdaten sehr viel Speicherplatz. Kompressionsverfahren, wie runlength-Codierung oder Quad-Tree-Strukturen, können bei binären und homogenen Bildern zu einer erheblichen Einsparung von Speicherplatz führen - für Satellitenbilder mit einer 8 Bit Tiefe benötigen sie unter Umständen mehr Speicherplatz. Deshalb wird die Entwicklung von großen lokalen Speicherkapazitäten für die Integration von Rasterbildern in komplexe GIS von immenser Wichtigkeit sein.

2.3 Digitales Geländemodell

Mark /MARK79/ zeigt die Vielfalt der Ansätze zur digitalen Abbildung der Geländeoberfläche. Die beiden wichtigsten Typen sind die Raster-Geländemodelle und die triangulierten irregulären Netzwerke (TIN). Raster-Geländemodell werden aus beliebig im Raum verteilten Höhenangaben interpoliert und ergeben ein dichtes über das Relief gelegtes Gitter mit den Höhen an den Schnittpunkten. TIN's werden aus den meist eigens aufgenommenen Geländepunkten mit dem höchsten Informationsgehalt durch Dreiecksvermaschung gebildet.

Die Beziehung von TIN's zur Vektorgraphik ist zwar näherliegend und damit wäre die Übernahme von Flächeninformationen leichter möglich, andererseits begünstigt die Analogie der Datenstruktur die Übernahme der Rastermodelle in Bildverarbeitungssysteme. Ausserdem kann bei Rastermodellen die

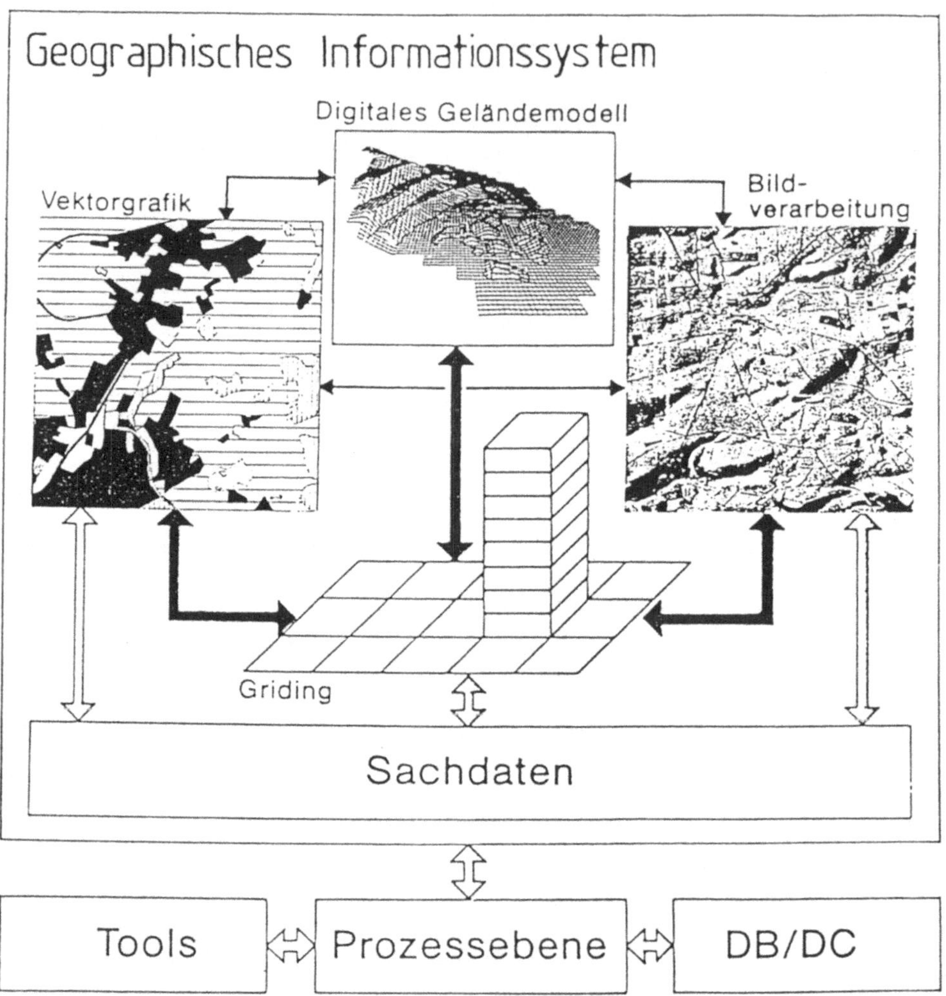

Bild 2.   Datenstruktur in einem Geoinformationssystem

Interpolation von verstreut vorliegenden Höhenwerten auch auf andere Z-Werte bezogen werden. So können z.B. die Immissionsmeßwerte verschiedener Stationen für eine Isoliniendarstellung ausgewertet werden. Allerdings zeigt die Praxis, daß hierbei noch spezifische Parameter zu berücksichtigen sind (im Beispiel die Windrichtung und -geschwindigkeit), die in einer vorgelagerten zusätzlichen Modellkomponente zu berechnen sind.

2.4 Rasterzellenverarbeitung

Ähnlich wie bei der Rasterverarbeitung wird auch bei der Rasterzellenverarbeitung eine Matrix angelegt, in der Sachinformationen verschlüsselt umgesetzt werden. Hierbei handelt es sich um ein alphanumerisches System, mit dem unter Verzicht auf graphische Komponenten verschiedene Rauminformationen miteinander aggregiert werden können. Der wesentliche Teil eines Gridpaketes besteht aus Verfahrenskomponenten zur Verknüpfung der verschiedenen Matrizen.

Gridingmethoden sind eigentlich die ersten Ansätze zur DV-unterstützten Verarbeitung raumbezogener Daten und vor allem in den geowissenschaftlichen Bereichen angesiedelt. Die Verfahren stammen meist aus Amerika, haben sich aber in Deutschland bisher kaum durchgesetzt /siehe u.a. BFAL82/. Eine Folge mögen die schlecht lesbaren Druckausgaben gewesen sein, die oft nur mit dem alphanumerischen Zeichensatz erstellt wurden. Mittlerweile werden Datenaufnahme und -ausgabe durch Schnittstellen zu Vektorsystemen unterstützt. Da auch Grids eine Analogie zu den anderen Rasterstrukturen aufweisen, könnten sich die Verfahren in der näheren Zukunft vielleicht besser durchsetzen.

2.5 Sachdaten

Graphischen Objekten können Sachdaten zugeordnet werden, die qualitative und quantitative Merkmale beinhalten. Die Verbindung wird entweder in Form von Pointern oder über Objektnamen herge- stellt. Diese Zuordnung wurde bisher nur für die Vektorgraphik im kommerziellen Rahmen realisiert. Die Möglichkeiten der Objektbildung in der Rastergraphik werden derzeit noch untersucht bzw. sollen in hybriden graphischen Systemen umgesetzt werden /FRIT88/.

Die Sachdatenhaltung wird in den meisten Fällen auf einer relationalen Datenbank verwirklicht. Diese kann integraler Bestandteil des GIS sein, sie kann aber ebenso extern über Schnittstellen angeschlossen werden. Der Vorteil der internen Datenbank liegt in den schnelleren Zugriffen in beiden Richtungen, wohingegen eine externe Datenbank bessere Anschlußmöglichkeiten für andere Anwendungen bietet. Nouhuys /NOUH86/ empfiehlt aus Gründen der Praktikabilität eine Trennung der Speicherarten von geometrischen Sachdaten (gemeinsame Verwaltung mit Graphikdaten) und disaggregierten Daten (extern in Dateien oder Datenbanken).

3. Umweltkataster

Verwaltungsbereiche, die sich in Umweltplanung und Umweltschutz auf genaue Abgrenzungen stützen, sind auf einen exakten Raumbezug angewiesen. Dieser Raumbezug kann nur durch ein vermessungstechnisch ausgereiftes GIS realisiert werden. Basis für ein Umweltkataster muß deshalb ein Vektorsystem sein. Die Struktur für solch ein System wird durch die Maßstaborientierte Einheitliche Raumbezugsbasis für Kommunale Informationssysteme (MERKIS) beschrieben /DST88/.

Der einheitliche Raumbezug soll schrittweise in verschiedenen Maßstabsebenen, die auf dem Gauß-Krüger-Koordinatensystem basieren, realisiert werden. Die Maßstabsebenen entsprechen den bisherigen analogen Kartenwerken. Auch die Überlagerung mit den fachbezogenen Geometrien folgt den bisherigen Planungs- und Verwaltungsstandards. So setzen Leitungskataster und verbindliche Bauleitplanung auf die Stadtgrundkarte (1:500), das Altlastenkataster und die Flächennutzungsplanung auf die Deutsche Grundkarte (1:5000) auf.

In der Fachdatenbasis werden die Sachdaten gehalten. Während die Raumbezugsbasis zentral in einem Fachbereich vorliegt, werden die Fachdaten in den verantwortlichen Fachbereichen fortgeführt. Die Abfrage der Daten kann durch geometrische oder alphanumerische Sachfragen erfolgen (Bild 3). Obwohl Geometrie- und Sachdaten jeweils in eigenen Datenbanken verwaltet werden, sollte deshalb aus der Sicht des Anwenders nur ein logischer Zugriff auf die verschiedenen Datenbestände notwendig sein.
Eine Umsetzung der in MERKIS formulierten Zielsetzung zeigt der Umweltschutzbericht der Stadt Wuppertal /WUPP87/. Digitale fachbezogene Geometriedaten werden für die Umweltbereiche Altablagerung, Bodenproben, Landschafts-, Natur- und Wasserschutz erhoben. Andere Bereiche, wie Luftbelastung und Gewässergüte werden über thematische Bausteine ausgewertet. Durch die Novellierung des Bundesbaugesetzes hat die Aufnahme der Altlasten besonders an Bedeutung gewonnen (Bild 8, Farbtafeln). Die genaue Abgrenzung der Altlastengebiete ist nun für die Aufstellung des Bebauungsplans unerläßlich.

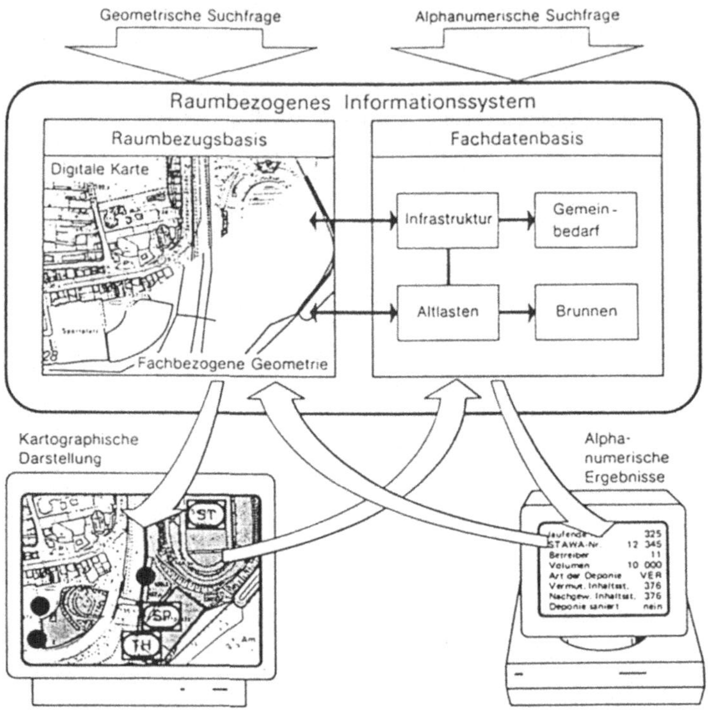

Bild 3.   Zugriffsmöglichkeiten in MERKIS

Einen Schritt weiter geht der ökologische Planungsansatz von Berlin /SENA87/. Über Auswerteverfahren wird hier eine Bewertung der Belastungspotentiale von Altlasten erstellt (Bild 9, Farbtafeln). Dieser Ansatz sieht den Weg zu einem räumlichen Umweltinformationssystem erst durch die Datenanalyse, -bewertung und Wertaggregation gegeben. Die Verfahren der Bewertung und Wertesynthese sind Bestandteil einer Methodenbank, die von der Graphik aus interaktiv gesteuert werden kann. Dies erzeugt Transparenz, Nachvollziehbarkeit und Flexibilität.

Die vom Anwender erzeugten Nutzenfunktionen und Synthesealgorithmen werden in Modulbibliotheken verwaltet und können für weitere Anwendung unter veränderten Bedingungen als Simulationsmodelle eingesetzt werden. Gesteuert werden sollen die Verfahren durch eine sich ständig erweiternde Benutzeroberfläche, die in Form von Masken, Dialogprozeduren und Menüs aufgebaut wird. Ziel dieses relativ aufwendigen Ansatzes ist die möglichst einfache Zugänglichkeit und Anwendbarkeit des Instrumentariums /BOCK89/.

4. Umweltarbeitsplatz

Durch die Dringlichkeit von Maßnahmen im Umweltschutz, einem wachsenden Umweltbewußtsein sowie der raschen Entwicklung neuer Umwelttechnologien fallen immer größere Mengen von umweltrelevanten Daten an, die vorerst völlig unstrukturiert sind. Diese Daten bilden Planungs- und Arbeitsgrundlage für eine Vielzahl von Bereichen (Politik, Verwaltung, Wissenschaft, Öffentlichkeitsarbeit usw.). Um die Daten auf verständliche Weise zugänglich zu machen, sind Hilfsmittel, wie graphische Datenverarbeitung, Textverarbeitung oder Methodenbausteine unerläßlich.

Diese Anforderungen verlangen ein spezifisches Instrumentarium, das hier durch das Konzept „Umweltarbeitsplatz" beschrieben wird (Bild 4). Der Umweltarbeitsplatz soll folgende Aufgaben übernehmen:

- externe Kommunikation
- Sachdatenverwaltung
- Geometriedatenverwaltung und -darstellung
- Datenanalyse
- graphische Darstellung von Auswertungen
- Dokumentenerstellung und -verwaltung

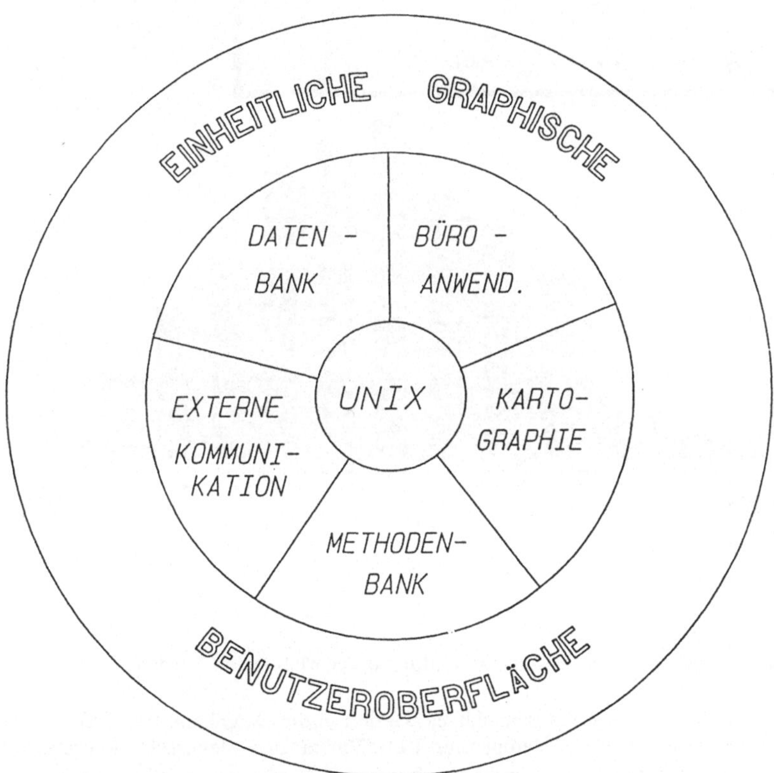

Bild 4.   **Konzept eines Umweltarbeitsplatzes**

Damit ist die Funktionalität eines PCs schnell überlastet. Zunehmend zielen Ausschreibungen auf UNIX-Lösungen ab. UNIX-Systeme bieten mitlerweile eine umfangreiche Software für Bürofunktionen, Datenverwaltung, Kommunikationsnetze und wissenschaftliche Analyse. Damit der Anwender sich nicht intensiv einarbeiten muß, ist eine leicht zugängliche Benutzeroberfläche (Fenstertechnik) mit Möglichkeiten zu Interprozesskommunikation und Multitasking gefordert.

Die kartographischen Anforderungen werden auf ein weniger komplexes Vektorsystem beschränkt. Für die projektbezogene Analyse sowie Ausgabe von Übersichtskarten reicht die blattschnittbezogene Speicherung der Geometriedaten. Die Sachdaten werden in einer relationalen Datenbank gehalten. Die

Verknüpfung der Geometriedaten mit den Sachsätzen erfolgt über Graphik- und Sachsatzschlüssel. Außerdem ist eine methodenbezogene Datenbankkopplung vorgesehen.

Zur Diskussion steht die Anbindung von Rastergraphik und Griding. Durch die Rastergraphik soll zum einen die Unterlegung mit gescannten Kartenvorlagen realisiert, zum anderen die Übernahme von interpretierten Fernerkundungsdaten ermöglicht werden. Eine Rasterdatenbasis kann auch Grundlage für den Einsatz von Gridverfahren sein. Ein sinnvoller Ansatz wäre, die Verfahren auf einer gemeinsamen Rasterdatenbasis aufzusetzen. Im einzelnen ist diese Entscheidung jedoch von dem eingesetzten Grid-paket abhängig.

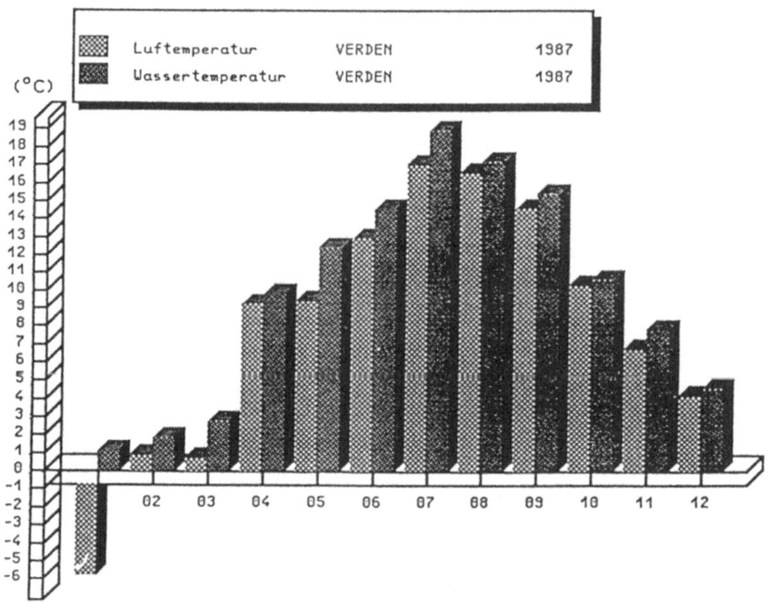

Bild 5. **Jahresgang von Luft- und Wassertemperatur an der Meßstation Verden**

In einer ersten Erprobung des Umweltarbeitsplatzes wurden in die Datenbank für 1987 die 1/2 Stunden Mittelwerte von O_2-Gehalt, ph-Wert, Temperatur Luft/Wasser und elektrische Leitfähigkeit aus 34 Meßstationen des automatisierten Gewässerüberwachungsnetz Niedersachsen (GÜN) eingelesen. Damit ist ein Datensatz von 40 MB zu verwalten. Die ausgewerteten Daten können wahlweise in einer Über-sichtskarte oder einer Geschäftsgraphik (Bild 5) betrachtet werden.

5. Hybride grafische Informationssysteme

Kammerer u.a. /KAMM88/ beschreiben die Entwicklung von hybriden graphischen Informationssyste-men in drei Stufen:

Erste Stufe: Auskunftssystem

Überlagerung von Vektor- und Rasterdaten, wobei der Benutzer dafür zu sorgen hat, daß beide Datentypen in demselben Koordinatensystem vorliegen und der identische Ausschnitt zur Darstellung kommt.

Zweite Stufe: Integrierte Datenverarbeitung

Gemeinsame Verarbeitung auf der Basis von Schnittstellen sowie Konvertierungsmöglichkeiten. Koordinaten können für den gegenseitigen Zugriff ausgetauscht werden, Verarbeitungsfunktionen werden unter einer einheitlichen Benutzeroberfläche zusammengefaßt.

Dritte Stufe: Integrierte Datenverwaltung

Gemeinsame Verwaltung von Vektor-, Sach- und Rasterdaten. Unterschiedliche Datenhaltung, aber gemeinsame Verwaltungsoberfläche, so daß sich für den Anwender die drei Welten als logische Informationsebene eines Beschreibungsmodells darstellen.

Dies führt zu einem Instrumentarium, mit dem erstmals alle Vorteile der verschiedenen Ansätze der Datenaufnahme, -haltung, -verarbeitung und -ausgabe in einem System vereint werden können (Bild 6).

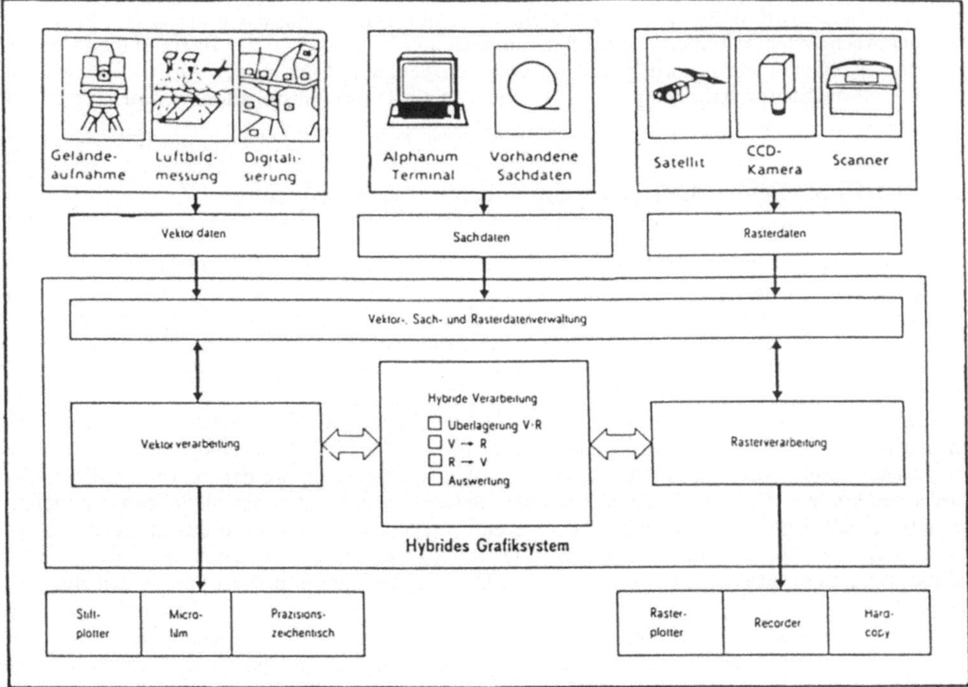

Bild 6.   Aufbau eines hybriden graphischen Informationssystems

Hybride Grafik bietet sich im Umweltbereich vor allem bei der Integration von Fernerkundungsdaten zur Umweltüberwachung und zum Scannen von topographischen Karten als Hintergrundinformation an. Außerdem ermöglicht die Konvertierung von Vektor- in Rasterdaten vereinfachte und schnellere Verschneidungsroutinen, die durch entsprechende Datenkomprimierung (Quad-Trees) noch komfortabler gestalltet werden können. Über die Organisation von Vektor- und Rasterdaten auf Objektebene wird vielleicht schon in naher Zukunft der gemeinsame Zugriff auf Attributdaten verwirklicht. Damit erlauben hybride grafische Systeme den umfangreichsten Lösungsansatz zur Bearbeitung und Visualisierung umweltrelevanter Daten.

Über den Einsatz von Fernerkundungsdaten zur Umweltüberwachung gibt es mittlerweile eine Menge an Literatur /HAYD87/. Neue Arbeiten beschäftigen sich mit dem Einsatz von Fernerkundungsdaten in hybriden graphischen Informationssystemen. Gegg /GEGG89/ untersucht die Möglichkeit zum Einsatz von Klassifizierungsverfahren in einem hybriden graphischen Informationssystem. Das Beispiel bezieht sich auf versiegelte Flächen (Siedlungsflächen und Verkehrsnetz). Dabei konnte die automatische Klassifizierung von „Siedlungen" und „Autobahnen" erfolgreich durchgeführt werden, wohingegen sich die Erfassung von Straßen wegen der geringen Breite als problematisch erwies. Optimiert wurde die visuelle Erkennbarkeit von Siedlungen und Verkehrswegen durch die Verwendung eines Winterszenarios (Bild 10, Farbtafeln), das sich allerdings für die Klassifizierung nicht einsetzen ließ. Selbst wenn das Ziel dieser Arbeit die automatische Klassifizierung ist, so kommt die Informationsgewinnung bisher nicht ohne das Expertenwissen des Bearbeiters aus.

Den Schritt zur Integration von Satellitenbildauswertungen in ein GIS geht Kerl /KERL88/. Über die Kombination von spektral hochauflösenden Landsat-TM-Daten mit den geometrisch hochauflösenden Sojuzbildern erstellt sie eine Karte der Vegetationsverteilung in der Stadt München. Aus einer geographischen Datenbasis übernimmt sie die als Vektordaten hinterlegten Stadt- und Bezirksgrenzen. Aus den geschlossenen Polygonzügen können Masken erstellt und mit der Vegetationsverteilung verschnitten werden. So lassen sich zu den einzelnen Bezirken Flächenbilanzen ausgeben (Bild 11, Farbtafeln). Für Breadt /BRAE89/ ist die Einbeziehung von Fernerkundungsdaten in ein GIS nicht nur aufgrund der wachsenden Informationsgrundlage notwendig. Auch werden zur Interpretation von Satellitenbildern in digitaler Form vorliegende Bodenkarten benötigt. Nach seiner Ansicht müssen hybride grafische Informationssysteme integraler Bestandteil in ein Umweltinformationssystem sein.

6. Das GIS als Bestandteil eines Umweltinformationssystems

Überlegungen zum Aufbau von UIS werden zur Zeit in verschiedenen Kommunen und Landesbehörden angestrengt. Der konkreteste Ansatz wird derzeit in Baden-Württemberg umgesetzt. Hier soll ein, in seiner Komplexität einmaliges System realisiert werden, an dem 8 Ressorts der Landesverwaltung beteiligt sind, das alle Umweltbereiche integriert, Aufgaben von der Früherkennung bis hin zur Fachplanung bewältigt, sämtliche Verwaltungsebenen unterstützt und dabei noch eine flächendeckende Aufnahme gewährleistet.
Der Umfang eines solchen Systems ist schwer zu modellieren. Bild 7 soll zumindest einen Eindruck von den wesentlichen Komponenten geben. Dabei muß sich das UIS mit einer großen Menge heterogener Daten auseinander setzen. Die Daten zu den Umweltmedien werden in Listen, Katastern und Karten geführt, aus Luft- und Satellitenbildern gewonnen oder über manuelle bzw. automatisierte Meßnetze erfaßt. Ob die Daten zentral oder dezentral gehalten werden - die Organisation wird immer von einer Zentrale aus geregelt. Dort werden die Kataloge zu den Umweltdaten, den Methoden (Tools) und den Wissensbereichen (Pools) geführt sowie die Kommunikation im Netz und an den Bildschirmen bestimmt.

Die Tools leiten sich aus den zu bewältigenden Aufgaben ab. So sind neben den normalen Schreibtischtätigkeiten und der Dokumentation besonders Prognosemodelle und Planungsinstrumentarien gefragt. Optimale Unterstützung im Verwaltungsablauf können Expertensysteme beisteuern. Gerade bei den Expertensystemen ist der Zugriff auf Pools von Bedeutung. Damit werden zusätzliche interne und externe Datenhaltungen bezeichnet, in denen fachübergreifende und fachspezifische Informationen abgelegt sind.

Die kartographischen Anforderungen werden besonders aus der Dateneingabe und -ausgabe ersichtlich. So lassen sich zu der Beschreibung der Umweltmedien folgende Beispiele herausnehmen:

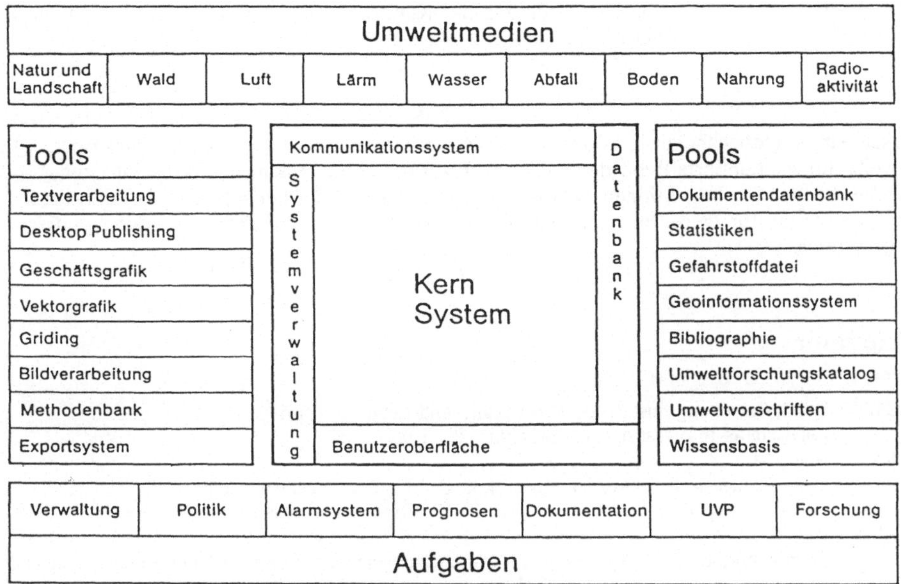

Bild 7.   Komponenten eines Umweltinformationssystems

Natur und Landschaft	Biotopkartierung, Artenschutzkartierung, NSG, LSG, Naturräumliche Gliederung
Wald	Infrarotbefliegung, forstliche Standortkartierung
Luft	Emissions- und Immissionskataster, Flechtenkartierung
Lärm	Lärmschutzzonen, Schallimmissionsplan
Wasser	Gewässergütekarte, Grundwasserabflußmodelle, WSG
Abfall	Altlastenkataster, Deponienverzeichnis
Boden	Bodenversiegelung, Reichsbodenschätzung, Bodenerosion
Nahrung	Viehbesatz, Düngemitteleinsatz, landwirtschaftliche Nutzfläche
Radioaktivität	Trajektoriendarstellung

Die Aufgabenbewältigung verlangt besondere DV-Ausstattungen, die sich für die GIS mit einigen Schlagworten anreißen lassen:

Verwaltung	Expertensysteme zur Erleichterung von Suchanfragen
Politik	Auskunftsbildschirme mit aktueller Lageübersicht
Alarmsystem	Ausbreitungsberechnungen und Katastrophenplan
Prognosen	Zeitkarten zum Test von Hypothesen und Gegenmaßnahmen
Dokumentation	Schnittstellenformat zur Einbindung in die Umweltberichterstattung (DTP)
UVP	Aggregation räumlicher Informationen zur Ermittlung von Ressourcen- und Konfliktpotential

Forschung   Weiterentwicklung der Klassifizierungsansätze in der Satellitenbildauswertung

Dieses Aufgabenspektrum kann vorerst nur als Zielvorstellung angesehen werden. Dennoch sollten diese Überlegung bei der Planung eines GIS in einem UIS mit einfließen. In einer Umweltverwaltung mit umfassendem Aufgabenspektrum könnten diese Anforderungen den Ausbau aller drei Ebenen bedeuten. Stark verwaltungsorientierte Behörden sollten sich auf das „Umweltkataster" konzentrieren, für die mehr analytisch arbeitenden Institutionen geht der Weg zum „Umweltarbeitsplatz". Als übergeordneter Ausbau empfiehlt sich für beide Bereiche der schrittweise Übergang zu einem hybriden grafischen Informationssystems.

7. Literatur

/BFAL82/   Bundesforschungsanstalt für Naturschutz und Landschaftspflege (Hrsg.)
Landschafts-Informationssysteme. NuL 57 (1982) H.12.

/BOCK89/   Bock, M.
Umweltatlas Berlin - Aufbau eines ökologischen Planungsinstruments.
In: Schilcher, M. und Fritsch, D. (Hrsg.) Geo-Informationssysteme. Karlsruhe 1989, S.191-208.

/BRAE89/   Braedt, J.
Satellitenbilder als Baustein eines Informationssystems für Landesplanung und Umweltschutz.
In: Schilcher, M. und Fritsch, D.(Hrsg.)
Geo-Informationssysteme. Karlsruhe 1989, S.247-259.

/DST88/   Deutscher Städtetag (Hrsg.)
Maßstabsorientierte Einheitliche Raumbezugsbasis für Kommunale Informationssysteme (MER-KIS). Köln 1988.

/FRIT88/   Fritsch, D., Schilcher, M. u. Yang,H.
Object Oriented Management of Raster Data in Geographic Information Systems. Int. Arch. Phot. Rem. Sens., 27 (1988), B4, S.538-546.

/GEGG89/   Gegg, G.
Untersuchungen zum Einsatz von Klassifizierungsverfahren in einem hybriden grafischen Informationssystem. Diplomarbeit, München 1989.

/GOEP87/   Goepfert, W.
Raumbezogene Informationssysteme. Karlsruhe 1987.

/HAYD87/   Haydn, R. u. Volk, P.
Erkennen von Umweltproblemen im Luft- und Satellitenbild. GR 39 (1987), H.3, S.316-323.

/KAMM88/   Kammerer, J. u.a.
Hybride Grafik in Geoinformationssystemen. Beiträge zum X. Internationalen Kurs für Ingenieurvermessung, Sonderdruck, München 1988.

/KERL88/   Kerl, I.
Die Integration von Fernerkundungsdaten zum Aufbau von Geo-Informationssystemen für städtische Gebiete. Diplomarbeit, Trier 1988.

/MARK79/   Mark, D.M.
Phenomenon-based data-structuring and digital terrain modelling. Geo-Processing 1 (1979), S.27-36.

/NOUH86/   Nouhuys, J.v.
Ökologischer Planungsansatz Berlin - DV-Konzept. Forschungsbericht 101 04 048 (1986) UBA-FB.

/SCHI85/   Schilcher, M. (Hrsg.)
CAD-Kartographie. Karlsruhe 1985.

/SENA87/   Senator für Stadtentwicklung und Umweltschutz (Hrsg.)
Umweltatlas - Ökologisches Planungsinstrument. Berlin 1987.

/STIE87/   Stiefel, M.
Mapping Out the Differences Among Geographic Information Systems. The S. Klein Computer Graphics Review, Fall 1987, S.73-87.

/WUPP87/   Stadt Wuppertal (Hrsg.)
Umweltschutzbericht 1987.

Verarbeitung von Umweltdaten unter Real-Time-Bedingungen – Konzept und prototypische Realisierung

F. Schmidt (IKE), R. Lütkemeyer (BMU),
J. Lieser (BGA-ZdB),
A. Böhm, G. Hehn, Th. Müller, W. Scheuermann,
V. Sundararaman (alle IKE)
IKE Universität Stuttgart, Pfaffenwaldring 31
7000 Stuttgart-80

Einleitung

Am 31. Dezember 1986 trat das 2. Strahlenvorsorgeschutzgesetz in Kraft. Zweck dieses Gesetzes ist es, zum Schutz der Bevölkerung die Radioaktivität in der Umwelt zu überwachen und die Strahlenexposition der Menschen im Falle von Ereignissen durch angemessene Maßnahmen so gering wie möglich zu halten. Zur Erreichung dieser Ziele wird ein Integriertes Meß- und Informations-System (IMIS) [1] eingerichtet und im Auftrag des BMU durch die Zentralestelle des Bundes (ZdB) betrieben. Wir haben ein Konzept für solch ein System entwickelt und eine prototypische Realisierung wichtiger Komponenten vorgenommen. Konzept und Prototyp werden anhand der Komponenten zur Behandlung von Daten, die in sogenannten Bundesmeßnetzen erhoben werden, vorgestellt. Insbesondere wird auf Datenmodelle und Funktionalitäten eingegangen. Die Struktur von IMIS ist in Abb. 1 zu sehen.

Die Entscheidungszentrale ist beim Bundesminister für Umwelt (BMU) angesiedelt. Dort wird über mögliche Maßnahmen und Empfehlungen entschieden. Dies geschieht auf der Grundlage von Vorarbeiten durch die Zentralstelle des Bundes (ZdB), deren Hauptaufgaben das Sammeln, Zusammenfassen, Aufbereiten und Dokumentieren der Daten sind. In diesem Beitrag konzentrieren wir uns auf den Teilaspekt Aufbereiten von Daten und dort wieder auf die Daten, die aus dem Bundesmeßnetz kommen. Sie spielen insofern eine zentrale Rolle, da aus ihnen zum einen erste Hinweise auf Störfälle (Ereignisfall) erwartet werden und sie zum anderen zur Validierung der restlichen Daten herangezogen werden [2].

Das Informationssystem unterscheidet im wesentlichen zwei Betriebsarten:

1. Normalbetrieb,

2. Ereignisfall (Intensivbetrieb).

Im Normalbetrieb sind keine Empfehlungen nötig. Die anfallenden Daten müssen dann lediglich bewertet, archiviert und in einem Lagebericht zusammengefaßt werden.

Im Ereignisfall steigt die Menge der Meßdaten gegenüber dem Normalbetrieb stark an. Inhalt und Struktur der zu übertragenden Daten ändern sich aber nicht. Zusätzlich werden zur Bewertung der Daten weitere Informationen nötig. Im Ereignisfall müssen daher eine Vielzahl von Daten zwischen dem BMU und der ZdB ausgetauscht werden. Sie umfassen Meßdaten, prognostizierte Daten und abgeleitete (errechnete) Daten. Diese Daten bilden die Grundlage des Bewertungsprozesses und der daraus abgeleiteten Empfehlungen.

Die Bewertung erfolgt unter zeitlichem Druck und muß so schnell erfolgen, daß die empfohlenen Maßnahmen auch rechtzeitig umgesetzt werden können. Dies erfordert die gleichzeitige Verfügbarkeit einer Vielzahl von Daten, Programmen und Erfahrungen. Sie müssen für den Ereignisfall in einer konsistenten Weise integriert sein. Unseren Vorschlag für solch ein integriertes System zur Analyse von Umweltdaten stellen wir im nächsten Abschnitt zur Diskussion. Wir detaillieren ihn durch Aussagen über mögliche Datenmodelle und Funktionalitäten und durch die Kurzbeschreibung unserer prototypischen Umweltanalysestation.

Grundlagen des DV-technischen Designs eines integrierten Systems zur Verarbeitung von Umweltdaten

Ziel der Entwicklung integrierter Systeme ist es, konsistente Analysen komplexer Situationen unter ungewöhnlichen Randbedingungen durchführen zu können. Voraussetzung dazu sind die Verfügbarkeit

- konsistenter Daten in wohlüberlegten Strukturierungen und mit problemangepaßten Datenmodellen;

- konsistenter Programme zur Verarbeitung, Diagnose und Prognose der Daten;

- konsistentes Wissen zur Durchführung der Analysen;

- einer einheitlichen Benutzeroberfläche zur automatischen Erledigung von Routineaufgaben und zur flexiblen Formulierung von Lösungsstrategien von Spezialproblemen;

- flexibler Methoden zur konsistenten Erneuerung von Daten und Wissen und der sie verarbeitenden Methoden.

Eine mögliche Sicht solch eines Systems zeigt Abb. 2. Drei Hauptkomponenten sind erkennbar.

- **Daten und Wissensbanken**

  Sie enthalten zunächst die gemessenen Daten, die sie beschreibenden Informationen und die zugehörigen Fehlerangaben.

  Die zweite wichtige Komponente sind allgemein vorzuhaltende Informationen wie Basiskarten, Stammdaten oder Grundinformation zur Interpretation einzelner Meßwerte.

Schließlich ist eine Bibliothek von Regeln zur Verarbeitung und Verteilung der Daten aufzubauen. Sie enthält nicht nur die zu beachtenden Vorschriften, sondern mittelfristig auch Wissen über die Auswahl und entscheidungsunterstützende Darstellung aktueller Lagekarten.

- **Methoden zum Erwerb und Verarbeitung von Wissen**

  Aufgabe dieser Systemkomponente sind Pflege und Verarbeitung des in der ersten Komponente gespeicherten Wissens. Da sich das Wissen aus Daten, Regeln und Beschreibungen zusammensetzt, sind auch in dieser Komponente entsprechend komplexe Methoden anzustreben. Die Wissensaquisition geschieht zunächst über Abfrage, Verteilung und Archivierung der Daten aus den verschiedenen Netzen. Dies sollte weitmöglichst nach einheitlichen Methoden geschehen.

  Die Verarbeitung des Wissens geschieht mit Modellen, wie sie etwa durch die Computerprogramme PARK [3] oder SPEEDI [4] bereitgestellt werden. Es ist wichtig, solche Modelle nicht nur an das Gesamtsystem anzuschließen, sondern sie in das System zu integrieren, um dadurch Meß- und Rechendaten in konsistenter Form weiterverarbeiten zu können.

  Ein zweites Modell, das schon in der Anfangsphase bereitgestellt werden muß, ist das Modell zur Darstellung von Lageinformationen. Typischerweise erfordert es folgende Schritte:

  o Auswahl der darzustellenden Punkte,

  o Interpolation der Meß- oder Rechenwerte,

  o Umsetzung in aussagekräftige Farbskalen,

  o Darstellung mit Standard-Graphik-Paket.

- **Benutzeroberfläche**

  Der Benutzeroberfläche kommt besondere Bedeutung zu. Sie muß die Basisfunktionalitäten so unterstützen, daß sie auch von nichtwissenschaftlichem Personal routinemäßig durchgeführt werden können. Gleichzeitig muß sie es dem Wissenschaftler erlauben, im Ereignisfall flexible und situationsangepaßte Fragestellungen zu lösen. Dazu sind folgende Komponenten nötig:

  o Ein Optionen-Generator, der zeigt, welche Aktionen im gegenwärtigen System-Status möglich sind, bei Bedarf erklärt, welche Annahmen dazu gemacht wurden und welche Datenanforderungen zu befriedigen sind. Der Optionen-Generator sollte durch Menü- und Help-Systeme realisiert werden. Das Help-System sollte auch Unterstützung bei der Formulierung eigener Problemlösungen bieten. Besondere Aufmerksamkeit verdient dabei die Aktion „Gegenmaßnahmen". Hier muß das System in der Lage sein, die Voraussetzungen zu analysieren, danach mögliche Maßnahmen auszuwählen und schließlich die Abschätzung der Folgen zu unterstützen. Eine Empfehlung durch das System ist mindestens im gegenwärtigen Zeitpunkt nicht vertretbar. Über erste Ansätze zu solch einer Unterstützung haben wir in einem extra Paper [5] berichtet.

o Ein Report-Writer, der insbesondere in der Lage ist, statistische Auswertungen für Routineberichte in Veröffentlichungen und Mitteilungen zu integrieren. Die Darstellung der statistischen Daten sollte tabellarisch und über Business-Graphik möglich sein.

o Ein Konsistenz-Prüfer, dessen erste Aufgabe es ist, ankommende Daten auf Vollständigkeit zu überprüfen, bei unvollständigen Daten entsprechende Anforderungen zu erstellen und Statistiken zu führen. Außerdem soll er in der Lage sein, Modifikationen von Daten zu überwachen und Vergleiche von Daten zu unterstützen .

o Ein Karten-Generator zur Unterstützung von Lagedarstellungen.

o Ein Daten-Verdichter, dessen Aufgabe es ist, Daten für die einzelnen Aufgaben zu selektieren und in der aufgabenspezifischen Art zusammenzustellen.

o Eine Erklärungskomponente, die in der ersten Ausbaustufe ein von jedem Schritt des Arbeitsprozesses aufrufbares Help-System enthält, das sowohl aufgetretene Fehler als auch weitere Schritte erläutert.

Diese Aufgaben sind durch eine Reihe von Basispaketen zu unterstützen. Solche Basispakete sind

1. Datenverwaltungssystem,

2. Modellierungssysteme zur Erstellung von Prognosen,

3. Auswertesystem zur statistischen Analyse,

4. Graphikpaket zur Darstellung der Ergebnisse,

5. Report-System zur Dokumentation,

6. Kommunikationssystem zum Austausch von Informationen,

7. Bewertungssystem zum Vergleich von Alternativen und zur Erstellung von Empfehlungen,

8. Unterstützung bei der Alarmauslösung.

Die Handhabung dieser Systeme erfordert

1. die Integration der Systeme in ein Gesamtsystem;

2. eine Benutzeroberfläche, die Interaktionen wahlweise über Menüs, Formulare und Eingabe erlaubt und vom Benutzer selbst bei Bedarf modifiziert werden kann;

3. Kommunikation über Maus oder Tastastur;

4. ein Fenstersystem, das es erlaubt, gleichzeitig Ergebnisse darzustellen und mit dem System im Dialog zu arbeiten;

5. ein intelligentes Help-System, das zum einen Grundfehler verhindert und zum anderen Erklärungen zur Benutzung des Systems anbietet.

Aus dem Vergleich der Abb. 2 und der Liste der Basissysteme geht hervor, daß ein solches System zur Zeit nicht als geschlossenes System gekauft werden kann. Daher ist es erforderlich, daß bei solchen Systemen Schnittstellen geeignet definiert und offengelegt werden, Änderungsmöglichkeiten bestehen und neue Funktionalitäten zugefügt werden können. Grundprinzipien der modernen Informatik, wie die der Strukturierung, Modularisierung, Abstraktion und Lokalität sind zwingend zu beachten. Nur mit ihrer Hilfe ist es möglich, die Komplexität des Systems zu bewältigen.

Im folgenden werden Anforderungen an solch ein System beschrieben, wie sie durch die Verarbeitung von Daten aus dem Bundesmeßnetz vorgegeben werden. Dies geschieht in zwei Schritten. Zunächst werden die im Rahmen dieses Meßnetzes anfallenden Daten beschrieben. Die Funktionalitäten sind dem Benutzer in Form von Menüs anzubieten, die mit Standard-Menü-Generatoren erstellt werden können. Darauf wird nicht weiter eingegangen.

Daten und Datenmodelle

Daten aus dem Bundesmeßnetz
Durch die am Bundesmeßnetz beteiligten Institutionen werden drei Klassen von Daten an die ZdB übertragen:

1. Meßdaten bzw. geprüfte Meßwerte entsprechend §2 StrVG (alle Daten sind plausibel),

2. prognostizierte Daten,

3. Frühwarndaten (z.B. vom Deutschen Wetterdienst – DWD) von Ereignissen außerhalb der Grenzen von IMIS.

Die Daten müssen weder überprüft noch mit Prognosen verglichen werden. Die Übertragung der Daten an die ZdB soll grundsätzlich auf Veranlassung des Erzeugers und unmittelbar nach Fertigstellung geschehen.

Meßdaten
Alle Meßdaten des Bundesmeßnetzes werden in einem einheitlichen Format übertragen. Charakteristisch für die Daten ist:

1. Meßort, gemessene Größe und Meßverfahren sind je eindeutig vorgegeben.

2. Alle Meßdaten sind mindestens geprüfte Meßwerte und müssen keinen weiteren Plausibilitätskontrollen unterzogen werden.

3. Meßdaten aus einem Teilnetz sind für weitere Bearbeitung lediglich in plausible und nichtplausible Daten zu unterteilen.

Die Meßdaten des Bundesmeßnetzes können bei der ZdB daher unmittelbar nach ihrem Eintreffen archiviert werden.

Prognostizierte Daten
An Prognosedaten fallen an

1. Prognosen etwa der Bundesanstalt für Gewässerkunde,

2. Trajektoriendaten des Deutschen Wetterdienstes,

3. Prognose- und Diagnosedaten des Deutschen Wetterdienstes (DWD).

Prognose- und Diagnose-Daten des DWD werden im selben Format übertragen, da sie aus analogen Modellen abgeleitet werden. Sie unterscheiden sich wie folgt:

Ausbreitungsprognosen sind Berechnungen der Ausbreitung anhand prognostizierter meterologischer Parameter.

Ausbreitungsdiagnosen sind Berechnungen der Ausbreitung anhand bekannter metereologischer Parameter.

Trajektorien und Diagnosen können auch auf Anfrage durch die ZdB erstellt und übertragen werden. Ausbreitungsprognosen werdn nur routinemäßig erstellt und nach ihrer Erstellung durch den DWD direkt an die ZdB übertragen.

Frühwarndaten von Ereignissen außerhalb des Geltungsbereichs von IMIS
Der DWD ist an das GTS (Global Telecommunication System) der WMO (World Meterological Organisation) angeschlossen und erhält von dort

1. Frühwarnungen über Ereignisse mit radiologischer Folge,

2. Ausbreitungsprognosen internationaler Institute.

Bei Eintreffen solcher Warnungen werden diese an die ZdB weitergeleitet. In diesem Fall ist der Intensivbetrieb von IMIS vorzubereiten (Vorwarnstufe).

Datenmodelle
Das Datenmodell ist die funktionale Schnittstelle, die das Datenbanksystem dem Benutzer zur Verfügung stellt und definiert somit alle Möglichkeiten der Strukturierung der Daten und des Zugriffs auf die Daten (Speichern, Ändern und Wiederauffinden).

Das Datenmodell soll es ermöglichen, den betrachteten Ausschnitt der Umwelt möglichst einfach und naturgetreu zu modellieren. Die im letzten Abschnitt genannten Dateninhalte (Meßdaten, Rechendaten, Prognosedaten) sind in ihrer Struktur breit gefächert, so daß kein einheitliches Datenmodell alle Anwendungen gleich gut unterstützen kann. Insbesondere lassen sich die Rechenergebnisse (Matrizen und Vektoren), die Beschreibungen (Texte) sowie die geographischen Daten nur widerstrebend und in sehr unnatürlicher Weise auf die Attribute und Tabellen eines relationen Datenbanksystems abbilden. Erweiterungen am relationalen Datenmodell durch Integration der Datenstrukturen Text und Langes-Feld erscheinen als Notlösung, die das Modell an Anwendungsbereiche anpassen soll, für die es zunächst nicht geeignet ist.

Objektorientierte Datenbanksysteme können dagegen durch ihre abstrakten Datentypen stark divergierende Anwendungsfälle wesentlich besser integrieren: Für jeden der genannten Dateninhalte wird ein eigener abstrakter Datentyp definiert, dessen Operatoren auf einer jeweils für sie zugeschnittenen und nur ihnen bekannten Datenstruktur arbeiten. Beispiele für abstrakte Datentypen sind u.a. Wert, Text, Vektor, Matrix, Polygon, Klasse. (Der Datentyp Vektor eignet sich zur Beschreibung zeitlicher Verläufe. Der Datentyp Matrix ist Grundlage der Darstellung von Lagekarten. Der Datentyp Klasse erlaubt es, Meßdaten zu erfassen und Selektionen vorzunehmen.) Die Operatoren der ADT-Module bieten dem Anwendungsprogrammierer die dem Problem jeweils am besten angepaßte Sicht auf seine Daten, bzw. Operationen zur Manipulation seiner Daten. Die innere Struktur der Datenobjekte sollte so frei definierbar sein, daß auch existierende Software-Werkzeuge mit geringem Aufwand als Operatoren eines neuen ADT-Moduls integriert werden können.

Für den Prototyp stand mit RSYST [6] eine Datenbasis zur Verfügung, die eine hierarchische Strukturierung von Datenobjekten beliebiger interner Struktur erlaubt.

Strukturierung der Daten
Alle gemessenen und gerechneten Daten können durch eine Reihe von Parametern unterschieden werden. Darunter fallen

Quelle der Daten (Bund, Länder, Rechner);

Zeitpunkt der Erstellung (Jahr, Monat, Tag);

Art der Daten (Meßnetz, Meßstelle, Meßmethode, Art der Messung).

Diese Parameter können zur hierarchischen Strukturierung der Daten verwendet werden. Abb. 3 zeigt einen Vorschlag für solch eine Strukturierung der Basisdaten.

Funktionalitäten

Beim Arbeiten mit IMIS sollte zwischen zwei Stati unterschieden werden:

Status 1 Systemmanager oder DB-Administrator,

Status 2 Systemanwender.

Die Hauptaufgaben des Systemmangers sind

- Verwaltung der Strukturen der DB (Archivierung von Daten, Strukturierung von Daten, Festlegung von Datenobjektbeschreibungen);

- Aktualisierung der Daten (Verwaltung der Stammdaten, Verwaltung der Verarbeitungsregeln, Verwaltung der Anwenderberechtigungen).

Der Systemmanager hat alle Privilegien des Systems. Er kann Teilaufgaben und die zugehörigen Privilegien an Teilsystemmanager delegieren. Die Aufgabenverteilung soll anhand einer besonders zu schützenden ID erkannt werden.

Systemanwender sind alle, die mit der Darstellung, Auswertung und Beurteilung von Daten zu tun haben. Entsprechend ihres Aufgabenbereichs sollen sie nur zu Teilen der DB Zugriff haben.

Folgende Funktionalitäten sind auf die aus dem Bundesmeßnetz an die ZdB übertragenen Daten durchzuführen: Archivierung, Selektion, Statistische Auswertung, Darstellung, Transformationen, Modifikationen, Vergleiche.

Alle Funktionalitäten werden routinemäßig nur auf plausible Daten durchgeführt. Sollen auch als nichtplausibel eingestufte Daten behandelt werden, so ist dies vom Benutzer anzugeben. Einmal getroffene Wahlen sind solange gültig, bis der Benutzer sie explizit ändert.

Archivierung

Die im Rahmen des Bundesmeßnetzes zur ZdB übertragenen Daten können direkt archiviert werden. Die Archivierung sollte strukturiert erfolgen. Ein Beispiel für eine mögliche Struktur zeigt Abb. 2. Meßsatz meint dann die übertragenen Daten. Konfliktieren sie mit der Struktur, müssen sie aufgespalten werden. Es ist notwendig, zu prüfen, ob alle erwarteten Daten angekommen sind. Nicht eingetroffene Datensätze sollten über elektronic mail angefordert werden.

Das DB-System zur Archivierung der Daten sollte mit dem zur Verarbeitung der Daten identisch sein, so daß Daten aus dem Archivierungssystem leicht übertragen werden können (siehe auch Transformation). Bei Verwendung optischer Disks entfallen aufwendige Daten-Refresh-Mechanismen.

Selektionen

Selektionen sollen es erlauben, Daten aus räumlichen und zeitlichen Fenstern auszuwählen, weiterzuverarbeiten oder an andere Partner im IMIS weiterzureichen.

Mögliche Selektionen im Rahmen der hier behandelten Daten sind Daten für Länder, Zeitfenster für Auswertung von Verläufen, Auswahl nach vorgegebenen Kriterien (SQL) oder Zusammenfassung von Daten aus verschiedenen Meßnetzen.

Durch die Funktionalität Selektion soll eine neue Teilstruktur aufgebaut werden, die als Blätter gerade die selektierten Datensätze enthält. Für den Fall der Auswahl räumlicher Teilmengen aus der Arbeitsdatenbank sollen zusätzlich auch reduzierte Datenobjekte generiert werden.

Statistische Auswertung

Die Aufgaben des Statistikpaketes sind zeitliche und räumliche Aggregierung von Daten, Angabe von Streuungen, Berechnung von Korrelationen räumlich und zeitlich verteilter Größen (eventuell unter Berücksichtigung einer zeitlichen Verschiebung), Berechnung von Regressionen, Durchführung einfacher Trendanalysen, Verteilungsuntersuchungen.

Die Funktionen des Statistikpaketes sollen auf alle Datensätze der ausgewählten Datenbank angewandt werden, solange sie von derselben Art sind. Es ist deswegen nötig, ein verfügbares Statistikpaket durch entsprechende Schnittstellen zu DB und Benutzeroberfläche in das Gesamtsystem zu integrieren.

Darstellung

Die Anforderungen an das Graphiksystem sind:

1. Das Graphiksystem soll hardware-unabhängig sein, d.h. auf einem Standard wie etwa GKS aufsetzen können.

2. Das Graphiksystem muß Zugang zur Datenbank haben, um zum einen die dort abgelegten Strukturen veranschaulichen zu können und zum anderen die Generierung neuer Strukturen zu unterstützen.

3. Das Graphiksystem sollte objektorientiert arbeiten. Ein graphisches Objekt sollte durch seinen Namen gekennzeichnet werden. Der Name sollte indizierbar sein.

4. Grundfunktionen sollten benutzerfreundlich angeboten werden.

5. Die Vorauswahl der Grundfunktionen sollte in Abhängigkeit der darzustellenden Werte geschehen.

6. Folgende Grunddarstellungen sollten verfügbar sein:

   - Grenzen (etwa Bundesgebiet, Länder, Regierungsbezirke, Kreise);
   - Meßstellen (etwa Orte, Werte numerisch, Werte graphisch);
   - Interpolationen (etwa Netzaufbau anhand aktueller Meßdaten, Netzinterpolation, Kreisinterpolation);
   - errechnete und prognostizierte Daten;
   - Verläufe (etwa zum Vergleich gleicher oder verschiedener Größen).

7. Die Software sollte außerdem folgende Operationen erlauben:

   - Kombinationen graphischer Objekte und daraus erzeugter Darstellungen;
   - Vergleiche etwa von errechneten und gemessenen Daten;
   - Standardprozeduren zur Generierung von Standardbildern.

Transformationen

Das Arbeiten mit den Daten sollte in der Regel nicht über die Archivierungsdatenbank, sondern im Rahmen temporärer Arbeitsdatenbanken geschehen. Dazu ist es notwendig, die Daten zu transformieren. Bei der Transformation soll die Grundstruktur erhalten bleiben. Die Meßsätze sollen aber den Arbeitsanforderungen angepaßt werden. Es ist sinnvoll, in einem Blatt Daten aller Meßstellen zusammenzufassen (Lagedarstellungen).

Diese Daten sollen auch als Grundlage der Übermittlung von Daten anderer Partner dienen. Das Selektionsmenü soll deswegen auch auf diese DB anwendbar sein.

Modifikation

Die Aufgaben der Funktionalität Modifikation sind

> Korrigieren einzelner Werte in Datenobjekten und

> Manipulation von Netzen, Feldern und Vektoren zwecks einheitlicher Darstellung.

Zur Erfüllung der zweiten Aufgabe ist ein Paket mathematischer Grundoperationen auf diese Datenobjekte bereitzustellen.

Die Änderung von Werten in einzelnen Datenobjekten muß in der DB reproduzierbar dokumentiert werden.

Vergleiche

Vergleiche zwischen verschiedenen Arten sollen möglich sein

- numerisch – etwa durch Angabe von Tabellen, Differenzen oder Verhältnissen;
- statistisch – etwa durch Angabe von Korrelationen, Regressionen und Verteilungen;
- graphisch – etwa durch Angabe von Lagebildern, Bildern mit Verteilungen an Meßstellen, Histogrammen, Verläufe von verschiedenen Größen.

Die Aufgabe der Funktionalität Vergleiche ist es, die entsprechenden Daten bereitzustellen, eventuelle Anpassungen wie zeitliche oder räumliche Normierungen durchzuführen und die gewählte Darstellung zu initialisieren.

Der IKE-Prototyp zur Real-Time-Analyse von Umweltdaten

Zum Nachweis der Realisierbarkeit des beschriebenen Konzeptes haben wir einen Prototyp für eine Umwelt-Workstation entwickelt, mit dessen Hilfe wir Forderungen an Software und Hardware von Umwelt-Informationssystemen untersuchen und Teilprodukte realer Systeme auf ihre Funktionalität überprüfen können. Naturgemäß fehlen dem Prototyp wichtige Eigenschaften eines endgültigen Systems. Insbesondere erfüllen seine Benutzeroberfläche und damit die Bedienbarkeit und die Zahl der angeschlossenen Simulationsprogramme nicht alle Forderungen. Trotzdem gibt er eine gute Basis zur Veranschaulichung unserer Vorstellungen und zur Diskussion alternativer Lösungen.

Die Konfigurierung dieses Prototyps ist in Abb. 4 dargestellt.

Begleitend zum Vortrag sollen auf diesem Prototyp folgende Schritte gezeigt werden:

1. Übermittlung von Rohdaten aus Meßnetz nach Eliminierung von Ausreißern

2. Lagedarstellung mittels der Rohdaten

3. Darstellung der aktuellen Lage

4. Ausblenden eines Datensatzes für ein Bundesland

5. Vergleich der aktuellen Lage mit Daten eines Ereignisfalles

6. Simulation eines Ereignisfalles

7. Darstellung des Quell-Terms

8. Darstellung des Windfeldes für Ausbreitungsrechnungen

9. Durchführung von Ausbreitungsrechnungen auf der CRAY-2 in Stuttgart und Erstellen einer Prognose

10. Darstellung des zeitlichen Verlaufs der Prognosedaten

Literatur

[1] Bühling, A.; et al.: Integrated Measurement and Information System for Surveillance of Environmental Radioactivity in F.R.G. Nuclear Europe 3-4 (1988), p. 22

[2] Schmidt, F.; et al.: Konzepte zur DV-gestützten Überwachung der Umweltradioaktivität im Rahmen des Integrierten Meß- und Informationssystems (IMIS) des BMU. Stuttgart: IKE, Oktober 1988 (IKE 4-128)

[3] Müller, H.; et al.: Entwicklung und Einsatz verbesserter, zeitabhängiger Modelle zur Berechnung der potentiellen Strahlenexposition nach Störfällen. Abschlußbericht zu Forschungsvorhaben St.Sch. 798 des BMI (1986)

[4] Masamichi Chino; Hirohiko Ishikawa; Michiaki Kai: SPEEDI, Manual of a Suite of Computer Codes, Code System for Real-time Prediction of Radiation Dose to the Public due to an Accidental Release from a Nuclear Power Plant. RSIC Computer Code Collection, CCC-507 (1987)

[5] Schmidt, F.; Tischendorf, M.: Möglichkeiten der Kontrolle und Analyse von Umweltdaten durch Kopplung von Datenbank- und Expertensystemtechniken. 4. Symposium 'Informatik im Umweltschutz', Karlsruhe, November 1989

[6] Rühle, R.: RSYST als Software-Basis eines einheitlichen Systems für 'Computer-Aided Aerospace Analysis and Design'. Stuttgart. RUS, 1989, Studie.

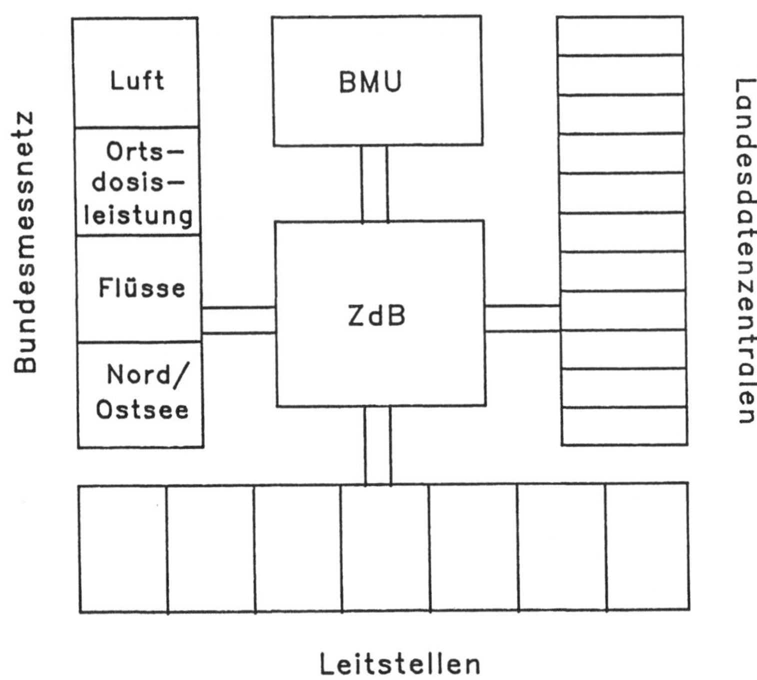

Abb. 1: Struktur von IMIS

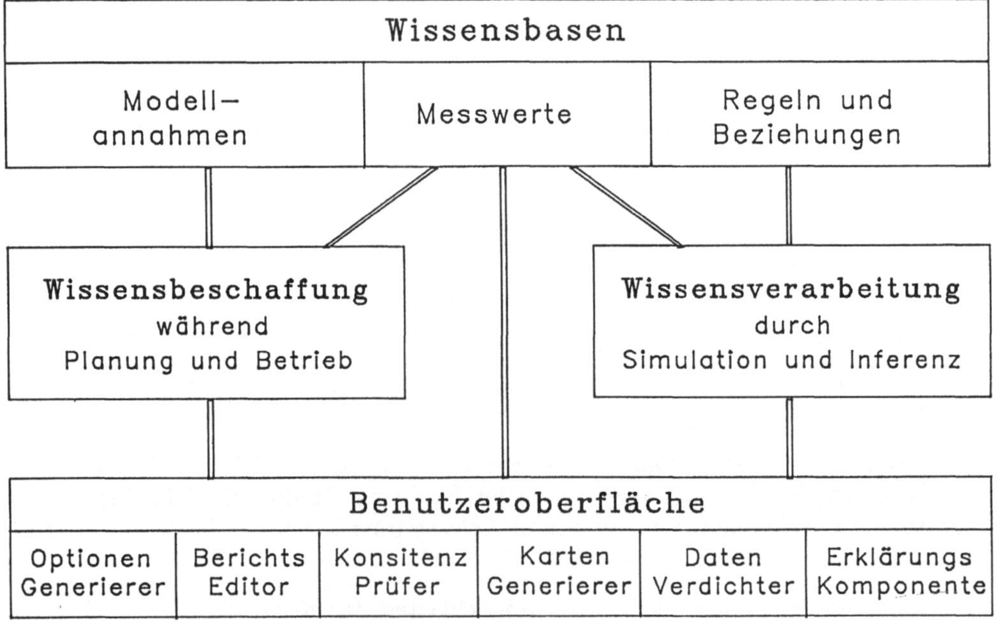

Abb. 2: IMIS als integriertes System

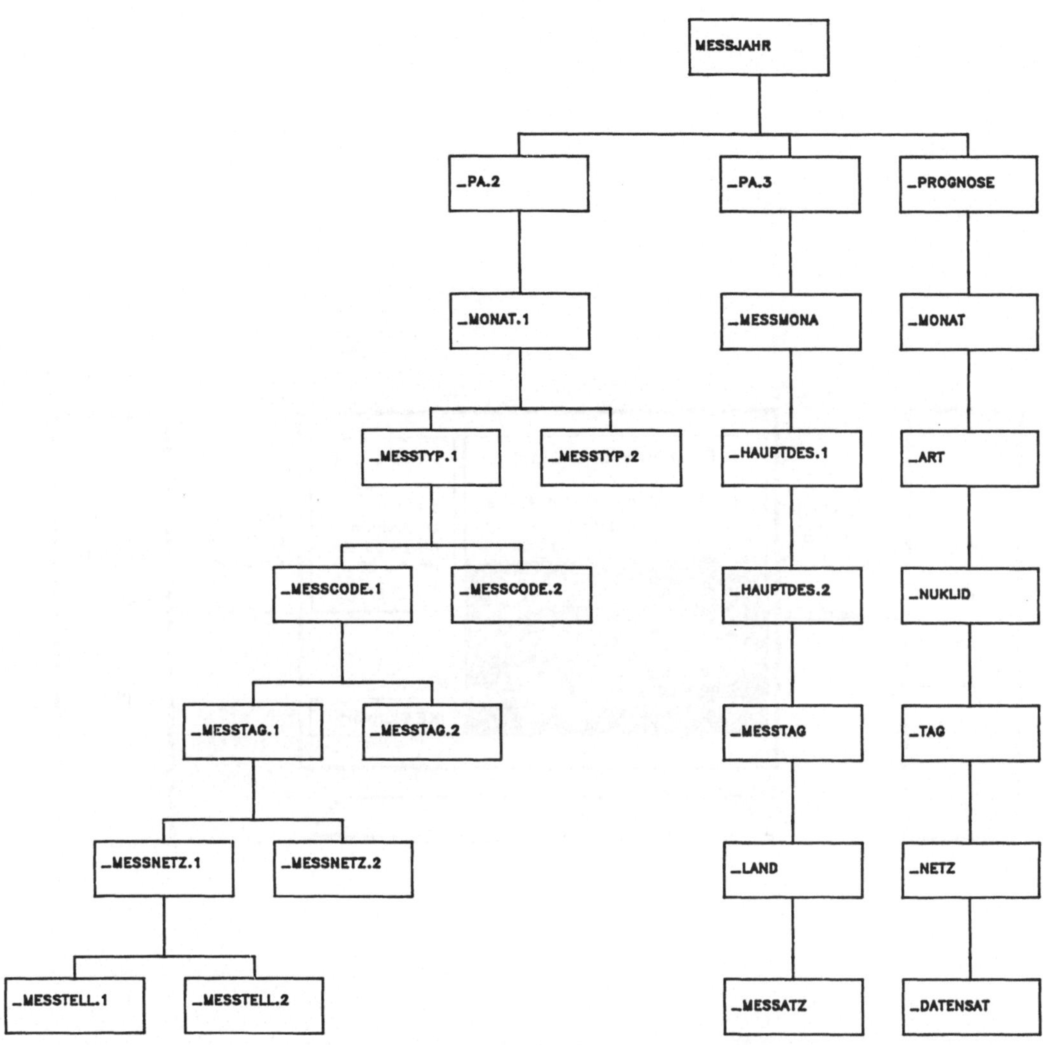

Abb. 3: Basisstruktur für Daten in der IMIS-Datenbank

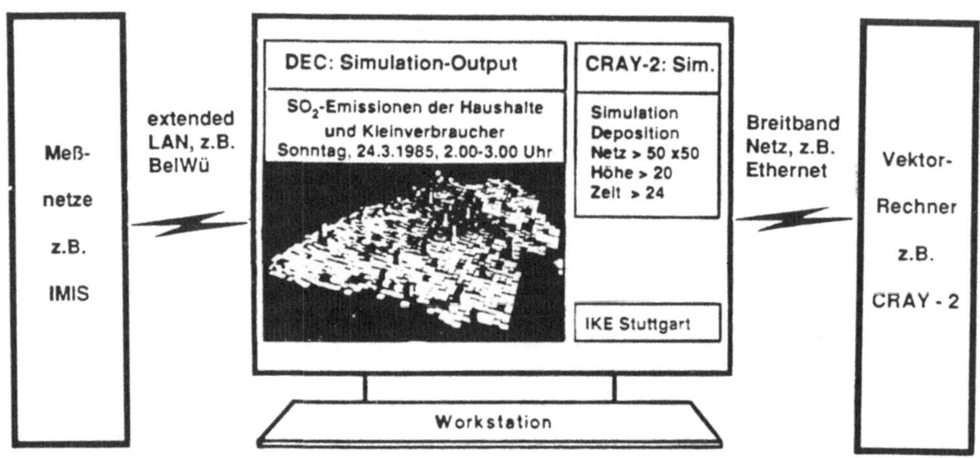

Abb. 4:

IKE-Prototyp eines Arbeitsplatzes zur Analyse von Umweltdaten unter
Real-Time-Bedingungen

Informatik — Fachberichte

Band 150: J. Halin (Hrsg.), Simulationstechnik. 4. Symposium, Zürich, September 1987. Proceedings. XIV, 690 Seiten. 1987.

Band 151: E. Buchberger, J. Retti (Hrsg.), 3. Österreichische Artificial-Intelligence-Tagung. Wien, September 1987. Proceedings. VIII, 181 Seiten. 1987.

Band 152: K. Morik (Ed.), GWAI-87. 11th German Workshop on Artificial Intelligence. Geseke, Sept./Okt. 1987. Proceedings. XI, 405 Seiten. 1987.

Band 153: D. Meyer-Ebrecht (Hrsg.), ASST'87. 6. Aachener Symposium für Signaltheorie. Aachen, September 1987. Proceedings. XII, 390 Seiten. 1987.

Band 154: U. Herzog, M. Paterok (Hrsg.), Messung, Modellierung und Bewertung von Rechensystemen. 4. GI/ITG-Fachtagung, Erlangen, Sept./Okt. 1987. Proceedings. XI, 388 Seiten. 1987.

Band 155: W. Brauer, W. Wahlster (Hrsg.), Wissensbasierte Systeme. 2. Internationaler GI-Kongreß, München, Oktober 1987. XIV, 432 Seiten. 1987.

Band 156: M. Paul (Hrsg.), GI – 17. Jahrestagung. Computerintegrierter Arbeitsplatz im Büro. München, Oktober 1987. Proceedings. XIII, 934 Seiten. 1987.

Band 157: U. Mahn, Attributierte Grammatiken und Attributierungsalgorithmen. IX, 272 Seiten. 1988.

Band 158: G. Cyranek, A. Kachru, H. Kaiser (Hrsg.), Informatik und „Dritte Welt". X, 302 Seiten. 1988.

Band 159: Th. Christaller, H.-W. Hein, M. M. Richter (Hrsg.), Künstliche Intelligenz. Frühjahrsschulen, Dassel, 1985 und 1986. VII, 342 Seiten. 1988.

Band 160: H. Mäncher, Fehlertolerante dezentrale Prozeßautomatisierung. XVI, 243 Seiten. 1987.

Band 161: P. Peinl, Synchronisation in zentralisierten Datenbanksystemen. XII, 227 Seiten. 1987.

Band 162: H. Stoyan (Hrsg.), Begründungsverwaltung. Proceedings, 1986. VII, 153 Seiten. 1988.

Band 163: H. Müller, Realistische Computergraphik. VII, 146 Seiten. 1988.

Band 164: M. Eulenstein, Generierung portabler Compiler. X, 235 Seiten. 1988.

Band 165: H.-U. Heiß, Überlast in Rechensystemen. IX, 176 Seiten. 1988.

Band 166: K. Hörmann, Kollisionsfreie Bahnen für Industrieroboter. XII, 157 Seiten. 1988.

Band 167: R. Lauber (Hrsg.), Prozeßrechensysteme '88. Stuttgart, März 1988. Proceedings. XIV, 799 Seiten. 1988.

Band 168: U. Kastens, F. J. Rammig (Hrsg.), Architektur und Betrieb von Rechensystemen. 10. GI/ITG-Fachtagung, Paderborn, März 1988. Proceedings. IX, 405 Seiten. 1988.

Band 169: G. Heyer, J. Krems, G. Görz (Hrsg.), Wissensarten und ihre Darstellung. VIII, 292 Seiten. 1988.

Band 170: A. Jaeschke, B. Page (Hrsg.), Informatikanwendungen im Umweltbereich. 2. Symposium, Karlsruhe, 1987. Proceedings. X, 201 Seiten. 1988.

Band 171: H. Lutterbach (Hrsg.), Non-Standard Datenbanken für Anwendungen der Graphischen Datenverarbeitung. GI-Fachgespräch, Dortmund, März 1988, Proceedings. VII, 183 Seiten. 1988.

Band 172: G. Rahmstorf (Hrsg.), Wissensrepräsentation in Expertensystemen. Workshop, Herrenberg, März 1987. Proceedings. VII, 189 Seiten. 1988.

Band 173: M. H. Schulz, Testmustergenerierung und Fehlersimulation in digitalen Schaltungen mit hoher Komplexität. IX, 165 Seiten. 1988.

Band 174: A. Endrös, Rechtsprechung und Computer in den neunziger Jahren. XIX, 129 Seiten. 1988.

Band 175: J. Hülsemann, Funktioneller Test der Auflösung von Zugriffskonflikten in Mehrrechnersystemen. X, 179 Seiten. 1988.

Band 176: H. Trost (Hrsg.), 4. Österreichische Artificial-Intelligence-Tagung. Wien, August 1988. Proceedings. VIII, 207 Seiten. 1988.

Band 177: L. Voelkel, J. Pliquett, Signaturanalyse. 223 Seiten. 1989.

Band 178: H. Göttler, Graphgrammatiken in der Softwaretechnik. VIII, 244 Seiten. 1988.

Band 179: W. Ameling (Hrsg.), Simulationstechnik. 5. Symposium. Aachen, September 1988. Proceedings. XIV, 538 Seiten. 1988.

Band 180: H. Bunke, O. Kübler, P. Stucki (Hrsg.), Mustererkennung 1988. 10. DAGM-Symposium, Zürich, September 1988. Proceedings. XV, 361 Seiten. 1988.

Band 181: W. Hoeppner (Hrsg.), Künstliche Intelligenz. GWAI-88, 12. Jahrestagung. Eringerfeld, September 1988. Proceedings. XII, 333 Seiten. 1988.

Band 182: W. Barth (Hrsg.), Visualisierungstechniken und Algorithmen. Fachgespräch, Wien, September 1988. Proceedings. VIII, 247 Seiten. 1988.

Band 183: A. Clauer, W. Purgathofer (Hrsg.), AUSTROGRAPHICS '88. Fachtagung, Wien, September 1988. Proceedings. VIII, 267 Seiten. 1988.

Band 184: B. Gollan, W. Paul, A. Schmitt (Hrsg.), Innovative Informations-Infrastrukturen. I. I. I. – Forum, Saarbrücken, Oktober 1988. Proceedings. VIII, 291 Seiten. 1988.

Band 185: B. Mitschang, Ein Molekül-Atom-Datenmodell für Non-Standard-Anwendungen. XI, 230 Seiten. 1988.

Band 186: E. Rahm, Synchronisation in Mehrrechner-Datenbanksystemen. IX, 272 Seiten. 1988.

Band 187: R. Valk (Hrsg.), GI – 18. Jahrestagung I. Vernetzte und komplexe Informatik-Systeme. Hamburg, Oktober 1988. Proceedings. XVI, 776 Seiten.

Band 188: R. Valk (Hrsg.), GI – 18. Jahrestagung II. Vernetzte und komplexe Informatik-Systeme. Hamburg, Oktober 1988. Proceedings. XVI, 704 Seiten.

Band 189: B. Wolfinger (Hrsg.), Vernetzte und komplexe Informatik-Systeme. Industrieprogramm zur 18. Jahrestagung der GI, Hamburg, Oktober 1988. Proceedings. X, 229 Seiten. 1988.

Band 190: D. Maurer, Relevanzanalyse. VIII, 239 Seiten. 1988.

Band 191: P. Levi, Planen für autonome Montageroboter. XIII, 259 Seiten. 1988.

Band 192: K. Kansy, P. Wißkirchen (Hrsg.), Graphik im Bürobereich. Proceedings, 1988. VIII, 187 Seiten. 1988.

Band 193: W. Gotthard, Datenbanksysteme für Software-Produktionsumgebungen. X, 193 Seiten. 1988.

Band 194: C. Lewerentz, Interaktives Entwerfen großer Programmsysteme. VII, 179 Seiten. 1988.

Band 195: I. S. Bátori, U. Hahn, M. Pinkal, W. Wahlster (Hrsg.), Computerlinguistik und ihre theoretischen Grundlagen. Proceedings. IX, 218 Seiten. 1988.

Band 197: M. Leszak, H. Eggert, Petri-Netz-Methoden und -Werkzeuge. XII, 254 Seiten. 1989.

Band 198: U. Reimer, FRM: Ein Frame-Repräsentationsmodell und seine formale Semantik. VIII, 161 Seiten. 1988.

Band 199: C. Beckstein, Zur Logik der Logik-Programmierung. IX, 246 Seiten. 1988.

Informatik – Fachberichte

Band 200: A. Reinefeld, Spielbaum-Suchverfahren. IX, 191 Seiten. 1989.

Band 201: A. M. Kotz, Triggermechanismen in Datenbanksystemen. VIII, 187 Seiten. 1989.

Band 202: Th. Christaller (Hrsg.), Künstliche Intelligenz. 5. Frühjahrsschule, KIFS-87, Günne, März/April 1987. Proceedings. VII, 403 Seiten. 1989.

Band 203: K. v. Luck (Hrsg.), Künstliche Intelligenz. 7. Frühjahrsschule, KIFS-89, Günne, März 1989. Proceedings. VII, 302 Seiten. 1989.

Band 204: T. Härder (Hrsg.), Datenbanksysteme in Büro, Technik und Wissenschaft. GI/SI-Fachtagung, Zürich, März 1989. Proceedings. XII, 427 Seiten. 1989.

Band 205: P. J. Kühn (Hrsg.), Kommunikation in verteilten Systemen. ITG/GI-Fachtagung, Stuttgart, Februar 1989. Proceedings. XII, 907 Seiten. 1989.

Band 206: P. Horster, H. Isselhorst, Approximative Public-Key-Kryptosysteme. VII, 174 Seiten. 1989.

Band 207: J. Knop (Hrsg.), Organisation der Datenverarbeitung an der Schwelle der 90er Jahre. 8. GI-Fachgespräch, Düsseldorf, März 1989. Proceedings. IX, 276 Seiten. 1989.

Band 208: J. Retti, K. Leidlmair (Hrsg.), 5. Österreichische Artificial-Intelligence-Tagung, Igls/Tirol, März 1989. Proceedings. XI, 452 Seiten. 1989.

Band 209: U. W. Lipeck, Dynamische Integrität von Datenbanken. VIII, 140 Seiten. 1989.

Band 210: K. Drosten, Termersetzungssysteme. IX, 152 Seiten. 1989.

Band 211: H. W. Meuer (Hrsg.), SUPERCOMPUTER '89. Mannheim, Juni 1989. Proceedings, 1989. VIII, 171 Seiten. 1989.

Band 212: W.-M. Lippe (Hrsg.), Software-Entwicklung. Fachtagung, Marburg, Juni 1989. Proceedings. IX, 290 Seiten. 1989.

Band 213: I. Walter, Datenbankgestützte Repräsentation und Extraktion von Episodenbeschreibungen aus Bildfolgen. VIII, 243 Seiten. 1989.

Band 214: W. Görke, H. Sörensen (Hrsg.), Fehlertolerierende Rechensysteme / Fault-Tolerant Computing Systems. 4. Internationale GI/ITG/GMA-Fachtagung, Baden-Baden, September 1989. Proceedings. XI, 390 Seiten. 1989.

Band 215: M. Bidjan-Irani, Qualität und Testbarkeit hochintegrierter Schaltungen. IX, 169 Seiten. 1989.

Band 216: D. Metzing (Hrsg.), GWAI-89. 13th German Workshop on Artificial Intelligence. Eringerfeld, September 1989. Proceedings. XII, 485 Seiten. 1989.

Band 217: M. Zieher, Kopplung von Rechnernetzen. XII, 218 Seiten. 1989.

Band 218: G. Stiege, J. S. Lie (Hrsg.), Messung, Modellierung und Bewertung von Rechensystemen und Netzen. 5. GI/ITG-Fachtagung, Braunschweig, September 1989. Proceedings. IX, 342 Seiten. 1989.

Band 219: H. Burkhardt, K. H. Höhne, B. Neumann (Hrsg.), Mustererkennung 1989. 11. DAGM-Symposium, Hamburg, Oktober 1989. Proceedings. XIX, 575 Seiten. 1989

Band 220: F. Stetter, W. Brauer (Hrsg.), Informatik und Schule 1989: Zukunftsperspektiven der Informatik für Schule und Ausbildung. GI-Fachtagung, München, November 1989. Proceedings. XI, 359 Seiten. 1989.

Band 221: H. Schelhowe (Hrsg.), Frauenwelt – Computerräume. GI-Fachtagung, Bremen, September 1989. Proceedings. XV, 284 Seiten. 1989.

Band 222: M. Paul (Hrsg.), GI-19. Jahrestagung I. München, Oktober 1989. Proceedings. XVI, 717 Seiten. 1989.

Band 223: M. Paul (Hrsg.), GI-19. Jahrestagung II. München, Oktober 1989. Proceedings. XVI, 719 Seiten. 1989.

Band 224: U. Voges, Software-Diversität und ihre Modellierung. VIII, 211 Seiten. 1989

Band 225: W. Stoll, Test von OSI-Protokollen. IX, 205 Seiten. 1989.

Band 226: F. Mattern, Verteilte Basisalgorithmen. IX, 285 Seiten. 1989.

Band 227: W. Brauer, C. Freksa (Hrsg.), Wissensbasierte Systeme. 3. Internationaler GI-Kongreß, München, Oktober 1989. Proceedings. X, 544 Seiten. 1989.

Band 228: A. Jaeschke, W. Geiger, B. Page (Hrsg.), Informatik im Umweltschutz. 4. Symposium, Karlsruhe, November 1989. Proceedings. XII, 452 Seiten. 1989.

Band 229: W. Coy, L. Bonsiepen, Erfahrung und Berechnung. Kritik der Expertensystemtechnik. VII, 209 Seiten. 1989.

Band 230: A. Bode, R. Dierstein, M. Göbel, A. Jaeschke (Hrsg.), Visualisierung von Umweltdaten in Supercomputersystemen. Karlsruhe, November 1989. Proceedings, 1989. XII, 116 Seiten. 1990.

Band 231: R. Henn, K. Stieger (Hrsg.), PEARL 89 – Workshop über Realzeitsysteme. 10. Fachtagung, Boppard, Dezember 1989. Proceedings. X, 243 Seiten. 1989.

Band 232: R. Loogen, Parallele Implementierung funktionaler Programmiersprachen. IX, 385 Seiten. 1990.

Band 233: S. Jablonski, Datenverwaltung In verteilten Systemen. XIII, 336 Seiten. 1990.

Band 234: A. Pfitzmann, Diensteintegrierende Kommunikationsnetze mit teilnehmerüberprüfbarem Datenschutz. XII, 343 Seiten. 1990.

Band 235: C. Feder, Ausnahmebehandlung in objektorientierten Programmiersprachen. IX, 250 Seiten. 1990.

Band 236: J. Stoll, Fehlertoleranz in verteilten Realzeitsystemen. IX, 200 Seiten. 1990.

Band 237: R. Grebe (Hrsg.), Parallele Datenverarbeitung mit dem Transputer. Aachen, September 1989. Proceedings, 1989. VIII, 241 Seiten. 1990.

Band 238: B. Endres-Niggemeyer, T. Hermann, A. Kobsa, D. Rösner (Hrsg.), Interaktion und Kommunikation mit dem Computer. Ulm, März 1989. Proceedings, 1989. VIII, 175 Seiten. 1990.

Band 239: K. Kansy, P. Wißkirchen (Hrsg.), Graphik und KI. Königswinter, April 1990. Proceedings, 1990. VII, 125 Seiten. 1990.

Band 240: D. Tavangarian, Flagorientierte Assoziativspeicher und -prozessoren. XII. 193 Seiten. 1990.

Band 241: A. Schill, Migrationssteuerung und Konfigurationsverwaltung für verteilte objektorientierte Anwendungen. IX, 174 Seiten. 1990.

Band 242: D. Wybranietz, Multicast-Kommunikation in verteilten Systemen. VIII, 191 Seiten. 1990.

Band 244: B. R. Kämmerer, Sprecherunabhängigkeit und Sprecheradaption. VIII, 110 Seiten. 1990.

Band 246: Th. Bräunl, Massiv parallele Programmierung mit dem Parallaxis-Modell. XII, 168 Seiten. 1990

Band 247: H. Krumm, Funktionelle Analyse von Kommunikationsprotokollen. IX, 122 Seiten. 1990.

Band 250: H. W. Meuer (Hrsg.), SUPERCOMPUTER'90. Mannheim, Juni 1990. Proceedings, 1990. VIII, 209 Seiten. 1990.

M0269756

Service-Telefon 0800 - 8 63 44 88

Rufen Sie uns an, wenn Sie Fragen zum Einsortieren der Folgelieferung haben, wenn Ihnen Folgelieferungen fehlen, oder wenn Ihr Werk unvollständig ist.
Wir helfen Ihnen schnell weiter!

Der Inhalt dieser Folgelieferung

Titel des Beitrags	aktualisiert	neu, bzw. erweitert	Seiten
Aktuelles		X	20
Das »House of Ecology« als Leitbild zur Realisierung des Integrierten Umweltschutzes		X	14
Externes Operatives Umweltmanagement Teil 11: Ökologische Dienstleistungen in der Unternehmenspraxis		X	23
Umwelt-Controlling Teil 4: Produkt-Life-Cycle-Management: Eco-Design und Rückführlogistik		X	20
Umwelt-Controlling Teil 8: Kriterien für nachhaltiges Wirtschaften		X	20
Dokumentation des betrieblichen Umweltschutzes Teil 3: Prozessorientierte integrierte Managementsysteme	X		16
Adressen Teil 1: Verbände und Organisationen	X		19
Diverse Verzeichnisse	X		21
Gesamt			153

Vorgesehener Seitenpreis (inkl. 7 % MwSt.) ca.: DM 0,60
Diese Folgelieferung: Preis DM 95,–; Seiten: 153; tatsächlicher Seitenpreis (inkl. 7 % MwSt.): DM 0,62

Aktuelles

Überblick über wichtige Nachrichten der letzten Monate für Abonnenten des SpringerLoseblattSystems »Betriebliches Umweltmanagement« bis Mai 2000.
RALF BINDEL, GERHARD KAMINSKI, ULRICH LUTZ, MARTINA NEHLS-SAHABANDU

Editorial

Haben Sie, verehrte Leserinnen und Leser schon einmal etwas von »PIUS« gehört? Wenn nicht, so brauchen Sie deswegen kein schlechtes Gewissen haben! Der Ausdruck steht für »Produktionsintegrierter Umweltschutz« und ist – leider – vielen Mitarbeitern von Betrieben noch immer unbekannt. Dabei ist für viele verantwortliche Politker PIUS durchaus der richtige Ansatz für eine zukünftige Umweltpolitik. Bärbel Höhn, Umweltministerin in NRW meint dazu:

»Wir müssen wegkommen von dem nachsorgenden Umweltschutz mit den End-of-Pipe-Technologien, sondern müssen die Probleme gleich bei der Produktion anpacken und lösen«. Daraus ist zu folgern, dass wohl die Zeiten von Müllverbrennungsanlagen und Großklärwerken, die ja am Ende der Produktion stehen, zu Ende gehen.

Produktionsintegrierter Umweltschutz, insbesondere recssourcensparende Technologien, schaffen nach Einschätzung zahlreicher Experten auch zukunftsorientierte Arbeitsplätze. Helmut Kaiser, Chef der gleichnamigen Umweltberatung aus Tübingen, kann das mit Zahlen und Fakten belegen. Hatten die heimischen Hersteller jahrelang auf den internationalen Umwelttechnik-Märkten die Nase vorn, so sank nach den Berechnungen von Helmut Kaiser der deutsche Weltmarktanteil 1998 auf 18 Prozent ab. Japan und die USA kamen auf jeweils 19 Prozent. Den Grund für diese Verschiebung sieht er darin, dass die etablierten, aber weniger wachstumsstarken, nachsorgenden End-of-Pipe-Techniken hiesiger Produktionen von anderen Ländern mit export- und wettbewerbsfähigeren Produkten aufgeholt, um nicht

Abb. 1: *Dr. Ulrich Lutz*

zu sagen überholt wurden. Neue Trends werden künftig den Markt bestimmen, vor allem, so Kaisers Prognose, die Einsparung von Rohstoffen und Energie.

Klaus Steilmann, Chef der gleichnamigen Textilgruppe in Wattenscheid und Mitglied im Club of Rome bedauert, daß viele Betriebe Umweltschutz, auch produktionsintegrierten Umweltschutz, zuallererst mit zusätzlichen Kosten verbinden würden. Für ihn liegt diese falsche Einschätzung an fehlendem Wissen vor allem bei kleineren und mittleren Unternehmen. Dass dies in der Tat so ist, belegt eine Untersuchung des Frauenhofer Institus für Produktionstechnologie in Aachen. Danach haben Unternehmen mit mehr als 1000 Beschäftigten längst die Kostenvorteile von ressourcenschonenden und schadstoffarmen

Produktionsprozessen erkannt. Dagegen tun sich insbesondere Firmen mit unter 100 Beschäftigten schwer damit, ökologischen und ökonomischen Nutzen zu verbinden. Nach Einschätzung des Projektleiters Michael Leiters haben diese Firmen oft genug nicht die personellen und finanziellen Möglichkeiten, sich über das aktuelle Wissen zu informieren. Um diese Informationsdefizite von kleineren Betrieben abzubauen, empfehlen die Aachener Forscher nicht nur den Aufbau von Referenzdatenbanken, sondern auch die Entwicklung einfacher Computerprogramme, die an bestehende Unternehmenssoftware angebunden werden kann.

In diesem Sinne versuchen auch wir mit unserer neuen Folgelieferung mögliche Wissenslücken zu schließen. Vor allem drei neue Artikel, die für die oben andiskutierten Probleme eine Lösungsalternative bieten, kann ich Ihnen empfehlen: Produkt-Life-Cycle-Management von Dr. Rolf Steinhilper, Kriterien für nachhaltiges Wirtschaften von Sabine Braun und Prozessorientierte Integrierte Managementsysteme von Peter Leinwand und Helmut Reichenecker. Alles Artikel und Berichte von Praktikern, für die produktionsintegrierter Umweltschutz kein Fremdwort ist.

ULRICH LUTZ (Herausgeber)

Interview: Die Praxis der Deregulierung

Wie sieht es nach sieben Jahren EMAS aus mit den immer wieder geforderten Erleichterungen für Unternehmen? Martina Nehls-Sahabandu sprach mit Dr. Michael Valet vom Ministerium für Umweltschutz und Verkehr in Baden-Württemberg über Praxis und Perspektive der Zusammenarbeit von Behörden und Unternehmen.

Redaktion: Herr Dr. Valet, wie sehen Sie als Behördenvertreter die Forderung der Wirtschaft nach Deregulierung? Gibt es für nach EMAS validierte Unternehmen konkrete Erleichterungen?

Abb. 2: *Dr. Peter-Michael Valet, Leitender Ministerialrat Ministerium für Umweltschutz und Verkehr, Baden-Württemberg*

Valet: Vorab würde ich gern feststellen, dass aus meiner Sicht Umweltmanagement immer lohnend ist. Man sollte das nicht so sehr an Deregulierung aufhängen, sondern sich eher an der Einsparung von Betriebskosten und am Nutzen für unsere Umwelt orientieren. Die Forderung nach Deregulierung wird in der Regel von Wirtschaftsverbänden erhoben, seltener von den Unternehmen selbst. Ein Grund hierfür ist, dass durch das bundesweite Vollzugsdefizit bei den Behörden das Verhältnis zwischen Betrieb und Aufsichtsbehörde/Genehmigungsbehörde nicht mehr so eng ist, wie es vielleicht vor zehn Jahren war. Ein weiterer Grund ist, dass überall dort, wo EMAS wirklich umgesetzt wurde, meist schon eine sehr gute Umweltschutzorganisation bestand bzw. besteht. Diese Betriebe werden schon heute von den Behörden »privilegiert«. Sie genießen Vertrauensvorschuss und es wird ihnen im Rahmen des Ermessensspielraums bereits einiges »nachgelassen«. Das betrifft Eigenleistungen in Form von ordnungsrechtlichen äquivalenten Leistungen, früher gerne mit funktionale Äquivalenz bezeichnet, z.B. im Bereich Messen oder bei den Berichtspflichten. Möglichkeiten der ordnungsrechtlichen Deregulierung gibt es derzeit noch nicht.

Redaktion: Wird es auf Bundesebene Substitutions- oder Deregulierungsansätze geben?

Valet: Die Umweltministerkonferenz hat im November vergangenen Jahres den Bund aufgefordert, die erforderlichen Rahmenbedingungen im Ordnungsrecht zu schaffen, damit die für den Vollzug zuständigen Länder tatsächlich Überwachungsmaßnahmen durch Eigenkontrolle oder Dokumentations- und Berichtspflichten ersetzen bzw. erlassen können. Das heißt, der Bund muss im Gesetz die nach EMAS validierten Unternehmen privilegieren. Der Bundesumweltminister hat den Ländern zugesagt, dies auch im Rahmen der jetzt anstehenden Umsetzung der IVU-Richtlinie und der UVP-Änderungsrichtlinie in nationales Recht zu tun. Ursprünglich war das im Umweltgesetzbuch mit der sogenannten Privilegierungsverordnung vorgesehen. Das Ganze hat aber natürlich auch eine ideologische Komponente: Will die politisch oberste Behörde, die für den Umweltschutz verantwortlich ist, der Wirtschaft einen Vertrauensvorschuss einräumen, oder nicht?

Redaktion: Welche Möglichkeiten bestehen auf Länderebene?

Valet: Prinzipiell können die Länder nur dort, wo ihnen Ermessen eingeräumt ist, auch etwas tun. Ein Beispiel aus Baden-Württemberg: Im Paragraph 28 BImSCHG heißt es, dass Messungen bei genehmigungsbedürftigen Anlagen nach Ablauf von drei Jahren angeordnet werden können. Wir verzichten bei nach EMAS validierten Betrieben in der Regel

darauf. Das geht dann, wenn das Gesetz nicht sagt, »man muss«, sondern »man kann«. Das ist der Ermessensspielraum, in dem wir uns bewegen – mehr können die Länder nicht tun. Grundlage für die ersten Substitutions- und Deregulierungsansätze war ein Umweltministerkonferenz-Papier, an das sich die Länder, mehr oder weniger stringent in einem Nord-Süd-Gefälle, gehalten haben. Jetzt ist der Bund am Zug.

Redaktion: Haben die Behörden Vorbehalte gegenüber Substitutions- oder Deregulierungsmaßnahmen?

Valet: Ja und Nein. Der kritische Punkt der Diskussion ist Artikel 3a der EWG-Verordnung Nr. 1836/93, der »Öko-Audit-Verordnung«, in dem steht, dass der Betrieb die Einhaltung aller einschlägigen Umweltvorschriften nachweisen muss. Wie kann ein Unternehmen diesen hohen Anspruch tatsächlich realisieren? Die zweite Frage ist, ob ein Umweltgutachter das auch hundertprozentig prüfen und nachweisen kann. Der Haken ist also, dass die Behörde, wenn sie auf etwas verzichten möchte, unterstellen muss, dass der Betrieb alle einschlägigen Vorschriften einhält. Nur dann besitzt sie mit gutem Gewissen ein Ermessen, etwas nicht einzufordern. Nirgendwo ist bisher jedoch geregelt, was passiert, wenn etwas passiert. Inwieweit wird der Beamte, die Behörde, in die Pflicht genommen, wenn gegebenenfalls wider besseren Wissens dem Betrieb etwas nachgelassen wurde, wegen EMAS ggf. nachgelassen werden musste, und es zu Unregelmäßigkeiten kommt? Das steht bisher nicht im Gesetz oder in einem Entwurf zur EMAS-Privilegierung und ist wohl auch nicht beabsichtigt. Die Behörden bzw. Beamten haben mit falschen Entscheidungen schon genügend schlechte Erfahrungen gemacht. Niemand hat sich bisher vor sie gestellt, wenn sie einmal ihren Spielraum ausgenutzt haben und es ist dann etwas schiefgegangen. Die Folge ist, wir haben eher ängstliche und vorsichtige Beamte, die eher zu akribisch als großzügig agieren, obwohl sie vielleicht anders könnten. Die Verantwortung bleibt bei der Person des Beamten, der die Erleichterungen einräumt. Wir haben aber auch in der Vergangenheit unsere Erfahrungen mit unterschiedlichen Betrieben gemacht. Tatsache ist, es gibt auditierte Betriebe mit ganz ausgesprochen schlechtem Image und Betriebe, denen wir auch ohne Validierung einen Vertrauensvorschuss geben konnten und können.

Redaktion: Was können Unternehmen tun, um die Zusammenarbeit mit den Behörden zu verbessern?

Valet: Probleme zwischen Behörden und Betrieben sind eigentlich zuerst Kommunikationsschwierigkeiten, die meistens leicht aufgelöst werden können. Aber es gibt neuerdings – und das ist leider auch eine umweltpolitische Entwicklung – eine ganze Reihe von Unter-

nehmen, die allzuschnell mit den Totschlagargumenten »Wirtschaftsstandort« oder »Arbeitsplatzgefährdung« kommen, wenn ein Beamter nichts Anderes einfordert, als das, was das Gesetz verlangt. Ich erinnere mich an Zeiten, in denen Behörden mit ähnlicher Arroganz an die Betriebe herangetreten sind. Der Wind hat sich eben gedreht. Ein anderer Fall ist, dass bei den Betrieben häufig alles hopplahopp gehen muss, eine Behörde oder ein Beamter ist dann oft überfordert und reagiert schlecht, vielleicht sogar falsch, was dann auch zu Lasten des Unternehmens gehen kann. Wenn dagegen ein Unternehmen, gleichgültig, ob es sich um eine Genehmigung oder ein Problem innerhalb des Betriebsablaufs handelt, relativ früh auf die Behörde zugeht und der Behörde Gelegenheit gibt, sich Gedanken zu machen, lassen sich die Schwierigkeiten meistens aus der Welt schaffen. Mit etwas gutem Willen, Verständnis füreinander und Fairness könnten wir die »Schieflagen« in den Griff bekommen. Das ist meine Antwort.

In der 9. Verordnung zum BImSchG, als Ergänzung zu Paragraph 10 des BImSchG (Genehmigungsverfahren) ist die Pflicht der frühen informellen Kontakte bei Genehmigungsverfahren beschrieben. Ohne dass man im Grunde genommen schon etwas Entscheidungsreifes auf dem Tisch hat, sollte das Unternehmen nennen, was es vorhat und die Randbedingungen dazu abfragen. Diese informellen Gespräche kann man in allen Bereichen führen. Das Unternehmen erhält mit diesem Gespräch auch eine gewisse Rechtssicherheit. In Baden-Württemberg hat der Dialog mit auditierten Unternehmen interessanterweise gezeigt, dass die nicht mehr vorhandene Behördenpräsenz auch eine gewisse Rechtsunsicherheit bedeutet. Denn wer sagt denn nun, dass alles ok ist? Der Justitiar des Unternehmens sicherlich nicht, denn er kann es nicht wissen. Er kommt erst hinzu, wenn das Kind in den Brunnen gefallen ist. Frühe Kontakte sind für den Betrieb und für die Behörden von großer Bedeutung, weil dann richtig und langfristig entschieden werden kann.

Redaktion: Muss auf Seiten der Behörden auch etwas verbessert werden?

Valet: Durchaus. Auch umgekehrt gehören vertrauensbildende Maßnahmen dazu. Man muss in den Behörden ein Management einrichten, das dem Unternehmer einen relativ leichten Zugang zu Fragen und Antworten ermöglicht. Die Behörde muss dazu personell entsprechend qualifiziert und technisch gut ausgestattet sein und darf sich nicht auf die Kernarbeitszeiten berufen. Ich weiß, dass das leider ein frommer Wunsch ist. Bei der derzeitigen Personaleinsparung können wir ein echtes Verwaltungsmanagement kaum mehr realisieren. Wir bemühen uns zwar immer

wieder, qualifizierte Projektgruppen auf die Beine zu stellen. Häufig werden diese aber – kaum dass sie stehen – wieder auseinander gerissen, um woanders personelle Löcher zu stopfen, was eindeutig zu Lasten der Unternehmen geht. Eine bewusste Öffnung bei den Behörden ist aber deutlich zu spüren. Eine Umfrage bei der Wirtschaft in Baden-Württemberg brachte z.B. eine ausgesprochen positive Resonanz für den Dienstleister »Gewerbeaufsicht« als Technische Fach- und Überwachungsbehörde. Die staatliche Gewerbeaufsicht in Baden-Württemberg wurde in ihrem Bemühen und in ihren Leistungen anerkannt. Man kann das also schaffen. Dazu müssen aber die Mitarbeiter ständig und immer wieder aus- und weitergebildet werden. Ebenso müssen die Maßstäbe für effizientes Handeln regelmäßig überarbeitet werden und wir müssen uns daran immer wieder neu ausrichten.

Redaktion: Herr Dr. Valet, vielen Dank für das Gespräch.

Nachrichten

**Umweltdaten von
Industrieunternehmen einsehbar**

Die EU-Kommission in Brüssel hat kürzlich die Einführung eines Europäischen Schadstoffemissionsregisters (ESER) beschlossen. In diesem Register werden Angaben über Emissionen von 50 charakteristischen Schadstoffen, die aus Industrieanlagen in Luft und Wasser gelangen, enthalten sein. Ab Juni 2003 sind die Mitgliedsstaaten verpflichtet, alle drei Jahre entsprechende Daten an die Kommission zu übermitteln.

Mit ESER werden in Deutschland erstmals Emissionsdaten von Industrieunternehmen der Öffentlichkeit zugänglich gemacht. Jeder Bürger kann sich damit, z.B. über das Internet, über Emissionen gefährlicher Schadstoffe wie Dioxine und Schwermetalle aus Industrieanlagen informieren. Bundesumweltminister Trittin: »Mit dieser neuen Transparenz wird das Recht der Bürger auf Umweltinformationen gestärkt und das Mitwirken bei der Verbesserung der Umweltsituation erleichtert.« Trittin erwartet, dass die Unternehmen verstärktes Augenmerk auf ihr Umweltmanagement richten werden.

Rechtsgrundlage für den Aufbau des ESER ist die Richtlinie über die integrierte Vermeidung und Verminderung der Umweltverschmutzung (IVU-Richtlinie). Von dieser Richtlinie werden alle umweltrelevanten Industriebereiche erfasst. Die Liste der 50 Schadstoffe enthält sowohl Klimagase als auch krebserzeugende bzw. toxische organische Stoffe, Schwermetalle und weitere Umwelt gefährdende Schadstoffe. Betreiber von Industrieanlagen müssen die Emissionen eines Schadstoffs melden, sobald ein bestimmter Schwellenwert überschritten ist. Die Schwellenwerte sind so festgelegt, dass europaweit etwa 90 Prozent der gesamten Emissionsmenge eines Schadstoffs erfasst werden. Für die nationale Umsetzung des ESER-Projekts sind eine Novellierung der 11. Bundesimmissionsschutz-Verordnung sowie Änderungen der Landeswassergesetze erforderlich.

Info: Bundesumweltministerium, Alexanderplatz 6, 10178 Berlin, Tel.: 030/28550-2010, presse@bmu.de

Ökosteuer: Hoffnung und Trauer
Anlässlich des ersten Jahrestages des Inkrafttretens der Ökologischen Steuerreform ziehen der Bund für Umwelt und Naturschutz Deutschland (BUND) und der Bundesverband der Deutschen Industrie (BDI) eine gemischte Bilanz. Die Umweltwächter betonen, dass der Einstieg in das vielversprechende Reformprojekt nach Jahren der Blockade zuerst einmal positiv sei. Viele Mängel und halbherzige Kompromisse im Ökosteuer-Gesetz müssten jedoch dringend nachgebessert werden. An erster Stelle fordert der BUND eine ökologische und gerechte Umgestaltung der Ermäßigungsregeln für die Wirtschaft. Der BUND hat Reformvorschläge für das Ökosteuergesetz vorgelegt, nach denen Unternehmen aller Branchen abhängig von ihrer Energieintensität differenzierte Ermäßigungen erhalten können. Besonders stört den BUND, dass Großunternehmen bis zu 95 Prozent Ökosteuer-

Ermäßigungen erhalten, während Privatverbraucher und kleine Handwerksbetriebe die vollen Sätze übernehmen. Ökologisches Verhalten müsse sich stärker lohnen und Energieverschwendung dürfe nicht weiter gefördert werden, so seine Forderung. Die einmalige Chance, mit der Steuer langfristig Innovationen und zukunftsfähige Arbeitsplätze am Standort Deutschland zu fördern, dürfe die Bundesregierung nicht verspielen. Je deutlicher und berechenbarer die Anhebungen der Steuersätze ausfallen, desto stärker ist dieser Effekt. Positiv beurteilt der BUND die Laufzeit des Ökosteuer-Gesetzes bis zum Jahr 2003. Kontraproduktiv seien hingegen die angekündigten Nullrunden bei der Heizöl- und Erdgassteuer, die fehlende Primärenergie-Besteuerung von Kohle und Uran und die gegenüber der ersten Stufe auf ein Viertel reduzierte Steigerung der Stromsteuer. Nur beim Benzinpreis ist eine geringfügige und stetige Steigerung geplant. Damit erhöhen sich die deutschen Benzinpreise innerhalb der Europäischen Union bis 2003 von Platz 9 lediglich auf Platz 6. Hans-Olaf Henkel, Präsident des Bundesverbandes der Deutschen Industrie (BDI) zeigte sich ebenfalls enttäuscht: »Dieser Jahrestag ist kein Jubeltag.« Die versprochene »doppelten Dividende« aus höheren Steuern auf Mineralöl, Strom und Heizöl bei gleichzeitiger Subventionierung der Sozialversicherungsbeiträge sei ausgeblieben, so seine

Kritik. Rund 25 Prozent der Einnahmen aus den neuen Steuerbelastungen würden im allgemeinen Bundeshaushalt verschwinden. Er forderte Mut für eine Umkehr und bezeichnete eine Erhöhung der Abgabenlast als falschen Weg. »Während überall um uns herum die Energiepreise infolge der Liberalisierung der Energiemärkte fallen, wird in Deutschland umso stärker vom Staat zugelangt.«

Info: BUND, Tel.: 030/27586-433, ·
www.bund.net; BDI, Tel.: 030/2028-1566,
www.bdi-online.de.

Umweltgutachten 2000

Am 10. März 2000 hat der Umweltrat der Bundesregierung sein »Umweltgutachten 2000 – Schritte ins nächste Jahrtausend« übergeben. Nach dem Regierungswechsel im Jahre 1998 und der Übernahme des Umweltministeriums durch Bündnis 90/Die Grünen waren die Erwartungen an die Umweltpolitik besonders hoch. Von einer Aufwertung der Umweltpolitik könne bisher allerdings nicht die Rede sein, heißt es im Bericht. Die Umweltweisen kritisieren, dass durch die besondere Hervorhebung der Themenbereiche »Ausstieg aus der Atomenergie« und »Ökologische Steuerreform« andere umweltpolitische Themen in den Hintergrund gedrängt worden seien. Die Bundesregierung wird aufgefordert, auch anderen Umweltproblemen das notwendige Gewicht zuzumessen und in der Öffentlichkeit die Dringlichkeit entsprechender Maßnahmen zu vermitteln. Zur ökologischen Modernisierung im Sinne einer innovations- und beschäftigungsorientierten Strategie sei ein Konsens innerhalb der Bundesregierung über den Stellenwert der Umweltpolitik unerlässlich. Zudem müsse die Richtung der ökologischen Steuerreform korrigiert werden. Das von der Bundesregierung gewählte Ökosteuerkonzept lasse sich systemimmanent verbessern, um den umweltpolitischen Zielen, insbesondere der Reduzierung der CO_2-Emissionen um 25 % bis zum Jahr 2005, stärker Rechnung zu tragen. Die Empfehlungen gehen dahin, die Steuersätze auch nach dem Jahr 2003 solange weiter zu steigern, bis sie die gewünschte Wirkung zeigen. Pauschale Ausnahmen und gegenläufige Subventionen sollen abgebaut werden. Neu und richtungsweisend ist der Vorschlag des Umweltrates, die Stromsteuer für jeden Erzeuger individuell zu berechnen, abhängig vom Verhältnis von fossilen und nuklearen Energieträgern zu erneuerbaren Energieträgern. Weitere Kritikpunkte sind das verfassungsrechtliche Problem der Gesetzgebungskompetenz und die erheblichen Defizite im Naturschutz. Nach Auffassung des Umweltrates sollte der Naturschutz auf etwa 10 bis 15 % der Landesfläche absoluten Vorrang genießen. Erneut mahnt der Umweltrat zu einem sorgsamen Umgang mit der Ressource Boden. Langfristig sollte sogar

eine Inanspruchnahme neuer Flächen ausgeschlossen werden. Das umweltpolitisch immer wieder genannte Ziel einer Reduzierung auf 30 ha/Tag sollte nur ein Zwischenziel sein. Das Umweltgutachten bewertet viele weitere Aspekte der Umweltpoltik wie Gentechnik und Nachhaltige Entwicklung und macht Vorschläge zur Verbesserung.

Umweltgutachten 2000 –
Schritte ins nächste Jahrtausend
Verlag Metzler-Poeschel,
voraussichtlich 84 DM, www.umweltrat.de.

Mit PIUS zur Effizienz

Nordrhein-Westfalens Unternehmen haben es gut. Sie haben die Effizienz-Agentur NRW, die sich um die Einführung des Produktionsintegrierten Umweltschutzes (PIUS) bemüht. Ein erster Kongress zum Thema stieß im Februar auf reges Interesse von Politik, Wirtschaft und Forschung. Die Teilnehmer der Podiumsdiskussion waren sich einig: Unternehmensbeispiele zeigten, dass PIUS die Wettbewerbsfähigkeit steigere und so den Unternehmen nutze. In NRW setzt man bei ökologischen Innovationen und der Schaffung von Arbeitsplätzen auf die kleinen und mittelständischen Unternehmen. Die Effizienz-Agentur steht den Unternehmen dabei mit Rat und Tat zur Seite. Im PIUS-Check werden in Zusammenarbeit mit externen Beratern die Potenziale für produktionsintegrierte Maßnahmen ermittelt. Die Kosten der Beratung werden zu 70 Prozent von der Effizienz-Agentur übernommen. Auch bei der Suche nach Finanzierungsmöglichkeiten zur Realisierung solcher Maßnahmen hilft die Effizienz-Agentur. Insgesamt gibt es mehr als 30 Programme des Landes, des Bundes und der EU, die Fördermöglichkeiten für KMU bei produktionsintegrierten Umweltvorhaben bieten, betonte Bankdirektor Dr. Peter Fleischer von der Investitionsbank NRW. Viele Unternehmen setzen sinnvolle Umweltvorhaben und die Entwicklung öko-intelligenter Produkte nicht um, weil sie aufgrund aufwendiger Antragswege mögliche Förderungen nicht beanspruchen. Beratungen von Effizienz-Agentur und Investitionsbank sollen ihnen die Scheu nehmen.

Also auf zur Effizienz-Agentur!

Effizienz-Agentur NRW, Mülheimer Straße 100, 47057 Duisburg, Tel: 0203/378 79-3, Fax: -44, www.efanrw.de

Greenpeace Niederlande kauft Shell-Aktien für 250 000 Euro

Greenpeace Niederlande hat der Forderung nach Solarstrom durch den Kauf von Aktien Nachdruck verliehen. Mit rund 500.000 DM haben sich die Umweltschützer an dem britisch-niederländischen Ölmulti Shell per Aktienaufkauf beteiligt. Finanziert wurde die Aktion von zwei niederländischen Ökobanken — Förderergelder wurden dafür nicht eingesetzt.

Nicht das Börsenfieber hat Greenpeace ergriffen, sondern die Chance auf Einflussnahme als kritischer Aktionär. Eine neue EU-Aktienrichtlinie besagt nämlich, dass Grossaktionäre (und dazu zählt Greenpeace jetzt) über einen Börsenverteiler allen anderen Firmenaktionären schriftliche Vorschläge machen können. Beim nächsten Hauptaktionärstreffen am 9. Mai werden die Umweltschützer einen Vorschlag zum Bau einer Shell-Solarzellenfabrik unterbreiten — und hoffen auf die Unterstützung ihrer Mit-Aktionäre.

Nach einer im Auftrag von Greenpeace erstellten KPMG-Studie würde eine Investition von etwa 900 Millionen Mark in eine moderne Mega-Solarfabrik die Photovoltaik über Nacht wettbewerbsfähig machen. Die produzierten Solarmodule würden den Strom dann für etwa 30-35 Pfennig pro Kilowattstunde liefern (zur Zeit kostet er noch deutlich mehr als eine Mark pro Kilowattstunde). Bei der Investition in Solartechnik kann laut KPMG mit höherer Rendite gerechnet werden, als im herkömmlichen Öl- und Gassektor zu erwarten ist.

Shell hat im letzten Jahr einen Rekordgewinn von etwa 14 Milliarden DM erzielt. Aus diesen satten Gewinnen sollen nach der Vorstellung von Greenpeace die Investitionen in die Photovoltaik finanziert werden. Der Konzern hatte in den letzten Jahren wiederholt verlauten lassen, wie ernst er den Klimawandel nehme, bisher allerdings nur kleinere Summen in die Solarenergie gesteckt.

Das Greenpeace-Aktienpaket wird nach der Hauptaktionärsversammlung über eine Verkaufsoption wieder zum Kaufpreis veräußert – ganz gleich, ob inzwischen Kursänderungen eingetreten sind.

Greenpeace Nederland, Keizersgracht 174, 1016 DW Amsterdam, 020 - 4223344, Giro 44, www.greenpeace.nl, info@ams.greenpeace.org

Schneller Atomausstieg:
Chance für neue Arbeitsplätze

Bei einem kurzfristigen Ausstieg aus der ungeliebten Atomenergie können den betroffenen Städten und Kommunen die meisten Arbeitsplätze erhalten bleiben. Bundesweit würden durch einen Umstieg auf umweltfreundliche Energieerzeugung bis 2025 sogar rund 25.000 neue Arbeitsplätze entstehen. Zu diesem Ergebnis kommt die Studie »Chance Atomausstieg«, die Greenpeace bei der Universität Flensburg in Auftrag gegeben hat. Die Studie soll in den kommenden Wochen in einigen der betroffenen Regionen mit den Beschäftigten von Atomkraftwerken und Lokalpolitikern diskutiert werden. Am Beispiel der Standorte Stade, Biblis und Isar enthält die Studie konkrete Konzepte, wie die Arbeit im Atomkraftwerk durch alternative Beschäftigungsverhältnisse vor Ort ersetzt werden kann. So würde sich Stade geo-

graphisch gut als Standort für die Windanlagen-Produktion und für den Bau eines Gas- und Dampfturbinenkraftwerks eignen. Gegenüber den jetzt rund 350 Beschäftigten des Atomkraftwerkes könnten so 1.100 Arbeitsplätze in der nachhaltigen Wirtschaft entstehen. Beim Atomkraftwerk Isar, wo 650 Beschäftigte arbeiten, böte eine Fabrik für Biomasse-Anlagen zusammen mit einem Technologiezentrum für Brennstoffzellen fast ebenso viele ähnlich qualifizierte Arbeitsplätze.

Mit der Studie wolle man Städte und Gemeinden vom Schreckgespenst Tausender arbeitsloser Atom-Beschäftigter befreien, so Greenpeace.

Prof. Dr. Olav Hohmeyer, Autor der Studie rät zu einem raschen Einstieg in umweltfreundliche Investitionen: »Ältere Atomkraftwerke wie Stade werden in den nächsten Jahren ohnehin stillgelegt. Um die Arbeitsplätze in der Region zu halten, müssen heute schon die Alternativen geschaffen werden.«

Die Greenpeace-Studie untersucht ferner die Folgen eines kurzfristigen Atomausstiegs für Volkswirtschaft und Klimaschutz. Demnach würde der Umstieg auf Alternativenergien rund 80 Milliarden Mark weniger kosten als der Weiterbetrieb der Atomanlagen bis 2025. Grund ist vor allem der Wegfall von Milliardensummen für die Entsorgung von Atommüll und teure Nachrüstungen. Die Klimaschutz-Verpflichtung von Kyoto, den CO_2-Ausstoss in Deutschland gegenüber dem Jahr 1990 um 21 Prozent bis 2010 zu reduzieren, könnte nach der Greenpeace-Studie im Bereich der Stromerzeugung mühelos erreicht werden. Voraussetzung wären die verstärkte Nutzung erneuerbarer Energien, konsequentes Energiesparen und der Einsatz von effizienten Gaskraftwerken zur Stromproduktion.

Info: Greenpeace, Tel: 040/30618-307, www.greenpeace.de

Neue EMAS und neue Leitfäden

EMAS II kommt voran. Auf den endgültigen Text der neuen Umweltverordnung haben sich die Umweltminister der EU nun im Februar geeinigt. Nach der im Sommer letzten Jahres erreichten poltischen Einigung hat man sich in Brüssel über alle Detailregelungen und über die offiziellen Übersetzungen verständigt. In zweiter Lesung wird sich nun das Europäische Parlament mit der Verordnung befassen. Dabei ist man an die Vorschläge aus der ersten Lesung gebunden, soweit diese nicht berücksichtigt wurden. Strittig war seinerzeit die Verwendbarkeit des Logos. Hier wie auch bei den Deregulierungsanreizen will das Parlament mehr als der Rat zulassen. Bleiben die EU-Parlamentarier bei ihrer Meinung, wird ein Vermittlungsausschuss eingeschaltet. Dennoch hofft man, das Gesetzgebungsverfahren bis Juli oder Oktober abschließen zu können. Zu den einzelnen Themen des Umweltaudits will die EU-Kommission zeitgleich sechs Leitfäden veröffentlichen. Damit soll den Interessenten die Anwendung der neuen Verordnung erleichtert werden. Leitfaden I erläutert die zweckmäßige Gestaltung der Umwelterklärung, Leitfaden II gibt Hinweise zum »Organisationsbegriff«, da die neue Verordnung sich nicht mehr auf den Standort eines Unternehmens bezieht. Die gegenüber der alten Verordnung anders geregelte Häufigkeit von Begutachtungen und Validierungen durch den Umweltgutachter wird im dritten Leitfaden beschrieben. Zentrale Bedeutung wird der Leitfaden IV zur Verwendung des neuen Logos bekommen. Dies darf nur unter Beachtung strenger Regeln erfordern (keine Verbindung mit Produktwerbung, Verbot der Irreführung etc.). Je ein Leitfaden soll Hinweise zur Mitarbeiterbeteiligung und zur Berücksichtigung direkter und indirekter Umweltaspekte geben. Voraussichtlich ebenfalls im Sommer können die Leitfäden beschlossen werden. Unsicher ist noch die Rechtslage: teilweise sollen die Regelungen Ratschläge, teilweise auch bindendes Recht sein.

Info: Deutscher Industrie- und Handelstag, DIHT, Berlin, Fon 030-20308-0, www.diht.de

Allianz für dauerhaft umweltgerechten Konsum

Eine breite Allianz gesellschaftlicher und wirtschaftlicher Institutionen hat erstmals dokumentiert, dass sie gemeinsam dazu beitragen wollen, dass das Konsumverhalten der privaten Haushalte in Deutschland dauerhaft umweltgerecht wird. Zum Abschluss der Tagung »Aktiv für die Zukunft – Wege zum nachhaltigen Konsum« vom 3. bis 5. April 2000 in der Evangelischen Akademie Tutzing verständigten sich die Interessensvertreter auf eine gemeinsames Dokument zur »Förderung des nachhaltigen Konsums – Prozess zur nationalen Verständigung in Deutschland«. Unter anderem bekennen sich damit die Arbeitsgemeinschaft der Verbraucherverbände (AgV), der Bundesverband der Deutschen Industrie (BDI), der Hauptverband des Deutschen Einzelhandels (HDE), die Evangelische Kirche, der Deutsche Gewerkschaftsbund (DGB), der Zentralverband des Deutschen Handwerks (ZDH) sowie der Bund für Natur- und Umweltschutz Deutschland (BUND) zu ihrer gemeinsamen Verantwortung für eine nachhaltige Entwicklung auch im Konsum.

Verantwortlich für einen nachhaltigen Konsum sei nicht nur der einzelne Verbraucher. Vor allem sei das produzierende Gewerbe, das Handwerk und der Handel gefragt. Sie müssten umweltfreundliche Produkte und Dienstleistungen anbieten. Nur wenn Verbraucher umweltfreundlichere Alternativen zu herkömmlichen Produkten kennen, werden sie sich beim Kauf auch für diese entscheiden können.

Nachhaltiger Konsum sei aber mehr als der Kauf umweltverträglicher Produkte. Es gehe auch um Änderungen des Verhaltens durch neue Konsumstile und Wohlstandsorientierungen. Auch hier können die gesellschaftlichen Institutionen die Menschen unterstützen, zum Beispiel durch eine gezielte Information und Beratung der Verbraucher.

Das in Tutzing verabschiedete »Dokument zur Förderung des nachhaltigen Konsums« halten alle Beteiligten für einen wichtigen Schritt, um Kooperationen voranzubringen und innerhalb der jetzigen Interessenvertretungen den nachhaltigen Konsum in Deutschland zu fördern. Das Dokument »Förderung des nachhaltigen Konsums – Prozess zur nationalen Verständigung in Deutschland« wird als erster Schritt in die richtige Richtung angesehen. Bisher nicht beteiligte Kreise wurden aufgefordert, sich diesem Prozess anzuschließen.

Die wesentlichen Inhalte des Dokumentes sind:

- Das Handlungsfeld »Nachhaltiger Konsum« ist zentraler Baustein einer nachhaltigen Entwicklung.
- Die Eigenverantwortung aller gesellschaftlicher Akteure ist unerlässlich, um den nachhaltigen Konsum zu fördern.
- Die Pluralität der Lebensstile ist die Grundlage für die Entwicklung differenzierter Handlungsstrategien.

- Die Handlungsbedingungen für einen nachhaltigen Konsum sollen verbessert und die Handlungsmöglichkeiten gefördert werden.
- Es sollen unterschiedliche Instrumente zur Förderung eines nachhaltigen Konsums weiterentwickelt werden.
- Der nationale Verständigungsprozess soll weitergeführt und intensiviert werden.

Info: »Förderung des nachhaltigen Konsums – Prozess zur nationalen Verständigung in Deutschland«, Umweltbundesamt, Fachgebiet III 1.3, Postfach 33 00 22, 14191 Berlin, Fax: 030/8903-3232, www.blauer-engel.de.

Ökologischer Einweg?

Ein breit angelegter Modellversuch soll biologisch abbaubaren Werkstoffen (BAW) zum Sprung in den Markt verhelfen. Unternehmen, die den Einsatz von Einweggeschirr aus Zucker und Stärke erproben wollen, sind aufgerufen, sich bei der Fachagentur Nachwachsende Rohstoffe e.V. (FNR) zu bewerben. Der vom Bundesministerium für Ernährung, Landwirtschaft und Forsten geförderte Großversuch soll beweisen, dass die kompostierbaren neuen Produkte Einweggeschirr aus Polypropylen, Polyethylen oder Polystyren in nichts nachstehen. Betriebe, die umweltfreundliche Becher, Teller oder Bestecks bei Großveranstaltungen verwenden, sind ebenso angesprochen wie Fluggesellschaften, die sich bereit erklären, ihren Passagieren den Imbiß in BAW-Produkten zu servieren. Nähere Infos sind in der Bekanntmachung im Bundesanzeiger Nr. 50 oder über www.fnr.de nachzulesen.

Info: Fachagentur Nachwachsende Rohstoffe e.V., Hofplatz 1, 18276 Gülzow, Tel.: 03843/6930-0, Fax.: 03843/6930-102, info@fnr.de, www.fnr.de.

Intelligenter Weichspüler

Deutschland ist das Land der Warmduscher und Weichspüler. Allein im Jahr 1999 wurden in Deutschland 243 Millionen Liter Weichspüler verbraucht. Jeder Haushalt verbraucht mehr als sechs Liter flüssige Chemie pro Jahr und belastet die Umwelt mit Verpackungsmüll und schwerabbaubaren Tensiden. Außerdem enthalten Weichspüler Farb- Duft-, und Konservierungsstoffe, die allergische Hautreaktionen hervorrufen können.
Die Wäsche »gewöhnt« sich an Weichspüler und muss schließlich immer damit gewaschen werden. Zeit also für ein öko-intelligentes Produkt, dass den permanenten Ressourcenverbrauch stoppen kann. Mit den Waschbällen aus Naturkautschuk hat der WWF-nahe Panda Versand eine natürliche Alternative gefunden, die weich wäscht, ohne die Umwelt zu belasten. Sie wirken mechanisch statt chemisch und »kneten« die Wäsche während des Waschvorgangs. Obendrein lässt sich die Hälfte an Waschpulver einsparen, da das Waschmittel optimal verteilt wird und tiefer in die Fasern dringt.

Die Panda-Bälle schonen nicht nur Umwelt und Gesundheit sondern auch den Geldbeutel. Über 500 Millionen DM werden jährlich für Weichspüler ausgegeben. Die Investition von 69 Mark macht sich bereits nach einem halben Jahr bezahlt und bringt danach nur noch Gewinn. Das sind die Substitute, die wir brauchen.

Info: Panda Versand, Tel. 0180/5 88 90, www.panda.de

Harte Schule

Zielgruppe einer neuen und bisher einmaligen Aktion einer Kooperation von Umweltorganisation, Umweltbundesamt und Wirtschaftsunternehmen sind die Eltern von Erstklässlern. Der Schulbeginn soll in diesem Jahr ökologisch gestaltet werden. In einer bundesweiten Aktion gibt es von BUND, Karstadt AG und Umweltbundesamt für die Eltern und Kinder Tipps zum sicheren Schulweg, zu umweltfreundlichen Produkten, gesunder Ernährung und Fitness. Eingebunden werden auch Lehrerinnen und Lehrer. Eine Broschüre macht die Eltern auf die Möglichkeiten für ein verantwortliches Verhalten aufmerksam – zum Beispiel auf umweltverträgliche Schulmaterialien wie unlackierte Buntstifte oder Papier mit dem Umweltzeichen »Blauer Engel«. Für ABC-Schützen gibt es themenbezogene Mappen mit einer Ausmalvorlage und Stundenplan sowie ein Gewinnspiel: Gesucht wird ein

Name für das Maskottchen der Aktion – einen Igel. Der in den letzten Jahre stetig zurückgegangene Umsatz an umweltfreundlichen Produkten aus diesem Bereich soll mit der imageträchtigen Aktion wieder angekurbelt werden.

Info: UBA, Postfach 33 00 22, 14191 Berlin, Tel.: 030/89 03 -2226, Fax: -2798, www.umweltbundesamt.de.

Seit dem letzten Jahr findet sich im Katalog der internationalen ISO-Normen eine neue Vorschrift: ISO 14031. Sie legt Kriterien zur Messung der Umweltleistung eines Unternehmens fest. Babynahrungshersteller Hipp hat den Praxistest gemacht. Im Ergebnis hat sich die Vorschrift als brauchbar für den Einstieg in eine systematische Ökobilanzierung erwiesen. Ein umfassendes Umweltmanagement nach ISO 14000 oder der europäischen Öko-Audit-Verordnung (EMAS) kann sie jedoch nicht ersetzen.

Wie steht es um den Energieverbrauch? Hat sich das Abfallaufkommen pro Produktionseinheit im letzten Jahr verringert? Um diese und ähnliche Fragen zu den umweltbezogenen Gesichtspunkten der Produktion beantworten zu können, muss ein Unternehmen eine Fülle von Daten ermitteln. Diese Kennzahlen geben Auskunft über die Umweltleistung in bestimmten Bereichen. Sie werden sinnvollerweise in Anlehnung an das betriebliche Rechnungswesen gebildet, so dass sie sich in dieses System einpassen lassen und so das Controlling um Umweltaspekte bereichern.

Öko-Kennzahlen

Damit nicht die Übersicht verloren geht, empfiehlt sich die Zusammenfassung der umfangreichen Daten zu knappen und aussagekräftigen Indikatoren im Rahmen einer betrieblichen Ökobilanz. Babynahrungshersteller Hipp, dessen Hauptwerk im bayerischen Pfaffenhofen bereits seit 1995 über ein Umweltmanagementsystem verfügt, das der europäischen Öko-Audit-Verordnung entspricht, erhebt solche Kennzahlen:

- Bioanteil in Prozent der gesamten Rohwaren
- Betriebstoffe in kg/t Produkt
- Energie in kWh/t Produkt
- Wasser in m^3/t Produkt
- Verpackung in kg/t Produkt
- Abwasser in m_/t Produkt
- Abfall in kg/t Produkt
- Restmüll in kg/t Produkt
- Kohlendioxid (CO_2) in kg/t Produkt
- Schwefeldioxid (SO_2) in kg/t Produkt
- Stickoxide (No_x) in kg/t Produkt

Diese jährlich ermittelten Kennziffern machen die umweltbezogenen Leistungen des Unternehmens mess- und nachvollziehbar. In einem ebenfalls jährlich erscheinenden Umweltbericht werden

die Umweltkennzahlen zusammengestellt, sowohl als absolute Zahlen als auch als relative Kennzahlen in Bezug auf die Produktionseinheiten (in Tonnen).

Auf der Grundlage dieser Daten formuliert das Unternehmen außerdem die Umweltziele für das folgende. »Das setzt umfangreiche Diskussionen mit den beteiligten Mitarbeitern voraus,« berichtet Bernhard Hanf, der Umweltbeauftragte des Unternehmens, das rund 900 Beschäftigte hat. Das System der Umweltkennzahlen sei die »maßgebliche Grundlage für die kontinuierliche Verbesserung des Umweltschutzes« bei Hipp. Es eigne sich hervorragend, um Schwachstellen zu erkennen, diese zu beheben und letztlich das Betriebsergebnis auch in wirtschaftlicher Hinsicht zu verbessern. So konnte das Familienunternehmen Hipp bereits erhebliche Ressourcen- und damit Kosteneinsparungen durch eine gründliche Bilanzierung seiner Umweltleistung erreichen. Bei der Herstellung der 166 Produkte des Unternehmens gilt vor allem dem Wasserverbrauch große Aufmerksamkeit. Die Verarbeitung landwirtschaftlicher Rohware, die mittlerweile zum größten Teil aus biologischem Anbau stammt, bedingt einen hohen Wasserverbrauch für Waschvorgänge und die Sterilisation der Produkte. »Durch die Senkung des Wasserverbrauchs und das damit verminderte Abwasseraufkommen konnten allein Einsparungen von rund 300 000 Mark im Jahr erreicht werden,« erläutert Bernhard Hanf die Ergebnisse des Umweltengagements in diesem Bereich.

Einstieg erleichtert

Dieses Kennzahlensystem hat die Firma Hipp schon im Vorfeld der 1995 erfolgten Umweltbetriebsprüfung nach EMAS aufgebaut. Jetzt wurde im Rahmen eines Forschungsvorhabens, das vom Institut für praktische Unternehmensführung (IPU) in München koordiniert wurde, seine Übereinstimmung mit den Vorgaben der im letzten Jahr formulierten internationalen Norm 14031 (»Environmental Performance Evaluation«) der International Organisation for Standardization (ISO) getestet. An dem »Pretest« nahmen neben Hipp die Kunert AG, die Brauerei Härle, das städtische Krankenhaus von Immenstadt und die Gealan-Werke in Oberkotzau teil. Dabei zeigte sich, so Bernhard Hanf, dass sich die Konzentration auf eine begrenzte Anzahl von Kennzahlen für den Einstieg in das Umweltmanagement als sinnvoll erweist. »Schwachstellen werden so schnell sichtbar. Und die ersten Einsparerfolge lassen sich mit relativ wenig Aufwand erzielen.« Deshalb könne mit dem Bezug zu ISO 14031 gerade bei kleineren Unternehmen Interesse an betrieblichem Umweltschutz und Umweltmanagement leichter geweckt werden. Wenn sich erste Erfolge des Umweltma-

nagements gezeigt haben, will man weitere Einsparpotenziale erschließen, »macht man automatisch weiter«, so der Hipp-Umweltbeauftragte. Dazu sind dann vertiefende Maßnahmen nötig, wie sie beispielsweise das europäische EMAS-System vorsieht. Dass sich Unternehmen durch die Anwendung der neuen Norm auf ein »Umweltmanagement light« beschränkten, sei nicht auszuschließen, doch logischer sei eigentlich die Weiterführung von ISO 14031 durch eine Zertifizierung nach der internationalen Umweltmanagement-Norm ISO 14000 oder eine Zulassung nach dem europäischen Öko-Audit-System. Die dabei entstehenden Kosten würden möglicherweise besser akzeptiert, wenn sich bereits anhand realisierter Maßnahmen in Kernbereichen gezeigt hat, welche Ressourcen- und damit Kosteneinsparungen sich durch ein systematisches Umweltmanagement erschließen lassen – vom zusätzlichen Imagegewinn ganz abgesehen.

Weitere Informationen: Hipp GmbH, Bernhard Hanf Umweltbeauftragter
Georg-Hipp-Straße 7, 85276 Pfaffenhofen
Fon: 08441/757-658, Fax: -600 www.hipp.de

Grünes Geld

Geld ist grün, so die Hoffnung umweltverantwortlicher Kapitalanleger. Knapp sechs Milliarden Mark sind bisher in ökologische Kapitalanlagen geflossen. Mit 3,6 Milliarden Mark beteiligen sich Öko-Kapitalisten an grünen Projekten und Unternehmen, wobei der Löwenanteil von 2,8 Milliarden dabei auf Windkraftparks entfällt. 1,16 Milliarden wurden in Umweltfonds investiert, den Rest teilen sich Varianten wie grüne Sparbücher, Umweltsparbriefe oder grüne Lebensversicherungen. Dabei sind, verglichen mit dem gesamten Anlagevermögen in Deutschland, diese Summen eher bescheiden. Das Deutsche Institut für Wirtschaftsforschung schätzt das angesparte Geldvermögen der Deutschen auf 5,7 Billionen Mark; allein in Fonds sollen mehr als 650 Milliarden Mark stekken. Die Anbieter grüner Geldanlagen sollten sich dennoch nicht entmutigen lassen, denn immerhin hat dieser Kapitalmarkt in Deutschland in den letzten Jahren einen Marktanteil von ein bis zwei Prozent erobert, mit steigender Tendenz. Für Unternehmen gibt es genügend Gelegenheiten zur ökologischen Geldanlagen. So können neben den üblichen Versicherungen auch Betriebsrenten und Zusatzvereinbarungen über ökologische Versicherer abgeschlossen werden. Unternehmen legen Öko-Fonds auf oder kaufen sich in solche ein. Einen »nachhaltigen« Überblick über Geldanlagen und Bankenwesen gibt das Jahrbuch »Grünes Geld«. Neben einer Reihe konkreter Tipps werden vor allem Hinweise auf nachhaltige Investions- und Informa-

tionsmöglichkeiten gegeben, aber auch Aktienindices, Einzelwerte und Beratungsagenturen vorgestellt. Eine lohnende Investition.

Grünes Geld – Jahrbuch für ethisch-ökologische Geldanlagen 2000/2001, Max Deml, Jörg Weber, Altop Verlag München, 39 Mark.

Werkzeuge erfolgreichen Umweltmanagements

Mehr als 2600 Unternehmensstandorte sind in Deutschland inzwischen nach EMAS validiert. Darunter etwa 500 Standorte, die nach der UAG-Erweiterungsverordnung freiwillig am Gemeinschaftssystem für Umweltmanagement und Umweltbetriebsprüfung teilnehmen. Nach wie vor sind diese Betriebe nur ein Promille-Anteil der teilnahmeberechtigten Unternehmen. Jürgen Freimann, Professor für Wirtschaft an der Uni/GHS Kassel, plädiert keinesfalls dafür, dass jedes Unternehmen ein formales Managementsystem einrichtet und validieren lässt. Die Chancen eines individuell angepassten betrieblichen Umweltmanagements sind seiner Auffassung nach allerdings weitreichend. »Werkzeuge erfolgreichen Umweltmanagements« ragt nun aus der unübersehbaren Reihe diesbezüglicher wissenschaftlicher Publikationen durch seine gelungene Verbindung zwischen theoretischem Ansatz und praktischer Umsetzung heraus. Alle wichtigen Bereiche des Umweltmanagements sind angemessen vertreten. Beschrieben werden der Aufbau eines Umweltmanagementsystems, verschiedene Umweltinformationssysteme, Mitarbeiterbeteiligung und -qualifizierung, Evaluation, Kommunikation und weitere Entwicklungsperspektiven. Jedes Werkzeug wird von jeweils einem renommierten Wissenschaftler vorgestellt. Dem werden Berichte erfahrener Unternehmenspraktiker zum erfolgreichen Einsatz dieser Managementinstrumente gegenübergestellt. Natürlich konnten nicht alle Werkzeuge berücksichtigt werden. Dennoch bietet die Doppelperspektive die Gewähr für die Praxistauglichkeit und Übertragbarkeit des aktuellen Stands der Umweltmanagementsysteme. Wir empfehlen das »Werkzeuge erfolgreichen Umweltmanagements« nicht nur, weil es aus dem gleichnamigen future-Workshop mit der Uni Kassel hervorgegangen ist, sondern weil es helfen kann, Umweltmanagement zu einer globalen und öko-intelligenten Angelegenheit zu machen.

Werkzeuge erfolgreichen Umweltmanagements,
Ein Kompendium für die Unternehmenspraxis,
Freimann (Hrsg.), Gabler 1999, 248 Seiten, 89 DM

Nachhaltigkeit. Jetzt!

Die konkrete Seite der Nachhaltigkeit kommt in der Diskussion um diesen Begriff oft zu kurz. Das jüngste future-Projekt »Agenda 21 als Grundlage von Unternehmensleitbildern« wollte dem entgegenwirken und die betriebliche Praxis nachhaltiger Entwicklung beleuchten.

Die Ergebnisse – und einiges mehr – des von der Deutschen Bundesstiftung Umwelt (DBU), Osnabrück, geförderten Vorhabens sind in der neuen Broschüre »Nachhaltigkeit. Jetzt!« zusammengefasst.

Den Autoren ist es gelungen, das Thema nachhaltiges Wirtschaften so aufzuarbeiten, dass es im betrieblichen Alltag konkret umgesetzt werden kann. Dabei ist vor allem der im Rahmen des Projekts erarbeitete »Nachhaltigkeits-Check« hilfreich. Er gibt konkret Antwort auf die Fragen: Wo steht mein Unternehmen in Sachen Zukunftsfähigkeit? Und welche konkreten Handlungsansätze bieten sich? Der umfangreiche Fragenkatalog ermöglicht eine innerbetriebliche Bestandsaufnahme in den Bereichen Ökologie, Ökonomie und Soziales sowie zu dem Themenfeld Kooperationen.

Der letzte Teil des 48-seitigen Leitfadens stellt eine nachhaltige Wirtschaftsweise in der Praxis vor und zeigt anhand ausgewählter Unternehmensbeispiele aus verschiedensten Branchen, wie Nachhaltigkeit vielfach schon gelebt wird. Bei alledem ist »Nachhaltigkeit. Jetzt!« mehr als eine Zusammenfassung von Projektergebnissen. Die Broschüre liefert zahlreiche Verknüpfungspunkte mit der betrieblichen Praxis, indem sie Ansprechpartner benennt sowie Hinweise auf Netzwerke und Kooperationen gibt.

Weiterführende Literaturangaben und insbesondere der Anhang mit Internetadressen machen sie zu einem praktischen Arbeitsinstrument. Die Frage nach dem Zeitpunkt für Nachhaltigkeit ist somit beantwortet: Jetzt!

»Nachhaltigkeit. Jetzt!« ist für 45 Mark erhältlich bei: future e.V. – Büro Lengerich, Münsterstraße 71, 49525 Lengerich, Fax: 05481-921551.

Ökologische Produktgestaltung

In den meisten Unternehmen, in denen dieses Werk wahrgenommen wird, ist betrieblicher Umweltschutz zentraler Bestandteil der Firmenpolitik. Umweltmanagementsysteme sind in diesen Unternehmen bereits etabliert oder harren ihrer Integration. Verstärkt tauchen nun Begriffe wie PIUS und IPP im nachhaltig orientierten Betrieb auf. Verbesserungspotentiale im Produktionsbereich sind teilweise erschöpft und es ist sinnvoll, sich der Umweltrelevanz von Produkten zuzuwenden. Ganz im »ökologisch-intelligenten« Sinne steht die Forderung der Herausgeber dieses schmalen aber wichtigen Bandes, sich mit dem Nutzen der Produkte zu beschäftigen. Die Bedeutung »Ökologischer Produktgestaltung« gilt es, im betrieblichen Umweltschutz weit höher als bisher zu bewerten, wie auch viele Beiträge aus der vorliegenden Loseblattsammlung bestätigen. Das Buch basiert auf einer Fachtagung zum Thema, die 1998 in Offenbach veranstaltet wurde. Ausgehend von der Frage, was ein ökologisches Produkt ist, zeigt es geeignete Instrumente, mit deren Hilfe die Umweltrelevanz beurteilt und Handlungsalternativen gefunden werden können. Die Autoren heben dabei die Forderung nach produktbegleitenden ökologischen Information von der »Wiege bis zur Bahre« besonders hervor. Auch die Aspekte des Marketings durch den Handel, als Vermittler zwischen Produzent und Konsument, werden berücksichtigt. Zahlreiche Beispiele zeigen die praktische Umsetzung der vorgestellten Instrumente in Unternehmen. Die Integration der Ökobilanzierung nach ISO 14040 in das Managementsystem schließlich soll bewirken, dass die Idee des ökologischen Produktdesigns im Unternehmen gelebt wird. Wem dazu bisher der Mut fehlte, der greife zu diesem Buch.

Ökologische Produktgestalung – Stoffstromanalysen und Ökobilanzen als Instrumente der Beurteilung, L. Schimmelpfeng, P. Lück, Springer 1999, 214 S., DM 98.

....

Anleitung zum

Einsortieren

Folgelieferung Mai 2000

Sehr geehrte Abonnentin, sehr geehrter Abonnent,

die neueste Folgelieferung für Ihr *SpringerLoseblattSystem Betriebliches Umwelt-management* versorgt Sie mit praxisnahen und fachbezogenen Informationen über Managementfragen in allen Unternehmensebenen, betriebswirtschaftlichen Informationen und Erfahrungen aus der Praxis und gibt Ihnen praktische Arbeitshilfen an die Hand.

Natürlich ist die beste Information aber nur dann wirkungsvoll, wenn sie auf Abruf bereit steht. Aus diesem Grunde bitten wir Sie, die Folgelieferung entsprechend dieser Anleitung möglichst sofort einzuordnen. So haben Sie die Sicherheit, daß nichts verloren geht, alles übersichtlich ist und Sie immer auf dem neuesten Stand des Wissens bleiben. Mit einem Wort: das Einsortieren bedeutet fünf Minuten Mühe, die sich lohnen!

Ihr Werk, das nehmen Sie heraus:		Diese Folgelieferung, das ordnen Sie ein:	
Das Titelblatt (Schmutztitel)	1 Blatt	Das neue Titelblatt (Schmutztitel)	1 Blatt
Sektion 00, Einleitung			
Das Inhaltsverzeichnis der Sektion 00	1 Blatt	Das aktualisierte Inhaltsverzeichnis der Sektion 00	1 Blatt
Das Kapitel 00.01: »Inhaltsübersicht«	2 Blatt	Das aktualisierte Kapitel 00.01: »Inhaltsübersicht«	2 Blatt
Das Kapitel 00.02 »Autorenverzeichnis«	3 Blatt	Das aktualisierte Kapitel 00.02: »Autorenverzeichnis«	3 Blatt
Sektion 02, Strategisches Umweltmanagement			
Das Inhaltsverzeichnis der Sektion 02	1 Blatt	Das aktualisierte Inhaltsverzeichnis der Sektion 02	1 Blatt
		Das neue Kapitel 02.12»Das »House of Ecology« als Leitbild zur Realisierung des Integrierten Umweltschutzes«	7 Blatt

Sektion 04, Operatives Umweltmanagement (2. Ordner)

Ihr Werk, das nehmen Sie heraus:		Diese Folgelieferung, das ordnen Sie ein:	
Das Inhaltsverzeichnis der Sektion 04	2 Blatt	Das aktualisierte Inhaltsverzeichnis der Sektion 04	3 Blatt
		Das neue Kapitel 04.02 »Externes Operatives Umweltmanagement Teil 11: Ökologische Dienstleistungen in der Unternehmenspraxis«	12 Blatt
		Das neue Kapitel 04.03 »Umwelt-Controlling Teil 4: Produkt-Life-Cycle-Management: Eco-Design und Rückführlogistik«	10 Blatt
		Das neue Kapitel 04.03 »Umwelt-Controlling Teil 8: Kriterien für nachhaltiges Wirtschaften«	10 Blatt
Das alte Kapitel 04.07 »Dokumentation des betrieblichen Umweltschutzes Teil 3: Integrierte Managementsysteme«	14 Blatt	Das neue Kapitel 04.07 »Dokumentation des betrieblichen Umweltschutzes Teil 3: Prozessorientierte Integrierte Managementsysteme«	9 Blatt

Ihr Werk, das nehmen Sie heraus:		**Diese Folgelieferung,** das ordnen Sie ein:	
Sektion 99, Anhang (2. Ordner)			
Das Inhaltsverzeichnis der Sektion 99	1 Blatt	Das aktualisierte Inhaltsverzeichnis der Sektion 99	1 Blatt
Das alte Kapitel 99.03 »Adressen Teil 1: Verbände und Organisationen«	7 Blatt	Das neue Kapitel 99.03 »Adressen Teil 1: Verbände und Organisationen«	10 Blatt

Betriebliches Umweltmanagement
Grundlagen – Methoden – Praxisbeispiele

Herausgegeben von
U. Lutz, K. Döttinger (†) und K. Roth

Redaktion
M. Nehls-Sahabandu

Mit Beiträgen von
A. Alpers, M. Al-Radhi, M. Bauer, G. Becke, E. Behnke,
S. Behrendt, D. Beschorner, R. Bindel, M. Bloser, K. E. Böhm,
J. Böning, S. Bornemann, W. Brandstetter, S. Braun,
D. Brosche, H. Brouwers, H.-J. Bullinger, D. Butterbrodt,
F. Claus, A. Damke, F. Daschner, W. Dietz,
H.-P. Dorlöchter, K. Döttinger, H. Duppel, F. Ebinger,
R. Eggert, C. Eipper, C. Endemann, H. Fiege, H. Fischer,
W. Franke, C.A. Frh. v. Gablenz, M. Gege, P.P. Geppert,
I. Gòzon, H.-D. Haasis, A. Hampp, B. Hanf, S. Häring,
W. D. Hartmann, J. Haselbach, W. Hennig, B. Hilland,
A. Hoffmann, U. Hommel, U. Hommelsheim, W. Hopfenbeck,
M. Jacobi, H. Janzen, C. Jasch, G. Jürgens, G. Kaminski,
E. Kammerer, A. Kappel, R. König, H. Köser, H. Kreikebaum,
R. Kurz, P. Leinwand, C. Liedtke, M. Lörcher, H.-P. Luhr,
U. Lutz, B. Martin, D. Matten, K. Michenfelder, J. Mosig,
M. Mühlich, W. Müller, K. Neff, M. Nehls-Sahabandu,
W. Nobel, T. Orbach, A. Praetzler, N. Prehn. G. Radoglou,
R. Rauberger, H. Reichenecker, J. Reuter, H. Rixen, K. Roth,
A. Sandner, K. Schmidt, R. Schmidt, M. Schreiner,
G.U. Schüttpelz, H. Schwerdtle, H. Sendler, A. Spiller,
V. Stahlmann, C. Steilmann, R. Steinhilper, W. Stölzle,
U. Tammler, P.-M. Valet, B. Wagner, S. Weiss,
U. Welz-bacher, A. Wieland, M. Willig, J. Wuttke,
F. Wyss, S. Zickgraf, J. Zürn

Folgelieferung Mai 2000

Springer-Verlag Berlin Heidelberg GmbH

Impressum

Herausgeber:
Dr.-Ing. Ulrich Lutz
Schloßstr. 131
73272 Neidlingen

Prof. Dr.-Ing. Karlheinz Döttinger (†)

Dr. rer. nat. Karlheinz Roth
TÜV Energie und Systemtechnik
GmbH, Baden-Württemberg
Gottlieb-Daimler-Straße 7
70794 Filderstadt

Verantwortliche Redakteurin:
Dr. rer. nat. Martina Nehls-Sahabandu

Projektentwicklung:
Dr. Niklas Stiller,
med-inform, Verlagsgesellschaft mbH
Werdener Straße 4
40227 Düsseldorf

Eva Hestermann-Beyerle

Zentralredaktion:
Dr. med. Niklas Stiller,
med-inform, Verlagsgesellschaft mbH

Satz:
Martina Mausbach, med-inform,
Verlagsgesellschaft mbH

Visuelles Konzept: MetaDesign, Berlin

Geschäftliche Post bitte ausschließlich an
Springer GmbH & Co.
Auslieferungsgesellschaft
z. Hd. von Frau Heike Ziegler
Haberstraße 7, 69126 Heidelberg
Tel.: 06221-345208, Fax: 06221-345229
e-mail: h.ziegler@springer.de

ISBN 978-3-540-67414-6   978-3-662-24815-7 (eBook)
DOI 10.1007/978-3-662-24815-7

Die Wiedergabe von Gebrauchsnamen, Handelsnamen, Warenbezeichnungen usw. in diesem Werk berechtigt auch ohne besondere Kennzeichnung nicht zu der Annahme, daß solche Namen im Sinne der Warenzeichen- und Markenschutz-Gesetzgebung als frei zu betrachten wären und daher von jedermann benutzt werden dürften.
Produkthaftung: Für Angaben über Dosierungsanweisungen und Applikationsformen, sowie zu Nutzen und Risiken der einzelnen Verfahren und Substanzen kann vom Verlag keine Gewähr übernommen werden. Derartige Angaben müssen vom jeweiligen Anwender im Einzelfall anhand anderer Literaturstellen auf ihre Richtigkeit überprüft werden.

07/3140/543210 – gedruckt auf chlorfrei gebleichtem Papier

Sektion 00, Einleitung

Folgelieferung Mai 2000

Inhaltsübersicht der Sektionen und ihrer Kapitel

(die mit der Folgelieferung Mai 2000 gelieferten Beiträge sind farbig unterlegt.)

Sektion 00, Einleitung

Sektion 01, Betriebswirtschaftliches Umweltmanagement

Sektion 02, Strategisches Umweltmanagement

Sektion 05, Fallreportagen

Sektion 99, Anhang

Autorenverzeichnis

ALPERS, ANNETTE,
future e.V. Büro Nord, Bargstedt

AL-RHADI, MEHDI,
Dipl.-Ing., Wissenschaftlicher Mitarbeiter
des IWF am Produktionstechnischen Zentrum
der Technischen Universität Berlin

BAUER, MATTHIAS,
Abteilungsleiter Umweltschutz und Sicherheit,
Tetra Pack Produktions GmbH, Limburg

BECKE, GUIDO,
Diplom-Sozialwissenschaftler, Organisations-
und Umweltberater bei der Soziale Innovation
GmbH, Koordinator des Forschungsbereichs
Umwelt, Mobilität und Technikfolgenabschät-
zung, Landesinstitut Sozialforschungsstelle
Dortmund

BEHNKE, EBERHARD,
Dr., Geschäftsführendes Vorstandsmitglied,
Verband der Führungskräfte, Essen

BEHRENDT, SIEGFRIED,
Dipl.-Biol., Institut für Zukunftsstudien und
Dipl.-Pol.,Technologie-bewertung (IZT), Berlin

BESCHORNER, DIETER,
Prof. Dr., Universität Ulm,
Abteilung Unternehmensplanung, Ulm

BINDEL, RALF,
Dipl.-Ing., ubb Kommunikation, Bochum

BLOSER, MARCUS,
Dipl. Ing. Raumplanung, iku Institut für Kom-
munikation und Umweltplanung,
Dortmund

BOHM, KLAUS, E.,
Dr. jur., RA, Dr. Böhm & Coll., Düsseldorf

BONING, JEANNETTE,
Dr. rer. pol., Institut für nachhaltiges Wirtschaften und Oeko-Logistik GmbH, Augsburg

BORNEMANN, SIEGMAR,
Prof. Dr. rer. nat., Institut für ganzheitliches Un-
ternehmensmanagement, Leverkusen

BRANDSTETTER, WALTER,
Dipl. Ing., Prof. Dr., Direktor für Umweltschutz
und Sicherheit, FORD-Werke AG, Köln

BROSCHE, DIETER,
Prof. Dr.-Ing., Direktor Bereich EN, Bayernwerk
AG, München

BRAUN, SABINE,
M. A., Akzente Kommunikationsberatung,
München

BROUWERS, HERMANN,
Dr. rer. nat., Dipl.-Biol., Kothes & Klewes, Bonn

BULLINGER, HANS-JORG,
Prof. Dr., Leiter des Instituts für Arbeits-
wissenschaft und Technologiemanagement (IAT)
der Universität Stuttgart sowie des Fraunhofer-
Instituts für Arbeitswirtschaft und Organisation
(IAO), Stuttgart.

BUTTERBRODT, DETLEF,
Dipl. Ing., IWF Bereich Qualitätswissenschaft,
TU Berlin

CLAUS, FRANK,
Dr. rer. nat., Geschäftsführer, iku Institut für
Kommunikation und Umweltplanung,
Dortmund

DAMKE, ANDREAS,
Dipl.-Kfm.,Vorstandsassistent,
Baum Consult e.V., Hamburg

DASCHNER, FRANZ,
Prof., Dr. med., Institutsdirektor, Institut für Umweltmedizin und Krankenhaushygiene, Klinikum der Albert-Ludwigs-Universität, Freiburg

DIETZ, WINFRIED,
Dipl.-Ing., geschäftsführender Unternehmensberater, Wallenhorst

DORLÖCHTER, HANS-PETER,
Umweltschutzbeauftragter, Neckermann Versand AG, Frankfurt

DOTTINGER, KARLHEINZ, †
Prof. Dr., Mannheim

DUPPEL, HEIKO,
Dipl.-Ing.,Universität/Gesamthochschule Siegen, Fachbereich II, Maschinentechnik, Institut für Systemtechnik

EBINGER, FRANK,
Dipl. Betriebswirt, wissenschaftlicher Mitarbeiter, Institut für Ökologie und Unternehmensführung an der European Business School, Oestrich-Winkel

EGGERT, RENATE,
Dr. rer. nat., Dipl.-Chem.,
Deutsche Gesellschaft zur Zertifizierung von Managementsystemen mbH, Berlin

EIPPER, CHRISTOPH,
Dr., UMR Gesellschaft für Umweltmanagement und Risiko-Service mbH, Nürnberg

ENDEMANN, CHRISTA,
Betriebliche Umweltberaterin, Hering-Bau, Burbach

FIEGE, HUGO,
Dr., Geschäftsführer Fiege-Gruppe, Greven

FISCHER, HERMANN,
Dr. rer. nat., Dipl.-Chem., Geschäftsführer Auro Pflanzen-Chemie GmbH, Braunschweig

FRANKE, WERNER,
Dipl. Meteorologe, Landesanstalt für Umweltschutz Baden-Württemberg, Karlsruhe

GABLENZ, CARL AUGUST FRH. VON,
Rechtsanwalt, Vorstandsvorsitzender der Gegenseitigkeit Versicherung, Oldenburg

GEPPERT, PETER P.,
Abteilungsdirektor, Leiter Produktentwicklung Haftpflicht/Inland, Gerling-Konzern, Allgemeine Versicherungs-Aktiengesellschaft, Köln

GEGE, MAXIMILIAN,
Dr. rer. pol., Dipl.-Kfm., Geschäftsführendes Vorstandsmitglied, Baum Consult e.V., Hamburg

GÓZON, ISTVÁN,
Dipl.-Chem. Ing., Bereichsleiter Umweltschutz und Sicherheit, Boehringer Ingelheim GmbH, Ingelheim am Rhein

HAASIS, HANS-DIETRICH,
Prof., Dr., Lehrstuhl für Allgemeine Betriebswirtschaftslehre, Produktionswirtschaft und Industriebetriebslehre, Universität Bremen

HAMPP, ALOIS,
Dipl.-Ing., Referatsleiter Umweltschutz,. Siemens Nixdorf Informationstechnik AG, Augsburg

HANF, BERNHARD,
Dipl.-Ing., Koordination Umweltschutz, HIPP Werk Georg Hipp GmbH & Co. KG, Pfaffenhofen

HARING, SABINE,
Dipl.-Geographin, Sabine Häring Umweltberatung und -management, Stuttgart

HARTMANN, WOLF, D.,
Prof. Dr. oec., Geschäftsführer des Klaus Steilmann Instituts für Innovation und Umwelt (KSI), Bochum-Wattenscheid

HASELBACH, JOACHIM,
Dr., Leiter Sicherheit, Umwelt und Qualität Stockhausen GmbH & Co.KG, Krefeld

HENNIG, WOLFGANG,
Dipl.-Chem., Dr. rer.nat., Strategie-Gruppe/ Kommunikation; Umweltschutz und Sicherheit, FORD-Werke AG, Köln

HILLAND, BERNHARD,
Dr. jur., RA, Anwaltskanzlei Dr. Hilland und Dr. Gudd, Stuttgart

HOFFMANN, ARMIN,
Dr., Arthur D. Little International Inc., Darmstadt

HOMMEL, ULRICH,
Dipl. Ing., AWIPLAN Planungsgesellschaft Abfallwirtschaft mbH, Korntal-Münchingen

HOMMELSHEIM, ULRICH,
Dr. rer. nat., Geschäftsführer, Arcadis Trischler & Partner GmbH, Darmstadt

HOPFENBECK, WALDEMAR,
Prof. Dr., FB Betriebswirtschaft, Fachhochschule München

JACOBI, MICHAEL,
Dipl. Ing., Mitglied der Geschäftsleitung, Mohndruck Graphische Betriebe GmbH, Gütersloh

JANZEN, HENRIK,
Prof. Dr. rer. pol., FB Maschinenbau, Fachhochschule Schmalkalden

JASCH, CHRISTINE,
Univ. Lekt. Mag. Dr., Wirtschaftstreuhänderin, Umweltgutachterin, Leiterin des Instituts für ökologische Wirtschaftsforschung, Wien

JÜRGENS, GUNNAR,
Dipl.-Ing., wissenschaftlicher Mitarbeiter am Fraunhofer Institut für Arbeitswirtschaft und Organisation (IAO),Stuttgart.

KAMINSKI, GERHARD,
Fachjournalist für Umweltfragen, Marburg

KAMMERER, EVA,
Dipl. Ök., Umweltberaterin, Institut für Management und Umwelt, Augsburg

KAPPEL, ASTRID,
Lehrbeauftragte an der Fachhochschule für öffentliche Verwaltung in Ludwigsburg, Menold Herrlinger Rechtsanwälte, Stuttgart

KONIG, REINER,
Leiter Umweltpolitik und Leiter Unternehmenskommunikation, AEG Hausgeräte GmbH

KOSER, HEINZ,
Prof. Dr.- Ing. Bereich Umweltschutz und Sicherheit, Boehringer Ingelheim GmbH, Ingelheim am Rhein

KREIKEBAUM, HARTMUT,
Prof. Dr., Dipl.-Volkswirt und Dipl.-Kfm., Lehrstuhl für Allg. BWL/Intern. Management, European Business School, Oestrich-Winkel

KURZ, RUDI,
Prof. Dr., Dipl.-Volkswirt, Fachhochschule Pforzheim

LEINWAND, PETER,
Dipl. Ing., ceQ Management consulting engineering GmbH, Ulm

LIEDTKE, CHRISTA,
Dr., Projektleiterin, Abteilung Stoffströme &
Strukturwandel, Wuppertal Institut für Klima,
Umwelt, Energie GmbH, Wuppertal

LÖRCHER, MICHAEL,
Dipl.-Phys., Geschäftsführer, Akku Umweltberatung, München

LÜHR, HANS-PETER,
Prof. Dr.-Ing., Institutsleiter und Geschäftsführer, Institut für wassergefährdende Stoffe, Technische Universität Berlin

LUTZ, ULRICH,
Dr.-Ing., Neidlingen

MARTIN, BERND,
Dipl.-Ing., Umweltbeauftrager AUDI AG, Werk
Neckarsulm

MATTEN, DIRK,
Dr. rer. pol., Dipl.-Kfm., Lecturer in Business
Ethics & Globalisation, Europcan Business Ma-
nagement School, University of Wales Swansea

MICHENFELDER, KLAUS,
Dipl.-agr. Biol., Projektleiter TÜV Energie u.
Umwelt GmbH, Filderstadt

MOSIG, JÖRG,
Dipl.- Chemiker, MCC France, Hambach

MÜHLICH, MICHAEL,
Dipl.-Biologe, Ressort Krankenhausökologie,
Institut für Umweltmedizin und Krankenhaushy-
giene, Klinikum der Albert-Ludwigs-Universität,
Freiburg

MÜLLER, WILLY,
Dipl.- Physiker, Ressort Krankenhausökologie,
Institut für Umweltmedizin und Krankenhaushy-
giene, Klinikum der Albert-Ludwigs-Universität,
Freiburg

NEFF, KARL,
General Manager, alltec GmbH, Waldenbuch

NEHLS-SAHABANDU, MARTINA,
Dr. rer. nat., Dipl.-Biol.,
Regionalbüro future e.V., Bochum

NOBEL, WILLFRIED,
Prof. Dr. sc. agr., Aufbaustudiengang
Umweltschutz, Fachhochschule Nürtingen

ORBACH, THOMAS,
Dipl.-Kfm. Abteilung Stoffströme & Struktur-
wandel, Wuppertal Institut für Klima, Umwelt,
Energie GmbH, Wuppertal

PRAETZLER, ANDREW,
Euro-TÜV S.P.R.L., Bruxelles

PREHN, NICO J. M.,
Dipl.- Geologe, von der IHK Kassel ö. b. u. v. S.
für Altlasten Erkundung und Bewertung, Geo
Service, Kassel

RADOGLOU, GEORGIOS,
Dipl.-Ing., Berater im Bereich Umweltvorsorge,
Gerling Consulting Gruppe GmbH, Köln.

RAUBERGER, RAINER,
Lic. Oec., Msc. Env. Techn., Umweltberater,
Institut für Management und Umwelt, Augsburg

REICHENECKER, HELMUT,
Dipl.-Ing. FH, ceQ Management consulting engineering GmbH, Ulm

REUTER, JOSEF,
Dr., Stockhausen GmbH & Co.KG, Krefeld

RIXEN, HELGE,
Umweltmanagement Metro AG, Köln

ROTH, KARLHEINZ,
Dr. rer. nat., TÜV Energie und Systemtechnik
GmbH Baden-Würtemberg, Filderstadt

SANDNER, ALFRED,
Dipl.-Ing., Hoechst AG, Werk Gendorf,
Burgkirchen

SCHMIDT, KAREN,
Dipl. Chem., Leiterin des Umweltressorts der
Steilmann Gruppe, Klaus Steilmann GmbH &
Co. KG, Bochum-Wattenscheid

SCHMIDT, ROGER,
Dipl. Phys., Beauftragter für Öko-Audit
und Energie im Umweltressort der Steilmann-
Gruppe, Klaus Steilmann GmbH & Co.KG,
Bochum-Wattenscheid

SCHREINER, MANFRED,
Prof., Fachhochschule Fulda, FB-Wirtschaft,
Fulda

SCHUTTPELZ, GERWIN U.,
Geschäftsführer cph Chemie, Essen

SCHWERDTLE, HARTWIG,
Dr., A. T. Kearney GmbH, Frankfurt am Main

SENDLER, HORST,
Prof. Dr., Präsident des Bundesverwaltungs-
gerichts a. D., Berlin

SPILLER, ACHIM,
Dr., Dipl.-Ökon., Wissenschaftlicher Mitarbeiter,
Lehrstuhl für Marketing, Universität Duisburg

STAHLMANN, VOLKER,
Prof. Dr., Lehrstuhl für Betriebswirtschaftslehre, Fachhochschule Nürnberg

STEILMANN, CORNELIA,
Int. Dipl. Betr.-Wirtin, Geschäftsführerin des
Klaus Steilmann Instituts für Innovation und
Umwelt (KSI), Bochum-Wattenscheid

STEINHILPER, ROLF,
Dr.-Ing., Abteilungsleiter Unternehmensentwicklung, Fraunhofer-Institut für Produktionstechnik
und Automatisierung IPA, Stuttgart

STÖLZLE, WOLFGANG,
Dr. rer. pol. Dipl.-Kfm., Akademischer Rat, Inst.
für BWL, TH Darmstadt

TAMMLER, ULRICH,
Dipl.-Ing., IWF Bereich Qualitätswissenschaft,
TU Berlin

VALET, PETER-MICHAEL,
Dr., Leitender Ministerialrat, Ministerium für
Umwelt und Verkehr Baden-Württemberg,
Stuttgart

WAGNER, BERND,
Prof. Dr., Zentrum für Weiterbildung und Wis-
senstransfer, Universität Augsburg

WEISS, SILVIA,
Dipl.-Ing. Landesgirokasse, Stuttgart

WELZBACHER, ULRICH,
Dr. rer. nat., Dipl.-Chem., Berufsgenossenschaft-
liche Zentrale für Sicherheit und Gesundheit
BGZ, St. Augustin

WIELAND, ANDREA,
Dipl.-Ing., Leiterin Geschäftsbereich Umwelt-
management, ALSTOM Environmental Consult
GmbH, Stuttgart

WILLIG, MATTHIAS,
Dip.-Ing., Umweltgutachter, Leichlingen

WUTTKE, JOACHIM,
Dr. rer. nat., Fachgebietsleiter,
Umweltbundesamt, Berlin

Wyss, Franz Philippe,
General Manager Konzernentwicklung,
SWISSAIR UK, Zürich

Zickgraf, Stefan,
Euro-TÜV S.P.R.L., Bruxelles

Zürn, Jörg,
Dr., Daimler Benz AG, Abt. Produktion und
Umwelt, Ulm

An diesem Werk waren ferner beteiligt:
Adams, Heinz W., RA Dr. Ing, Duisburg
Bieri, Elvira, Lic. rer. pol., Zürich
Hecht, Gernot, Dipl.-Inform., Stuttgart
Heydkamp, Peter, Dr., Sindelfingen
Hohler, Bernd, Dr., Stuttgart
Keller, Leo, Dipl.-Chem., Zürich
Kreeb, Martin, Witten-Herdecke
Rehrl, Gerhard, Mannheim
Riese, Birgitt, Dipl.-Biol., Düsseldorf
Schianetz, Karin, Dipl.-Ing., Schleitdorf
Schmitt-Häupl, Ute, Dipl.-Ing., Waghäusl
Schmitz, Stephan J., Dipl. Kfm., Luxemburg

Sektion 02,
Strategisches
Umweltmanagement

Das »House of Ecology« als Leitbild zur Realisierung des Integrierten Umweltschutzes

Trotz der schnellen Verbreitung von Umweltmanagementsystemen stellt der Umweltschutz in vielen Unternehmen weiterhin einen isolierten Tätigkeitsbereich dar, der inhaltlich und organisatorisch von den eigentlichen Prozessen der betrieblichen Auftragsabwicklung getrennt ist. Eine effektive Erschließung der mit Umweltschutzaktivitäten verbundenen Potentiale, wie z.B. das zielgerichtete Einsparen von Energie und Ressourcen, ist dagegen nur möglich, wenn der Umweltschutz als integraler Bestandteil der Unternehmenstätigkeiten betrachtet wird.

Stichworte: Integrierter Umweltschutz; Stakeholder; Betriebliche Umweltinformationssysteme (BUIS); Betrieblichen Stoffstrommanagement; Input-Output-Analysen; Life Cycle Assessment; Umweltorganisation im logistischen Netzwerk; Überbetriebliches Stoffstrommanagement.

Folgelieferung Mai 2000

GUNNAR JÜRGENS

Die umweltpolitische Diskussion der letzten Jahrzehnte ist Grundlage vieler gesellschaftlicher und politischer Veränderungen. Davon ist insbesondere auch die Wirtschaft und mit ihr die Unternehmen betroffen. In der Vergangenheit legitimierten sich Unternehmen vor allem durch ihren wirtschaftlichen Erfolg und die Sicherstellung sozial gerechter Arbeitsbedingungen. Mit zunehmender Kenntnis über Umweltprobleme wurden an produzierende Unternehmen durch Kunden und Politik ständig steigende Forderungen zu Aspekten des Umwelt-,

In diesem Beitrag erfahren Sie:
- Welches die wesentlichen Wandlungsprozesse sind, denen sich ein zukunftsorientiertes Unternehmen stellen muss, um eine weitgehende Integration des Umweltschutzes in die Geschäftsprozesse zu erreichen.
- Welche Bedeutung eine Steigerung der Transparenz über das Zusammenwirken von Umwelt- und Kostenaspekten hat.
- Wie Umweltmaßnahmen zu einem wichtiger Faktor für einen langfristig stabilen Unternehmenserfolg werden.
- Welche Unterstüzung hierbei betriebliche Umweltinformationssysteme (BUIS) leisten können.

Gesundheits- und Arbeitsschutzes heran getragen. Mit der Öffnung der Märkte und einer verstärkt arbeitsteiligen Produktion wurden zudem von Produzenten wie auch Konsumenten erhöhte Anforderungen an die Produktqualität gestellt.

Die aus Markt, Gesellschaft und Politik an ein Unternehmen heran getragenen Forderungen machen die Unternehmensführung zu einem hochkomplexen Prozess, in dem zwischen den verschiedensten Ansprüchen und ihrer Relevanz für den Unternehmenserfolg unterschieden werden muß. Unternehmen versuchen den an sie gestellten Ansprüchen durch die Implementierung zusätzlicher Management- und Controllingsysteme gerecht zu werden. Im Kontext des unternehmerischen Umweltschutzes wird dies deutlich an der kontinuierlichen Zunahme derer, die auf der Grundlage von EMAS [4] freiwillig ein Umweltmanagementsystem einführen und dabei die kontinuierliche Verbesserung des betrieblichen Umweltschutzes zu einem vorrangigen Unternehmensziel machen.

Trotz der schnellen Verbreitung von Umweltmanagementsystemen stellt der Umweltschutz in vielen Unternehmen weiterhin einen isolierten Tätigkeitsbereich dar, der inhaltlich und organisatorisch von den eigentlichen Prozessen der betrieblichen Auftragsabwicklung getrennt ist. Wesentliche Potenziale des Integrierten Umweltschutzes, wie z.B.

eine effiziente Reduktion des Ressourcenverbrauchs können auf diese Weise nicht erschlossen werden.

Im vorliegenden Beitrag wird anhand des Leitbildes des »House of Ecology« der Weg vom Betriebsbeauftragten für Umweltschutz bis zum Integrierten Umweltschutz dargestellt. Ein Schwerpunkt wird dabei auf die Nutzung betrieblicher Umweltinformationssysteme (BUIS) gelegt, die eine solche Entwicklung sinnvoll und effektiv unterstützen können.

....

Das »House of Ecology« als Leitbild für den integrierten Umweltschutz

Die Berücksichtigung des Umweltschutzes als integriertes Unternehmensziel und Produktionsfaktor erfordert tiefgreifende Änderungen sowohl in der standortbezogenen Unternehmensorganisation als auch im Hinblick auf die Positionierung eines Unternehmens in seinem marktwirtschaftlichen, gesellschaftlichen und politischen Umfeld. Die Herausforderungen für das Unternehmen ergeben sich vor allem aus folgenden Entwicklungen:

■ Die Forderungen nach einem umweltgerechten Wirtschaften und einer umweltgerechten Produktion werden mit großer Deutlichkeit und Kontinuität von Gesellschaft, Politik und Markt formuliert.

- Der Umweltschutz weist von allen Anforderungen, die heute an ein Unternehmen gestellt werden, die größte Querschnittsfunktion auf und stellt somit einen wichtigen Integrationsfaktor dar. Neben offensichtlichen Bezügen zum Gesundheits- und Arbeitsschutz bestehen große Überschneidungen zum Faktor Qualität. Dies wird um so deutlicher, wenn ein erweiterter Qualitätsbegriff zugrunde gelegt wird, der nicht nur die Produkt-, sondern auch die Produktionsqualität umfasst.

- Die Umweltgesetzgebung in Deutschland und Europa erfordert zunehmend eine Verbesserung der Umweltleistung eines Unternehmens unter Einbeziehung aller bei der Produktentstehung und -nutzung beteiligten Akteure. Beispiele sind die IPPC-Richtline der Europäischen Kommission [6] sowie die im Kreislaufwirtschafts- und Abfallgesetz verankerte Produktverantwortung.

- In der Entwicklung der Umweltschutztechnik hat sich mittlerweile die Erkenntnis durchgesetzt, dass eine effiziente Problemlösung nicht mit sogenannten »end of pipe« Maßnahmen, wie z.B. Abluftfilter, gelöst werden können. Ökonomisch und ökologisch sinnvoller haben sich produktionsintegrierte Maßnahmen herausgestellt, bei denen Umweltauswir-

kungen vermieden werden, bevor sie entstehen [2].

Am Fraunhofer-IAO wurde vor diesem Hintergrund im Rahmen des BMBF-Forschungsprojektes OPUS (Organisationsmodelle und Informationssysteme für einen produktionsintegrierten Umweltschutz – ein Verbundvorhaben am IAT; Universität Stuttgart, FIR an der RWTH Aachen, Fraunhofer IPT, WZL der RWTH Aachen und Universität Bremen, FB 7) untersucht, welche Gestaltungsfelder es bei einer weitgehenden Integration des Umweltschutzes zu berücksichtigen gilt. Dabei wurde der Ansatz des »House of Ecology« als ein Leitbild für den Integrierten Umweltschutz entwickelt (vgl. Abb. 1). Im House of Ecology wird der Integrierte Umweltschutz als ein stabiles Gebäude verstanden, das von drei Säulen getragen wird:

- *Organisation:* Organisatorische Verankerung des Umweltschutzes am Produktionsstandort und innerhalb der Kooperationsbeziehungen im logistischen Netzwerk.

- *Information:* Aufbau einer regelmäßig aktualisierten Informationsgrundlage für umweltorientierte Entscheidungen am Produktionsstandort und im logistischen Netzwerk.

- *Kooperation:* Aktive Einbeziehung von Mitarbeitern und Unternehmenspartnern im kontinuierlichen Verbesserungsprozess.

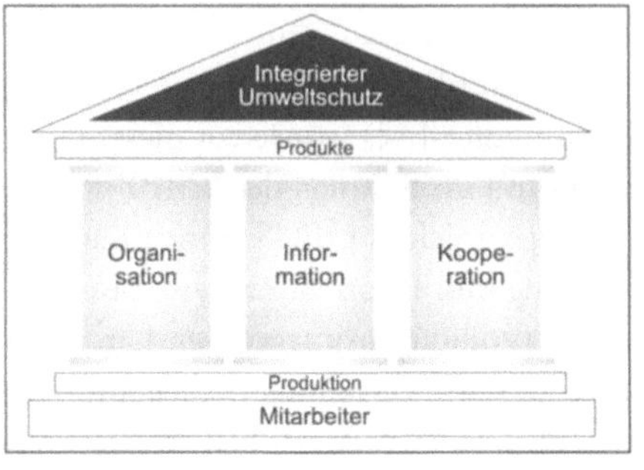

Abb. 1: *House of Ecology, ©Fraunhofer-IAO*

Diese Gestaltungsfelder des Integrierten Umweltschutzes bilden die Basis für eine durchgängige Berücksichtigung des Umweltschutzes sowohl in der Produktion am Unternehmensstandort als auch im logistischen Netzwerk, d.h. über den Lebensweg der Produkte. Eine wesentliche Voraussetzung für den Integrierten Umweltschutz ist eine aktive Beteiligung aller an der Unternehmenstätigkeit beteiligten Akteure. Die Ebene der Mitarbeiter stellt daher das Fundament des »House of Ecology« dar.

Baustein Organisation

Im Baustein »Organisation« geht es darum, die Berücksichtigung des Umweltschutzes im Sinne einer Matrixorganisation in alle Unternehmensabläufe zu integrieren. Eine wichtige Voraussetzung hierfür ist zum einen eine dezentrale Verankerung der Verantwortung für den

betrieblichen Umweltschutz. Alle Beschäftigten müssen sich über ihre Verantwortung bzgl. der Verbesserung des Umweltschutzes bewusst sein. Zum anderen muss ein durchgängiges Zielsystem aufgebaut werden, dass jedem Akteur eine Orientierung in Bezug zu seinem Verantwortungsbereich liefern kann. Nach dem Leitsatz » *Wer Verantwortung dezentralisiert, muss Werte zentralisieren*« müssen auf oberster Geschäftsleitung transparente Umweltleitlinien entwickelt und getragen werden.

Daraus abgeleitet sollte ein Zielsystem mit mehreren Hierarchiestufen erarbeitet und ständig fortgeschrieben werden, das jedem Akteur seine Einflussmöglichkeiten auf die Umweltziele transparent macht. Denn eine hohe Produktivität im Unternehmen hängt wesentlich von der Leistungsfähigkeit und -bereitschaft eines jeden Mitarbeiters ab. Eine kontinuierliche Verbesserung aller Leistungen und Prozesse kann langfristig nur von den Mitarbeitern ausgehen, da nur sie in der Lage sind, Verbesserungsmöglichkeiten zu finden, zu entwickeln und schließlich auch umzusetzen [1].

Nach der Einführung eines Umweltmanagementsystems auf Unternehmensebene besteht ein weiterer wichtiger Schritt in der Einbeziehung von logistischen Partnern wie Lieferanten, Distributoren, Spediteure, Kunden und anderen Stake-

> **Stakeholder**
>
> Als Stakeholder (Deutsch: Anspruchsgruppen) einer Unternehmung können alle Personen, Personengruppen oder Institutionen im Sinne von Interessenvertretern verstanden werden, die im Erreichen ihrer Ziele vom Betrieb abhängen und von denen der Betrieb abhängt. Stakeholder können die Unternehmensziele selbst, ihre Erreichung und damit die Bedingungen, unter denen die Unternehmung handelt, beeinflussen und werden durch sie beeinflusst [11].

holdern in die Umweltorganisation. Grundlage hierfür ist der Aufbau geeigneter Kommunikations- und Kooperationsstrukturen, die eine aktive Nutzung der mit einer solchen organisatorischen Verflechtung verbundenen Potenziale ermöglichen.

Baustein Information

Die Information stellt im Rahmen des Umweltmanagements immer noch einen vernachlässigten Bereich dar. Dabei ist das Ziel, eine kontinuierlichen Verbesserung des Umweltschutzes, nur möglich, wenn regelmäßig geeignete Daten zur Messung der betrieblichen Umweltleistung erfasst und für entsprechende Entscheidungsprozesse dezentral zur Verfügung gestellt werden können. Betrachtet man die regulären Prozesse der Auftragsabwicklung, so wird deutlich, dass bereits fast alle Entscheidungsprozesse von der Konstruktion über die Arbeitsvorbereitung bis zur Produktionsplanung oder z.B. dem Controlling hinsichtlich der Optimierung von Kostenaspekten konsequent von Informationssystemen unterstützt werden. Der betriebswirtschaft-

liche Nutzen von umfangreichen DV-Systemen steht dabei außer Frage.

Im Rahmen des Umweltmanagements setzen zwar mittlerweile auch ca. 60 Prozent der Unternehmen betriebliche Umweltinformationssysteme (BUIS) ein [10]. Der größte Teil dieser Informationssysteme besteht jedoch aus einer erweiterten Anwendung von Standardsystemen wie z.B. MS-Office-Applikationen. Hier gilt es, eine konsequente Vernetzung zwischen der Umweltorganisation und der betrieblichen DV-Landschaft, ergänzt um spezielle BUIS-Systeme, zu erreichen. Ziel sollte es sein, dass jeder Akteur im Unternehmen die Informationen, die er für eine optimale Umsetzung von Umweltschutzzielen in seinem Arbeitsumfeld benötigt, auf unkomplizierte Weise abrufen und auswerten kann. Aufbauend auf einer guten Datenbasis über betriebliche Stoff- und Energieströme sollte schließlich ein Umweltcontrolling aufgebaut werden, das eine durchgehende Berücksichtigung des Umweltschutzes als regulären Optimierungsfaktor wie z.B. die Faktoren Zeit und Kosten im Rahmen des klassischen Controllings ermöglicht.

Im Kontext einer zunehmenden Verflechtung von Unternehmen zu nationalen und internationalen Netzwerken kommt schließlich der umweltorientierten Planung in logistischen Netzwerken eine große Bedeutung zu [7]. Aufgrund der hohen Anforderungen an die Verfügbarkeit von Umweltinformationen und der Komplexität der zu verarbeitenden Daten ist daher auch hier der Einsatz geeigneter Betrieblicher Umweltinformationssysteme (BUIS) sinnvoll und notwendig.

Baustein Kooperation

Um die durchgängige organisatorische Verankerung des Umweltschutzes »zum Leben zu erwecken« und deren langfristigen Erfolg sicherzustellen, müssen alle Akteure im Unternehmen und die an der Produktion des Produktes beteiligten Partnerunternehmen an einer Verbesserung des Umweltschutzes beteiligt werden. Über geeignete Kooperationsstrukturen muß dabei gewährleistet sein, dass alle Mitwirkenden einen Vorteil durch die Zusammenarbeit erzielen. Eine Optimierung von Stoff- und Energieströmen über den Lebensweg von Produkten erfordert z.B. einen intensiven Informationsaustausch zwischen verschiedenen Unternehmen in der Wertschöpfungskette, der für alle beteiligten Unternehmen von Nutzen sein kann.

Der Baustein »Kooperation« stellt auch für die innerbetriebliche Integration des Umweltschutzes eine Herausforderung dar. Eine Einbindung von Umweltschutzaspekten in alle Unternehmensabläufe setzt eine dezentrale Verantwortung für den Umweltschutz voraus. Eine solche dezentrale Verankerung des Umweltschutzes erfordert eine hohe Bewusstseinsbildung, Qualifizierung und aktive Mitwirkung der Mitarbeiter [5].

Die Umsetzung des »House of Ecology« als kontinuierlicher Wandel

Die Bausteine des »House of Ecology« verdeutlichen, in welchen Bereichen ein unternehmerischer Wandlungsprozess stattfinden muss, um eine Integration des Umweltschutzes zu erreichen. Vor diesem Hintergrund stellt sich die Frage, wie eine praktische Umsetzung des erläuterten Leitbildes erfolgen kann.

Im folgenden wird die Umsetzung des »House of Ecology« als ein kontinuierlicher Wandlungsprozess beschrieben. Von einem auf die Person des Betriebsbeauftragen für Umweltschutz konzentrierten Ansatz des betrieblichen Umweltschutzes bis hin zum Aufbau einer Umweltorganisation in der logistischen Kette wird erläutert, wie durch einander ablösende Veränderungsmaßnahmen in den Gestaltungfeldern Organisation,

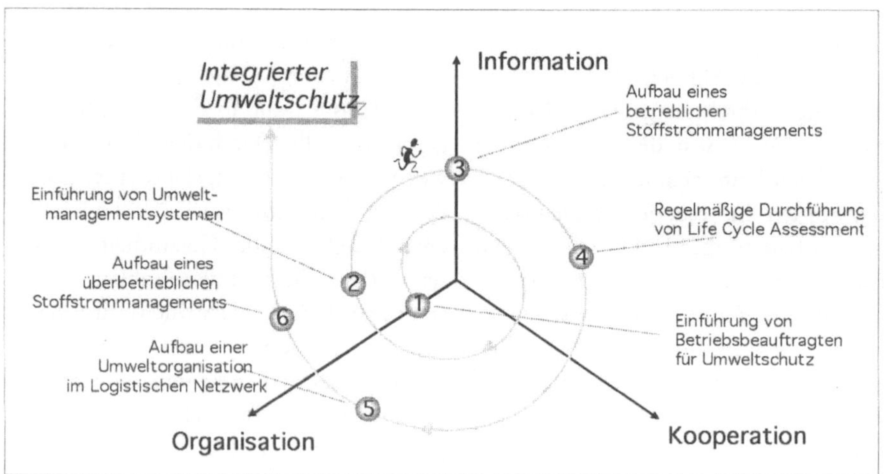

Abb. 2: *Die Spirale des kontinuierlichen Wandels, © Fraunhofer-IAO*

Information und Kooperation eine zunehmende Integration des Umweltschutzes in die unternehmerischen Tätigkeiten erreicht werden kann (vgl. Abb. 2).

Vom Betriebsbeauftragten für Umweltschutz zum Umweltmanagementsystem

Der erste Schritt zu einer verstärkten Berücksichtigung des Umweltschutzes erfolgt in den meisten Unternehmen durch die Einführung von Betriebsbeauftragten für Umweltschutz. Der Anstoß zu einer solchen ersten organisatorischen Verankerung des Umweltschutzes kommt dabei in der Regel durch entsprechende gesetzliche Vorgaben, die Unternehmen zur Benennung von Abfallbeauftragten, Immissionsschutzbeauftragten, Gewässerschutzbeauftragten, u.a. verpflichten. In der betrieblichen Praxis werden die Aufgaben dieser themenbezogenen Beauftragten auf eine Person übertragen: den Betriebsbeauftragten für Umweltschutz.

Mit der Einführung von EMAS wurde auf europäischer Ebene ein neues Kapitel der betrieblichen Umweltpolitik geschrieben. Auf freiwilliger Basis wurden Unternehmen dazu aufgefordert, eigene Umweltmanagementsysteme aufzubauen, die eine kontinuierliche Verbesserung des betrieblichen Umweltschutzes sicherstellen sollen. Vorbild waren dafür Regelungen zum Qualitätsmanagement nach ISO 9001ff, die bereits eine weite Verbreitung gefunden haben. Auch die EMAS ist in den letzten Jahren gut von den Unternehmen angenommen worden. Insbesondere in Deutschland mit bereits über 1800 nach der Verordnung registrierten Unternehmensstandorten ist dadurch ein wichtiger zweiter Schritt in Richtung Integration des Umweltschutzes in die vielfältigen Tätigkeiten der Unternehmen vollzogen worden.

Aufbau eines betrieblichen Stoffstrommanagements

Eine wichtige Voraussetzung für die Integration des Umweltschutzes in betriebliche Entscheidungsprozesse ist, dass Umwelt- und Kostenaspekte der betrieblichen Tätigkeit regelmäßig und mit vertretbarem Aufwand transparent gemacht und in konkrete Ziele umgesetzt werden können. Der Erfolg und die langfristige Akzeptanz von Umweltmanagementsystemen hängt daher wesentlich davon ab, ob eine effiziente Verbindung zwischen dem Umweltmanagementsystem auf der einen und einem Umweltinformationssystem auf der anderen Seite realisiert werden kann.

In der betrieblichen Praxis stellen Input-Output-Analysen die zentrale Informationsgrundlage für das Umweltmanagement dar. Dabei werden alle ein-

und austretenden Stoff- und Energieströme an einem Betriebsstandort summarisch erfasst und in einer Tabelle gegenübergestellt. Durch diese Vorgehensweise können zwar ungefähre Aussagen über die Umweltrelevanz einer betrieblichen Tätigkeit in der Gesamtheit getroffen werden. Ein zentrales Problem besteht jedoch darin, dass eine verursacherbezogene Zuordnung von Umweltwirkungen zu einzelnen Prozessen oder zu Produkten auf Basis solcher Input-Output-Analysen nicht möglich ist. Auch eine kostenorientierte Optimierung der betrieblichen Tätigkeit lässt sich anhand von reinen Input-Output-Informationen nicht erreichen. Es ist z.B. unzureichend, die Kosten der betrieblichen Abfallwirtschaft allein auf Grundlage von Entsorgungskosten zu optimieren. Dem Umstand, dass ein Unternehmen die anfallenden Abfallstoffe zunächst teuer beschafft, dann über mehrere Wertschöpfungsstufen kostenintensiv bearbeitet und schließlich gesammelt und getrennt hat, wird dabei keine Rechnung getragen. Einzelne Beispiele, in denen z.B. eine Reststoffkostenrechnung durchgeführt wurde, belegen, dass die real durch die Reststoffentstehung anfallenden Kosten oft um ein vielfaches höher liegen, als durch die alleinige Betrachtung der Entsorgungskosten bekannt wird [9].

Erfahrungswerte des Fraunhofer-IAO aus einem mittelständischen Maschinenbauunternehmen zeigen, dass allein das

8

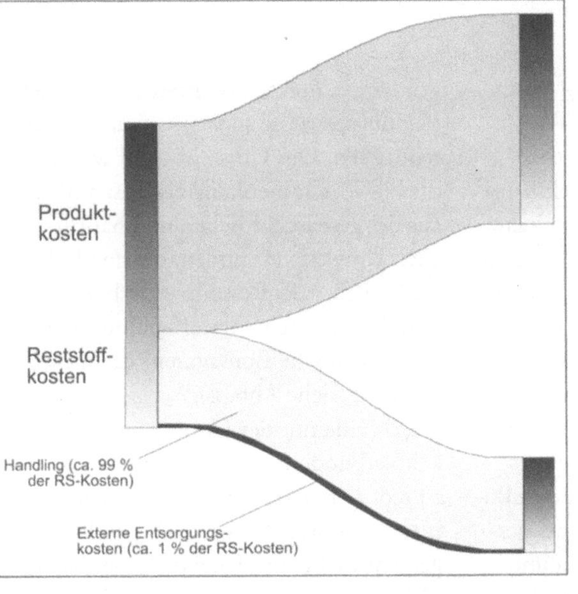

Abb. 3: *Unternehmensinterne Kosten des Reststoffhandlings liegen oft um einen Faktorvon mehr als 10 über den Kosten der externen Entsorgung.*
©Fraunhofer-IAO

Reststoffhandling bei Verpackungen, d.h. die Kosten zum Auftrennen und Zerkleinern von Verpackungen sowie deren Transport zur betriebsinternen Sammelstelle Kosten verursachen, die um mehr als den Faktor 10 größer sind, als die für die Entsorgung der Reststoffe zu entrichtenden Gebühren (vgl. Abb. 3).

Um eine Stagnation des Verbesserungsprozesses als Folge der mangelnden Transparenz über Ursache-Wirkung-Beziehungen im Umweltmanagement zu verhindern [10], ist daher der zielorientierte Aufbau eines betrieblichen Stoffstrommanagements als dritter Schritt (vgl. Abb. 2) zur Integration des Um-

weltschutzes notwendig. Im Rahmen des Stoffstrommanagements wird in regelmäßigen Abständen die betriebliche Umweltleistung erfasst und bewertet. Die wichtigste Informationsgrundlage für die Erfassung und Bewertung der betrieblichen Umweltleistung stellen prozess- und produktbezogene Umweltauswirkungen und Kosten dar, die auf Basis der betrieblichen Stoffströme errechnet werden. Die Datenerfassung und Auswertung erfolgt mit Unterstützung betrieblicher Umweltinformationssysteme (BUIS), die über Datenschnittstellen an die betrieblichen DV-Systeme angebunden sind [2].

Regelmäßige Durchführung von Life Cycle Assessment (LCA)

Betrachtet man die Umweltaspekte unternehmerischer Tätigkeit unter einem erweiterten Blickwinkel, so ist festzustellen, dass die Produktionstätigkeiten unter Umständen nur einen unerheblichen Anteil an den gesamten Umweltauswirkungen ausmachen. Umweltauswirkungen entstehen bereits bei der Rohstoffgewinnung, bei der Produktion der verwendeten Materialien, bei der Produktion des eigentlichen Produktes, bei dessen Nutzung durch den Kunden und schließlich bei dessen Entsorgung bzw. des Recyclings. Ziel des Integrierten Umweltschutzes ist es, die innerhalb der verschiedenen Lebensphasen des Produktes potenziellen Umweltauswirkun-

gen bereits innerhalb unternehmerischer Planungsprozesse so weit wie möglich zu reduzieren. Der Umweltbegriff wird in diesem Zusammenhang als Gesamtheit aus der gesellschaftlichen und natürlichen Umwelt verstanden, die durch den Verbrauch (z.B. Ressourcenverbrauch) und die Abgabe von Stoffen und Energie (z.B. schädliche Emissionen) beeinträchtigt wird (siehe Abb. 4).

Um die mit der Unternehmenstätigkeit verbundenen Umweltauswirkungen zu reduzieren, ist daher ein auf den Betriebsstandort fokussiertes Umweltmanagement nicht ausreichend. Insbesondere Planungsprozesse, die einen starken Einfluss auf die im Produktlebensweg auftretenden Stoffströme haben, sollten auf eine erweiterte Informationsgrundlage gestellt werden. Die regelmäßige Anwen-

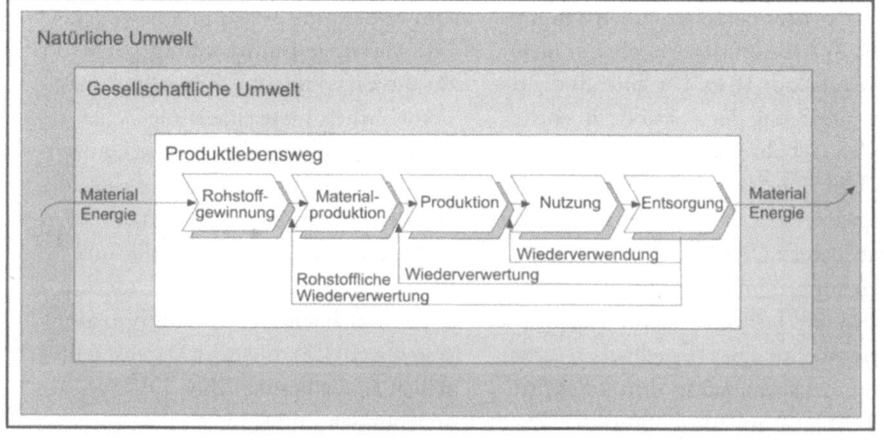

Abb. 4:   *Stoffströme im Produktlebensweg als Ursache von Umweltauswirkungen,* © *Fraunhofer-IAO*

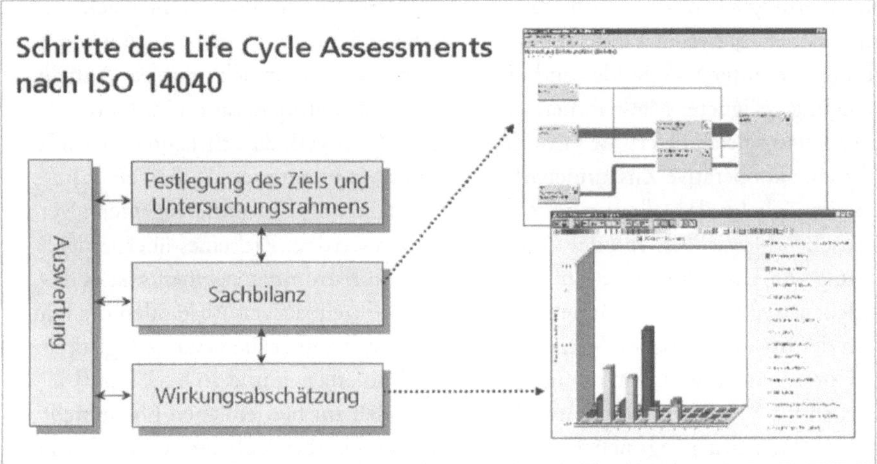

Abb. 5:   *Unterstützung des Life Cycle Assessments mit BUIS, ©Fraunhofer-IAO*

dung von Methoden des Life Cycle Assessments (deutsch: Ökobilanzierung) (LCA) im betrieblichen Umweltmanagement stellt daher einen wichtigen vierten Schritt (vgl. Abb. 2) zur Integration des Umweltschutz in die unternehmerischen Tätigkeiten dar. Ein über das betriebliche Umweltmanagement hinausgehendes Merkmal besteht dabei in der Betrachtung von Umweltauswirkungen im Produktlebenswegzusammenhang.

Über die verschiedenen Stufen des Lebensweges eines Produktes werden die enstehenden Stoffströme bilanziert und die potenziellen Umweltauswirkungen, soweit möglich, abgeschätzt und bewertet. Sowohl für die Datenerfassung als auch deren Auswertung sind bereits eine Vielzahl geeigneter BUIS verfügbar [8].

In der folgenden Abbildung 5 ist eine BUIS-Unterstützung des Life Cycle Assessments am Beispiel des Systems GaBi dargestellt.

Aufbau einer Umweltorganisation im logistischen Netzwerk

Auf Basis von LCA-Ergebnissen lassen sich Schwachstellen erkennen, die zwar über die Wertschöpfungskette des Produktes mit der eigenen Produktion verknüpft sind, aber nicht allein durch eigene Maßnahmen umsetzbar sind. An dieser Stelle ist der Aufbau geeigneter Kooperationsstrukturen notwendig, die den Aufbau einer Umweltorganisation im logistischen Netzwerk als fünften Schritt zur Integration des Umweltschutzes (vgl.

Abb. 2) ermöglichen. Die Erarbeitung gemeinsamer Zielsysteme unter Einbeziehung relevanter Stakeholder und die Festlegung geeigneter Maßnahmen zum Interessensausgleich liefert die Grundlage für eine kooperative Zusammenarbeit, die es ermöglicht, dass alle Partner eines logistischen Netzwerkes von der Optimierung von Umweltaspekten im Produktlebensweg profitieren können.

In der organisatorischen Vernetzung von Unternehmen und dem damit einhergehenden Vertrauensaufbau und Informationsaustausch liegt neben einer komplexen Herausforderung auch eine große Chance. Im Vergleich zu einer auf die betriebliche Ebene beschränkte Sichtweise können qualitativ hochwertigere Daten gewonnen werden, die nach Belieben als Entscheidungsgrundlage für das betriebliche Stoffstrommanagement genauso wie für die Optimierung von Umweltauswirkungen im Produktlebenswegzusammenhang genutzt werden können. Dies gilt insbesondere für solche Unternehmen, die sich das Ziel gesetzt haben, Methoden des Life Cycle Assessments fest in die Abläufe der Produktentwicklung zu integrieren.

Aufbau eines überbetrieblichen Stoffstrommanagements

Die Unterstützung einer Umweltorganisation im logistischen Netzwerk durch eine geeignete Informationsgrundlage

auf der Basis von Stoffströmen stellt als sechster Schritt (vgl. Abb. 2) eine konsequente Weiterentwicklung zum Aufbau einer Umweltorganisation im logistischen Netzwerk dar. Er kann daher mit dem oben erläuterten Aufbau eines betrieblichen Stoffstrommanagements verglichen werden. Ziel eines überbetrieblichen Stoffstrommanagements ist es daher, in regelmäßigen Abständen die Umweltleistung über die gesamte logistische Kette zu erfassen und zu bewerten. Im Vergleich zur betrieblichen Ebene stellt hier der überbetriebliche Austausch von Umweltinformationen als Grundlage für eine Umweltorientierte Planung im logistischen Netzwerk sehr hohe Anforderungen an entsprechende BUIS:

■ Abbildung logistischer Netzwerke und der dazugehörigen organisatorischen Objekte,

■ Auswertung der Eigenschaften der organisatorischen Objekte sowie der im logistischen Netzwerk zwischen den organisatorischen Objekten ausgetauschten Stoffströme nach Umwelt- und Kostenaspekten.

Während für die bisherigen Schritte bereits geeignete BUIS auf dem Softwaremarkt verfügbar sind, befindet sich eine solche informationstechnische Unterstützung eines überbetrieblichen Stoffstrommanagements noch im Entwicklungsstadium [7]. Insbesondere durch parallele Entwicklungen im Bereich des

Supply Chain Managements erscheint eine Realisierung in den nächsten Jahren jedoch als möglich.

....

Literatur

[1]   BULLINGER, HANS-JORG; LOTT, CLAUS-ULRICH: *Target Management: Unternehmen zielorientiert gestalten und ergebnisorientiert führen, Fraunfort/Main, New York: Campus Verlag, 1997*

[2]   BULLINGER, HANS-JORG; STEINAECKER, JORG VON; REY, UWE: *Innovationschance produktionsintegrierter Umweltschutz, in: Tagungsunterlagen zum IAO-Managementsymposium »Produktion und Umwelt« am 5. November1997, Stuttgart*

[3]   BULLINGER, HANS-JORG; HECHT, STEFAN; STEINAECKER, JÖRG VON; JURGENS, GUNNAR: *Dezentrales Umweltmanagement, in: ZWF – Zeitschrift für wirtschaftlichen Fabrikbetrieb, 94. Jahrgang, 02/99, München, 1999*

[4]   *Verordnung (EWG) Nr. 1836/93 des Rates vom 29. Juni 1993 über die freiwillige Beteiligung gewerblicher Unternehmen an einem Gemeinschaftssystem für das Umweltmanagement und die Umweltbetriebsprüfung*

[5]   HEMKES, BARBARA: *Innovation als Prinzip – Partizipation als Modell, in: Hoffmann, Esther; Jürgens, Gunnar; Rubelt, Jürgen (Hrsg.): Öko-Audit – Reform überfällig? Erfahrungen, Veränderungsvorschläge, Perspektiven. Berlin: Technische Universität Berlin, 1997*

[6]   *Council Directive 96/61/EC concerning Integrated Pollution Prevention and Control*

[7]   JURGENS, GUNNAR; SCHNAPPERELLE, DIRK; STEINAECKER, JORG VON: *EPSILON – Ein System zur Unterstützung einer umweltorientierten Planung in Unternehmensnetzwerken, 13. Internationales Symposium Informatik für den Umweltschutz, 30.08.-01.09.1999, Magdeburg, 1999*

[8]   JURGENS, GUNNAR; REY, UWE: *Eine schwierige Entscheidung, Bei der Wahl der richtigen Software für das Umweltmanagement sind Unternehmen auf fachliche Beratung angewiesen, in: Müllmagazin, Nr. 1/1999, Berlin, 1999*

[9]   LOEW, THOMAS: *Alles im Blick, Die stoff- und energiestromorientierte Kostenrechnung kann Schwächen der Umweltkostenrechnung beheben, in: Müllmagazin, Nr. 1/1999, Berlin, 1999*

[10]   REY, UWE; JURGENS, GUNNAR; WELLER, ANDREAS: *Betriebliche Umweltinformationssysteme Anforderungen und Einsatz, Ergebnisse einer Befragung von Anwendern und Anbietern von informationstechnischen Unterstützungssystemen im Umweltmanagement, Stuttgart: Fraunhofer IRB-Verlag, 1998*

[11]   SCHALTEGGER, STEFAN; STURM, ANDREAS: *Ökologieorientierte Entscheidungen in Unternehmen, 2. Auflage, Bern, Stuttgart, Wien: Verlag Paul Haupt, 1994*

....

Zusammenfassung

Der Umweltschutz stellt in vielen Unternehmen einen eigenständigen Tätigkeitsbereich dar, der inhaltlich und organisatorisch von den eigentlichen Prozessen der betrieblichen Auftragsabwicklung getrennt ist. Eine effektive Erschließung der mit Umweltschutzaktivitäten verbundenen Potenziale, wie z.B. das zielgerichtete Einsparen von Energie und Ressourcen, ist dagegen nur möglich, wenn der Umweltschutz als integraler Bestandteil der Unternehmenstätigkeiten betrachtet wird.

Das erläuterte Leitbild des »House of Ecology« verdeutlicht die wesentlichen Wandlungsprozesse, denen sich ein zukunftsorientiertes Unternehmen stellen muss, um eine weitgehende Integration des Umweltschutzes in die Geschäftsprozesse zu erreichen. Eine besondere Bedeutung kommt dabei einer deutlichen Steigerung der Transparenz über das Zusammenwirken von Umwelt- und Kostenaspekten der betrieblichen Tätigkeiten zu. Auf der Grundlage einer verbesserten Informationsbasis zu Stoffströmen und damit verbundenen Kosten und Umweltauswirkungen werden Umweltmaßnahmen zu einem wichtiger Faktor für einen langfristig stabilen Unternehmenserfolg.

An dieser Stelle können Betriebliche Umweltinformationssysteme (BUIS) eine wichtige Unterstützung leisten. Auf der Basis einer regelmäßig aktualisierten Informationsgrundlage zu Umweltauswirkungen und Kosten von Stoffströmen am Produktionsstandort sowie in der logistischen Kette ist es möglich, den Faktor Umweltschutz weitgehend in die Geschäftsprozesse zu integrieren. Bei einer schrittweisen Realisierung des Integrierten Umweltschutzes und der Erschließung der damit verbundenen Potenziale ist es daher sinnvoll und notwendig, geeignete BUIS zur Generierung der zum jeweiligen Entwicklungsstadium erforderlichen Informationsgrundlagen einzusetzen.

Sektion 04, Operatives Umweltmanagement

04.01 **Internes Operatives Umweltmanagement**
Teil 1: Forschung und Entwicklung
von JÖRG ZÜRN
(Stand: März '95)
Teil 2: Materialwirtschaft und Einkauf
von VOLKER STAHLMANN
(Stand: März '95)

Teil 3: Zur Zeit nicht besetzt

Teil 4: Produktrecycling
von ROLF STEINHILPER
(Stand: Januar '99)

Teil 5: Zur Zeit nicht besetzt

Teil 6: Marketing
von WALDEMAR HOPFENBECK
(Stand: März '95)
Teil 7: Arbeitsschutz
von ULRICH WELZBACHER
(Stand: August '96)
Teil 8: Logistik im Versorgungsbereich
von WOLFGANG STÖLZLE
(Stand: März '95)
Teil 9: Entsorgungslogistik
von WOLFGANG STÖLZLE
(Stand: Dezember '95)
Teil 10: Umweltorientierte Produktpolitik
von WALDEMAR HOPFENBECK
(Stand: August '97)
Teil 11: Betriebliches Mobilitätsmanagement
von GERHARD KAMINSKI
(Stand: Mai '99)

**04.02 Externes Operatives Umweltmanagement
Teil 1: Entsorgungsverfahren in der
Abfallwirtschaft**
von JOACHIM WUTTKE
(Stand: April '96)

Teil 2: Zur Zeit nicht besetzt

Teil 3: Kreislaufwirtschaft
von ULRICH HOMMEL
(Stand: April '97)

Teil 4: Altlasten
von NICO PREHN
(Stand: Dezember '97)

Teil 5: Zur Zeit nicht besetzt

Teil 6: Lärmschutz
von BERND MARTIN
(Stand: April '97)

Teil 7: Umweltverträglichkeitsprüfung
von SABINE HÄRING und WILLFRIED NOBEL
(Stand: März '95)

**Teil 8: Gewässerschutz und
Abwassermanagement**
von HANS-PETER LÜHR
(Stand: Dezember '97)

**Teil 9: Anlagenbezogener Umgang
mit wassergefährdenden Stoffen**
von HANS-PETER LÜHR
(Stand: Mai '98)

Teil 10: Design öko-effizienter Dienstleistungen
von HANS-JÖRG BULLINGER und GUNNAR JÜRGENS
(Stand: Mai '99)

**Teil 11: Ökologische Dienstleistungen in der
Unternehmenspraxis**
von SIEGFRIED BEHRENDT
(Stand: Mai 2000)

Teil 4: Internet
von MARTINA NEHLS-SAHABANDU
und RALF BINDEL
(Stand: September '99)

04.09　Betriebsbeauftragte
Teil 1: Abfall
von EBERHARD BEHNKE
(Stand: August '97)
Teil 4: Immissionsschutz
von BERND MARTIN
(Stand: Mai '98)

Folgelieferung Mai 2000

Externes Operatives Umweltmanagement
Teil 11: Ökologische Dienstleistungen in der Unternehmenspraxis

Eine Wirtschaft, die dem Leitbild einer nachhaltigen Entwicklung gerecht werden soll, setzt nicht nur umweltvertäglichere Produkte voraus, sondern auch neue Vermarktungsformen und Konsummuster. Dienstleistungen bieten vielversprechende Innovationspotenziale, die auf eine Lebensdauerverlängerung, eine Nutzungsintensivierung und eine Wiederverwendung von ausgedienten Produkten in Form von Nutzungskaskaden abzielen. Kernfragen für Unternehmen hierbei sind, welche Marktchancen sich aus einer Dienstleistungsorientierung ergeben und welche ökologischen Effekte damit verbunden sind.

Stichworte: Motive für Dienstleistungsorientierung; Produktbezogene Dienstleistungen; Nutzungsbezogene Dienstleistungen; Best-practice-Beispiel Sony; Garantie; Qualitätssicherung; Upgrading; Recycling; Wiederverwertung; Leasing; Miete; Nutzungsintensivierung; Nutzungsverkauf; Wettbewerbsvorteile.

Folgelieferung Mai 2000

SIEGFRIED BEHRENDT

Unternehmen werden zunehmend mit der Anforderung konfrontiert, die Bedürfnisse ihrer Kunden auf eine umweltverträgliche Weise zu befriedigen. Dies verlangt grundsätzlich eine Gestaltung der Produkte nach ökologischen Kriterien. In den letzten Jahren wurden hier erhebliche Fortschritte erzielt. Eine Wirtschaft, die dem Leitbild einer nachhaltigen Entwicklung gerecht werden

In diesem Beitrag erfahren Sie:
- Was produkt- und nutzungsbezogene Dienstleistungen sind und welche Potenziale sie bieten.
- Welche Chancen und Risiken mit dem Verkauf von Nutzung verbunden sind und für welche Produkte und Konsumentengruppen sich Nutzenkonzepte eignen könnten.
- Wie die Marktchancen ökologischer Dienstleistungen eingeschätzt werden und wodurch sie verbessert werden konnen.

soll, setzt aber nicht nur umweltvertäglichere Produkte voraus, sondern auch neue Vermarktungsformen und Konsummuster. Vielversprechende Innovationspotenziale bieten Dienstleistungen, die auf eine Lebensdauerverlängerung, eine Nutzungsintensivierung und eine Wiederverwendung von ausgedienten Produkten in Form von Nutzungskaskaden abzielen. Grundsätzlich können produktbezogene Dienstleistungen wie Reparatur, Wartung, Upgrading, Wiederverwendung und Remarketing die Nutzungsdauer der Produkte verlängern. Weiterhin bieten sich Nutzungskonzepte auf der Basis von Leasing- und Mietsystemen als Alternative zum Produktverkauf an. Würden Produkte intensiver oder länger genutzt, müssten weniger Güter herstellt werden. Die Folge wären geringere Stoff- und Energieflüsse, angefangen von der Resourcenbeanspruchung über die Herstellung und den Transport bis hin zu den Abfallmengen. Ohne auf Wohlstand verzichten zu müssen, ließe sich auf diese Weise ein Beitrag für eine nachhaltige Entwicklung leisten.

Neben ökologischen Vorteilen sind mit der Dienstleistungsorientierung wirtschaftliche Chancen verbunden. Der Absatz der Produkte verliert für viele Unternehmen an Bedeutung, während die Ausweitung des Dienstleistungsspektrums rund um das Produkt immer wichtiger wird. In dem Maße, wie der Kunde Problemlösungen und nicht primär Produkte nachfragt, werden Dienstleistungen Bestandteil von Wettbewerbsstrategien und zum Differenzierungsmerkmal im Markt. Dieser Trend führt dazu, dass der Dienstleistungsanteil in der Wertschöpfungskette der Gebrauchsgüter kontinuierlich wächst. Schon heute ist die Dienstleistungssparte vieler produzierender Unternehmen ertragsstärker als der Verkauf der Produkte. Dazu trägt nicht nur ein verändertes und differenzierter gewordenes Nachfrageverhalten der Kunden bei, sondern auch die Entwicklung, dass Unternehmen in immer größerem Maße die Verantwortung für ihre Produkte über den Verkauf hinaus übernehmen müssen.

Welche Marktchancen sich aus einer Dienstleistungsorientierung für Unternehmen ergeben und welche ökologischen Effekte damit verbunden sind, sind die Kernfragen des folgenden Beitrags. Im Vordergrund stehen produkt- und nutzungsbezogene Dienstleistungen für langlebige Gebrauchsgüter, vornehmlich aus dem Elektronik- und Elektrobereich.

....

Generelle Motive für eine Dienstleistungsorientierung

Die Industrieunternehmen bieten ein breites, auf ihr Produktsortiment abgestimmtes Dienstleistungsspektrum an, das ständig weiterentwickelt und ausgebaut wird. Produkt- und nutzungsbezogene ökologische Dienstleistungen sind in diesem Zusammenhang als Ergänzung und Komplettierung des Angebots anzusehen. Spezialisierte Kleinunternehmen konzentrieren sich auf bestimmte Marktnischen und sind dort sehr erfolgreich. Die Weiterentwicklung bestehender oder die Einführung neuer ökologischer Dienstleistungen ist primär wirtschaftlich motiviert. Im Vordergrund stehen die Verbesserung der Kundenbindung, die Erschließung neuer Geschäftsfelder und die Nachfrage des Marktes.

Ökologische Beweggründe, das hat auch eine Umfrage unter Informationstechnik-Herstellern [1] gezeigt, haben hingegen eine untergeordnete Bedeutung. So hat die Umweltgesetzgebung, die umweltpolitische Diskussion, mögliche Umweltvorteile oder das Umweltbewusstsein nur einen geringen Einfluß auf die Entwicklung von Dienstleistungsangeboten. Eine Ausnahme bildet die Rücknahme- und Verwertung der Produkte. Hier wird die Innovationsdyna-

mik der Unternehmen wesentlich von der Gesetzgebung bestimmt. Im Elektronikbereich ist die Anfang der 90er Jahre angekündigte Elekronikschrottverordnung als der zentrale Auslöser für den Aufbau von Rücknahme- und Recyclingsystemen durch die Hersteller zu werten.

....

Potenziale produkt- und nutzungsbezogener Dienstleistungen

Reparatur zur Lebensdauerverlängerung

Die Entwicklung der Reparaturleistungen variiert stark zwischen den einzelnen Wirtschaftszweigen. Aber auch zwischen den Unternehmen gibt es deutliche Unterschiede. In Wachstumssegmenten wie dem IT-Markt werden Reparaturleistungen ausgebaut. Hingegen sehen die Hersteller im Haushaltsgerätebereich im allgemeinen keinen oder nur wenig Bedarf,

Tabelle 1: Produkt- und Nutzungsbezogene Dienstleistungen und ihre ökologischen Vorteile

Produktbezogene Dienstleistungen	
– Reparaturservice	– Längere Nutzung
– Garantiezeitverlängerung	– Nutzung von Mengenvorteilen des Anbieters
– Upgrading	
– Recycling und Wiederverwendung	

Nutzungsbezogene Dienstleistungen	
– Miete	– Intensivere Nutzung
– Leasing	– Produktverantwortung der Hersteller

3

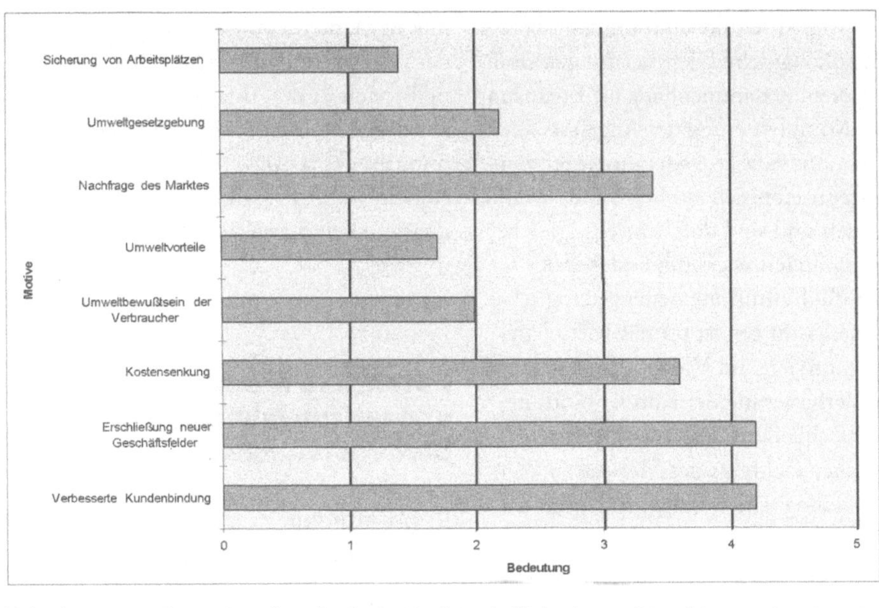

Abb. 1: *Motive der IT-Gerätehersteller für kreislaufwirtschaftlich relevante Dienstleistungen 1: geringe, 2: gering-mittlere, 3: mittlere, 4: große, 5: sehr große Bedeutung. Basis: Befragung der Mitgliedsfirmen der AG CYCLE im ZVEI/VDMA, 15 antwortende Firmen, Quelle: Behrendt 1999*

die Reparaturleistungen auszudehnen. In Einzelfällen wird der werkseigene Kundendienst vor dem Hintergrund stagnierender Märkte und einer sich verschärfenden Wettbewerbssituation sogar abgebaut. Der Weiterentwicklung und Aufwertung des Reparaturmarktes steht eine Reihe von Hemmnissen entgegen. Ein Haupthindernis ist die hohe Arbeitsintensität der Wartungs-, Demontage- und Reparaturleistungen. Angesichts der hohen Lohnkosten entstehen vielfach höhere Kosten für den Reparaturservice als durch die Produktion und den Verkauf der Produkte. Der Reparaturmarkt muss

mit Skalenvorteilen der industriellen Massenproduktion konkurrieren, die den Erwerb von Neugeräten bei steigendem real verfügbaren Einkommen begünstigt. Insbesondere das geringe Preisniveau bei Kleingeräten führt dazu, dass sich eine Reparatur nicht lohnt. Die geringe Nachfrage nach Reparaturleistungen hängt aber auch damit zusammen, dass aufgrund fortlaufender Innovationen Neugeräte sehr viel mehr Leistungen erbringen und deshalb ein Neukauf bevorzugt wird. Hemmend wirkt sich darüber hinaus, wie aus den Fallstudien und Befragungen hervorgeht, die Miniaturisierung der

Best-practice-Beispiel: Aufarbeitung von Kleingeräten bei Sony

Sony bietet seit Herbst 1996 ein Austausch- und Wiederaufarbeitungs-Programm für Kleingeräte der Unterhaltungselektronik (Playstation, GSM-Telefone, Walkman) an. Fehlerhafte Geräte werden dabei während der Garantiezeit kostenlos gegen eine aufgearbeitete Einheit ausgetauscht. Nach Ablauf der Garantie kann der Kunde zwischen Austausch oder individueller Reparatur seines Gerätes wählen und trägt selbst die Kosten. Die Aufarbeitung erfolgt unter Fabrikbedingungen, so dass die Produkte technisch und kosmetisch »wie neu« sind. Nicht zu reparierende Einheiten und Teile werden umweltgerecht entsorgt.

Tabelle 2: Kriterien zum Austausch und zur Aufarbeitung von Defektgeräten am Beispiel Walkman

Produkt-Kategorie	Herstellungs-kosten	Innerhalb der Garantiezeit		Außerhalb der Garantiezeit
		3 Monate	12 Monate	
Kategorie A	< 35 DM	Austausch gegen Neugerät		Neukauf empfohlen
	Preis < 70 DM	Defektes Gerät wird entsorgt		Defektes Gerät wird entsorgt
Kategorie B	35 DM bis 100 DM	Austausch gegen Neugerät	Austausch gegen aufgear-beitetes Gerät	Austausch gegen aufgear-beitetes Gerät mit niedrigem Fixpreis
	Preis < 240 DM	Defektes Gerät wird aufgear-beitet	Defektes Gerät wird aufgear-beitet	Defektes Gerät wird aufgearbeitet

Quelle: Sony 1998

Dem Kostenvergleich zufolge lohnt sich eine Reparatur und Aufarbeitung von Geräten, deren Herstellungskosten unter 35 DM liegen, nicht. Hier kommt aus wirtschaftlicher Sicht innerhalb der Garantiezeit nur ein Austausch gegen ein Neugerät und die Entsorgung des Altgerätes in Betracht. Oberhalb von 35 DM Herstellungskosten ist die Aufarbeitung die wirtschaftlich günstigste Servicevariante.

Bei Kleingeraten, deren Herstellkosten zwischen 35 DM und 100 DM liegen, ist es Sony gelungen, durch Zentralisierung und Spezialisierung Skaleneffekte zu nutzen, die die Kosten für die Reparatur erheblichen senken. Die wirtschaftliche Effizienz des Programms basiert auf

- der Erhohung der Produktivität durch Verbesserung der Qualifikation und Spezialisierung der Beschäftigten,
- der europaweiten Zuführung der Geräte an einen Standort, wodurch große Gerätemengen anfallen (monatlich 10.000 Geräte/Produktgruppe),

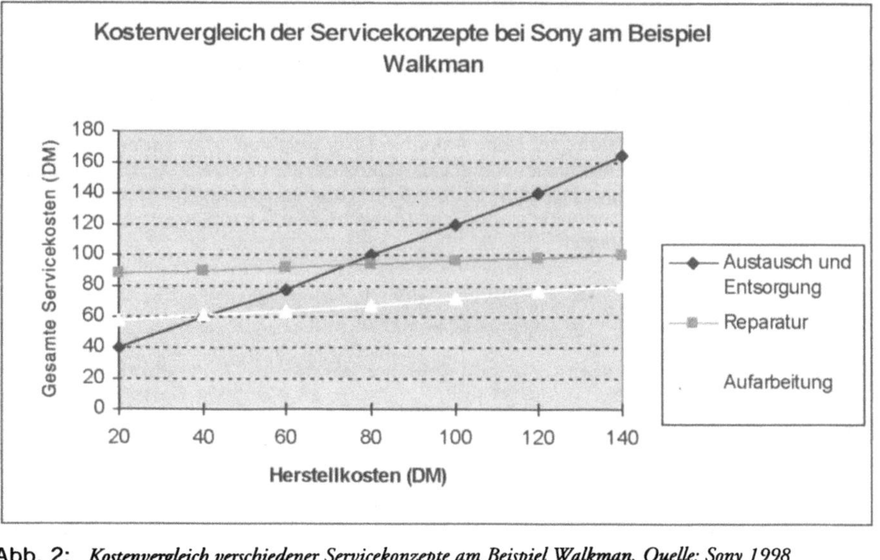

Abb. 2: *Kostenvergleich verschiedener Servicekonzepte am Beispiel Walkman, Quelle: Sony 1998*

– der Aufarbeitung in Serie, wodurch Abläufe vereinfacht werden,
– der Nutzung von Arbeitskostenunterschieden innerhalb Europas und
– der Beschaffung von Ersatzteilen in großen Mengen am zentralen Standorten.

Elektronik und vor allem die Innovationssprünge in der Produktentwicklung aus. Aber auch Modetrends und Designwechsel tragen dazu bei, dass defekte Geräte nicht mehr repariert werden.

Ansätze für Innovationen finden sich auf verschiedenen Ebenen. Neben Produktinnovationen (z.B. reparaturfreundliche Konstruktion) sind Prozess- und organisatorische Innovationen von besonderer Bedeutung, die an der Schnittstelle zwischen Hersteller, Handel und Kunden ansetzen. Hierzu zählt z.B. auch ein schneller Vor-Ort-Service. Vor

allem durch Kooperation der Reparaturbetriebe untereinander, den Aufbau von Kooperationen mit dem Fachhandel oder Handelsketten und die Spezialisierung auf Produktgruppen lassen sich erhebliche Kosteneinparungen bei der Leistungserbringung erzielen.

Desweiteren können bei einer Zentralisierung der Reparatur durch Aufarbeitung in Serie Kostenvorteile genutzt werden. Dies gilt in besonderem Maße für Kleingeräte, die in der Regel wegen der im Vergleich zum Produktpreis unverhältnismäßig hohen Reparaturkosten nicht repariert werden. Hier zeigt das Repair- and Refurbishing-Modell von Sony, dass eine Aufarbeitung von Kleingeräten in Serie bei einem Produktionswert oberhalb 35 DM unter wirtschaftlichen Gesichtspunkten möglich ist. Aufgrund der erzielten Skaleneffekte und der Nutzung von Arbeitskostenunterschieden innerhalb Europas ist die zentrale Aufarbeitung bei Garantierückläufern kostengünstiger als die Rücknahme und Entsorgung sowie das Zurverfügungstellen eines Neugeräts.

Garantie und Qualitätssicherung

Hersteller und Handel gewähren auf ihre Produkte eine Garantie. Zu unterscheiden ist zwischen der gesetzlich vorgeschriebenen Gewährleistungsfrist und freiwilligen Garantieleistungen. Innerhalb der Garantiezeit sichert der Hersteller oder der Handel bestimmte Eigenschaften eines Produktes zu. Nach § 477 des Bürgerlichen Gesetzbuches (BGB) können bei beweglichen Sachen innerhalb einer Frist von 6 Monaten Ansprüche auf Minderung oder Wandelung des gekauften Produktes geltend gemacht werden. Fehlt der verkauften Sache zur Zeit des Kaufs eine zugesicherte Eigenschaft oder entsteht ein Mangel am Produkt innerhalb der Garantiezeit, so kann der Käufer eine kostenlose Reparatur oder die Lieferung einer mangelfreien Sache verlangen.

Die Verlängerung der Garantiezeit über die gesetzlich vorgeschriebene Gewährleistungsfrist hinaus wird zunehmend von Unternehmen (Hersteller, Handel) als zusätzliche Leistung angeboten. Übernommen werden in der Regel die Kosten für Reparatur oder Austausch der Produkte, sofern es sich um Material- und Herstellerfehler handelt. Teilweise erstreckt sich die Garantieleistung auf das gesamte Produkt. Oftmals werden aber besondere Garantieleistungen nur für bestimmte Komponenten wie z.B. Gehäuse, Festplatten oder Monitore gewährt. Für die Unternehmen tragen zusätzliche Garantieleistungen zur Wettbewerbsprofilierung bei. In der IT-Industrie nutzt bereits die Hälfte der Hersteller die freiwillige Verlängerung der Garantiezeiten gezielt als absatzpolitisches Instrument [1].

Durch Garantieleistungen lässt sich gegenüber dem Kunden eine Aussage über die Produktqualität kommunizieren. Dies gilt vor allem für hochqualitative und reparaturfreundliche Produkte. Ausbaufähig sind Leistungspakete, die optional zum Kauf des Produktes gegen Bezahlung erworben werden können. Vielversprechend ist in diesem Zu-sammenhang die Neubündelung bisher getrennter Leistungen zu neuen Serviceangeboten bis hin zu einem »Rund-Um-Sorglos-Paket«. Ein Beispiel wäre die Gewährung einer Austauschoption, die dem Kunden die Möglichkeit bietet, entweder das defekte

Gerät reparieren zu lassen oder es gegen ein Neugerät auszutauschen. Realisiert wird dies von Sony im Zuge des Repair and Refurbishing-Programms für Kleingeräte der Unterhaltungselektronik. Weitere Möglichkeiten, um den sich zunehmend differenzierenden Kundenanforderungen gerecht werden zu können, bestehen in der Erweiterung des Leistungsspektrums um einen Upgrading-Service, wodurch dem Kunden die Anpassung der Geräte an technische Entwicklungen garantiert wird.

Ein ökologischer Vorteil verlängerter Garantiefristen ist die Anreizwirkung für Konsumenten, Reparaturmöglichkeiten wahrzunehmen, die ansonsten ungenutzt blieben. Anbieter können einen Anreiz erhalten, langlebigere und hochqualitative Produkte herzustellen, da der Hersteller auftretende Mängel des Produktes auf eigene Kosten beheben muss. Allerdings ist der Effekt keineswegs so signifikant, wie vielfach vermutet wird. Vielmehr sind kaum messbare Auswirkungen von verlängerten Garantiefristen auf Qualität und Lebensdauer der Produkte erkennbar. Da es sich bereits um technisch langlebige Produkte handelt, haben die bisher über die gesetzliche Gewährleistungsfrist hinaus gewährten Garantieleistungen, die mit bis zu drei Jahren zwar teilweise deutlich über den gesetzlichen Fristen, aber weit unterhalb der durchschnittlichen Lebensdauer liegen, kaum Einfluss darauf, langlebigere

Produkte zu entwickeln. Es werden freiwillige Garantieleistungen gewährt, wenn ohnehin hochqualitative Produkte hergestellt und vertrieben werden.

Upgrading: Aufarbeitung und Modernisieren von Gebrauchtgütern

Upgrading beschreibt den Vorgang, ein gebrauchtes Produkt durch den Austausch von Komponenten an den aktuellen Stand der Technik anzupassen. Dabei werden nicht, wie bei der Reparatur, lediglich verschleißbehaftete oder defekte Teile ausgetauscht, sondern Komponenten gegen modernere ausgewechselt, die eine Steigerung des Gebrauchswertes eines Produktes zur Folge haben. Gleichbedeutend werden für diese Dienstleistung auch die Begriffe »Hochrüsten«, »Aufrüsten« oder »Modernisierung« verwendet. Die Modernisierung von langlebigen Investitionsgütern hat z.B. im Maschinen- und Fahrzeugbau eine lange Tradition.

Dem Upgrading von Geräten wird generell zunehmende Bedeutung beigemessen. Allerdings sind die Bedingungen und Möglichkeiten hierzu sehr stark von den Produktgruppen und ihren Märkten abhängig. In der Informations- und Kommunikationstechnik bestehen vielfältige Optionen zur Auf- und Nachrüstung, die dynamisch weiterentwickelt werden. In anderen Produktbereichen wie z.B. der Haushaltsgerätetechnik und Unterhaltungselektronik existieren bisher geringe Möglichkeiten. Mittelfristig ist hier zu erwarten, dass aufgrund der Softwareorientierung neue Optionen zum Upgrading eröffnet werden.

Grundsätzlich erscheinen Upgradingkonzepte für Produkte geeignet, bei denen nicht alle Komponenten einer gleichmäßigen technischen Alterung unterliegen, sondern bei denen einige Elemente mit kürzeren Innovationszyklen schneller veralten. Technische Voraussetzung für ein Upgrading ist ein modularer Aufbau der Geräte und eine Mehrgenerationen-Produktplanung, die Anforderungen bezüglich zukünftiger Komponentenentwicklungen berücksichtigt. Nur wenn später auszutauschende Komponenten bezüglich Bauform und Schnittstellen (z.B. Elektronik) weitgehend standardisiert sind, kann überhaupt ein Upgrading stattfinden. Je weitgehender diese Standardisierung ist, desto kostengünstiger kann ein Austausch erfolgen. Investitionsgüter sind aufgrund ihres höheren Preises tendenziell besser als Konsumgüter für eine Aufrüstung geeignet, sofern die nicht auszutauschenden, verbleibenden Bestandteile des Produktes über einen ausreichend hohen Restwert verfügen. Finanziell betrachtet müsste die Aufrüstung von Komponenten eines Produktes für den Nutzer zunächst einmal kostengünstiger als der Neukauf sein. Hierbei sind die

wesentlichen Einflussgrößen der Preis der Austauschkomponente sowie insbesondere der Aufwand zum Austausch (Demontage des bestehenden Produktes, ggf. Anfahrt zum Kunden), der stark von einer Standardisierung und den Stückzahlen abhängt und sich bei Konsumprodukten gegenüber einer weitgehend automatisierten Massenproduktion behaupten muß. Damit ein Upgrade-Service vom Nutzer akzeptiert wird, muss dieser den Nutzen, der mit einer Aufrüstung eines bestehenden Produktes erzielt wird, höher einschätzen als den Kauf eines neuen Produktes zum gleichen Zeitpunkt.

An der Situation, dass Upgrading-Services vor allem im gewerblichen Bereich und kaum bei Consumerprodukten nachgefragt werden, wird sich in nächster Zeit voraussichtlich nur wenig ändern. Der Grund dafür ist u.a. im starken Preisverfall der Consumergeräte zu sehen. Den zukünftigen Stellenwert von Upgrading-Dienstleistungen dürfte auch die Frage beeinflussen, ob sich durch den Absatz von Neuprodukten oder die Aufrüstung bestehender Produkte für die Hersteller eine höhere Rendite erzielen läßt. Angesichts des weiteren Preisverfalls für Endgeräte könnte es attraktiv für die Hersteller werden, verstärkt Upgrading-Services für Komponenten anzubieten. Voraussetzung dafür wären Vertriebsstrukturen, die einen kostengünstigen Zugriff auf

9

aufzurüstende Geräte ermöglichen. Ein Anreiz könnte sich auch aus Leasingkonzepten ergeben, bei denen der Hersteller Eigentümer des Produktes bleibt und den Nutzen verkauft.

Die ökologischen Potenziale liegen vor allem bei Geräten mit sehr kurzer Nutzungsdauer, wie dies bei Geräten der IuK-Technik vorwiegend der Fall ist. Bei PC's könnte durch systematisches Auf- und Nachrüsten, was höhere Anforderungen an Modularität und Kompatibilität voraussetzt, die Nutzungsdauer von derzeit 4 Jahren auf 6-8 Jahre erhöht und somit verdoppelt werden. Bei Konsumgeräten, wie Haushaltsgroßgeräten, Hifi-Video-Geräten etc., sind die Potenziale für das Upgrading hingegen sehr begrenzt, weil viele Produkte zwar technisch über eine lange Lebensdauer verfügen und die Innovationszyklen ebenfalls relativ lang sind, der Verschleiß aber eher optisch bzw. ästhetisch bedingt ist.

Recycling und Wiederverwendung

Dienstleistungen, die der Rücknahme und Verwertung von Altgeräten dienen, haben bereits heute einen hohen Stellenwert und gewinnen weiter an Bedeutung. Viele Hersteller nehmen grundsätzlich Altgeräte zurück und führen sie einer Verwertung zu. Im IT-Bereich geben rund 50 Prozent der Hersteller den Kunden ein spezielles Rücknahmeangebot für ausgediente Geräte [1]. Die

Rücklaufquote von Altgeräten liegt allerdings bei den meisten Unternehmen unter 1 Prozent und ist somit sehr gering. Bisher ist es lediglich in Einzelfällen, wie z.B. bei Siemens Nixdorf Informationssysteme, gelungen, hohe Rückführquoten zu realisieren.

Die Entwicklung von Rückführ- und Recyclingsystemen ist mit einer Vielzahl von Hemmnissen konfrontiert. Neben fehlenden rechtlichen Rahmenbedingungen wirken sich die geringen und vor allem diskontinuierlichen Geräterückläufe als deutlich hemmend aus. Bislang dominieren beim Produktrecycling Stand-Alone-Lösungen einzelner Hersteller, kommunaler Körperschaften oder Recycler. Da es an einer informationstechnischen und logistischen Vernetzung der Akteure mangelt, ist der Kostenblock für die Rückführlogistik mit 50-70 Prozent der gesamten Verwertungs- und Entsorgungskosten zudem unverhältnismäßig hoch. Preisdifferenzen zwischen Primär- und Sekundärrohstoffen, Informationsdefizite und Informationsbarrieren sowie Interessenskonflikte zwischen beteiligten Akteuren wirken sich ebenfalls deutlich hemmend auf ein Recycling im Industriemaßstab aus. Fehlende technische Recycling- und Demontageverfahren werden hingegen als geringes Hemmnis für den Aufbau eines Recyclingsystems angesehen.

Bezüglich der Wiederverwendung wirkt sich insbesondere im IT-Bereich

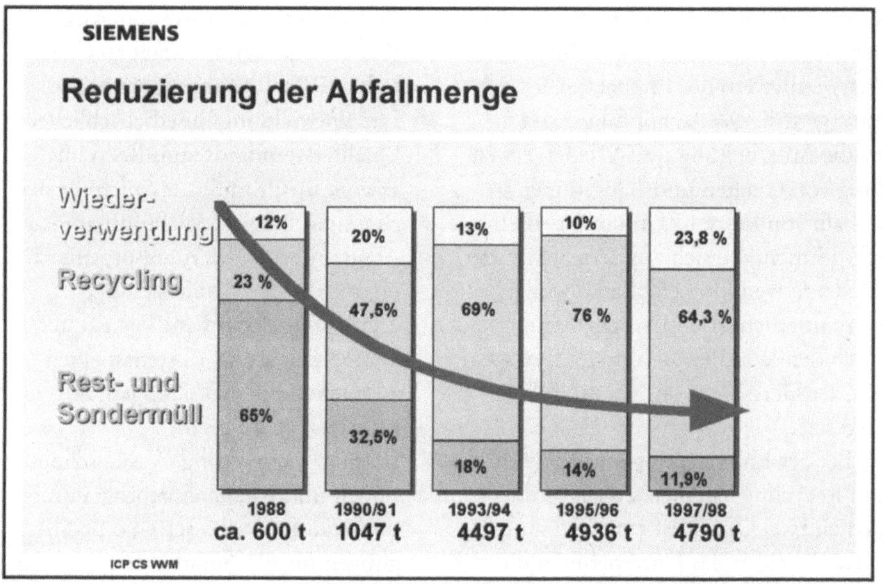

Abb. 3: *Reduzierung der Abfallmenge bei Siemens, Quelle: Siemens-Nixdorf-Informationssysteme SNI*

der Preisverfall und die hohe Innovationsdynamik hemmend aus. Sprunghafte Erweiterungen des Funktionsumfangs führen zu einer Verkürzung der Nutzungsdauer. Die Nutzer stehen deshalb unter starkem Druck, ihr Equipment häufig und komplett auszutauschen, um auf dem neuesten Stand der Technik zu bleiben. Ein Wiedereinsatz gebrauchter Bauteile scheitert dabei häufig an ihrer technischen (oder modischen) Alterung. In Einzelfällen können die extrem kurzen Innovationszyklen dazu führen, dass Geräte einer neuen Generation erst gar nicht zum Kunden gelangen, sondern direkt vom Lager der Hersteller oder

Händler der Entsorgung zugeführt werden.

Die Innovationsgeschwindigkeit bei informations- und kommunikationstechnischen Produkten schlägt sich in einem rasanten Preisverfall nieder. Bei PCs sinken innerhalb der ersten beiden Jahre nach Einführung einer neuen Gerätegeneration die Preise durchschnittlich auf ein Drittel der Anschaffungskosten. Nach fünf Jahren kostet ein PC nur noch ungefähr ein Fünftel des ursprünglichen Preises. Diese Preisentwicklung erschwert das Remarketing aufgearbeiteter Altgeräte und Bauteile. Sie sind in der Regel nur marktfähig, wenn sie weniger als ein Drittel der Kosten eines Neuprodukts ausmachen. Der Preiswettbewerb der Endgerätehersteller verringert die Wertschöpfungsmargen für die Aufarbeitung und Wiederverwendung von Geräten und Baugruppen innerhalb von kurzen Zeiträumen erheblich. Firmen, die sich auf dem Sektor der Wiederverwendung etablieren wollen, sind mit erheblichen Unsicherheiten durch den Wettbewerb und die Preispolitik der Hersteller von Neuprodukten ausgesetzt.

Bei der Entwicklung von Rückführ- und Recyclingsystemen stehen grundsätzlich zwei Optionen zur Verfügung: Entweder führt das Unternehmen die Recyclingaktivitäten weitestgehend selbst aus oder periphere Unterstützungsfunktionen werden an externe Dienstleister ausgelagert. Welcher Typ zu bevorzugen ist, hängt davon ab, wo das Unternehmen eigene Kernkompetenzen nutzen kann bzw. wo Kostenvorteile erschlossen werden können. Grundsätzlich lassen sich aus den Fallstudien folgende Erfolgsfaktoren ableiten:

■ Durch Zentralisierung der Recyclingaktivitäten lassen sich Kostenvorteile erzielen (Mengenvorteile, Lohnkostenunterschiede innerhalb Europas etc.).

■ Die Nutzung von bestehenden Logistikkapazitäten, die Einbindung des Kundendienstes und des Vertriebsnetzes zur Entwicklung einer

Redistributionslogistik verbessert die Kostensituation und trägt zu einer hohen Rückführungsquote bei.

■ Die Entwicklung innerbetrieblicher Qualitätsstandards zum Recycling, sowohl für Produkte als auch für den gesamten Bereich der Produktions-, Absatz- und Verwertungsorganisation, schafft die Voraussetzungen, kreislaufwirtschaftliche Ziele unter ökologischen und Kostenaspekten ausreichend berücksichtigen und umsetzen zu können.

■ Leasing, Vermietung, Austauschoptionen und Rücknahmeprogramme für Produkte verbessern die Bedingungen für die Aufarbeitung und das Remarketing der Produkte.

■ Die Bündelung der Recyclingaktivitäten im eigenen Unternehmen ermöglicht den Transfer von Erfahrungen aus dem Recycling in die Produktentwicklung.

■ Die Suche nach neuen Wiedervermarktungsmöglichkeiten für Altprodukte, Bauteile und Sekundärrohstoffe wird durch eine Zentralisierung der Recycling- bzw. Remarketing-Aktivitäten unterstützt.

■ Die Verknüpfung von traditionellen Unternehmensfunktionen wie dem Vertrieb mit der Verwertung erhöht die VermarktungsPotenziale der Gebrauchtprodukte.

■ Die Zusammenarbeit mit externen Systemanbietern unter der Leitung eines Generaldienstleisters kann Kosten- und Kompetenzvorteile bieten.

Speziell für die Aufarbeitung und Wiederverwendung von Altgeräten ergeben sich folgende grundsätzliche Möglichkeiten:

- Die funktionssensitive Wiederverwendung neuer Produkte, die nur relativ kurz genutzt werden.
- Die preissensitive Wiederverwendung zur Erschließung neuer Kundengruppen, die weniger die neueste Technologie benötigen, sondern niedrige Kosten bevorzugen.
- Die Verwendung aufgearbeiteter Altgeräte, um z.B. hochwertige PC-Plattformen zu erhalten, die sonst wegen fehlender Kompatibilität substituiert werden müßten.
- Den Einsatz von Gebrauchtkomponenten im Service zur Reduzierung der Ersatzteilkosten.
- Die Wiederverwendung von Altgeräten und Bauteilen durch Verkauf über Dritte (Broker etc.).

Die Potenziale zur Nutzung dieser Strategien stellen sich für die verschiedenen Produkte unterschiedlich dar. Während sich bei hochwertigen Investitionsgütern eine Aufarbeitung etabliert hat, erfolgt sie bei anderen Produkten im Nischenbereich. Bei Haushaltsgroßgeräten bestehen im industriellen Maßstab bisher nur geringe Möglichkeiten für eine Aufar-

beitung, da sie sich am Ende der Nutzungszeit aufgrund des technischen Fortschritts und der Preisentwicklung nicht wieder vermarkten lassen. Eine Wiedervermarktung relativ neuer Gebrauchtgeräte im Bereich weißer und brauner Ware ist punktuell durch spezialisierte Gebrauchtwarenhändler und Aufarbeitungsbetriebe ausbaufähig.

Leasing als umweltpolitisches Instrument

Ökologisch orientierte Leasingformen haben in der Praxis bisher keine Bedeutung erlangt. Leasing ist in erster Linie ein Finanzierungsinstrument für gewerblich genutzte Güter. Im Privatbereich beschränkt sich Leasing fast ausschließlich auf den Fahrzeugsektor. Die Finanzierung übernimmt meistens die Leasingtochter einer Bank, in deren Eigentum das Produkt übergeht. Diese versteht sich als Finanzdienstleister und hat keine Einflußmöglichkeiten auf die Produktgestaltung. Zudem stellt der Anteil leasingfinanzierter Produkte meist nur einen kleinen Anteil der insgesamt abgesetzten Güter dar. Es erscheint in diesem Zusammenhang unrealistisch, dass eigens für die verleasten Produkte eine langlebigere Produktserie entwickelt wird. Das Interesse an einer höheren Lebensdauer und dem Wiedereinsatz von Geräten ist zudem deshalb gering, weil zur Refinanzierung vorwiegend

13

Vollamortisationsverträge abgeschlossen werden. In diesem Fall wird das Produkt über die Laufzeit des Vertrages vollständig abgeschrieben. Nach Ende der Vertragszeit werden die meisten Geräte an Kunden oder an Dritte verkauft, sofern die Geräte keinen oder einen geringen Restwert haben, werden sie dem Recycling oder der Entsorgung zugeführt. Nur selten erfolgt eine Rückführung der Geräte zum Hersteller.

Die mentale Bereitschaft der Unternehmen, gängige Vertriebswege zu verlassen, das Leistungsspektrum umzustellen und neue Wertschöpfungsketten in Richtung Nutzungsverkauf aufzubauen, zeichnet sich derzeit aber nicht ab. Vor allem die geringe Bereitschaft des Marketings, umzudenken, trägt zu einer auf das vorhandene Angebot konzentrierten Absatzphilosophie bei. Auch von der Nachfrageseite kommen kaum Impulse für ein »Ökoleasing«. Verlangt wird von den Kunden die Möglichkeit das Produkt zu erwerben. In der Praxis enthalten die Leasingverträge praktisch immer eine Kaufoption, so dass kein zusätzliches Interesse des Leasinggebers an einer möglichst langen Nutzungsdauer und Kreislaufführung der Produkte besteht.

Innerhalb der Leasingbranche findet aber eine Ausweitung des Leistungsspektrums statt. Die Finanzierung allein entspricht immer weniger den Marktanforderungen. Service (Wartung, Versicherung, Installation, Aufrüstung etc.) wird zum mitentscheidenden Faktor im Wettbewerb um Marktanteile. Allerdings zielt diese Entwicklung bisher nur auf eine Förderung des Produktabsatzes, eine Übernahme ökologischer Verantwortung ist damit nicht verbunden. Neuerdings versuchen einige Hersteller und Leasinggesellschaften ökologische Leasingformen in Pilotprojekten (z.B. die Firma BFL Leasing) zu entwickeln.

Abbildung 4 zeigt die von IT-Herstellern erwartete Umweltrelevanz des Leasings. Demzufolge kann Leasing vor allem die Rückführung und Verwertung von Altprodukten durch geschlossene Produktkreisläufe unter Verantwortung des Herstellers erleichtern.

Innovations- und Marktpotenziale bestehen für Hersteller hochwertiger Geräte, die bereits direkt im Leasinggeschäft tätig sind. Aufbauend auf den vorhandenen Leasingstrukturen können diese gezielt von der Erschließung neuer Zielgruppen und Märkte für gebrauchte Produkte bis hin zur Verbesserung der wettbewerbsstrategischen Position durch Wieder- und Weiterverwendung von Produkten genutzt werden. Die Einbindung des Leasings in ein Rücknahme- und Recyclingsystem kann zu Kostenvorteilen führen, wenn Komponenten aus Altgeräten im Kundendienst und in Neugeräten eingesetzt werden. Voraussetzung dafür ist, dass diese die gleichen Qualitätsstandards erfüllen und mit den-

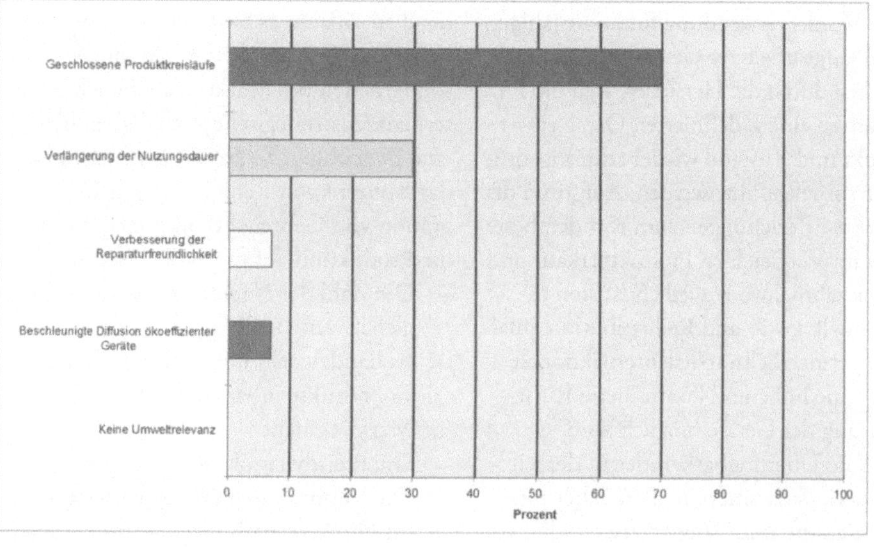

Abb. 4: *Erwartete ökologische Relevanz des Leasings durch IT-Hersteller*

selben Service- und Garantieleistungen angeboten werden, um im Markt konkurrieren zu können. Gebrauchtgeräte weisen gegenüber Neugeräten einen Preisvorteil auf, so dass zusätzliche Kundenkreise in preissensibleren Marktsegmenten angesprochen werden können.

Vor allem im IuK-Gerätebereich birgt das Leasinggeschäft aufgrund der kurzen Produktlebenszyklen beträchtliche Wachstumspotenziale in sich. In Deutschland beträgt bei Computern und Peripheriegeräten der Leasinganteil rund 20 Prozent. In Großbritannien nutzen hingegen bereits mehr als 90 Prozent der Unternehmen solche Leasingangebote. Hersteller gehen zunehmend dazu über, nicht nur Geräte zu verkaufen, sondern

Paketlösungen anzubieten, die die Beschaffung, die Installation, den technischen Kundendienst, die Nachrüstung und die Entsorgung umfassen. In dieser Situation bekommt das »Funktions- und Innovationsleasing« (z.B. HP Card, Value Card von Siemens Nixdorf Informationssysteme) für das Massengeschäft als Marketinginstrument einen neuen Stellenwert. Rund 60 Prozent der informationstechnischen Unternehmen sehen in dem Nutzungsverkauf auf Leasingbasis eine Ergänzung zum Produktverkauf [1]. Zwar dient auch hier Leasing als Finanzierungsinstrument, speziell um Anforderungen der Kunden nach neuester Technik befriedigen zu können, gleichzeitig eröffnet sich die Chance für eine mehrfache Wiederverwendung funktionsfähiger und aufgearbeiteter Geräte und Komponenten durch die Hersteller, weil die Produkte zu einem definierten Ort, Zeitpunkt und Zustand wieder zum Eigentümer zurückgeführt werden. Aufgrund der direkten Beziehungen zum Kunden bestehen im Vergleich zu Produktverkauf und -rücknahme, wo zusätzlich Kosten für Sammellogistik und Redistribution anfallen, geringe Schnittstellenrestriktionen, so dass eine hohe und kontrollierte Rückführung der Geräte möglich wird.

Die Übertragbarkeit der in der Literatur vielfach zitierten »Paradebeispiele« wie Leasing und Wiederverwendung von Rank Xerox-Kopierern, ist allerdings relativ gering. Für den Erfolg sind weitgehend spezifische Faktoren verantwortlich. Zum Teil handelt es sich um Besonderheiten des Marktes, aber auch unternehmensstrategische Ziele haben hier eine Bedeutung. So basiert beispielsweise das Konzept von Rank Xerox zur Integration von Gebrauchtkomponenten in die Produktion auf folgenden Faktoren:

- Die Zahl der Nachfrager ist vergleichsweise niedrig.
- Es handelt sich um wartungsintensive Produkte in einem hochpreisigen Marktsegment.
- Die Preisdynamik ist relativ gering.
- Die Vermarktung erfolgt vorwiegend im Direktvertrieb.
- Der Leasinganteil an der Nachfrage ist sehr hoch.

Tabelle 3: Übertragbarkeit der Erfolgsfaktoren des Rank Xerox Recyclingsystems für Kopiergeräte auf andere Produktgruppen

Erfolgs-faktoren	Großkopier-geräte	TV	PC	Wasch-maschine	Professionelle Scanner
Nachfrage	557.000/a	5,5 Mio./a	5,1 Mio./a	2,6 Mio./a	k.A.
Nachfrage-struktur	gewerblich	privat	gewerblich/ privat	privat	gewerblich
Anschaf-fungspreis	hoch	niedrig bis mittel	niedrig bis mittel	niedrig bis mittel	hoch
Preis-dynamik	konstant	konstant	stark degressiv	konstant	stark degressiv
Leasing-anteil	hoch (80 Prozent)	marginal	mittel (20 Prozent)	marginal	mittel
Wartungs-intensität	hoch	gering	gering	gering	mittel
Akzeptanz gegenüber Reuse-Geräten	hoch	gering	gering bis mittel	gering	hoch

- Die Kunden sind vorwiegend Gewerbe und Verwaltungen.
- Aufgearbeitete Geräte und Komponenten stoßen auf eine breite Akzeptanz bei Nutzern, weil die Funktion im Vordergrund steht.

In anderen Produktbereichen sind diese Bedingungen, wie Tabelle 3 zeigt, nur in geringem Maße anzutreffen. Interessant könnten gewerblich genutzte Scanner sein, da hier verschiedene Erfolgsfaktoren zutreffen. Bezogen auf den Konsumgüterbereich ist die Übertragbarkeit des Leasingkonzepts von Rank Xerox jedoch begrenzt.

Bei anderen Produkten als der Informationstechnik sind derzeit nur geringe Marktpotenziale zu erkennen. Hier befinden sich viele Ideen noch im Konzeptstadium. Von Bedeutung sind z.B. Ansätze zur Verknüpfung von Einspar-Contracting-Modellen mit Leasing- oder Mietelementen mit dem Ziel der Finanzierung von Anlagen zur rationellen Energiegewinnung bzw. von energieeffizienten Geräten. Dabei übernimmt anstelle des Nutzers oder Gebäudeeigentümers ein externer Anbieter die Finanzierung, Installation und den Betrieb der Anlagen. Je nach Ausgestaltung des Vertrages erhält der Betreiber Miet- oder Leasingraten für die Nutzungsdauer und Nutzungsintensität bzw. rechnet z.B. einen Wärmepreis ab. Der Nutzer profitiert beim Einspar-Contracting von den investiven Energiesparmaßnahmen über günstige Energiepreise, während der Energielieferant die Investitionen aus den eingesparten Energiekosten amortisiert.

Während der Contractingmarkt auch in Deutschland eine Größenordnung von mehreren Mrd. DM erreicht hat, ist die Entwicklung in den Niederlanden in bezug auf die Kombination mit Leasingkonzepten weiter fortgeschritten. Dort werden bereits energieeffiziente Anlagen (Warmwasserboiler, Photovoltaikanlagen etc.) durch Energieversorgungsunternehmen auf Leasingbasis betrieben. Dieses Modell könnte auf gewerbliche Wäschetrockner und Haushaltsgeräte, die einen vergleichsweisen geringen Energieverbrauch haben, übertragen werden, sofern sich aus den eingesparten Energiekosten die Investitionen amortisieren lassen und gleichzeitig ökonomische Anreize für den Nutzer entstehen.

Miete zur Nutzungsintensivierung

Ähnlich wie Leasing wird die Vermietung seit einigen Jahren als ein Instrument einer öko-effizienten Bedürfnisbefriedigung diskutiert. Bisher hat diese Diskussion die Unternehmen nicht erreicht. Die Entwicklung des Vermietungsmarktes verläuft weitgehend ohne ökologische Ambitionen. Nur in Einzelfällen wird die Vermietung von Gebrauchsgütern heute schon gezielt mit

17

kreislaufwirtschaftlichen Zielen verknüpft.

Innovations- und Marktpotenziale für Mietangebote variieren sehr stark zwischen den Wirtschaftszweigen, Produktgruppen und Zielgruppen. Anreize zum Mieten können durch eine Verknüpfung von verschiedenen Motivationen erhöht werden. Darüber hinaus wird das Bedarfsmieten durch bestimmte gesellschaftliche Entwicklungen gefördert. Dazu gehört beispielsweise die zunehmende Schnelllebigkeit und Erlebnisorientierung, der Trend zu Single-Haushalten sowie die Abnahme des verfügbaren Einkommens in vielen Haushalten und der Trend zum Eigenheim. Ver-

mietungskonzepte kommen diesen neuen Bedürfnissen entgegen, indem sie Flexibilität fördern und keine Fixkosten verursachen. Hierin liegen Chancen, neue Zielgruppen für Vermietungskonzepte anzusprechen. In Tabelle 4 sind aus den Fallstudien ableitbare Potenziale für Mietkonzepte dargestellt.

Der ökologische Vorteil der Miete liegt in einer intensiveren Nutzung der Produkte. Die Anzahl der Güter wird bei gleichbleibender Nachfrage gesenkt und damit werden die Stoffflüsse sowie die davon ausgehenden Umweltbelastungen reduziert. Dies gilt für temporär benötigte Produkte, weniger für eine langfristige Vermietung. Ein Beispiel ist

Tabelle 4: Potenziale für Mietkonzepte

Bereiche	Potenziale
Unterhaltungselektronik	Hochwertige, teure Geräte wie z.B. Videokameras mit Peripherieausrüstung einschließlich Schnitttechnik
IT-Technik	Kurzfristiges Mieten von Personalcomputern und Peripheriegeräten (Kurzfrist-Leasing, Funktionsleasing) einschließlich Fullservice für Unternehmen (Freiberufler, Gewerbetreibende, Mittelständler, Unternehmensneugünder etc.)
Kommunikationstechnik	Kurzfristiges Mieten, um Engpässe zu überwinden; Langzeitmiete mit Fullservice (Wartung, Beratung, Entsorgung, Austausch) und Kaufoption
Heimwerkerbedarf, Baueigenleistung, Gartengeräte	Aufbau eines flächendeckenden Vermietsystems zur Deckung der Nachfrage nach Mietgeräten im Werkzeug-, Geräte- und Maschinenbereich
Haushaltsgroßgeräte	Vermietung ressourceneffizienter Geräte (z.B. Waschmaschinen an Waschsalons im Rahmen eines Contractings)
Büromöbel	Vermietung für flexible Geschäftsbedarfe (z.B. Architektenbüros, Ingenieurbüros, Finanzdienstleister); Mietpakete in Kombination mit IuK-Technik und Fullservice (Wartung, Beratung, Entsorgung)

die Vermietung von Skiern. Im Privateigentum befindliche Skier werden in der Regel nur wenige Tage im Jahr benötigt, so dass die technisch mögliche Nutzungsdauer, der sogenannte Nutzungsvorrat, nicht ausgeschöpft wird. Mietskier werden hingegen deutlich intensiver genutzt. Dadurch eröffnet sich die Möglichkeit den Skierbestand zu verringern.

Mietkonzepte können aber auch dazu führen, dass der Konsum von Produkten verstärkt wird, so dass nicht die Stoffstrommenge zurückgeht, sondern im Gegenteil beschleunigt wird. Erhält der Kunde die Option, immer das neueste und modischste Produkt nachzufragen, ist ein additiver Konsum nicht auszuschließen. Für den Hersteller und Vermieter entfällt die Motivation, die Produkte für eine längere Nutzungsdauer bzw. Betriebslaufzeit zu gestalten. Zu berücksichtigen ist ferner, dass der Verkehr zwischen dem Ort der Vermietung und dem Ort der Nutzung die Umwelt belastet. In Abhängigkeit von der Miethäufigkeit, der Verkehrsträgerwahl und der Länge der Transportstrecke kann der ökologische Vorteil leicht (über)kompensiert werden. Das ökologische Potenzial von Mietlösungen lässt sich folglich erst durch räumlich nutzernahe Angebote, die möglichst geringe Transportaufwendungen erfordern, ausschöpfen.

Nutzungsverkauf – eine Alternative zum Produktverkauf?

Im Idealfall könnte der Nutzungsverkauf zu geschlossenen Produktkreisläufen führen. Indem der Gewinn nicht über den Absatz von Produkten, sondern über den Verkauf von Nutzung erzielt wird, werden betriebswirtschaftlich Anreize zur Lebensdauererhöhung und intensiveren Produktnutzung gesetzt. Die Praxis ist allerdings weit von diesem Idealtypus entfernt. Dies liegt daran, dass bezüglich der betriebswirtschaftlichen Chancen und Risiken einer Umorientierung vom Produkt- zum Nutzungsverkauf vielfach (noch) eine pessimistische Einschätzung überwiegt.

Auch Unternehmen, die, wie Heidelberg Prepress, auf der konzeptionellen Ebene sehr weit vorgedacht haben, konnten ihre Konzepte bisher nicht in die Praxis umsetzen.

Die in der Literatur vielfach zitierten »Paradebeispiele« wie Leasing und Wiederverwendung von Rank Xerox-Kopierern, Vermietung hochwertiger Reinigungstücher der MEWA Textil Service AG an gewerbliche Firmen [2] oder verschiedene Ansätze des Car-Sharings lassen sich nicht einfach auf andere Produkte übertragen.

Dies liegt nicht zuletzt auch darin begründet, dass mit dem Eigentum an Produkten psychologische und soziale Funktionen verknüpft sind, die Identi-

Folgelieferung Mai 2000

Tabelle5: Chancen und Risiken des Nutzungsverkaufs

Chancen	Risiken
Erschließung neuer Markt- und Kundensegmente,	Fehlende Informationen und Qualifikationen
Erzielen von frühen Gewinen aufgrund des first-mover-advantage	Störanfälligkeiten neuer Prozesse
Mittel- bis langfristig verbesserte Gewinnstruktur.	Anpassungs- und Umstellungskosten
	Unsicherheiten bei der erforderlichen Bildung von Unternehmenskooperatio-nen
	Umstellung der kurzfristigen Gewinnrea-lisierung am point of sale auf langfristige Amortisationszeiten

Quelle: [1]

tät, Freiheitsgefühl, Status und Lebensstil zum Ausdruck bringen. Diese Funktionen sind bei einem privat genutzten Gut von erheblich größerer Bedeutung als bei gewerblich genutzten Gütern. Eigentum hat gegenüber der Miete den grundlegenden Vorteil der unumschränkten räumlichen und zeitlichen Verfügbarkeit eines Produktes. Die generelle Behauptung, dass »der Kunde nur den Nutzen« [6] aber nicht das Produkt möchte, und die Unternehmen nicht genügend bereit sind, »sich dem wirklichen Charakter der nachfragenden Dienste zu stellen« [7], ist deshalb als unrealistisch zu werten. Der Konsument fragt nicht nur einen Nutzen nach, vielmehr stellt er Nutzenbündel zusammen, die sich bezüglich Verfügbarkeit, Flexibilität, Aufwand, Kosten, Statussymbol etc. unterscheiden und für das Nachfrageverhalten bestimmend sind. Die Nutzenbündel hängen daher sehr vom Lebensstil des einzelnen Konsumenten, aber auch von der Art der Güter ab. Ein »eigentumsloser« Konsum [8] auf der Basis von Miet- oder Leasinglösungen lässt sich daher im Konsumbereich kurz- und mittelfristig nur schwer realisieren. Nutzenkonzepte, wie sie in dem Projekt untersucht wurden, sind in erster Linie für hochwertige teure oder wenig genutzte Produkte tendenziell entwicklungsfähig. Dazu gehört beispielsweise der Bereich Heimwerken, Baueigenleistung und Gartenpflege, wo die Geräte weniger symbolbehaftet sind und eher temporär genutzt werden. Für den Haushaltsgerätebereich ist zu erwarten, dass diejenigen Käufer eines Neugerätes, die prinzipiell bereit sind, Gebrauchtgeräte zu nutzen, auch für Leasing- und

Mietkontrakte in Frage kommen. Schätzungen zufolge trifft dies auf 1 bis 4 Prozent der Kunden zu [1].

Weitaus größere Potenziale sind im gewerblichen Bereich zu erwarten. Gewerbliche Nutzer denken viel eher in Kosten- und Nutzenkategorien als private Nutzer und unterliegen einer eigenen Zweckrationalität. Leasing- und Mietlösungen verschaffen gewerblichen Kunden Finanzierungsvorteile und entlasten sie von unerwünschten Aufgaben (Beschaffung, Maintenance, Entsorgung). Ein wesentlicher Erfolgsfaktor ist das Angebot von Komplettlösungen, z.B. von Informationstechnik inklusive Software- und Netzwerkbetreuung bis zur Rücknahme und Entsorgung, wie Siemens dies mit dem »value-care«-Leasingangebot macht. Dadurch eröffnet sich die Möglichkeit, gleichzeitig Umwelt- und Kostenvorteile durch Wiederverwendung von Produkten und Komponenten im Ersatzteilgeschäft oder durch deren Vermarktung auf Second-Hand-Märkten zu erzielen. Unterstützt wird dies durch gesetzliche Regelungen zur Produktrücknahme von Altgeräten, die in Zukunft national wie international noch an Bedeutung gewinnen werden.

....

Ökologische Dienstleistungen und Wettbewerbsvorteile

Produkt- und nutzungsbezogene ökologische Dienstleistungen können durch nutzenstiftende und kostensenkende Marktdifferenzierungen grundsätzlich Wettbewerbsvorteile ermöglichen. Allerdings stehen sie in dem Dilemma, dass sie mit der Massenproduktion konkurrieren, die tendenziell durch Skaleneffekte zu billigeren Produkten führt, während die Dienstleistungen aufgrund ihrer Personalintensität mit tendenziell steigenden Lohnkosten verbunden sind. Damit relativiert sich die vielfach als Vorteil angesehene Personalintensität der Dienstleistungen, die zusätzliche Arbeitsplätze verspricht. Sie ist angesichts der aktuellen Wettbewerbssituation vielmehr als gravierendes Hemmnis für eine Diffusion des Leistungsverkaufs zu interpretieren. Verschärft wird diese zudem durch eine zunehmende Preissensibilität der Konsumenten, was sich in einem zunehmenden Anteil an Billigimporten und in einem Rückgang des Preisniveaus äußert. Angesichts dieser Situation können Wettbewerbsvorteile nur durch nutzenstiftende oder kostensenkende Differenzierungen erreicht werden. Mittels neuen Dienstleistungsangeboten, etwa zum Produktaustausch verschleißbedingt defekter Geräte oder zur Erhöhung der Nutzerflexibilität durch Funktionsanpassung und Nachrüstung, kann der Hersteller sich besonders kundennah positionieren und neue Zielgruppen ansprechen. Auf der Kostenseite ist es notwendig, die Arbeitsintensität zu senken, um im Preiswettbewerb bestehen zu können.

04.02

Dafür gibt es vielfältige Ansatzpunkte. Sie reichen von Zentralisierung und Pooling über Spezialisierung bis hin zu Outsourcing und Nutzung von Personalkostenunterschieden in Europa. In aller Regel lassen sich dadurch Größen-, Kompetenz- und Verbundvorteile erzielen. Für die Arbeitsplätze bedeutet dies, entgegen den teilweise hohen Erwartungen, dass konkurrenzfähige ökologische Dienstleistungen zukünftig weniger arbeitsplatzintensiv sein werden und zudem verlagerbar sind.

Literatur

[1] BEHRENDT, SIEGFRIED; PFITZNER, RALF; KREIBICH, ROLF: *Wettbewerbsvorteile durch ökologische Dienstleistungen*, Springer Verlag, Berlin, Heidelberg, New York, 1999

[2] DEUTSCH, CHRISTIAN: *Abschied vom Wegwerfprinzip – Die Wende zur Langlebigkeit in der industriellen Produktion*, Stuttgart 1994

[3] HOCKERTS, KAI: *Konzeptualisierung ökologischer Dienstleistungen – Dienstleistungskonzepte als Element einer wirtschaftsökologisch effizienten Bedürfnisbefriedigung*, IWÖ Diskussionspapier Nr. 29, St. Gallen 1995

[4] Ministerium für Umwelt und Verkehr Baden Württemberg: *Nutzen statt Besitzen – Mieten, Teilen, Leihen von Gütern, Ein Zukunftsmodell?*, Luft. Boden Abfall Heft 47, Stuttgart, Dezember 1996

[5] SCHRADER, ULF: *Empirische Einsichten in die Konsumentenakzeptanz öko-effizienter Dienstleistungen*, Lehr- und Forschungsbericht Nr. 42, Universität Hannover, Institut für Betriebsforschung, Hannover 1998

[6] STAHEL, WALTER: *Leistungs- statt Produktverkauf – Arbeit in einer zukunftsfähigen Gesellschaft*, in: Ökonomie & Ökologie Team e.V. (Hrsg.): Arbeit und Umwelt – Gegensatz oder Partnerschaft?, Frankfurt/M. 1998, S. 213-230

[7] LOSKE, REINHARD (1997): *Innovationen im Bereich Dienstleistungen – Eine zukunftsfähige Wirtschaft braucht eine bessere Infrastruktur*, 1997, S. 261-291, S. 372

[8] SCHRADER, ULF; EINERT, DIRK: *Die Umsetzung des »Leistungs- statt Produktverkaufs« im Konsumgütersektor*, in: Ökonomie & Ökologie Team e.V. (Hrsg.): Arbeit und Umwelt, Frankfurt/M. 1998

Zusammenfassung

Produkt- und nutzungsbezogene Dienstleistungen bieten ein breites Spektrum bisher nicht erschlossener, teilweise wenig beachteter Potenziale zur Lebensdauerverlängerung, Nutzungsintensivierung und zur Kreislaufwirtschaft. Allerdings bestehen für einen ökonomischen Strukturwandel vom Produkt-Verkauf zum Nutzen- bzw. Dienstleistungsverkauf auf der Anbieterseite sowie eine entsprechende Änderung der Konsumentenpräferenzen auf der Nachfrageseite derzeit kaum Anknüpfungspunkte. Die anfänglichen Hoffnungen, die sich mit einer Umorientierung vom Absatz zur Dienstleistung für eine ökologische Modernisierung von Wirtschaft und Gesellschaft verbunden haben, müssen deutlich relativiert werden. Es gibt praktisch keine verallgemeinerbaren Lösungen, sondern gefragt sind vielmehr immer unternehmensspezifische Konzepte. Die Herausforderung liegt in der geschickten Bündelung und Differenzierung. Ein ganz wesentlicher Erfolgsfaktor ist, dass ökologische Dienstleistungen preislich mit dem Kauf eines Produktes konkurrieren können und/oder einen echten Mehrwert/Mehrnutzen darstellen, der die Zahlungsbereitschaft der Kunden für diese Dienstleistungen deutlich erhöht.

Folgelieferung Mai 2000

Umwelt-Controlling
Teil 4: Produkt-Life-Cycle-Management: Eco-Design und Rückführlogistik

Die Berücksichtigung sämtlicher Umweltfragen über den Produktlebenszyklus mit Produktion, Produktgebrauch und Entsorgung als den drei kennzeichnenden Phasen wird zu den Grundprinzipien zukünftigen Wirtschaftens gehören. Hier gilt es, das Zukunftsziel eines nachhaltigen, dauerhaft umweltgerechten Wirtschaftens als treibenden Motor für Innovationsprozesse in den einzelnen Lebenszyklusphasen zu nutzen. Die von den Vorsorge- und Nachsorgedisziplinen sowie aus den Versorgungs- und Entsorgungsmärkten heute schon ausgehenden Signale müssen nicht nur aufgefangen, sondern auch richtig in Entscheidungen umgesetzt werden.

Stichworte: Life-Cycle-Management; Recyclinggerechte Produktentwicklung; Intelligente Rückführlogistik; Zukunftsweisende Recycling- und Entsorgungsprozesse; Recyclinggerechtes Öko-Design; Produktionsabfallverminderung; Recyclinggerechtes Konstruieren.

Rolf Steinhilper

Innovative Lösungen statt »Produktion rückwärts«

Wenn Produkte so zahlreich aus den Märkten zurückkehren, wie sie von Zulieferern und Herstellern über den Handel zum Kunden gelangen, sind für ein intelligentes Life-Cycle-Management-Konzept innovative Lösungen, keinesfalls nur der Ansatz einer »Produktion rückwärts« gefragt.

In diesem Beitrag erfahren Sie:
- Was die Haupttriebkräfte für neue Entwicklungen im Life-Cycle-Management sind.
- Welche Arbeitsschritte für die Entwicklung und Einführung eines Life-Cycle-Management-Konzepts wichtig sind.
- Wie durch die Verminderung von Produktionsabfällen und durch recyclinggerechtes Konstruieren die Lücke im Stoffkreislauf geschlossen werden kann.
- Was eine »intelligente Rückführlogistik« ist und welche Potenziale sie erschließen kann.

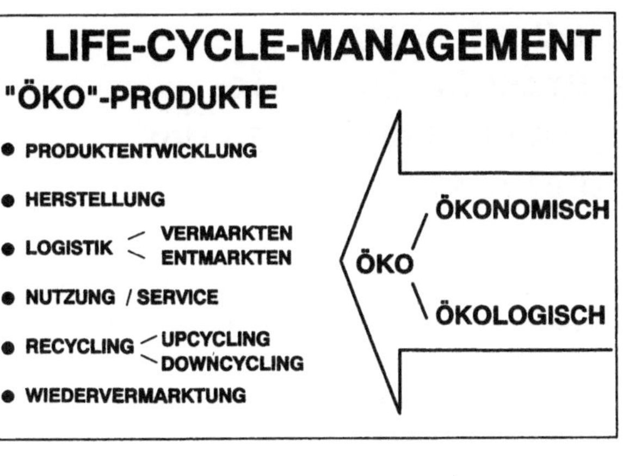

Abb. 1: *Die Herausforde-rung Life-Cycle-Management*

Warenströme zum »Vermarkten« und »Entmarkten« organisiert man nicht einfach additiv, sondern mit intelligenten Netzwerken über die gesamten Entwicklungs- und Konstruktions-, Herstellungs-, Vertriebs-, Nutzungs-, Service-, Recycling- und Entsorgungsketten. Eine erfolgreiche Bewältigung der vielfältigen Aufgaben von der ersten Produktidee bis zu dessen dereinstiger (zweiten) Wiedervermarktung erfordert gleichermaßen ökologische wie ökonomische Lösungen (siehe Abbildung 1).

Vom Wirtschaftskreislauf zur Kreislaufwirtschaft

Die Berücksichtigung sämtlicher Umweltfragen über den Produktlebenszyklus mit Produktion, Produktgebrauch und Entsorgung als den drei kennzeichnenden Phasen wird zu den Grundprinzipien zukünftigen Wirtschaftens gehö-

ren. Dies darf als belegt angesehen werden, auch wenn sowohl das Informationsbedürfnis als auch der Handlungsbedarf zum Life-Cycle-Management in vielen Unternehmen noch groß ist.

In Deutschland trat als erstem Land der Welt im Oktober 1996 ein Gesetz in Kraft, das den Einstieg in die Kreislaufwirtschaft und damit ein Life-Cycle-Management der eigenen Produkte für nahezu alle produzierenden Branchen zwingend vorschreibt: Weite Teile der Industrie haben erste Maßnahmen eingeleitet, um sich darauf einzustellen. Dabei machten die Pioniere manche phänomenale Entdeckung bzw. Erfahrung: Einst als lästige Notwendigkeit oder Wachstumsbremse verkannt, brachten Bemühungen in Richtung Umweltschutz und Kreislaufwirtschaft oft unerwartet Innovationen hervor, die über die ursprünglichen Ziele hinaus als entscheidender Erfolgsfaktor für morgen wirken und eine erfreuliche Eigendynamik entwickeln.

Nicht nur ein gestiegenes ökologisches Verantwortungsbewusstsein verleiht somit Umweltschutzbemühungen derzeit einen zunehmend höheren Rang. Richtig geplant und richtig gerechnet erweisen sie sich auch rein ökonomisch gesehen im Gesamtergebnis als vorteilhaft.

Der Kunde bestimmt den Produkt-Life-Cycle

Noch aus einem weiteren Grunde wäre es verfehlt, die Haupttriebkräfte für neue Entwicklungen im Life-Cycle-Management – vor allem auf längere Sicht – vordringlich in neuen Gesetzen und Verordnungen zu sehen. Gesetzgeberische Eingriffe in das marktwirtschaftliche Geschehen – oder auch nur deren Ankündigung – sorgen zwar kurzfristig für eine künstliche Nachfrage nach bestimmten neuen Entwicklungen oder Dienstleistungen besonders fortschrittlicher Marktteilnehmer. Mancher euphorisch erlebte Boom erweist sich aber schnell als Strohfeuer, wenn er nicht von wirklicher (Kunden-) Nachfrage getragen ist. Zudem bleibt auch kein Pionier-Anbieter lange allein, der gesunde Wettbewerb am Markt sorgt dann häufig für eine Dynamik, bei der das ursprüngliche (Verordnungs-) Ziel schnell in den Schatten gestellt wird, da innovative und bessere Lösungen entstehen.

Die wichtigste Kraft im Markt ist und bleibt stets der Kunde. Vor allem bei sehr dynamischen Entwicklungen ist auch mit unerwarteten Verläufen zu rechnen. Dies gilt es gerade dort im Bewusstsein zu behalten, wo versucht wird, bereits zum jetzigen Zeitpunkt die Claims fest abzustecken bzw. die Rollen zu verteilen, die zukünftig den einzelnen am Lebenszyklus eines Produkts beteiligten Akteuren zufallen werden. Somit sind auch vermeintliche Randerscheinungen, bzw. die sichtbaren und unsichtbaren Keime heute noch als unwahrscheinlich angesehener Entwicklungen, welche nachfolgend auch angesprochen werden sollen, stets im Auge zu behalten, um den Blick für zukünftige Entwicklungen ausreichend zu schärfen.

Hierbei kann man keineswegs immer auf Verständnis bzw. Zahlungswilligkeit des Kunden setzen, wenn es darum geht, (s)einen Beitrag zum umweltbewussten Schließen von Stoffkreisläufen zu leisten. Zwar hielten noch vor wenigen Jahren – einer infratest-Umfrage zufolge – immerhin schon 86 Prozent (!) der Bundesbürger den Umweltschutz für die wichtigste Zukunftsaufgabe, doch waren im gleichen Zeitraum über ein Viertel der Bundesbürger nicht bereit, für ein umweltbewusst gestaltetes Produkt, das diese Eigenschaft mit dem Umweltzeichen »Der blaue Engel – Umweltschutz« dokumentiert, mehr Geld auszugeben als für ein vergleichbares ohne erkennbaren Umweltbeitrag.

Diese Kluft zwischen Umweltbewusstsein und Umweltverhalten (bzw. Kaufentscheidung) gilt es stets im Auge zu behalten, wenn ein zu entwickelndes Life-Cycle-Management-Konzept auch auf Akzeptanz bzw. fruchtbaren Boden beim Kunden stoßen soll. Insbesondere der private Verbraucher trifft seine Kaufentscheidung bei High-tech-Produkten keineswegs nach dem Umweltnutzen, meist nicht einmal nach dem Gebrauchsnutzen, sondern sehr häufig z. B. nach dem Geltungsnutzen, also ganz überwiegend auf emotionaler Grundlage.

Dies hat bereits vor einer ganzen Designergeneration zur vollkommenen Umwälzung des einstigen Credos »Form Follows Function« zu »Form Follows Emotion« geführt, wie Abbildung 2 zeigt.

In diesem Zusammenhang erinnert sich jeder kostenbewusste Controller bestimmt noch an Situationen, in denen

eine zunächst kostentreibende besondere Produkteigenschaft bzw. ein nur zähneknirschend akzeptiertes Design feature sich nachher doch als richtige Entscheidung erwiesen hat, wenn nur der Zeitgeschmack bzw. die gerade dominierende Emotion bei den Kundenwünschen richtig getroffen waren.

Auch im Blick auf Life-Cycle-Management sah es noch vor kurzem durchaus einmal so aus, als werde Umweltschutz zur beherrschenden Emotion im Kundenverhalten bzw. bei den Kaufentscheidungen werden. Zwischenzeitlich hat diese Entscheidung jedoch wieder einer differenzierten Betrachtungsweise Platz gemacht:

Ebenso wie die einst einfache Aufgliederung des Marktes in Low-end«- und »High-end«-Produkte inzwischen zu kurz greift, lässt sich auch die Produktpalette keinesfalls nur in »grüne« und weniger grüne oder gar in »gute« oder »böse« Produkte in bezug auf den Umweltschutz einteilen.

Folgelieferung Mai 2000

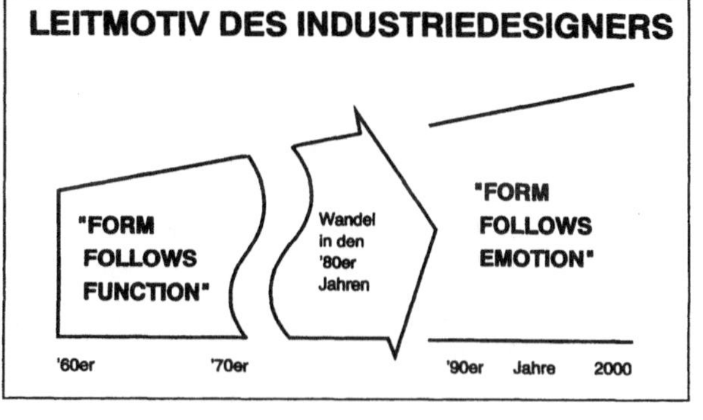

Abb. 2: *Der Wandel beim Leitmotiv des Industriedesigners*

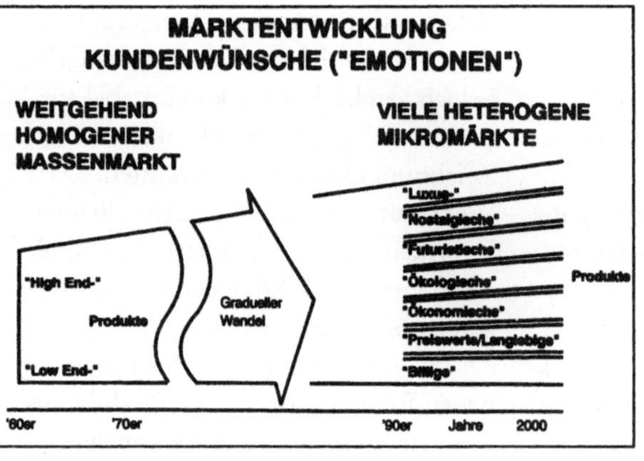

Abb. 3: *Die Entwicklung von homogenen zu heterogenen Märkten*

Der Abschied von den weitgehend homogenen oder gar Massenmärkten brachte eine Aufsplittung in zahlreiche heterogene Mikromärkte, in denen das ökologische Denken nur eines von beispielsweise sieben wichtigen Marktsegmenten, wie sie Abbildung 3 zeigt, charakterisiert.

Gleichwohl braucht ein im Sinne des verantwortungsbewussten Life-Cycle-Management ökologisch gestaltetes Produkt bzw. gerade das ökologische Marktsegment nicht isoliert dazustehen. Verwandte oder ähnliche Kundenemotionen finden sich beispielsweise auch in den Marktsegmenten »langlebige Produkte« oder auch »nostalgische Produkte«, so dass Gestaltungsentscheidungen für ökologische Produkte bzw. Life-Cycle-Management-Konzepte für die zugehörigen Prozesse auch Nahrung aus anderen Quellen erhalten. Insbesondere auch mit Blick auf das Marktsegment »wirtschaftliche Produkte« gilt es, Einzelvorteile mit bestimmten Zielrichtungen bzw. Zielgruppen zu überzeugenden Gesamtlösungen zu kombinieren.

Von Bottom-up-Einzellösungen zu Top-down-Gesamtkonzepten und Methodenwissen

Zur Entwicklung und Einführung eines Life-Cycle-Management-Konzepts bündelt man Produkt-, Produktions- und Recycling-Know-how in einem sechsstufigen Arbeitsprogramm:

■ *1. Arbeitsschritt:* Analyse der Produkte und Life-Cycle-Management-Aufgaben

■ *2. Arbeitsschritt:* Präzisierung der Ziele und des Handlungsbedarfs

■ *3. Arbeitsschritt:* Recyclinggerechte Produktentwicklung

■ *4. Arbeitsschritt:* Entwicklung einer intelligenten Rückführlogistik für

aus den Märkten zurückkehrende Produkte
- *5. Arbeitsschritt:* Entwicklung zukunftsweisender Recycling- und Entsorgungsprozesse
- *6. Arbeitsschritt:* Harmonisierung der Einzellösungen zu einem Gesamtkonzept

Hierbei entstehen aus gezielten Entwicklungskriterien und Modellvorstellungen über geeignete Vorgehensweisen dann praxisgerechte Lösungen, die die nachfolgenden Abschnitt im Überblick illustrieren.

Analyse der Produkte und Life-Cycle-Management-Aufgaben

Hier fragt man als neue Herausforderung insbesondere das gesamte Spektrum der Recyclingaufgaben der eigenen Produkte ab, da sie vom Werkstoff-, Baugruppen- und Funktionsumfang sehr breit gefächerte und damit weit über die bekannten Lösungen hinaus reichende neue Konzepte erfordern können. So besteht beispielsweise schon eine »einfache« Waschmaschine aus rund 1500 Bauteilen, beinhaltet Stahl-, und Eisenwerkstoffe sowie Buntmetalle, Lackierungen und Korrosionsschutzaufträge, Bleckwerkstücke wie maschinenbauliche Komponenten des Apparatebaus, viele unterschiedliche Kunststoffe, elektrische Komponenten sowie eine komplexe

elektronische Steuerung. Viele Informationen lassen sich im Zeitalter von CIM jedoch vergleichsweise komfortabel aus den einschlägigen Datenbanken mit Zeichnungsdaten und Stücklisten, Werkstoff- und Arbeitsplaneinzelheiten, Informationen zu Eigenfertigungs- und Kaufteilen, Produktionszahlen und Verkaufsprognosen gewinnen.

Die im ersten Arbeitsschritt gewonnenen Erkenntnisse aus der Produktanalyse, der Werkstoff- und Teileanalyse, der Analyse von Recyclingaufgaben und -problemen anhand von geeigneten Repräsentanten des Produktspektrums sind die Basis für alle weiteren Schritte.

Präzisierung der Ziele und des Handlungsbedarfs

Die Lösung von Zielkonflikten und das Setzen von Prioritäten bei der Erarbeitung von Lasten- und Pflichtenheften für die Logistik der Rückführung, für die Recyclingtechnologie sowie für den Abgleich zwischen Produktentwicklung und Recycling im zweiten Arbeitsschritt verfolgt zweierlei Perspektiven: Einerseits ökonomisch und ökologisch akzeptable Recyclingkonzepte für die bereits im Markt oder in der Produktion befindlichen Produkte zu entwickeln, andererseits auch zukunftsweisende bzw. beispielgebende vorausschauende Lösungen zu entwickeln, die eine Optimierung und das Zusammenwirken zwischen

Konstruktion und Recyclingverfahren nutzen.

Recyclinggerechte Produktentwicklung

Für die neben geeigneten Recyclingtechnologien zumindest gleichrangig wichtige Berücksichtigung des Recycling schon während der Entwicklung und Konstruktion müssen Leitlinien und Maßnahmen zur recyclingorientierten Überarbeitung von Produktprogramm, Werkstoffwahl, Baustruktur und Verbindungstechnik erarbeitet werden. Ihre Einführung gliedert sich in Sofortmaßnahmen für die Produkte laufender Produktion, recyclingorientierte Neuentwicklungen für in Vorbereitung befindliche Produkte sowie die gezielte Förderung von Kreativitätstechniken und neuen Ansätzen bei Werkstoffwahl und Bauweise recyclinggerechter Produkte.

Das in diesem dritten Arbeitsschritt erarbeitete Maßnahmenbündel ist oft auch ein wertvoller Quell für besondere, über die ursprünglichen Life-Cycle-Management-Ziele hinausgehende Innovationen

Entwicklung einer intelligenten Rückführlogistik für aus den Märkten zurückkehrende Produkte

Die Erarbeitung von Lösungen zur Logistik für die Rückführung der Produkte über vorhandene Vertriebswege, neu zu schaffende oder gegebene andere Kanäle einschließlich aller technischen und organisatorischen Komponenten hat zu berücksichtigen, dass im Recyclingprozess andersartige Mengenströme, Verzweigungen und Zusammenführungen des Materialflusses zu erfolgen haben als beim Mengenstrom der Produktion von Rohstofflieferanten über Zulieferer zum Hersteller. Neu geschaffen werden müssen hierbei auch Netzwerke für einen systematischen Informationsfluss sowohl aus dem Recyclingprozess zurück in die Konstruktion recyclinggerechter Produkte als auch für Informationen aus der Konstruktion zum Produktrecycling wie Demontagearbeitspläne, Schadstoffstücklisten, Weiterverwendbarkeitsnachweise für Bauteile usw.

Entwicklung zukunftsweisender Recycling- und Entsorgungsprozesse

Für Verwendungs- und Verwertungskreisläufe der Produkte und ihrer Bauteile, die zugehörigen Recyclingtechnologien, Organisationsformen und erforderlichen Kapazitäten Lösungen zu finden und einzuführen heißt, ein umfassendes Methodenrepertoire zu beherrschen, das sowohl aus klassischen Hilfsmitteln der Fabrikplanung als auch aus eigens neu entwickelten Instrumentarien besteht. Hierbei profitieren viele Ent-

7

scheidungen und Zwischenergebnisse vom Repertoire der modernen Fabrikplanung, Fertigungs- und Verfahrenstechnik. Einiges ist jedoch auch neu in Angriff zu nehmen, zu interpretieren oder gar gegenteilig zu beurteilen als gewohnt.

Bei der neuen Aufgabe »Recycling« wird man sich auch manch klassischer Rationalisierungsaufgabe besinnen und um deren Neuauflage unter neuen Vorzeichen bemüht sein. Neue Technologien, Lean Production, Make or Buy: Alles ist auch bei der Entsorgung gefragt.

Harmonisierung der Einzellösungen zu einem Gesamtkonzept

Damit die in den einzelnen Arbeitsschritten gewissermaßen »bottom up« entwickelten Lösungen keine Insellösungen darstellen und es bei dem daraus geformten Life-Cycle-Management-Konzept nicht beim Stückwerk bleibt, müssen auch »Top-down«-Grundsätze zum Umweltmanagement entwickelt und deren stufenweise Umsetzung in die Praxis der Produktion, des Produktgebrauchs einschließlich Kundendienst sowie im Hinblick auf die neuentwickelten Recycling- und Entsorgungslösungen in einem Stufen- und Maßnahmenplan vorangetrieben werden.

Hierbei findet somit nicht nur eine Weiterentwicklung des die industrielle Entwicklung derzeit prägenden Simulta-

neous Engineering und Life-Cycle-Costing bis hin zum Life-Cycle-Management, sondern die Verwirklichung eines umfassenden Umweltmanagementkonzepts statt. Dies schließt auch eine insgesamt bestmögliche Synthese und Aufteilung von Produktverantwortung und Dienstleistungen seitens Produktion, Vertrieb, Kundendienst, d. h. zwischen Herstellern, Zulieferern, Vertriebspartnern, Endkunden und Recyclingdienstleistern ein.

Die nachfolgenden Abschnitte greifen die Themen Produktentwicklung und Rückführlogistik als Aufgaben heraus, die einerseits inhaltlich besonders anspruchsvoll, andererseits hinsichtlich ihrer wirtschaftlichen Potentiale auch besonders interessant bzw. aussichtsreich sind. Dies gilt besonders für die im Schwerpunkt behandelten Aufgaben des Eco-Design.

··

Gestaltungsfelder des Eco-Design

Der Konstrukteur kann das Produktrecycling durch recyclinggerechtes Öko-Design in vier Gestaltungsfeldern maßgeblich erleichtern, die Abbildung 4 im Zusammenhang mit den zugehörig hauptsächlich beeinflussbaren Phasen im Produktlebenszyklus bzw. Aufgaben des Life-Cycle-Management zeigt. Für die ersten beiden Zuordnungen Gestaltungsfelder »Werkstoffwahl« und Hilfs-

Life - Cycle Engineering	Life - Cycle - Costing / Recycling Beeinflussung: ● stark ◐ mittel ○ gering		
Gestaltungsfelder \ Phasen	Produktion	Nutzung	Entsorgung
Werkstoffwahl	●	◐	●
Hilfsstoffwahl	●	○	◐
Baustruktur	○	●	◐
Verbindungstechnik	◐	●	◐

Abb. 4: *Gestaltungsfelder und beeinflusste Phasen beim recyclingorientierten Life-Cycle-Management*

stoffwahl« – beeinflussbar sind die Phasen »Produktion« und Entsorgung« – stellen die nachfolgenden Abschnitte dann auch zwei Checklisten als geeignete Handlungsinstrumente vor.

Verbesserungen auf ökologischer und ökonomischer Seite

Öko-Design, die eingedeutschte Version des anglo-amerikanischen Begriffs Eco-Design, steht für das Bemühen, Produktplanung, Konzeption, Entwurf und Detailausarbeitung – kurzum den gesamten Entwicklungs- und Konstruktionsprozess (keineswegs »nur« das Design) technischer Produkte – auf Umweltschutzziele auszurichten.

Es passt in den Zeitgeist, dass man schon beinahe selbstverständlich das Kürzel »Öko« als »ökologisch« interpretiert, wobei dasselbe Kürzel ja durchaus für »ökonomisch« genausogut stehen könnte – und wohl auch sollte:

Glücklicherweise mehren sich die Beispiele innovativer Lösungskonzepte im Fahrzeugbau, Elektrik- und Elektronikgerätebau, die diesen Anspruch in der Praxis erfüllen: Gelungenes Öko-Design löst Zielsysteme mit kombiniert ökologischen/ökonomischen Forderungen nicht als »Entweder-oder«-Streitfrage, sondern im überzeugenden Gemeinsinn mit »Sowohl-als-auch«-Vorteilen auf beiden Feldern.

Stoffkreisläufe schließen – Checklisten für eine Schlüsselfunktion im Life-Cycle-Management

Das Schließen von Stoffkreisläufen leistet quantitativ den größten Beitrag nicht nur zur Erfüllung des Kreislaufwirtschaftsgesetzes, sondern auch zur Verringerung sonst vergeudeter Ressourcen und damit auch zur Kosteneinsparung.

Lebenszyklusphasen mit Handlungsbedarf sind – nach wie vor – die Produktion sowie – in jüngster Zeit besonders im Blickpunkt – die Entsorgung.

Produktionsabfallverminderung

Die Produktion kann insbesondere durch Einsparung und Kreislaufführung von Energie, Prozessmedien und Material zum Umweltschutz und zur Abfallminimierung beitragen. Häufig bereitet nicht der Produktionsabfall aus den hauptsächlich verarbeiteten Werkstoffen selbst Schwierigkeiten. Vielmehr verursachen meist die nur als »Begleiterscheinungen« der Produktion anfallenden Betriebsmittel- und Hilfsstoffabfälle die größten Umweltprobleme.

An Beispielen aus der Reinigungs- und Beschichtungstechnik lässt sich jedoch zeigen, dass viele verarbeitete Werkstoffe und Energie, aber auch Betriebsmittel sich durch Kreislaufführung und mehrfache Wiederverwendung umweltbewusster und kostengünstiger einsetzen lassen.

Als Beitrag zum Life-Cycle-Management in der Produktion bzw. zur Produktionsabfallverminderung gelten folgende grundsätzliche Regeln bzw. Empfehlungen (siehe Kasten):

■ *Wahl abfallarmer Fertigungsverfahren:* Hierzu sind solche Fertigungsverfahren anzustreben, die die Fertigform des Teils möglichst weitgehend ohne Stofftrennung erreichen (z.B. Urformverfahren wie Feingießen, Umformungsverfahren wie Genauschmieden oder Kaltfließpressen).

Life-Cycle-Management in der Produktion

Wahl abfallarmer Fertigungsverfahren:
Es sind solche Fertigungsverfahren zu bevorzugen, bei denen möglichst kein Abfall, zumindest aber möglichst wenig Abfall, entsteht.

Wahl kreislauffähiger Werkstoffe:
Es sind solche Werkstoffe zu bevorzugen, bei denen sowohl hinsichtlich ihrer physikalischen Eigenschaften als auch seitens der vorhandenen Verarbeitungskapazitäten in der Produktion selbst, oder auf dem Entsorgungsmarkt, ausreichende Recyclingmöglichkeiten gegeben sind.

Verzicht auf Zusatzstoffe und Hilfsstoffe:
Es sind solche Werkstoffe und Fertigungverfahren zu bevorzugen, die möglichst ohne Hilfs- und Zusatzstoffe, zumindest aber mit möglichst wenigen und möglichst umweltunschädlichen Hilfs- und Zusatzstoffen auskommen.

Wahl energiesparender und emissionsarmer Fertigungsverfahren:
Es sind solche Fertigungsverfahren zu bevorzugen, die entweder ohne großen Energieeinsatz auskommen und in denen keine Schadstoffe verarbeitet werden, oder die als geschlossene Systeme die Energie bestmöglich ausnutzen und unvermeidbare Schadstoffe im Kreislauf halten.

■ *Wahl kreislauffähiger Werkstoffe:* Hierzu sind zunächst vor allem Metalle prädestiniert, so dass sie in einigen Fällen (z.B. Aluminium statt Kunststoff) gewissermaßen eine »Renaissance« erleben können. Innerhalb der Kunststoffe bieten sich insbesondere Thermoplaste an, da sie die Möglichkeit bieten, sie sortenrein oder verwertungsverträglich zu sammeln und anschließend direkt oder durch Aufschmelzen zu rezyklieren.

■ *Verzicht auf Zusatzstoffe und Hilfsstoffe:* Zusatzstoffe und Hilfsstoffe führen nicht nur zu jeweils eigenen Produktionsabfällen (z.B. Kühlschmierstoffe), sie erschweren oder vermindern oft auch das Verwerten der Abfälle aus dem Produktwerkstoff selbst (z.B. galvanische Überzüge) und sind

Checkliste
Produktionsabfallverminderndes Konstruieren
Umwelt- und recyclinggerechte Produktentwicklung

Handlungsfelder (Produktion)	Ergebnis ● Bitte jeweils entsprechend ankreuzen →	Handlungsbedarf		
		Idealzustand	Akzeptabel	Dringender Handlungsbedarf
Fertigungsverfahren	● abfallfrei	⊗		
	● abfallarm		⊗	
	● abfallintensiv			⊗
Hauptwerkstoff	● recyclingfähig im Werk	⊗		
	● recyclingfähig am Markt		⊗	
	● nicht recyclingfähig			⊗
Zusatz- /Hilfsstoffe	● keine	⊗		
	● keislauffähig/ungiftig		⊗	
	● umweltschädlich			⊗
Energieverbrauch/ -verluste	● keine	⊗		
	● weiter nutzbar		⊗	
	● hoch			⊗
Emissionen	● keine	⊗		
	● gut beherrschbar		⊗	
	● hoch			⊗
Fazit:				

Abb. 5: *Checklisten zum produktionsabfallvermindernden Konstruieren*

daher möglichst zu vermeiden. Wo unvermeidlich, sind ungiftige Hilfs- und Zusatzstoffe zu bevorzugen.

■ *Wahl energiesparender und emissionsarmer Fertigungsverfahren:* Hierzu sollten generell sogenannte »integrierte Technologien« eingesetzt werden, bei denen im voraus Emissionen, Abfälle, Lärm, Abwasser weitestgehend vermieden und der Energie- und Stoffeinsatz minimiert wird, so dass eine Nachschaltung von Filtern, Kläranlagen usw. nicht erforderlich ist. Dort, wo Energieverluste verfahrensbedingt entstehen müssen, sollten sie in Kreisläufen weiter genutzt werden (z.B. Nutzung der Abwärme aus Motorenprüfständen, Trocknungsanlagen etc. über Wärmetauscher z.B. zur Hallenbeheizung.

Abbildung 5 zeigt eine Checkliste zum systematischen Abprüfen der von den grundsätzlichen Regeln für die Produktion berührten Handlungsfelder mit einer Ermittlung des zugehörigen Handlungsbedarfs.

Ein besonders schönes Beispiel dafür, dass Auswege aus Umweltproblemen in vielen Branchen und Produktionszweigen auch Kostenentlastungen mit sich bringen, ist von der Firma AEG Hausgeräte aus Nürnberg zu berichten: Hier konnte mit der Lösung eines Entsorgungsproblems aus der Oberflächenbe-

handlung nicht nur ein Recycling-Kreislauf besonderer Art geschaffen, sondern auch »zwei Fliegen mit einer Klappe erschlagen« werden. Es gelang, das Gesenköl vom Tiefziehen der Edelstahl-Innengehäuse von Geschirrspülmaschinen, das vorher aufwendig von den Teilen vor der Montage abgewaschen werden musste, durch eine selbst entwickelte Schmierseife zu ersetzen, die an den Teilen verbleibt und nunmehr gleich für den Probewaschgang bei der Endprüfung der Geräte genutzt werden kann (Abb. 6).

Dies ist auch ein Beleg dafür, dass nicht nur ein gestiegenes ökologisches Bewusstsein den Bemühungen des Life-Cycle-Management derzeit einen zunehmend höheren Rang verleiht. Richtig geplant und richtig gerechnet erweisen sie sich rein ökonomisch gesehen, im Gesamtergebnis als vorteilhaft.

Recyclinggerechtes Konstruieren

Die *Entsorgung* auf Stoffkreisläufe umzustellen bzw. das Produkt hierauf konstruktiv vorzubereiten, ist dagegen eine oft diffizilere und auch umfangreichere Aufgabe, bei der häufig größere Zielkonflikte zwischen ökologischen und ökonomischen Lösungen überwunden werden müssen.

Aufbereitungs- und Verwertungsverfahren sind hauptsächlich für Metalle und erst teilweise auch bereits für Kunst-

Folgelieferung Mai 2000

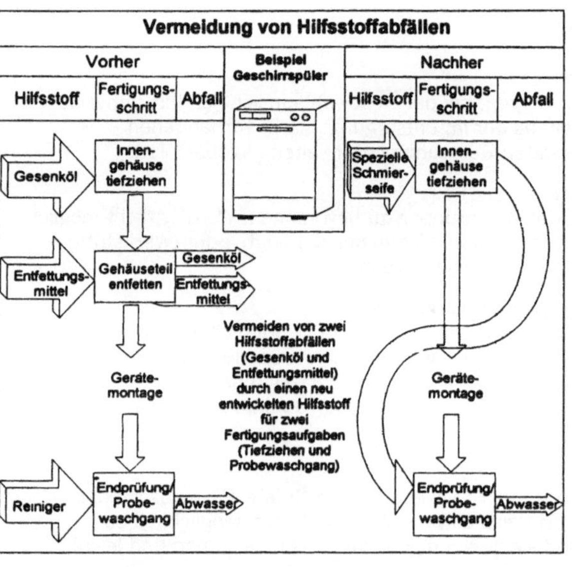

Abb. 6: *Vermeidung durch Kreislaufführung von Hilfsstoffabfällen bei der Geschirrspülerfertigung*

stoffe ausgelegt bzw. in ständiger Weiterentwicklung. Erschwerend kommt hinzu, dass zwischen Produktentwicklung und Entsorgung ein wesentlich größerer zeitlicher Abstand (oftmals viele Jahre) mit den zugehörigen Unsicherheiten liegt als etwa zwischen Produktentwicklung und Produktion.

Dennoch können auch hierfür einige wichtige grundsätzliche Regeln bzw. Empfehlungen formuliert werden (siehe Kasten):

■ *Wahl kreislauffähiger Werkstoffe:* Diese Regel verfolgt vor allem die Zielsetzung, dass ein Recycling den anderen Entsorgungsverfahren thermische Verwertung oder Ablagerung auf Deponien vorzuziehen ist.

■ *Minimierung der Werkstoffvielfalt:* Diese Regel gilt für Metalle und ins-

besondere für deren Beschichtungen, wo oft in einem Produkt unterschiedliche Schutzschichten wie z.B. galvanisiert, brüniert, verzinkt und lackiert für unterschiedliche Bauteile aus demselben Werkstoff anzutreffen sind.

■ *Kombination untereinander verträglicher Werkstoffe:* Für die Erfüllung dieser Regel muß man die Anforderungen der unterschiedlichen Verwertungsverfahren kennen. Solche Anforderungen sind aus sogenannten Werkstoff-Verträglichkeitsmatrizen ersichtlich, aus denen der Produktentwickler für einen bestimmten Werkstoff ersehen kann, mit welchen anderen Werkstoffen dieser gemeinsam problemlos verwertet werden kann.

Recyclinggerechtes Konstruieren

Wahl kreislauffähiger Werkstoffe
Es sind solche Werkstoffe zu bevorzugen, bei denen sowohl hinsichtlich ihrer physikalischen Eigenschaften, als auch seitens der im Entsorgungsmarkt vorhandenen Verwertungsverfahren und Kapazitäten Recyclingmöglichkeiten gegeben sind.

Minimierung der Werkstoffvielfalt
Es sind Einstoffprodukte bzw. Einstoffbaugruppen zu bevorzugen. Wo dies nicht möglich ist, sollte die Werkstoffvielfalt auf das (Produkt-) funktionsbedingte oder (Werkstoff-) eigenschaftsbedingte Mindestmaß beschränkt werden.

Kombination untereinander verträglicher Werkstoffe
Wenn sich ein verwertungsoptimales Einstoffprodukt nicht verwirklichen lässt, sind bei untrennbaren Komponenten (Verbundbauweisen) bzw. schwer zerlegbaren Baugruppen zumindest nur solche verträgliche Werkstoffkombinationen (auch Lacke und Beschichtungen) anzustreben, die sich wirtschaftlich und mit hoher Qualität gemeinsam verwerten lassen.

Verzicht auf Schadstoffe
Stoffe, die bei der Aufbereitung und/oder Verwertung eine Gefahr für Mensch oder Umwelt darstellen (z.B. toxische oder explosive Stoffe), sind nach Möglichkeit zu vermeiden. Wo unverzichtbar, sind sie in jedem Fall gut zu kennzeichnen und leicht abtrennbar bzw. entleerbar anzuordnen.

Schaffung einer zerlegefreundlichen Baustruktur und Verbindungstechnik
Nicht gemeinsam verwertbare bzw. verfahrenstechnisch nur schwer trennbare und separierbare Baugruppen und Bauteile sind hinsichtich Baustruktur und Verbindungstechnik für eine rationelle Vorzerlegung geeignet zu gestalten.

Kennzeichnung von Werkstoffen und ggf. Schadstoffen
Nicht eindeutig identifizierbare sowie verfahrenstechnisch nicht eindeutig separierbare Werkstoffe sind durch eine gut sichtbare, nicht entfernbare und maschinenlesbare Kennzeichnung an Teilen, Baugruppen und/oder am Gesamtprodukt sicher identifizierbar zu machen.

Trenn- und Separierbarkeit der Werkstoffe
Es sind nur solche aus Funktionsgründen unterschiedliche im Produkt verwendete Werkstoffe miteinander zu kombinieren, die sich ohne manuelle Vorzerlegung verfahrenstechnisch trennen und separieren lassen.

■ *Verzicht auf Schadstoffe:* Besonders angesprochen sind hier Handlungsfelder, wo Alternativen zu schadstoffhaltigen Bauteilen bestehen, sowohl im Automobilbau als auch in der Elektrotechnik und Elektronik. Beispiele sind schadstofffreie Kondensatoren, Akkus und Batterien usw. Wenn funktionsbedingt auf Schadstoffe oder Gefahrstoffe nicht verzichtet werden kann (z.B. chemische Treibsätze in Kfz-Airbags), sollten diese gut abtrennbar angeordnet werden.

- *Schaffung einer zerlegefreundlichen Baustruktur und Verbindungstechnik:* Eine Vorzerlegung auf Schrottsammelplätzen oder in speziellen Zerlegungsbetrieben vor dem Shreddern ist nur wirtschaftlich durchführbar, wenn die Zerlegung in Werkstoffgruppen oder eine Abtrennung störender Teile ohne großen Aufwand mit einfachen Werkzeugen und möglichst ungelerntem Personal erfolgen kann.
- *Kennzeichnung von Werkstoffen und ggf. Schadstoffen:* Eindeutig identifizierbar sind nur die wichtigsten bzw. wertvollen Metalle. Schon Aluminium- und Magnesiumlegierungen lassen sich jedoch bei Metallen nicht eindeutig auseinanderhalten bzw. identifizieren. Dies gilt vor allem auch für Kunststoffe. Hier ist eine Kennzeichnung sehr wünschenswert.
- *Trenn- und Separierbarkeit der Werkstoffe:* Metalle, die verfahrenstechnisch eindeutig separierbar sind, können ohne Bedenken kombiniert werden. Eine automatische Separierung kann z.B. durch die Eigenschaften »magnetisch – nicht magnetisch« oder »niedrige Dichte – hohe Dichte« erfolgen. Innerhalb unterschiedlicher Leichtmetalle ist dagegen Zurückhaltung empfehlenswert. Bei Kunststoffen beginnen sich die Kriterien zur eindeutigen verfahrenstechnischen Separierbarkeit mit der

im Gange befindlichen Entwicklung zugehöriger Verfahren derzeit erst abzuzeichnen.

Abbildung 7 zeigt eine Checkliste zum systematischen Abprüfen der von den grundsätzlichen Regeln für Stoffkreisläufe in der Entsorgung berührten Handlungsfelder mit einer Ermittlung des zugehörigen Handlungsbedarfs.

Alle angesprochenen Handlungsfelder – bzw. Checkpunkte der Checklisten – bieten Raum für intensive, auch hitzige Diskussionen, aber eben auch Potential für Innovationen.

So ist das Ziel »recyclingfähiger Werkstoff« sicherlich konsensfähig – welche Wege zu seiner Verwirklichung gegangen werden können bzw. zu priorisieren sind, muss sicherlich produkt- und branchenindividuell unterschiedlich beantwortet werden und sollte damit auf jeden Fall der Kreativität des Konstrukteurs überlassen bleiben.

So wird beispielsweise die Frage »Aluminium oder recyclingfähiger Kunststoff?« sicher nie endgültig entschieden werden können, sei es im Elektronikgerätebau oder im Fahrzeugbau. Selbst im Hause ein und desselben Automobilherstellers kann man daher auch beobachten, dass er bei der einen neuentwickelten Baureihe eher auf Kunststoff, bei der anderen nur zwei Jahre später eher auf Aluminium setzt und beides (zu Recht) als Beiträge zur

Checkliste: Aufbereitungsgerechtes Konstruieren
Umwelt- und recyclinggerechte Produktentwicklung

Handlungsfelder (Aufbereitung/ Verwertung)	Ergebnis ● Bitte jeweils entsprechend ankreuzen →	Handlungsbedarf		
		☺	😐	☹
Werkstoff(e)	● recyclingfähig	⊗		
	● downcyclingfähig		⊗	
	● nicht recyclingfähig			⊗
Werkstoffvielfalt	● Einstoffprodukt	⊗		
	● funktionsbedingt, gering		⊗	
	● unübersichtlich groß			⊗
Werkstoff-verträglichkeit	● Einstoffprodukt	⊗		
	● verträglich/gemeinsam verwertbar		⊗	
	● im Recycling unverträglich			⊗
Schadstoffe	● keine	⊗		
	● gut abtrennbar, ungiftig		⊗	
	● zahlreich, umwelt-schädlich			⊗
Baustruktur	● Integralbauweise	⊗		
	● hierarchisch; Differentialbauweise		⊗	
	● komplex; Verbundbauweise			⊗
Kennzeichnung	● vorhanden, maschinenlesbar	⊗		
	● vorhanden		⊗	
	● nicht vorhanden			⊗
Trenn- und Separierbarkeit	● eindeutig, einfach	⊗		
	● aufwendig		⊗	
	● schwierig, nicht vorhanden			⊗
Fazit:	→ Idealzustand → Akzeptabel → Dringender Handlungs-bedarf			

Abb. 7: *Checkliste zum verwertungsorientierten Konstruieren*

ökologischen Produktgestaltung öffentlich vertritt.

Sollten eines Tages aufwendige Ökobilanzen tatsächlich einen Ausschlag geben können, wird die Werkstoffentwicklung durch Innovationen sicher ebenfalls wieder weiter sein (siehe Abbildung 8). So stellte beispielsweise der oben angesprochene Automobilhersteller kürzlich, bzw. nur zwei Jahre später, eine neue

Baureihe vor, bei der bisher aus Kunststoff hergestellte Türinnenverkleidungen nunmehr aus nachwachsenden (biologisch abbaubaren) Rohstoffen hergestellt sind – mit ökologischen (erneuerbare Ressourcen) und ökonomischen (Gewichtseinsparung) Vorteilen.

....

Rückführlogistik – ein Terrain für neue Partnerschaften

Die Planung der Rückführlogistik sowie der Informationsflüsse zwischen Herstellungs- und Recyclingprozess beinhaltet viel operatives Geschäft, aber auch kreative Aufgaben: Sie birgt Potentiale für Fleißarbeit und für Innovationen. Zunächst gilt es, einen beeindruckenden Massenstrom von Erzeugnissen, wie er täglich das Herstellerwerk verlässt und seinen Weg durch die Distributionskanäle zu den Kunden findet, in vergleichbaren Größenordnungen auch umge-

kehrt zu managen. Umgekehrt heißt keinesfalls immer »zurück« zum Hersteller und seinen Zulieferern. Statt »Produktion rückwärts« ist ein intelligent gesponnenes Netz von »Verwertern« verschiedenster Couleur aufzubauen und zu pflegen, das vom Gebrauchtmaschinen- und -teilehändler über Edelmetallscheideanstalten, vom Nischenvermarkter der wertvollen, sorgfältig herausgelöteten Chips bis hin zur Stahlverhüttung, aber auch einmal ins »Recycling-Center« des eigenen Unternehmens reicht.

Aus einem solchen, das schon 180 Mitarbeiter zählt, beliefert beispielsweise Rank Xerox den europäischen Markt mit einer Produktlinie von Kopiergeräten, die zu über 60 Prozent aus Teilen bestehen, die im Werk aufgearbeiteten wurden.

Sämtliche Recycling-Wertstufen, von der direkten Wiederverwendung der Bauteile (bei IBM heißt das »ETN« –

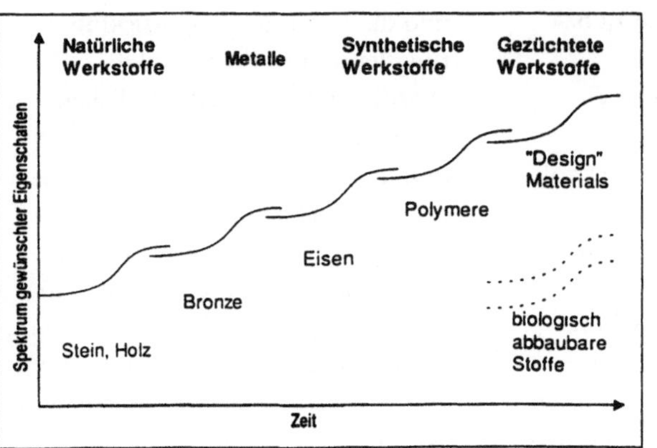

Abb. 8: *Werkstoffentwicklungen*

17

Equivalent to New-Teile) bis zur Verwertung im Materialkreislauf für eine minderwertige Anwendung, sind zu organisieren und logistisch zu beherrschen. Mengenströme sind an der richtigen Stelle zu teilen – dieses zum Verwerter, jenes zurück zum Hersteller. Genauso sind unterschiedliche Erzeugnisflüsse auch geeignet zusammenzuführen, um Mengen- und damit auch Kostenvorteile zu nutzen: Für den Elektronikschrottverwerter ist schon heute (grüner Kunststoff, etwas Kupfer, etwas Elektronik) »ein Staubsauger dasselbe wie ein Telefon« – bis man einen solchen Satz jedoch laut im mit Geschäftsreisenden voll besetzten ICE-Abteil äußern kann, ohne höchst bedenkliche Blicke der Umsitzenden zu ernten, wird sicherlich noch etwas Zeit und Aufklärungsarbeit vergehen.

Für die Erarbeitung von praxistauglichen Lösungen für den Materialfluss und Informationsfluss einer reibungslosen und kostengünstigen Rückführung der Produkte sind im einzelnen zu bestimmen:

■ *Die Technik der Rückführung,* einschließlich

– Entscheidung über vorzerlegte / vollständige Rückführung,
– Prüfung von Einzel- oder Sammeltransport,
– Treffen der erforderlichen Schutzmaßnahmen: behälterloser oder (Mehrweg-) Container-Transport, z. B. zum Schutz vor auslaufenden Medien bzw. zur Vorbeugung von Schäden an weiterverwendungsfähigen Bauteilen

■ *Die Organisation der Rückführung,* einschließlich

– Bewertung und Einbeziehung vorhandener Vertriebswege für die Rückführung der Produkte,
– Schaffung neuer und Nutzung fremder Rücklaufkanäle wie z. B. Entsorgungsdienstleistungen der Kommunen bzw. deren Beauftragten,
– zentrale / regionale / dezentrale Aufteilung der Funktionen für Erfassung, Sammlung und Transport über ggf. mehrere Stufen,
– Anordnung und Dimensionierung der Erfassungs- und Sammelstellen,
– Auslegung und Dimensionierung der Transportkapazitäten,

■ *Der Informationsfluss der Rückführung,* einschließlich

– Melde- und Verrechnungssysteme für den Anstoß, die Durchführung und die Vergütung von Rückführungsleistungen für Produkte,
– Spezifikationen der erforderlichen Begleitinformationen zur Identifikation und Klassifizierung rücklaufender Produkte, z. B. Fabrikat, Baujahr, Bauart, Einsatzzeit, Ausmusterungsursache, noch funktionstüchtige Baugruppen und Bauteile für Entscheidungen über Weiterverwendung oder -verwertung einschließlich dann ggf. unterschiedlicher Rücklaufwege.

Um die oben beschriebenen komplexen Logistiksysteme so ökologisch und ökonomisch wie möglich zu gestalten sind Informationsmanagementsysteme erforderlich, die die Stoffströme optimal steuern und regeln sowie das Transportaufkommen bündeln und dadurch auch reduzieren. In vernetzten Logistiksystemen muß jeder Partner der Akteurskette die Möglichkeit haben, sich zu jedem Zeitpunkt darüber zu informieren,

– an welchem Ort (Standort, Gebäude, Behälter, ...)
– welche Stoffe (Abfallart, Schadstoffgehalt, Wertschöpfungspotential, ...)
– in welcher Menge (Volumen, Masse, ...)

vorliegen, um die Sammel-, Transport-, und Umschlag- und Lagerprozesse zu optimieren. Dazu sind Datenbank- und Multimediakonzepte erforderlich.

Besonderes Engagement- und Innovationen – verdienen auch die zwischen Herstellung und Recycling auszutauschenden Informationen – vorwärts wie rückwärts: Der Entsorger muß wissen, welche Inhaltsstoffe – und Gefahren – das Produkt birgt. Kennzeichnung der Werkstoffe und Kunststoffe, darüber hinaus nicht nur Bedienungsanleitungen und Kundendienstvorschriften, sondern auch Entsorgungshandbücher gehören hierher. Der PC von morgen sollte nicht nur eine *H wie Help-Taste* haben, sondern auch eine *R wie Recyclingauskunft* am Bildschirm geben können.

Umgekehrt muss das ausgemusterte Gerät dem Hersteller und seinem Konstrukteur, die über sein Recycling richtig entscheiden sollen, auch Informationen zu seinem Vorleben und damit bezüglich seiner weiteren Verwendbarkeit geben.

– Wurde die Elektronik im Betrieb mehrmals überhitzt?
– Ist der Waschmaschinenmotor – oder das ABS-Steuergerät – erst vor zwei Monaten eingebaut worden und taugt als Austauschteil?
– Wie sieht der »Schadstoffsteckbrief« des Gerätes aus?

Elektkronische Stresssensoren zur Selbstauskunft der Baugruppe, ein Gerätepass mit genauer Dokumentation der Wartung und Instandhaltung des Geräts sind Hilfsmittel bzw. Stichworte zu einer neuen Qualität von Recyclinginformationen, die heute noch manuell, morgen im Internet zu verarbeiten sind.

....

Fernziel nachhaltiges Wirtschaften

Wirtschaft und Gesellschaft stehen vor der Herausforderung, die technisch und wirtschaftlich überaus erfolgreiche Industrialisierung und das gesellschaftliche Streben nach Wohlfahrt und Sicherheit besser in Einklang zu bringen mit der Erhaltung der natürlichen Grundlagen des Wirtschaftens und der Wahrung der Regenerationsfähigkeit der Ökosysteme.

Auf diese gemeinsame Entwicklungsaufgabe haben sich die Teilnehmerstaaten internationaler Umweltkonferenzen in Rio de Janeiro, Kyoto und Berlin unter dem Fernziel sustainable development (nachhaltiges Wirtschaften) verständigt.

Einige Etappenziele bestimmen den Kurs dorthin:

- die (schon zitierte) Weiterentwicklung vom Wirtschaftskreislauf zur Kreislaufwirtschaft,
- ein Übergang vom Gleichgewicht zwischen Angebot und Nachfrage zum Ausgleich zwischen Ökonomie und Ökologie,
- eine Technik mit Vorbild Natur statt nur der Nutzung von Naturgesetzen

und sind sicherlich konsensfähig bzw. unstrittig. Strittig ist meist nur Eines: der »richtige« Weg dorthin. Dabei wird es diesen »richtigen« Weg sicherlich niemals geben – zum Glück. Dieser könnte nämlich höchstens aus einem nicht sehr verlockenden »kleinsten gemeinsamen Nenner« bestehen – dieser wird für ein Unternehmen dann sicher nicht die er-

folgreiche Strategie am Markt sein. Sonst würden ja auch 90 Prozent der Führerscheininhaber einen 40-PS-Kleinwagen fahren, da er ihre Transportaufgaben eigentlich erfüllt. Doch nicht nur die Mobilitätsbedürfnisse, auch die ökologische Wirklichkeit und deren Marktgesetze sind anders. Auch beim Life-Cycle-Management und beim Recycling wird es künftig »Mini«- und es wird »Rolls-Royce«-Lösungen geben – wichtig ist, dass der Kunde die Botschaft auch zu den diesbezüglichen Produkteigenschaften versteht und sich damit identifiziert.

Es gilt also, das Zukunftsziel eines nachhaltigen, dauerhaft umweltgerechten Wirtschaftens als treibenden Motor für Innovationsprozesse in den einzelnen Lebenszyklusphasen zu nutzen und die von den Vorsorge- und Nachsorgedisziplinen sowie aus den Versorgungs- und Entsorgungsmärkten heute schon ausgehenden Signale nicht nur aufzufangen, sondern richtig in Entscheidungen umzusetzen.

Umwelt-Controlling
Teil 8: Kriterien für
nachhaltiges Wirtschaften

Neue Herausforderungen an Unternehmen aufgreifen und praxisorientierte Instrumente zu deren Umsetzung erarbeiten: Das hat sich der umweltorientierte Unternehmerverband future e.V. zur Aufgabe gemacht. Mit dem Projekt »Agenda 21 als Grundlage von Unternehmensleitbildern«, das von der Deutschen Bundeststiftung Umwelt gefördert wurde, wagte sich future an das Leitbild Nachhaltigkeit. Das Resultat: Eine detaillierte Checkliste, die die Ziele einer nachhaltigen Entwicklung konkretisiert und Unternehmen bei der Umsetzung unterstützt.

Stichworte: Nachhaltigkeit; Agenda 21; Sustainable Development; Brundtland-Kommission; UN-Konferenz Umwelt und Entwicklung; Enquete-Kommission »Schutz des Menschen und der Umwelt«; Umweltleitbilder; Anspruchsgruppen; Soziale Regeln; Ökologische Regeln; Ökonomische Regeln.

Folgelieferung Mai 2000

SABINE BRAUN

Der Unternehmerverband future e.V. begreift Nachhaltigkeit dabei nicht als zusätzlich abzuarbeitendes Thema, sondern vor allem als Zielvorstellung, die geeignet ist, durch die Verknüpfung bisher losgelöst voneinander betrachteten Problemstellungen neue Türen zu öffnen. Schließlich kann eine Sichtweise, die ökonomische, ökologische und soziale Fragestellungen integriert, neuartige Lösungswege aufzeigen und damit nicht nur zur Zukunftsfähigkeit unserer Ge-

In diesem Beitrag erfahren Sie:
- Was unter einer »nachhaltigen Entwicklung« verstanden wird,
- Was die drei Dimensionen und Ziele einer nachhaltigen Entwicklung sind,
- Was Unternehmen die Beteiligung an der lokalen Agenda 21 bringt und welche Probleme auftreten können,
- Was gesellschaftlichen Anspruchgruppen von Unternehmen fordern,
- Was die Umweltleitbilder von Unternehmen über Nachhaltigkeit sagen,
- Wie Ihr Unternehmen in eine nachhaltige Wirtschaftsweise einsteigen kann.

sellschaft sondern auch von Unternehmen beitragen.

Um nicht im »luftleeren Raum« zu arbeiten, gingen der Erstellung des Nachhaltigkeits-Check im Projekt verschiedene Untersuchungen voran, welche Ansätze, Anforderungen oder Hinweise für eine nachhaltige Entwicklung der Wirtschaft bereits bestehen. Dazu gehörten die Anforderungen gesellschaftlicher Anspruchsgruppen, die lokalen Agendaprozesse, die bestehenden Umweltleitbilder der Unternehmen und schließlich die Arbeit der Enquete-Kommission »Schutz des Menschen und der Umwelt«.

Die Enquete-Kommission diskutierte das Leitbild Nachhaltigkeit und versuchte, daraus konkrete gesellschaftliche Ziele abzuleiten – Überlegungen, die als verpflichtende Basis betrachtet werden und deshalb der Erarbeitung von Kriterien für die Zielgruppe Wirtschaft zu Grunde lagen. Der Nachhaltigkeits-Check stellt nun konkrete Zielsetzungen für Unternehmen dar, zeigt Ansatzmöglichkeiten auf und soll so zu ersten Schritten ermutigen.

Das Leitbild Nachhaltigkeit

Die Diskussion um eine nachhaltige Entwicklung hat sich seit der UN-Konferenz Umwelt und Entwicklung 1992 in Rio de Janeiro intensiviert. Dort wurde mit der Agenda 21 ein Aktionsprogramm für die Umsetzung einer

nachhaltigen Entwicklung formuliert, das 178 Ländern unterzeichnet haben.

Auch wenn eine nachhaltige Entwicklung – insbesondere in der Wirtschaft – meistens noch mit Ressourcenschonung und Umweltschutz gleichgesetzt wird, umfasst dieser Begriff doch wesentlich mehr: Die Agenda 21 fordert ihre Unterzeichner auf, Umwelt- und Entwicklungsfragen in einem ausgewogenen und integrierten Ansatz zu verfolgen und berücksichtigt in ihren Forderungen ökologische, soziale und ökonomische Aspekte. Die in der Agenda genannten Ziele und Maßnahmen sind allerdings – vor allem für die Unternehmen – zu abstrakt. Sie weisen lediglich auf die bestehenden Problembereiche hin. Wie das Leitbild der Nachhaltigkeit konkret in die betriebliche Praxis umgesetzt werden kann, bleibt jedoch offen.

Die Enquete-Kommission »Schutz des Menschen und der Umwelt« des 13. Deutschen Bundestags bezeichnete das Leitbild der nachhaltigen Entwicklung deshalb als »regulative Idee«, die noch einer Konkretisierung bedarf. Immerhin haben diese und ihre Vorgänger-Kommission auf einer ersten operativen Ebene ökologische sowie in einem ersten Entwurf soziale und ökonomische Regeln und Ziele einer nachhaltigen Entwicklung formuliert. Über die ökologischen Regeln kann ein breiter Konsens vorausgesetzt werden, da ihrer Formulierung eine breite Diskussion in Wissenschaft, Politik und Gesellschaft vorausgegangen war. Bei den sozialen und ökonomischen Regeln bedarf es dagegen noch einer umfassendenden Erörterung – auch vor dem Hintergrund, dass der entwicklungspolitische Aspekt weitgehend vernachlässigt wurde (vgl. das Sondervotum Prof. Rochlitz). Die Enquete-Kommission 1998 selbst betonte auch, dass die aufgeführten Ziele noch in Qualitäts- und Handlungsziele heruntergebrochen werden müssten.

Die drei Dimensionen und Ziele einer nachhaltigen Entwicklung

Das Leitbild der nachhaltigen Entwicklung erhielt 1987 mit dem Bericht der Brundtland-Kommission für Umwelt und Entwicklung »Unsere gemeinsame Zukunft« weltweite Beachtung. Der Brundtland-Bericht verknüpft Umwelt- und Entwicklungspolitik, indem er ökologische, soziale und ökonomische Probleme in ihren Zusammenhängen darstellte und daraus Vorschläge für eine nachhaltige Entwicklung ableitete. Diese wurde als eine Entwicklung beschrieben, »die den gegenwärtigen Bedarf zu dekken vermag, ohne gleichzeitig späteren Generationen die Möglichkeit zur Dekkung des ihren zu verbauen« (Brundtland-Bericht).

Die Enquete-Kommission betonte die Gleichrangigkeit der drei Dimensionen Ökologie, Ökonomie und Soziales,

merkte aber auch an, »Marktwirtschaft ist nicht Selbstzweck. Sie muß im Dienste der Bedürfnisse des Menschen stehen.« (Enquete-Kommission 1998). Das Umweltbundesamt stellt das Wirtschaften und die Wohlfahrt wiederum unter den Vorbehalt der ökologischen Grenzen: »Nur in dem Maße, in dem die Natur als Lebensgrundlage nicht gefährdet wird, ist Entwicklung und damit auch Wohlfahrt möglich. Damit soll ein ökologischer Rahmen für die Wirtschaft aufgezeigt werden« (Umweltbundesamt 1997). Der Bundesverband der Deutschen Industrie (BDI) meinte dagegen in seinen Ausführungen zur Umweltpolitik der 14. Legislaturperiode: »Nicht das abstrakte Ziel, wirtschaftliche, ökologische und soziale Ziele miteinander in Einklang zu bringen, ist die Voraussetzung für eine nachhaltige Umweltpolitik, sondern die konkrete problembezogene Rückkopplung jedes konkreten ökologischen Ziels mit der ökonomischen und sozialen Dimension der Nachhaltigkeit.«

Unabhängig davon, wie das Verhältnis der drei Dimensionen zueinander definiert wird, wird deutlich, dass das Leitbild der Nachhaltigkeit über den Umweltschutz hinaus geht und auch die soziale und die ökonomische Dimension mit einbezieht. Die Agenda 21 hebt besonders den entwicklungspolitischen Aspekt hervor und betont die Notwendigkeit einer integrierten Umwelt- und

3

Entwicklungspolitik sowie einer globalen Partnerschaft zur Beschleunigung der nachhaltigen Entwicklung. Sie fordert neue Konsummuster, die sowohl zur Befriedigung der menschlichen Grundbedürfnisse als auch zur Verringerung der Umweltbelastungen führen. Darüber hinaus beschreibt sie Ziele und Maßnahmen zum Transfer von umweltverträglichen Technologien und Know-how sowie für betriebliche Kooperationen und fordert die Berücksichtigung kultureller Gegebenheiten vor Ort.

Ökonomie

Für die Enquete-Kommission ging es bei der ökonomischen Zielsetzung darum, »Bedingungen zu schaffen und zu erhalten, die ein möglichst gutes Versorgungsniveau hervorbringen können«. Zwischenziel ist für die Enquete-Kommission die Sicherung der Wettbewerbs- und Marktfunktionen.

Auf der gesamtwirtschaftlichen Ebene nannte sie als Ziele:
– einen hohen Beschäftigungsstand,
– Preisniveaustabilität,
– außenwirtschaftliches Gleichgewicht,
– stetiges und angemessenes Wirtschaftswachstum (s. Stabilitäts- und Wachstumsgesetz),
– die Reduzierung der Staatsquote und des Anteils der Staatsausgaben am Sozialprodukt.

Für die einzelwirtschaftlichen Ebene gab sie Umsatz-, Marktanteils- und Gewinnziele an. Die von der Kommission vorgeschlagenen ökonomischen Regeln werden nachfolgend zitiert (siehe Kasten).

Ökonomischen Regeln der Enquete-Kommission

■ Das ökonomische System soll individuelle und gesellschaftliche Bedürfnisse effizient befriedigen. Dafür ist die Wirtschaftsordnung so zu gestalten, dass sie die persönliche Initiative fördert (Eigenverantwortung) und das Eigeninteresse in den Dienst des Gemeinwohls stellt (Regelverantwortung), um das Wohlergehen der derzeitigen und künftigen Bevölkerung zu sichern. Es soll so organisiert werden, dass es auch gleichzeitig die übergeordneten Interessen wahrt.

■ Preise müssen dauerhaft die wesentliche Lenkungsfunktion auf Märkten wahrnehmen. Sie sollen dazu weitestgehend die Knappheit der Ressourcen, Senken, Produktionsfaktoren, Güter und Dienstleistungen wiedergeben.

■ Die Rahmenbedingungen des Wettbewerbs sind so zu gestalten, dass funktionsfähige Märkte entstehen und aufrecht erhalten bleiben, Innovationen angeregt werden, dass langfristige Orientierung sich lohnt und der gesellschaftliche Wandel, der zur Anpassung an zukünftige Erfordernisse nötig ist, gefördert wird.

■ Die ökonomische Leistungsfähigkeit einer Gesellschaft und ihr Produktiv-, Sozial- und Humankapital müssen im Zeitablauf zumindest erhalten werden. Sie sollten nicht bloß quantitativ vermehrt, sondern vor allem auch qualitativ ständig verbessert werden.

Soziales

Als soziale Ziele beziehungsweise Normen werden
- Wohlstand,
- Frieden,
- individuelle Freiheit und Entfaltungsmöglichkeiten,
- soziale Sicherheit,
- soziale Gerechtigkeit und Chancengleichheit,
- Existenzminima sowie
- die Einheitlichkeit der Lebensverhältnisse angeführt.

Weitere Ziele sind Sicherstellung der Gesundheit, Erwerbsfähigkeit und -möglichkeit, Bildungs- und Ausbildungschancen sowie Altersversorgung. Die von der Kommission vorgeschlagenen sozialen Regeln werden nachfolgend wiedergegeben (siehe Kasten).

Ökologie

Betrachtet man die von der Enquete-Kommission formulierten Regeln zum Umgang mit der Natur, wird deutlich, dass auch der Umweltschutz im Sinne einer nachhaltigen Entwicklung über den konventionellen medienbezogenen Umweltschutz hinaus geht. Der im Zusammenhang mit der nachhaltigen Entwicklung häufig benutzte Ausspruch, dass wir von den Zinsen leben müssen und nicht vom Kapital, zeigt, wie weitgehend die Regeln im Umgang mit den Stoffen gehen, wenn sie konsequent verfolgt werden.

Soziale Regeln der Enquete-Kommission

■ Der soziale Rechtsstaat soll die Menschenwürde und die freie Entfaltung der Persönlichkeit sowie Entfaltungschancen für heutige und zukünftige Generationen gewährleisten, um auf diese Weise den sozialen Frieden zu bewahren.
■ Jedes Mitglied der Gesellschaft erhält Leistungen von der solidarischen Gesellschaft:
 – entsprechend geleisteter Beiträge für die sozialen Sicherungssysteme,
 – entsprechend Bedürftigkeit, wenn keine Ansprüche an die sozialen Sicherungssysteme bestehen.
■ Jedes Mitglied der Gesellschaft muss entsprechend seiner Leistungsfähigkeit einen solidarischen Beitrag für die Gesellschaft leisten.
■ Die sozialen Sicherungssysteme können nur in dem Umfang wachsen, wie sie auf ein gestiegenes wirtschaftliches Leistungspotential zurückgehen.
■ Das in der Gesellschaft insgesamt und in den einzelnen Gliederungen vorhandene Leistungspotenzial soll für künftige Generationen zumindest erhalten werden.

Ökologische Regeln der Enquete-Kommission

- Die Abbaurate erneuerbarer Ressourcen soll deren Regenerationsrate nicht überschreiten. Dies entspricht der Forderung nach Aufrechterhaltung der ökologischen Leistungsfähigkeit, das heißt (mindestens) nach Erhaltung des von den Funktionen her definierten ökologischen Realkapitals.
- Nicht-erneuerbare Ressourcen sollen nur in dem Umfang genutzt werden, in dem ein physisch oder funktionell gleichwertiger Ersatz in Form erneuerbarer Ressourcen oder höherer Produktivität der erneuerbaren sowie der nicht-erneuerbaren Ressourcen geschaffen wird.
- Stoffeinträge in die Umwelt sollen sich an der Belastbarkeit der Umweltmedien orientieren, wobei alle Funktionen zu berücksichtigen sind, nicht zuletzt auch die »stille« und empfindlichere Regelungsfunktion.
- Das Zeitmaß anthropogener Einträge bzw. Eingriffe in die Umwelt muss im ausgewogenen Verhältnis zum Zeitmaß der für das Reaktionsvermögen der Umwelt relevanten natürlichen Prozesse stehen.
- Gefahren und unvertretbare Risiken für die menschliche Gesundheit durch anthropogene Einwirkungen sind zu vermeiden.

Für die Enquete-Kommission standen der Erhalt und die Wiederherstellung der Funktionen der Natur zum Nutzen der Menschen im Vordergrund. Aber auch der Schutz der Natur, der Pflanzen- und Tierwelt, Vielfalt, Eigenheit und Schönheit sind als Lebensgrundlage des Menschen zu sichern. Die wichtigen ökologischen Ziele sind der Schutz

- der Erdatmosphäre (Klima und Ozonschicht),
- des Bodens,
- der Süßwasserressourcen, der Meere und Küstengebiete,
- des Waldes,
- empfindlicher Ökosysteme und der biologischen Vielfalt sowie
- die Bekämpfung der Wüstenbildung (gemäß Agenda 21).

Handlungsfelder stellen hier eine nachhaltige Landwirtschaft, Energie-, Verkehrs- und Siedlungspolitik, ein umweltverträglicher Umgang mit Chemikalien und Abfällen sowie ein verantwortlicher Umgang mit Biotechnologie und Atomtechnik dar.

Was Unternehmen die Beteiligung an der lokalen Agenda 21 bringt

Die Agenda 21 stellt zwar für verschiedenste Akteursgruppen, darunter auch die Wirtschaft, Anforderungen auf. Besonders wendet sie sich jedoch an die Politik und – mit Kapitel 28 – an die Kommunen. Da viele der in der Agenda 21 angesprochenen Probleme und Lösungen auf Aktivitäten der örtlichen Ebene zurückzuführen seien, ruft sie diese auf, einen lokalen Agendaprozess in Gang zu setzen: »Jede Kommunalverwaltung soll in einen Dialog mit ihren Bürgern, örtlichen Organisationen und der Privatwirtschaft eintreten und eine »kommunale Agenda 21« beschließen.

Mit einer leichten Verzögerung gegenüber anderen europäischen Ländern ist dieser Prozess in den vergangenen zwei Jahren auch in Deutschland ins Rollen gekommen. Dabei entstand sehr schnell ein Dilemma: Einerseits bedarf es freilich einer breiten Beteiligung, um überhaupt gültige, sprich von allen akzeptierte Ziele für die eigene Zukunftsfähigkeit aufstellen zu können. Andererseits ist ein Bürgerbeteiligungsprozess ohne vorab definierte Ziele beziehungsweise Probleme schnell zum Scheitern verurteilt, weil er nur allzu oft ins Leere läuft. Kurz gesagt: Zwar mag der Weg das Ziel sein, aber sich mit vielen auf einen Weg ohne Ziel zu begeben, kann auch frustrieren. Und das trifft vor allem auf Unternehmen zu, die sich an der lokalen Agenda 21 beteiligen. Warum?

Dass die Umsetzung der Agenda 21 auf der kommunalen Ebene ansetzt, ist einleuchtend: Kommunen sind die kleinste politische Einheit, in der sich gemeinsames Vorgehen und Konsensfindung aller Bürger erproben lässt. Scheinbar ausgeblendet wird aber, dass die kommunale Ebene sich in den vergange-

nen Jahrzehnten massiv verändert hat und nicht mehr als geschlossene Handlungs- und Entscheidungseinheit betrachtet werden kann. Dies gilt vor allem hinsichtlich der Wirtschaft: Immer häufiger stellen Betriebe, die am Ort angesiedelt und große Arbeitgeber sind, ihre Produkte woanders her und verkaufen sie vornehmlich in anderen Regionen. Wobei die Abhängigkeit und Zusammenarbeit von beziehungsweise mit der Region tendenziell abnimmt, je größer die Unternehmen sind.

Ansatzpunkte für einen nachhaltige Enwicklung

Die Einbeziehung der Wirtschaft in die Umsetzung der Agenda 21 muss deshalb differenziert betrachtet werden. Ansatzpunkte für einen Veränderungsprozess hin zu einer nachhaltigen Entwicklung in den Unternehmen können je nach Größe oder Branche ganz unterschiedlich sein und sind nicht zwangsläufig durch eine Beteiligung an der lokalen Agenda aufzuspüren. Eine Grundbedingung sowohl für die Beteiligung an der lokalen Agenda 21 als auch für die Erarbeitung einer unternehmensinternen Nachhaltigkeitsstrategie wird aber für alle Unternehmen in der Regel sein, dass sich – wirtschaftliche – Chancen realisieren lassen.

Um Chancen für das Unternehmen zu realisieren, bedarf es einer genauen

Betrachtung der wirtschaftlichen Aktivitäten: Für kleinere Unternehmen, die wirtschaftlich eng mit der Region verflochten sind, können lokale oder regionale Kooperationsprojekte im Rahmen der Agenda 21 Sinn machen. Eigeninitiierte oder kooperative Projekte wie Kindergärten oder das Schaffen flexibler Arbeitsplätze empfehlen sich beispielsweise in Unternehmen, die künftig auf Frauen als Mitarbeiterinnen nicht verzichten können. Branchenkooperationen oder solche entlang des Produktlebenswegs lassen sich dagegen keinesfalls im Rahmen lokaler Agendaprozesse realisieren. Sie können vor allem von größeren Unternehmen mit einer entsprechenden Marktmacht angestoßen werden und tragen nicht nur zur Ökologisierung beispielsweise der Produkte, sondern auch zu einer Beschleunigung von Innovationen bei.

Was gesellschaftlichen Anspruchsgruppen von Unternehmen fordern

Anlässlich des Startworkshops für das »Projekt Agenda 21 als Grundlage von Unternehmensleitbildern« im September 1997 wurden Anspruchsgruppen (Behörden, Initiativen, Gewerkschaften, Umweltverbände und -institutionen) befragt, wie Unternehmen mit Nachhaltigkeit umgehen sollten. Es ergaben sich dabei folgende Aussagen:

Zu Erwartungen an Unternehmen
– grundsätzlich: »nachhaltige« Zielsetzung (Leitbild), also ökologisch verträglich, sozial verantwortlich, ökonomisch tragfähig, langfristig sowie die Vernetzung dieser Aspekte untereinander
– Kooperationsbereitschaft und Offenheit
– Übernahme lokaler und regionaler Verantwortung

Zu möglichen Handlungsfeldern für Unternehmen
– Kooperationen/runde Tische/branchenbezogene Zusammenarbeit
– betriebliches Umweltmanagement
– Mitarbeitereinbeziehung und -schulung
– gerechte Handelsbeziehungen (globale Verantwortung und entsprechende Projekte)
– Beschäftigungsmaßnahmen/Dienstleistungsorientierung

Zu ersten Schritten in Unternehmen zur Verankerung von Nachhaltigkeit
– Mitarbeiterbeteiligung
– Verankerung in den Leitlinien
– Öko-Audit
– Überprüfung der Ist-Situation
– Kommunikation und Kooperation

Zu möglichen Hindernissen für die Umsetzung in Unternehmen
– abstrakte Forderungen der Agenda 21

- mangelnde Kenntnis von Nachhaltigkeit
- Kostendruck / Wettbewerb
- oberflächliches Verständnis von Nachhaltigkeit
- Verengung auf das Umweltthema
- Überforderung durch Öko-Audit

Was die Umweltleitbilder von Unternehmen über Nachhaltigkeit sagen

Eine Auswertung von Umweltberichten und Umwelterklärungen im Rahmen des future-Projekts ergab, dass nur recht wenig Unternehmen Leitlinien aufgestellt haben, die geeignet sind, eine nachhaltige Entwicklung anzustoßen oder zu fördern. Vielfach liegt dies daran, dass sich die Unternehmen streng an die Vorgaben der EG-Öko-Audit-Verordnung hielten und die aufgeführten guten Managementpraktiken weniger als Anregung verstanden, sondern einfach als Umweltpolitik übernommen haben. Diese vernachlässigen das Thema Nachhaltigkeit aber nahezu vollständig und konzentrieren sich lediglich auf die Ausdifferenzierung und Absicherung umweltorientierten Wirtschaftens im Betrieb. Beispielhafte Aussagen von Unternehmen zu »nachhaltigen« Aspekten, die den Rahmen der »Standardumweltpolitik« gemäß EG-Öko-Audit-Verordnung sprengen, sind im Folgenden entsprechend den im Projekt definierten Hand-

lungsfeldern für Nachhaltigkeit zusammengestellt:

Ökonomie
- Gewinne zu Lasten der Umwelt sind kurzsichtig und entsprechen nicht der Zielsetzung der langfristigen Unternehmenssicherung (Föhl)
- Möglichst vielen Menschen gesunde Lebensmittel zu günstigen Preisen bieten (Märkisches Landbrot)
- Faire Einkaufspreise (Heuschrecke)
- Unternehmen in der Region für die Region (Cambium)

Betriebsökologie
- Alle Maßnahmen sind möglichst reversibel zu gestalten und in ihren Auswirkungen zu beobachten (HEWI)
- Verbesserung durch ständige Schwachstellenanalyse (Sedus Stoll)
- Ästhetische Garten- und Landschaftsgestaltung am Standort (Privatbrauerei Zöttler)
- Baubiologische Grundsätze bei Neubauten (Privatbrauerei Zöttler)
- Nutzung alternativer Energieformen (Hansgrohe)

Produktökologie
- Marktposition nutzen, um Anforderungen der Kunden nach umweltverträglichen Produkten... (Quelle)
- Ökologische Rohstoffe, die zur Gesundung der Erde beitragen (Märkisches Landbrot)

- Keine Produkte mit Wegwerfcharakter (Auro)
- Energiesparende Leuchten als Schwerpunkt der Produktpolitik (Osram)
- Bio-Anteil ständig erhöhen (Hipp)

Soziales

- Steigerung der Lebensqualität durch Senkung körperlicher und gesundheitlicher Belastung (Canon)
- Zweites Zuhause für die Mitarbeiter (Neumarkter Lammsbräu)
- Wir wollen an allen Standorten engagierte Mitbürger sein (Kraft Jacobs Suchard)
- Jeder Einzelne ist Repräsentant und trägt Verantwortung (Weissbierbrauerei Schneider)
- Standortsicherung in unserer Region (Stadtwerke Pößeneck)
- Nicht nur eine ökonomische, sondern auch eine soziale Institution (Siegsdorfer Petrusquelle)
- Langfristige Absicherung der Arbeitsplätze (Warsteiner)

Kooperation und Globales

- Partnerschaftliche Zusammenarbeit mit Lieferanten (Holzapfel)
- Zusammenarbeit mit nationalen und internationalen Umweltorganisationen (Steilmann)
- Abbau des Wohlstandsgefälles zwischen Industrie- und Etwicklungsländern, Hilfe für Partnerbetriebe in anderen Ländern (Steilmann)

- Partnerschaft mit Kunden und Lieferanten, die Absprachen mit ihnen einhalten (Zucker Aktiengesellschaft)

Nachhaltigkeits-Check: Der Weg zum zukunftsfähigen Unternehmen

Da die Verankerung einer »nachhaltigen Zielsetzung« im Unternehmensleitbild auch eine wesentliche Empfehlung der gesellschaftlich relevanten Gruppen war, wurden gemeinsam mit den Projektunternehmen Handlungsfelder der Nachhaltigkeit eingegrenzt. Aufgrund der starken Betonung der Kooperation durch die gesellschaftlich relevanten Zielgruppen wurde dieser Aspekt gleichrangig neben die drei Säulen der Nachhaltigkeit »Ökonomie«, »Ökologie« und »Soziales« gestellt.

Darüber, ob Kooperation tatsächlich eine gleichberechtigte zusätzliche Dimension darstellen kann oder vielmehr Voraussetzung für das Erreichen der ökonomischen, ökologischen und sozialen Ziele ist, ist zwar noch zu diskutieren. Sicherlich gehört aber, wie auch eine Studie des Hessischen Wirtschaftsministeriums ergab, zur Verfolgung einer nachhaltigen Entwicklung auch eine Unternehmenskultur, die sich durch Offenheit, Kooperation und Beteiligung auszeichnet. Nicht zuletzt lassen sich weitreichende ökologische oder soziale Verbesserungen vor allem durch Kooperationen in der Produktkette realisieren.

Ziel des Fragebogens ist es, in einem ersten Schritt – sozusagen als Checkliste – Defizite und Handlungsoptionen für die Betriebe sichtbar zu machen. In einem zweiten Schritt kann der Fragebogen dazu dienen, den Beitrag von Unternehmen zu einer nachhaltigen Entwicklung zu beurteilen (s. Fassung mit Antwortkategorien im Internet unter www.future-ev.de). Der Nachhaltigkeits-Check wendet sich mit einer breiten Auffächerung der Bereiche Ökonomie, Ökologie, Soziales und Kooperation in konkrete Fragen an jene Unternehmen, die bereits systematisches Umweltmanagement betreiben und weitere, konkrete Schritte in Richtung nachhaltiges Wirtschaften machen wollen.

Literatur

[1]   DEUTSCHER BUNDESTAG, REFERAT FÜR ÖFFENTLICHKEITSARBEIT (Hrsg.): *Konzept Nachhaltigkeit: Vom Leitbild zur Umsetzung. Abschlußbericht der Enquete-Kommission »Schutz des Menschen und der Umwelt« des 13. Deutschen Bundestages. Bonn 1998*

[2]   FUTURE E.V. (Hrsg.): *Nachhaltigkeit. Jetzt. Anregungen, Kriterien und Projekte für Unternehmen. München 2000.*

[3]   ÖKO-INSTITUT E.V. (Hrsg.): *Soziale und ökonomische Nachhaltigskeitsindikatoren. Frankfurt 1999.*

[4]   UMWELTBUNDESAMT (Hrsg.): *Nachhaltiges Deutschland. Wege zu einer dauerhaft umweltgerechten Entwicklung. Berlin 1997.*

Anlage: Nachhaltigkeits-Check

Der Einfachheit halber wurde als Einstieg in die Checkliste die ökologische Dimension gewählt. Hier sind die konkretesten Angaben zu erwarten, außerdem beziehen sich manche nachfolgenden Fragen indirekt darauf.

Die Fragen betreffen die betrieblichen Tätigkeiten, die Produktion und Dienstleistungsbereiche eines Unternehmens einschließlich der Bereiche Werkstatt, Verwaltung, Einkauf und Kantine.

Die Fragen nach Material und Materialverbrauch umfassen den betrieblichen Input (außer Wasser und Energie), das heißt: Rohstoffe, Hilfs- und Betriebsstoffe, zugekaufte Halb- und Fertigwaren.

Fragen zu internationalen Vorgehensweisen beziehen sich auf jene Stufe, die das Unternehmen beeinflußen kann.

Unternehmen: ....

Einbezogene Standorte: ....

Branche: ....

Geschäftsjahr: ....

....

A. Ökologie

A.1: Schonender Umgang mit Ressourcen (Input)

- A.1.1: Verbrauch an Roh-, Hilfs- und Betriebsstoffen in t
- A.1.2: Materialeffizienz als Rohstoffverbrauch in t/Produktmenge in t
- A.1.3: Materialanteil für Produkt- und Umverpackungen der Produkte in Prozent
- A.1.4: Spezifischer Energieverbrauch als Gesamtenergieverbrauch in MWh/Produktmenge in t
- A.1.5: Anteil regenerativer Energieträger in Prozent
- A.1.6: Spezifischer Wasserverbrauch als Gesamtwasserverbrauch in m^3/ Produktmenge in t
- A.1.7: Güterverkehrsaufkommen (An- und Auslieferung) in t-km
- A.1.8: Anteil der t-km auf der Schiene oder im Schiffsverkehr in Prozent
- A.1.9: Dienstreiseverkehr absolut in km
- A.1.10: Anteil der Dienstreise-km mit Bahn oder Bus in prozent

Branchenspezifisch
- A.1.11: Anteil der Materialien, die nach Umweltkriterien angebaut oder produziert wurden (z.B. ökologisch

Folgelieferung Mai 2000

kontrollierter Anbau, Öko-Tex Standard 100, definierte firmeninterne Standards) in Prozent

A.2: Reduzierung der Umweltbelastung durch Stoffeinträge (Output)

- A.2.1: Spezifisches Abfallaufkommen als Gesamtabfallaufkommen in t/ Produktmenge in t
- A.2.2: Sonderabfallquote (Anteil der Sonderabfälle am Gesamtabfallaufkommen) in Prozent
- A.2.3: Verwertungsquote (Anteil der Abfälle zur Verwertung am Gesamtabfallaufkommen) in Prozent
- A.2.4: Spezifische CO_2-Emissionen als Gesamt-CO_2 in t/Produktmenge in t
- A.2.5: Spezifische SO_2-Emissionen als Gesamt-SO_2 in t/Produktmenge in t
- A.2.6: Spezifische NOx-Emissionen als Gesamt-NOx in t/Produktmenge in t
- A.2.7: Spezifische VOC-Emissionen als Gesamt-VOC in t/Produktmenge in t
- A.2.8: Spezifische Abwassermenge als Gesamtabwassermenge in m³/ Produktmenge in t
- A.2.9: CSB-Wert im Abwasser
- A.2.10: BSB5-Wert im Abwasser
- A.2.11: Spezifische Schwermetallbelastung als Gesamtschadstofffracht

an Schwermetallen im Abwasser in t/ Produktmenge in t

A.3: Verantwortungsbewußter Umgang mit Ökosystemen

- A.3.1: Beachtet das Unternehmen den Schutz und Erhalt von Artenvielfalt, Naturräumen und Ökosystemen (z.B. Naturschutzgebiete, Wald) bei Abbau, Nutzung oder Verarbeitung von Ressourcen (z.B. Boden, Fischbestände) am eigenen Standort und bei Lieferanten?
- A.3.2: Schafft das Unternehmen zusätzliche naturschutzbezogene wertvolle Gebiete oder zumindest Grünflächen (z.B. durch Flächenbegrünung, Entsiegelung, Anbau heimischer Arten oder durch Ausgleichsmaßnahmen, die über das gesetzlich Geforderte hinausgehen)?
- A.3.3: Führt das Unternehmen Bauvorhaben (Neu- oder Anbauten) flächensparend und zur Vermeidung von Zersiedelung durch (z.B. im Ortsbereich, Flächenrecycling, Nutzung bestehender Gebäude, Optimierung der Flächennutzung)?
- A.3.4: Werden bei Bauvorhaben baubiologische und sozialästhetische Grundsätze berücksichtigt (z.B. Einpassen der Bauten in die Umgebung, eine dem Wohlbefinden der Mitarbeiter förderliche Innengestaltung)?

Branchenspezifisch

- A.3.5: Anteil der tierischen Rohstoffe aus artgerechter Tierhaltung einschließlich schonender Tiertransporte an den tierischen Rohstoffen in Prozent
- A.3.6: Anteil der Produkte, für die oder für deren Inhaltsstoffe Tierversuche im Unternehmen, bei Lieferanten durchgeführt oder in Auftrag gegeben wurden in Prozent

A.4: Minimierung der Risiken für Mensch und Umwelt

- A.4.1: Anteil der Gefahrstoffe nach der Gefahrstoff-Verordnung in Prozent
- A.4.2: Anzahl der meldepflichtigen umweltrelevanten Unfälle, Störfälle oder Schadensereignisse in den vergangenen fünf Jahren?
- A.4.3: Bestehen potentielle oder besondere Gefahren und Risiken für Mensch und Umwelt durch Techniken, Unfälle oder Störfälle bei Produktion, Transport aufgrund der Ausbreitungsweite, Störung empfindlicher Systeme, langfristiger Schäden einschl. unbekannter Auswirkungen?
- A.4.4: Verfolgt das Unternehmen einen »verantwortlichen« Umgang mit Technologien, d.h. Nutzung naturnaher, fehlerfreundlicher, reversibler Technologien mit geringer Ein-

griffstiefe, geringem und abschätzbarem Risikopotential?

A.5: Umweltverträgliche Produkte und Verfahren

- A.5.1: Anteil der Produktionsverfahren, die in den vergangenen 5 Jahren nach ökologischen Kriterien bewertet wurden in Prozent

Branchenspezifisch

- A.5.2: Anteil (zu mehr als 80 Prozent) recyclingfähiger Produkte an der gesamten Produktmenge in Prozent
- A.5.3: Anteil der Produkte mit Garantie zur Rücknahme nach Gebrauch in Prozent
- A.5.4: Anteil der bewusst reparaturfreundlich gestalteten Produkte in Prozent
- A.5.5: Anteil der Produkte mit (um mindestens 10 Prozent) reduziertem Energie- oder Stoffverbrauch in ihrer Gebrauchsphase in Prozent
- A.5.6: Anteil der Produkte, die Umweltkriterien erfüllen (z.B. Blauer Engel, kontrolliert ökologischer Anbau, Öko-Tex-Standard 100 etc.) in Prozent
- A.5.7: Anteil von strahlen- und gentechnisch behandelten Produkten oder der Produkte mit entsprechend behandelten Stoffen und Zusätzen in Prozent

■ A.5.8: Anteil der Produkte mit gesundheits-, umweltbelastenden oder entsprechend verdächtigen Anteilen (z.B. Weichmacher in Kinderspielzeug, halogenierte Flammschutzmittel in Kunststoffgehäusen) in Prozent

A.6: Globale ökologische Verantwortung

■ A.6.1: Vertreibt das Unternehmen Abfälle zur Entsorgung oder zur Verwertung an andere Länder, insbesondere Entwicklungs- oder Schwellenländer?

■ A.6.2: Beachtet das Unternehmen den Schutz von internationalen Naturräumen, Ökosystemen (z.B. Regenwald) und Ressourcen (z.B. Fischbestände)?

■ A.6.3: Anteil des international bezogenen Materials einschl. Auftragsarbeiten, das ökologischen Mindestanforderungen entspricht (Einhaltung der nationalen Bestimmungen der jeweiligen Länder auch bei der Produktion, Einhaltung der internationalen Umweltabkommen) in Prozent

Firmenspezifisch

■ A.6.4: Anteil der Produkte oder Stoffe, die in andere Länder vertrieben werden, in Deutschland aber aus gesundheitlichen oder umweltrelevanten Gründen verboten sind, in Prozent

■ A.6.5: Hat das Unternehmen in den vergangenen 5 Jahren besonders umweltbelastende Produktionen aufgrund von gesetzlichen Auflagen in Länder mit geringeren Auflagen verlagert?

B. Soziales

B.1: Sicherung von Arbeits- und Ausbildungsplätzen/ Arbeitnehmerinteressen

■ B.1.1: Anzahl der Beschäftigten insgesamt

■ B.1.2: Anteil der Beschäftigten mit befristeten Verträgen (einschl. ABM und ähnliche geförderte Maßnahmen) in Prozent

■ B.1.3: Anteil der Beschäftigten in nicht versicherungspflichtigen Verhältnissen in Prozent

■ B.1.4: Anteil der Teilzeitarbeitsplätze in Prozent

■ B.1.5: Anteil der Teilzeitarbeitplätze in Führungspositionen an allen Teilzeitarbeitsplätzen in Prozent

■ B.1.6: Anteil der Arbeitsplätze mit flexiblen Arbeitszeitregelungen in Prozent

■ B.1.7: Anteil der Arbeitsplätze in Team-, Gruppenarbeit oder anderen neuen Formen der Arbeitsorganisation in Prozent

■ B.1.8: Anzahl der bezahlten Überstunden

- B.1.9: Anteil der Ausbildungsplätze in Prozent
- B.1.10: Interne und externe Weiterbildungsmaßnahmen als Tage pro MitarbeiterIn
- B.1.11: Werden die Arbeitsverträge auf der Grundlage eines gültigen Tarifvertrags abgeschlossen?
- B.1.12: Hat das Unternehmen einen Betriebsrat gemäß Betriebsverfassungsgesetz?

B.2: Förderung von Arbeitssicherheit und Gesundheit

- B.2.1: Anzahl meldepflichtiger Betriebsunfälle je 1.000 MitarbeiterInnen
- B.2.2: Anzahl der Krankheitstage je MitarbeiterIn im Durchschnitt
- B.2.3: Werden die MAK-Werte und die zulässige Lärmbelastung am Arbeitsplatz eingehalten?
- B.2.4: Werden alle Anforderungen der Gefahrstoff-Verordnung eingehalten?
- B.2.5: Wurden bei der Gestaltung der Arbeitsplätze ergonomische Gesichtspunkte berücksichtigt?
- B.2.6: Gibt es Angebote für Betriebssport, Entspannungstraining etc. für alle Beschäftigten?

B.3: Gleichberechtigung von Frauen und Männern

- B.3.1: Anteil der Frauen in Führungspositionen in Prozent
- B.3.2: Existiert ein Programm oder Maßnahmen zur betrieblichen Fauenförderung?
- B.3.3: Werden Maßnahmen zur Unterstützung der Rückkehr in den Beruf nach der Erziehungspause umgesetzt (z.B. Rückkehrhilfe, Kinderbetreuung)

B.4: Soziale Rücksichtnahme

- B.4.1: Anteil der behinderten Beschäftigten in Prozent
- B.4.2: Anteil des Materials bzw. der Auftragsarbeiten, die von Behindertenwerkstätten stammen in Prozent
- B.4.4: Werden Maßnahmen zur Integration ausländischer Beschäftigter (z.B. Sprachkurse, mehrsprachige Informationen etc.) umgesetzt?
- B.4.5: Werden spezielle Bedürfnisse von ausländischen oder behinderten MitarbeiterInnen berücksichtigt (z.B. alternatives Speiseangebot, behindertengerechte Ausgestaltung des Betriebs etc.)?

B.5: Globale Verantwortung

- B.5.1: Wird bei internationalen Lieferanten oder Auftragnehmern auf die Einhaltung der Empfehlungen der International Labour Organisation zur Kinderarbeit (ILO Convention 182) geachtet?

- B.5.2: Wird bei internationalen Lieferanten oder Auftragnehmern auf die Erfüllung von Kriterien (z.B. Social Accountability Standard 8000) geachtet, die über die sozialen Mindeststandards hinausgehen?
- B.5.3: Berücksichtigt das Unternehmen beit internationalen Niederlassungen die kulturellen Gegebenheiten vor Ort?
- B.5.4 : Nimmt das Unternehmen im Rahmen seiner Möglichkeiten Einfluß auf die Einhaltung menschlicher Grundrechte, wenn diese im Land nicht gewährt werden (z.B. Gleichbehandlung, Freiheit auf Meinungsäußerung)?

....

C. Ökonomie

C.1: Langfristige Unternehmenssicherung

- C.1.1: Nimmt das Unternehmen eine sichere Marktposition ein im Vergleich zu Wettbewerbern, erweitert seine Marktanteile oder erobert neue zukunftsfähige Märkte?
- C.1.2: Verfolgt das Unternehmen die langfristige Sicherung des Unternehmens vor kurzfristigen Gewinnen?

- C.1.3: In welchem Zeitraum müssen sich die Investitionen des Unternehmens amortisiert haben?
- C.1.4: Höhe der Fremdkapitalquote?
- C.1.5: Welche Kosten/Einsparungen waren mit betrieblichen Umweltschutzmaßnahmen verbunden?
- C.1.6: Welche Kosten/Einsparungen waren mit betrieblichen Sozialmaßnahmen verbunden?

C.2: Wertschöpfung und gerechte Verteilung

- C.2.1: Zahlt das Unternehmen mindestens tarifliche oder branchentypische Gehälter/Löhne?
- C.2.2: Leistet das Unternehmen freiwillige Zahlungen für die Alterversorgung oder andere Sozialleistungen über die gesetzlichen bzw. tariflichen hinaus?
- C.2.3: Sind die Beschäftigten an den Gewinnen des Unternehmens beteiligt?
- C.2.4: Sind die Beschäftigten am Unternehmenskapital beteiligt?
- C.2.5: Anteil subventionierter Verfahren oder Produkte in Prozent
- C.2.6: Anteil der Mittel für Spenden oder Sponsoring (ökologischer, sozialer, karitativer regionaler, bildungs- oder entwicklungspolitischer Projekte) am Gewinn in Prozent

C.3: Bedürfnisorientierung

- C.3.1: Umsatzanteil von Dienstleistungen (z.B. Reparatur, Leasing) in Prozent
- C.3.2: Anteil der Produkte, die ökologisch bedenklich sind (z.B. Wegwerfprodukte) in Prozent
- C.3.3: Anteil der Produkte, die sozial bedenklich sind (z.B. Kriegsmaterial) in Prozent
- C.3.4: Welche Bedeutung nehmen Kundenservice und Beratung ein?

C.4: Regionale/globale Verantwortung

- C.4.1: Anteil der Dienstleistungen / Waren aus der Region in Prozent
- C.4.2: Anteil des Materials, für das insbesondere an Entwicklungs- und Schwellenländer faire Preise gezahlt werden (d.h. Preise, die angemessene Löhne/Gehälter ermöglichen und die ausreichen, um die Grundbedürfnisse der Menschen zu decken, z.B. aus fairem Handel) in Prozent

Firmenspezifisch

- C.4.3: Anteil der Entwicklungs- und Schwellenländern zugekauften Halb- und Fertigwaren an den aus Entwicklungs- und Schwellenländern insgesamt bezogenen Materialien in Prozent

- C.4.4: Anteil der Rohstoffe aus der Region in Prozent

....

D.: Kooperation

D.1: Beteiligung von MitarbeiterInnen

- D.1.1: Werden die Beschäftigten regelmäßig über Unternehmensziele und Strategien, auch zum Thema Nachhaltigkeit (ökologische, soziale und ökonomische Aspekte) informiert?
- D.1.2: Werden die Beschäftigten aktiv an der Diskussion und Ausgestaltung neuer Unternehmensziele, Strategien und Maßnahmen beteiligt?
- D.1.3: Haben die Beschäftigten Mitbestimmungsrechte im Umweltschutz, bei der Arbeitsplatzgestaltung u.a.?
- D.1.4: Existiert ein Vorschlagswesen für Verbesserungsvorschläge zu Umweltschutz, Soziales, Ökonomie, globaler Gerechtigkeit?

D.2: Zusammenarbeit mit Anspruchsgruppen

- D.2.1: Kooperiert das Unternehmen mit Lieferanten und Abnehmern hinsichtlich Absprachen, Einhaltung und Weiterentwicklung ökologischer, sozialer, ökonomischer und entwicklungspolitischer Anforderungen?

- D.2.2: Ermittelt und berücksichtigt das Unternehmen Kundenanforderungen hinsichtlich ökologischer, sozialer, ökonomischer, entwicklungspolitischer und sonstiger Anforderungen?
- D.2.3: Pflegt das Unternehmen sein Verhältnis zu den Anwohnern und reagiert umgehend auf Beschwerden?
- D.2.4: Kooperiert das Unternehmen mit Unternehmen seiner Branche zur Verbesserung des Umweltschutzes sowie der sozialen und globalen Anforderungen?
- D.2.5: Arbeitet das Unternehmen mit Behörden zusammen?
- D.2.6: Kooperiert das Unternehmen mit Wissenschaftlern, Gewerkschaften, Umweltverbänden, Entwicklungs- und anderen gesellschaftlichen Gruppen oder Institutionen zur Förderung des Umweltschutzes sowie der sozialen und globalen Gerechtigkeit?
- D.2.7: Unterstützt das Unternehmen aktiv das Schaffen politischer Rahmenbedingungen, die den Schutz der Umwelt sowie soziale und globale Gerechtigkeit ermöglichen?
- D.2.8: Wurden gegen das Unternehmen in den vergangenen fünf Jahren Klagen wegen unlauteren Wettbewerbs erhoben?

- D.2.9: Beteiligt sich das Unternehmen an der Erstellung einer lokalen Agenda 21 oder anderen kommunalen ökologischen oder sozialen Aktionsprogrammen?

Firmenspezifisch (v.a. international tätige Unternehmen)

- D.2.10: Unterstützt das Unternehmen Betriebe in Entwicklungsländern (z.B. mit Partnerschaften, Kooperationsprojekten, Know-How-Transfer)?

D.3: Offene Informationspolitik

- D.3.1: Beantwortet das Unternehmen Anfragen, Beschwerden oder Stellungnahmen offen und ehrlich?
- D.3.2: Stellt das Unternehmen Verbraucherinformationen über Umweltschutz und fairen Handel zur Verfügung?
- D.3.3: Anteil der Produkte mit einer Deklaration über die gesetzlichen Anforderungen hinaus (z.B. Nahrungsmittel oder Kosmetik mit Volldeklaration der Inhaltsstoffe) in Prozent

Branchenabhängig

- D.3.4: Kennzeichnung gentechnisch behandelter oder bestrahlter Produkte, einschließlichbehandelter Inhaltsstoffe, über die gesetzlichen Anforderungen hinaus?

**Firmenspezifisch
(größere Unternehmen)**

- D.3.5: Veröffentlicht das Unternehmen einen Geschäftsbericht mit integriertem oder einen separaten Bericht zum Umweltschutz?

- D.3.6: Veröffentlicht das Unternehmen einen in den Geschäftsbericht integrierten oder einen separaten Bericht zu sozialen Aspekten?

....

Dokumentation des betrieblichen Umweltschutzes Teil 3: Prozessorientierte Integrierte Managementsysteme

Der betriebliche Umweltschutz bildet einen Teilaspekt der Anforderungen, die an ein Unternehmen gestellt werden. Eine isolierte Darstellung von Zuständigkeiten und Abläufen der Umweltschutzaktivitäten im Unternehmen schafft neben Akzeptanzproblemen auch Schnittstellenprobleme. Durch eine ganzheitliche Betrachtungsweise, bei der der Umweltschutz neben anderen internen und externen Forderungen Teil des betrieblichen Managementsystems wird, werden Zusammenhänge klarer und Doppelarbeiten und Schnittstellenprobleme vermieden.

Stichworte: Interne und Externe Anforderungen an Unternehmen; Integriertes Managementsystem; Prozessorientiertes Managementsystem; Strukturierung von Prozessen; Prozessbesitzer; Prozesskunde; Prozesshierarchieebenen; Prozesskette; Einsatz von EDV-Tools; Intranet.

PETER LEINWAND und
HELMUT REICHENECKER

Ausgangssituation in Unternehmen

Unternehmen sehen sich heute mit einer Vielzahl von internen und externen Anforderungen konfrontiert (siehe Abbildung 1). Die Zukunftsfähigkeit und -sicherung steht dabei an oberster Stelle. Forderungen des Marktes, der Kunden, von Anteilseignern, von Interessensgruppen aber beispielsweise auch von Mitarbeitern müssen im Unternehmen verifi-

In diesem Beitrag erfahren Sie:
- Welchen Vorteil ein Prozessorientiertes Integriertes Managementsystem gegenüber den verschiedenen einzelnen Managementsystemen hat.
- Wie sich Unternehmensabläufe in Prozessen abbilden lassen.
- Wie das firmeneigene Intranet zur effektiven Dokumentation genutzt werden kann um die klassichen arbeitsaufwendigen Handbücher zu ersetzen.
- Welche Potenziale zur Systemoptimierung die prozessorientierte Vorgehensweise ermöglicht.

ziert, analysiert und umgesetzt werden. Globale politische Veränderungen sind dabei ebenso zu berücksichtigen wie beispielsweise die Verknappung von Ressourcen und den damit notwendigerweise verbundenen sparsamen Umgang damit. Innerhalb der Unternehmen werden die Organisationsstrukturen neu definiert oder Arbeitsabläufe angepaßt.

Beispiele für interne und externe Anforderungen an eine Organisation sind:
- klare und eindeutige Verantwortlichkeiten und Pflichtendelegation,
- Transparenz der Abläufe im Unternehmen,
- Meßgrößen (finanzielle/nichtfinanzielle) zur Beurteilung der betrieblichen Leistungsfaktoren zur Verfügung stellen,
- sichere Umsetzung der Unternehmensziele und Rückkoppelung der Ergebnisse,
- Einhaltung der gesetzlichen Anforderungen,
- Zertifizierung / Validierung nach einschlägigen Umwelt- und Qualitätsstandards (z.B. DIN EN ISO 14001, EMAS, DIN EN ISO 9000ff, QS 9000).

Zur Umsetzung der Unternehmensstrategien und -ziele wurden in der Vergangenheit häufig isolierte Managementsysteme oder -methoden eingeführt, die rein auf das zu erreichende Ziel fokussiert waren. Solche Systeme sind bei-

spielsweise Qualitätsmanagementsysteme, Umweltmanagementsysteme, Arbeitsicherheitsmanagementsysteme oder die Einführung betrieblicher Controlling- und Kennzahlensysteme.

Diese voneinander losgelösten Insellösungen waren zwar jede für sich in der Lage, die spezifischen Ziele umzusetzen und die relevanten Unternehmensabläufe unter den jeweiligen Blickwinkeln, beispielsweise des Umweltschutzes oder der Qualität, darzustellen und zu beherrschen. Auswirkungen und Wechselwirkungen der Systeme auf- bzw. untereinander werden jedoch, wenn überhaupt, nur sehr unzureichend beschrieben.

Die Einführung verschiedener Managementsysteme und -methoden, die im Unternehmen parallel nebeneinander betrieben werden, ist aus Unternehmens- und aus Mitarbeitersicht höchst unbefriedigend. In vielen betrieblichen Vorgängen und Abläufen sind Aspekte unterschiedlichster Art gleichermaßen zu berücksichtigen.

Die Beschaffung von Rohstoffen, Hilfs- und Betriebsstoffen ist beispielsweise nicht nur für die Qualität der zu fertigenden Erzeugnisse relevant. Beim Beschaffungsvorgang sind selbstverständlich auch finanzielle Aspekte sowie Forderungen des betrieblichen Umweltschutzes, der Arbeitsicherheit sowie des Gesundheitsschutzes zu berücksichtigen. Isolierte Systeme, die für sich jeweils nur Teilaspekte behandeln, sind oftmals

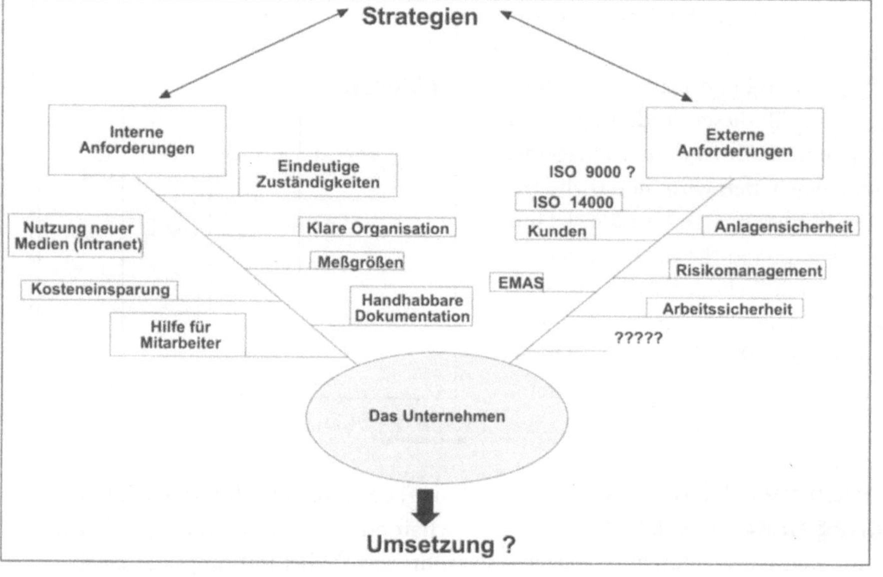

Abb. 1: *Mögliche interne und externe Anforderungen an Unternehmen*

nicht aufeinander abgestimmt.Das hat Doppelregelungen zur Folge, die sich im schlimmsten Fall gegenseitig behindern bzw. widersprechen.

Konsequenz – ganzheitlicher Ansatz in Form eines Integrierten Managementsystems

Den Führungskräften und Mitarbeitern im Unternehmen ist nicht zuzumuten, dass sie zur Erfüllung ein und derselben Aufgabe Anforderungen aus mehreren Managementsystemen berücksichtigen

Prozesse

Prozesse können als eine sinnvolle Zusammenfassung von allen logisch und zeitlich aufeinander folgenden Aktivitäten verstanden werden, die ein gemeinsames Ziel haben oder mit denen ein Ergebnis erreicht werden soll. Jeder Prozess hat einen definierten Anfang und ein definiertes Ende.

sollen, die in unterschiedlichen Dokumentationen festgelegt sind. Es ist daher nur logisch und konsequent, dass zur Umsetzung all dieser Forderungen nur ein System, das Integrierte Managementsystem, geschaffen wird, in das alle relevanten Forderungen einfließen. Es muss sich dabei um ein für alle Betroffenen leicht verständliches und einfach zu bedienendes Werkzeug zur Umsetzung, Kontrolle und Regulierung von Unternehmensstrategie und -zielen handeln.

....

Aufbau des Integrierten Managementsystems

Die meisten Unternehmen sind nach Strukturen organisiert, die im Laufe der Firmenentwicklung gewachsen sind. Üblicherweise wurden und werden Abteilungen, Bereiche oder Stellen geschaffen, die sich um jeweilige spezifische Aufgaben zu kümmern haben und dementsprechend organisiert sind.

Betriebliche Abläufe berühren jedoch in aller Regel unterschiedliche Bereiche und Abteilungen innerhalb der Unternehmen. Der klassische Beschaffungsvorgang beispielsweise berührt verschiedene Stationen von der Bedarfsanforderung über die Freigabe bis hin zur Warenannahme und Transport zur Produktion hin.

Eine Beschreibung der jeweiligen Aufgaben, die sich an funktionalen Einheiten, beispielsweise der Geschäftslei-

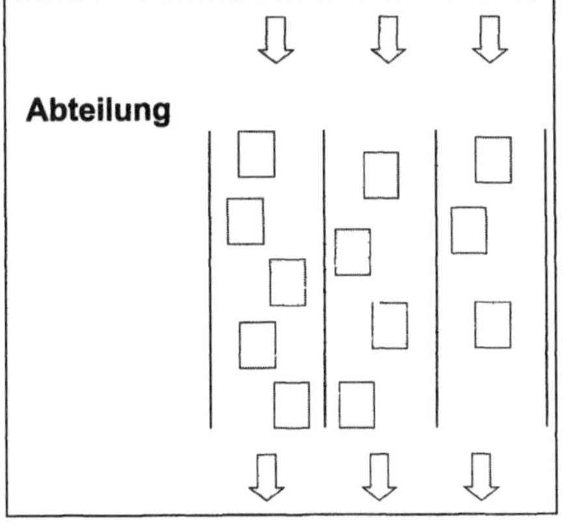

Abb. 2: *Funktionale Strukturen*

tung, des Einkaufs, der Materialwirtschaft oder der Produktion orientiert, führt sowohl bei Führungskräften aber auch bei Mitarbeiterinnen und Mitarbeitern zu einem Denken in Bereichs – und Abteilungsgrenzen. Verstärkt wird diese Tatsache in der Regel noch durch die häufig herrschende räumliche Trennung. Der Zusammenhang des Gesamtablaufs ist häufig wenig bekannt. Verantwortung endet dann an Abteilungsgrenzen. Unnötige Doppelregelungen und Schnittstellenprobleme sind kaum zu vermeiden. Darüber hinaus können neue Anforderungen, wie etwa die Umsetzung einer neuen oder geänderten Norm, nur schwer oder mit relativ großem Aufwand umgesetzt werden.

Prozessorientierte Strukturen (Abb. 3) orientieren sich, wie der Name bereits sagt, an den im Unternehmen durchzuführenden Arbeiten und Arbeitsabläu-

Prozessbesitzer und Prozesskunden

Der Prozessbesitzer ist für seinen Prozess verantwortlich. Er hat dafür zu sorgen, dass der Prozess unter den festgelegten Bedingungen abläuft und muss ihn gegebenenfalls optimieren.
Prozesskunden sind diejenigen, die von der Leistung oder dem Ergebnis des Prozesses profitieren oder dessen Ergebnisse zur Ausführung ihrer eigenen Prozesse benötigen.

fen. Das heißt, nicht die daran beteiligten Bereiche oder Abteilungen stehen im Vordergrund, sondern das gewünschte Ergebnis des jeweiligen Prozesses.

Prozesse können als eine sinnvolle Zusammenfassung von allen logisch und zeitlich aufeinander folgenden Aktivitäten verstanden werden, die ein gemeinsames Ziel haben oder mit denen ein Ergebnis erreicht werden soll. Damit ein Prozess ablaufen kann, muss immer ein Anstoß erfolgen. Danach werden genau beschriebene und logische Tätigkeiten ausgeführt, so dass am Ende das gewünschte Ergebnis erzielt wird. Jeder Prozess hat einen definierten Anfang und ein definiertes Ende. Ein weiterer wesentlicher Unterschied der prozessorientierten Vorgehensweise gegenüber der klassischen, funktionalen Vorgehensweise ist jedoch, dass die Verantwortlichkeit für den jeweiligen Prozess einer Person zugewiesen wird, dem sogenannten *Prozessbesitzer*. Dieser Prozessbesitzer ist, wie der Name bereits verrät, für seinen Prozess verantwortlich. Das heißt, er hat dafür zu sorgen, dass der Prozess unter den festgelegten Bedingungen abläuft. Gegebenenfalls muß er ihn optimieren.

Ein weiterer wesentlicher Unterschied gegenüber funktionalen Strukturen ist das Kunden-Lieferanten-Denken. Jeder Prozess kann einen oder sogar mehrere *Prozesskunden* haben. Prozesskunden sind diejenigen, die von der Leistung oder dem Ergebnis des Prozesses

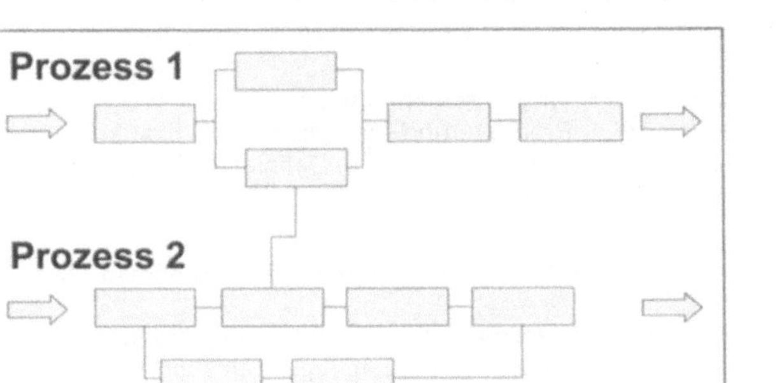

Abb. 3: *Prozessorientierte Strukturen*

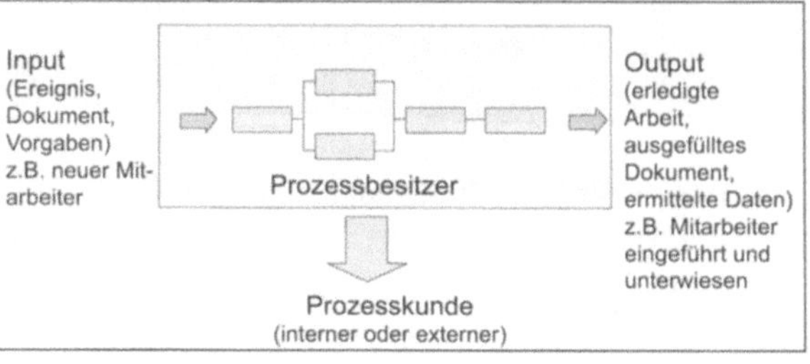

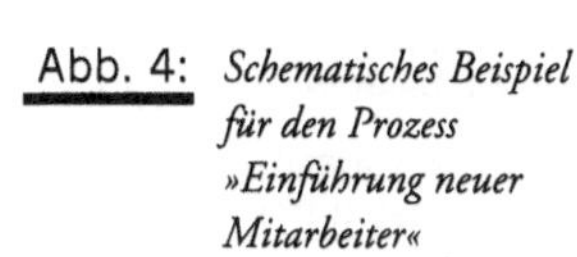
Abb. 4: *Schematisches Beispiel für den Prozess »Einführung neuer Mitarbeiter«*

profitieren oder dessen Ergebnisse zur Ausführung ihrer eigenen Prozesse benötigen. Dies können die klassischen externen Kunden oder Abnehmer für die Produkte oder Dienstleistungen sein, aber auch interne Kunden. Im Falle des Prozesses »Einführung neuer Mitarbeiter« wäre dies beispielsweise der neu ins Unternehmen gekommene Mitarbeiter (Abb. 4).

Um Prozesse identifizieren und abbilden zu können, ist eine Strukturierung notwendig. Eine Möglichkeit besteht darin, die Unternehmensprozesse in Führungsprozesse, Leistungsprozesse und unterstützende Prozesse zu unterteilen (siehe Kasten »Strukturierung von Prozessen« und Abbildung 5).

Die Prozesslandschaft als Abbild des Unternehmens

Auf der Basis der drei Prozesshierarchieebenen läßt sich das Unternehmen oder

Strukturierung von Prozessen

Führungsprozesse
Führungsprozesse beschreiben die Führungsmethoden der Geschäftsleitung. Hierunter können alle Abläufe von der Festlegung der Unternehmensstrategie bzw. der Unternehmensziele über die Organisation bis hin zur Bewertung der Zielerreichung verstanden werden.

Leistungsprozesse
Leistungsprozesse sind die Folge von operativen Tätigkeiten entlang der Wertschöpfungskette von der Entwicklung neuer Produkte und Dienstleistungen bis hin zum Service nach Verkauf der Produkte oder Dienstleistungen. (z.B. Definieren/Entwickeln, Beschaffen, Produzieren, Verkaufen, Service)

Unterstützende Prozesse
Unterstützende Prozesse beschreiben die erforderlichen Maßnahmen im Unternehmen zur Sicherung der Leistungsbereitschaft.
Hier sind insbesondere auch umweltrelevante Prozesse wie z.B. Wartung und Instandhaltung, Überwachen und Messen, Lagern und Transportieren, Entsorgen, einzuordnen.

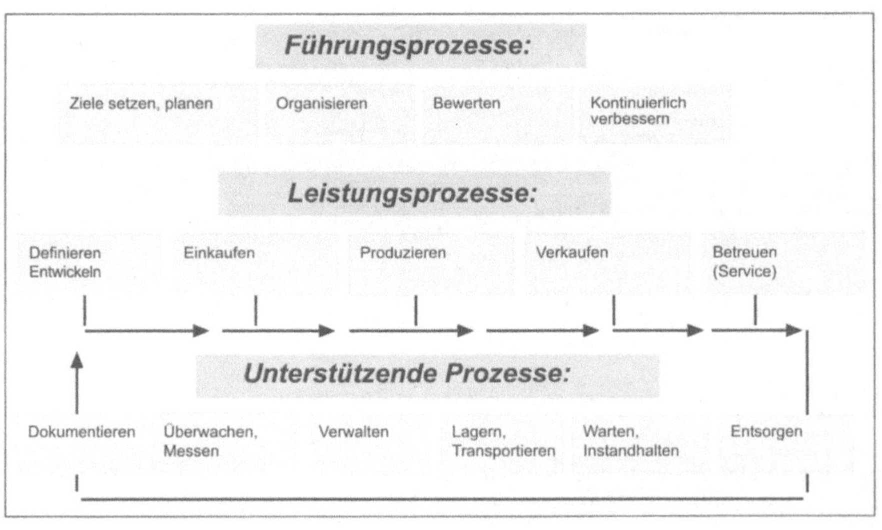

Abb. 5: *Beispiel einer Prozesslandschaft*

die Organisation in Hauptgeschäftsprozessen abbilden. Die Abbildung der Prozesslandschaft erfolgt üblicherweise zusammen mit den Führungskräften. Unabdingbare Voraussetzung hierfür ist die Qualifizierung der Projektbeteiligten über den Sinn und Zweck einer Prozessorientierten Vorgehensweise. Die so entstandene Prozesslandschaft ist ein Abbild der Aktivitäten im Unternehmen. In ihr spiegeln sich die Tätigkeiten, die Ziele und Strategien des Unternehmens wieder. Die Prozesslandschaft ist stets individuell, sie sieht für ein Unternehmen des produzierenden Gewerbes sicherlich anders aus als bei einem Dienstleistungsunternehmen. Diese auf relativ einfache Weise grafisch aufbereitete Struktur

dient als Basis und Leitfaden zum Aufbau des Prozessorientierten Integrierten Managementsystems.

Im nächsten Schritt werden die identifizierten Hauptgeschäftsprozesse weiter detailliert (siehe Abbildung 6). Das heißt, die übergeordneten Prozessketten werden weiter auf eine Sub-Prozessebene herabgebrochen. Auf dieser Ebene sind die real im Unternehmen ablaufenden Prozesse zu finden. Die Prozesslandschaft dient hierbei als eine Art Schubladensystem, in das die real ablaufenden Sub-Prozesse abgelegt werden können.

Während die Leistungsprozesse, die sich entlang der Wertschöpfungskette für das Produkt oder die zu erbringende Dienstleistung abspielen, in aller Regel

7

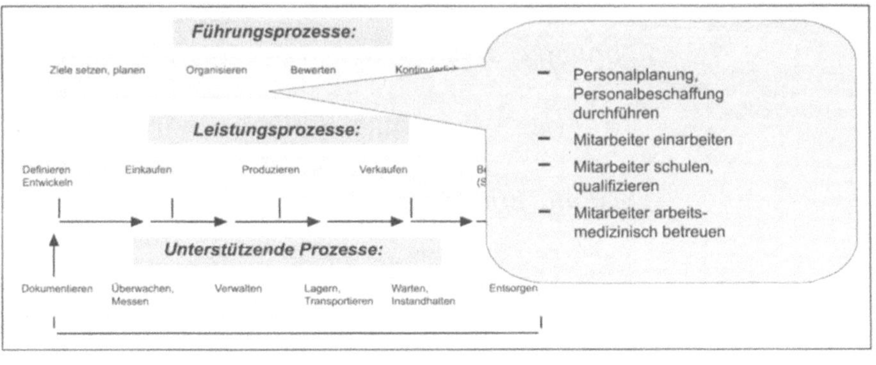

<u>Abb. 6:</u> *Beispiel für die Detaillierung des Geschäftsprozesses »Organisieren«*

eindeutig zu identifizieren sind, hängen die zu berücksichtigenden Führungsprozesse und unterstützenden Prozesse wesentlich von der Zielsetzung des Integrierten Managementsystems und den damit verbundenen Inhalten ab (z.B. Qualität, Umwelt, Arbeitssicherheit, Produktsicherheit).

So kann es durchaus sein, dass einzelne Prozesse ausschließlich dazu dienen, umweltrelevante Forderungen umzusetzen, während andere dazu dienen, Qualitätsforderungen und/oder Forderungen der Arbeitssicherheit umzusetzen.

Für die einzelnen Subprozesse werden die jeweiligen Prozessbesitzer sowie in einem weiteren Schritt die Prozesskunden definiert. Die Prozessbesitzer sind zukünftig verantwortlich für ihre Prozesse und haben die Aufgabe, diese gegebenenfalls zukünftig zu optimieren. Nach der Festlegung der Prozessschnittstellen, das heißt welche Prozesse laufen

in welcher Reihenfolge ab, werden die Inhalte der Prozesse erarbeitet.

Die Prozessbeschreibung

Bei der Erarbeitung und Beschreibung der Prozesse hat es sich bewährt, auf langatmige Prosatexte zu verzichten. Statt dessen ist es sinnvoll, auf einfache graphische Symbole zurückzugreifen, wie sie beispielsweise in der DIN 66 001 definiert sind. Durch diese Art der Darstellung, lassen sich selbst komplex erscheinende Abläufe auf verhältnismäßig einfache Art und Weise und für jedermann verständlich visualisieren (Abb. 7).

Die Festlegung des Prozesses, so wie er abläuft bzw. zukünftig ablaufen soll, findet in Zusammenarbeit mit den Prozessbesitzern und gegebenenfalls den Prozesskunden im Rahmen von Workshops statt. Dies sichert einerseits den benötigten fachlichen Input und erhöht

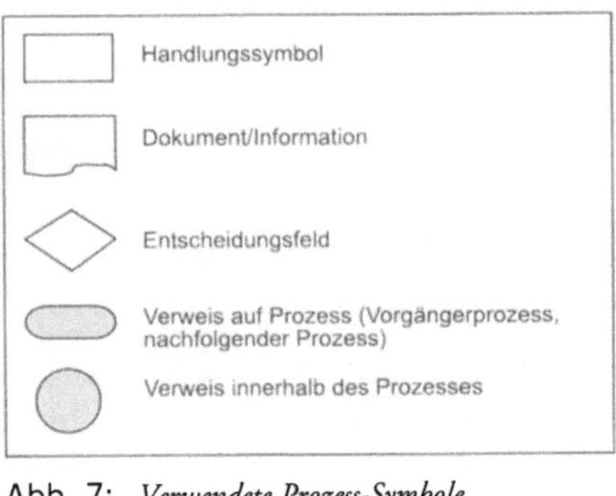

Abb. 7: *Verwendete Prozess-Symbole (DIN 66 001)*

andererseits die Akzeptanz des Vorhabens bei den Beteiligten.

Jeder Prozess wird in Prozessschritte aufgegliedert. Den Prozessschritten werden wiederum Zuständigkeiten und Verantwortlichkeiten zugeordnet. Wichtig ist hier die Klärung, welche Informationen oder Vorgaben (Dokumente, Anweisungen, Vorgaben) an welcher Stelle des Prozesses benötigt werden, um die jeweiligen Schritte auszuführen und welche Informationen, Dokumente, Aufzeichungen oder Daten als Ergebnis des jeweiligen Schrittes herauskommen sollen.

An dieser Stelle ist es sinnvoll, die im Unternehmen vorhandenen Dokumente (z.B. Verfahrensanweisungen, Arbeitsanweisungen, Organgisationsanweisungen) mit einzubeziehen und gegebenenfalls anzupassen oder zu erweitern. Sofern notwendig werden neue Vorgaben erarbeitet und integriert. Als Ergebnis erhält man eine Prozesskette, die genau beschreibt, wie der jeweilige Prozess vom Anfang bis zum Ende abläuft, wer im Verlauf dieses Prozesses welche Aufgaben hat, welche Informationen und Vorgaben zu berücksichtigen sind und welche Aufzeichnungen geführt werden müssen.

Durch die logische und systematische Verknüpfung der Symbole erhalten die durchzuführenden Tätigkeiten eindeutige Vorgaben. Tätigkeiten können unabhängig von den Personen in gleicher Qualität durchgeführt werden. Erfahrungsgemäß werden bei der Entwicklung der Prozessbeschreibungen bereits Probleme wie beispielsweise Schnittstellen zwischen Bereichen oder eventuelle Doppelbearbeitungen aufgedeckt und können geklärt oder beseitigt werden.

Die entsprechenden Anforderungen (z.B. Qualität, Umwelt, Sicherheit) werden direkt in die jeweiligen Prozesse, entweder in die Prozessbeschreibung selbst oder in Form von mitgeltenden Unterlagen, integriert, Das heißt, für jeden betrieblichen Vorgang existiert fortan nur eine Prozessbeschreibung, die alle internen und externen Forderungen beinhaltet und umsetzt. Durch die Darstellung in Prozessketten lernen Führungskräfte und Mitarbeiter in Prozessen zu denken und verstehen damit Zusammenhänge, die über die Abteilungs- oder Bereichsgrenzen hinweg ablaufen. Der Informationsfluss wird erhöht, das Erkennen von Gesamtzusammenhängen

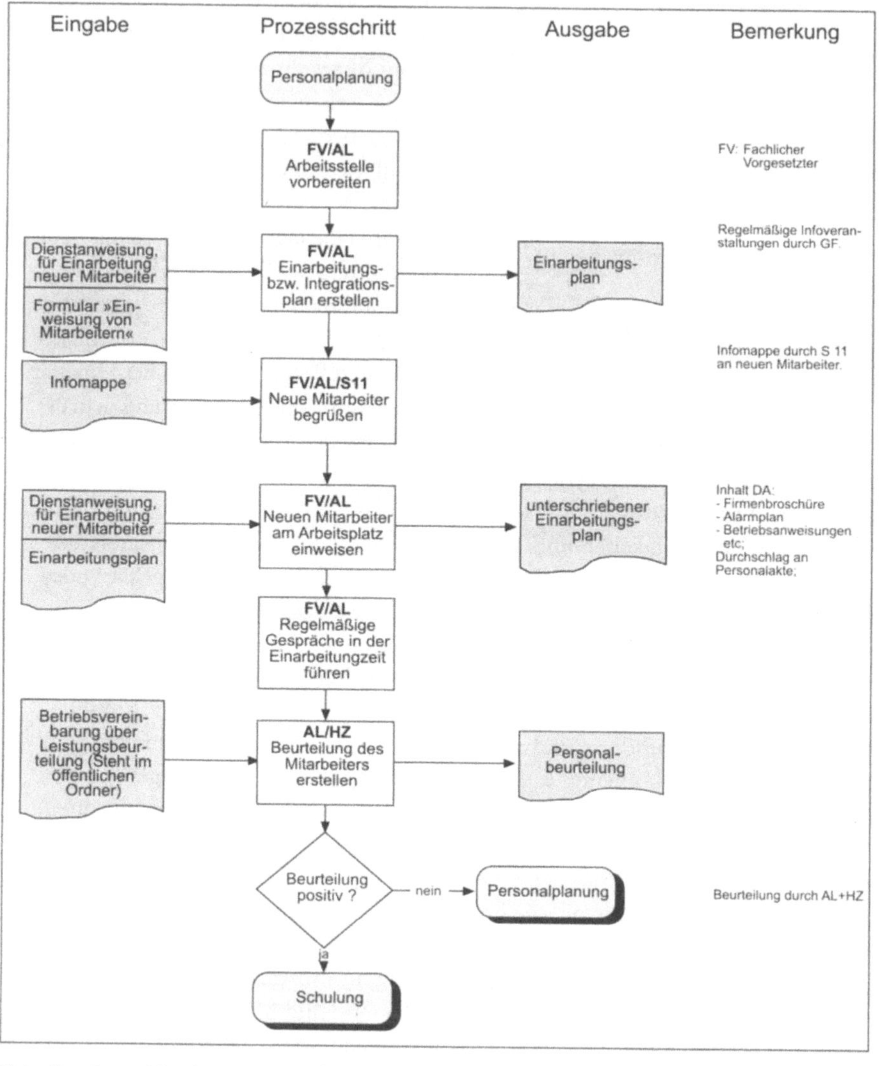

Abb. 8:   *Beispiel für den Prozess »Einführung neuer Mitarbeiter«*

gefördert. Die eigene Tätigkeit wird als Teil des ganzen Ablaufs empfunden, wodurch die Verantwortungsbereitschaft des einzelnen wächst.

Klare, eindeutige Struktur

In der Konsequenz erhält erhält man so eine klare und leicht verständliche Struktur von der Prozesslandschaft zu den Prozessen und den mitgeltenden Unterlagen, Dokumenten und Aufzeichnungen. Diese Struktur orientiert sich dabei bewußt nicht an externe Normenvorgaben, wie etwa den Elementen der DIN EN ISO 14001, sondern an den speziellen Gegebenheiten und Bedürfnissen der abzubildenden Einheit.

Einer der wesentliche Vorteile ist die Erweiterbarkeit des Systems. Zukünftige Anforderungen, beispielsweise die Umsetzung weiterer oder geänderter Normen, können in die bereits existierenden Unternehmensprozesse oder in Form zusätzlicher Prozesse integriert werden, ohne die Struktur des Managementsystems grundlegend ändern zu müssen.

Einsatz von EDV- Tools

Durch den Einsatz von entsprechenden EDV-Tools kann, falls gewünscht, das System den jeweiligen Nutzern papierlos über das firmeneigene Intranet zur Verfügung gestellt werden. Mit Hilfe eines Web- Browsers kann durch die grafische Darstellung des Unternehmens gesurft werden (siehe Abbildung 10). Prozessschnittstellen werden durch Links verknüpft, so dass der Betrachter auf einfache Art und Weise durch die Unternehmensabläufe geführt werden kann. So können selbst auf den ersten Blick komplizierte Strukturen einfach dargestellt werden.

Ein wesentlicher Vorteil der Darstellung im Intranet ergibt sich durch die technische Möglichkeit, jedem Symbol eine Hinterlegungen zuzuordnen. Durch einen Mausklick können Hinterlegungen aufgerufen werden, so dass der Betrachter sich im nächsten gewünschten Prozess, Dokument oder Programm befindet (siehe Abbildung 11).

Informationen zu den jeweiligen Sachthemen werden durch den direkten Zugriff schnell verfügbar. Das Intranet schafft somit die Grundlage dafür, dass das Managementsystem jede Mitarbeiterin und jeden Mitarbeiter im Unternehmen erreicht. Die Verteilung klassischer Handbücher in Papierform entfällt somit. Der damit zusammenhängende Pflegeaufwand durch die Verteilung neuer oder geänderter Dokumente sowie durch den Austausch und das Einziehen der alten Dokumente reduziert sich erheblich, da bei konsequenter Umsetzung nur noch die Dokumentation im Intranet aktualisiert werden muss.

Die Einbeziehung aller Führungskräfte sowie der Mitarbeiter und Mitar-

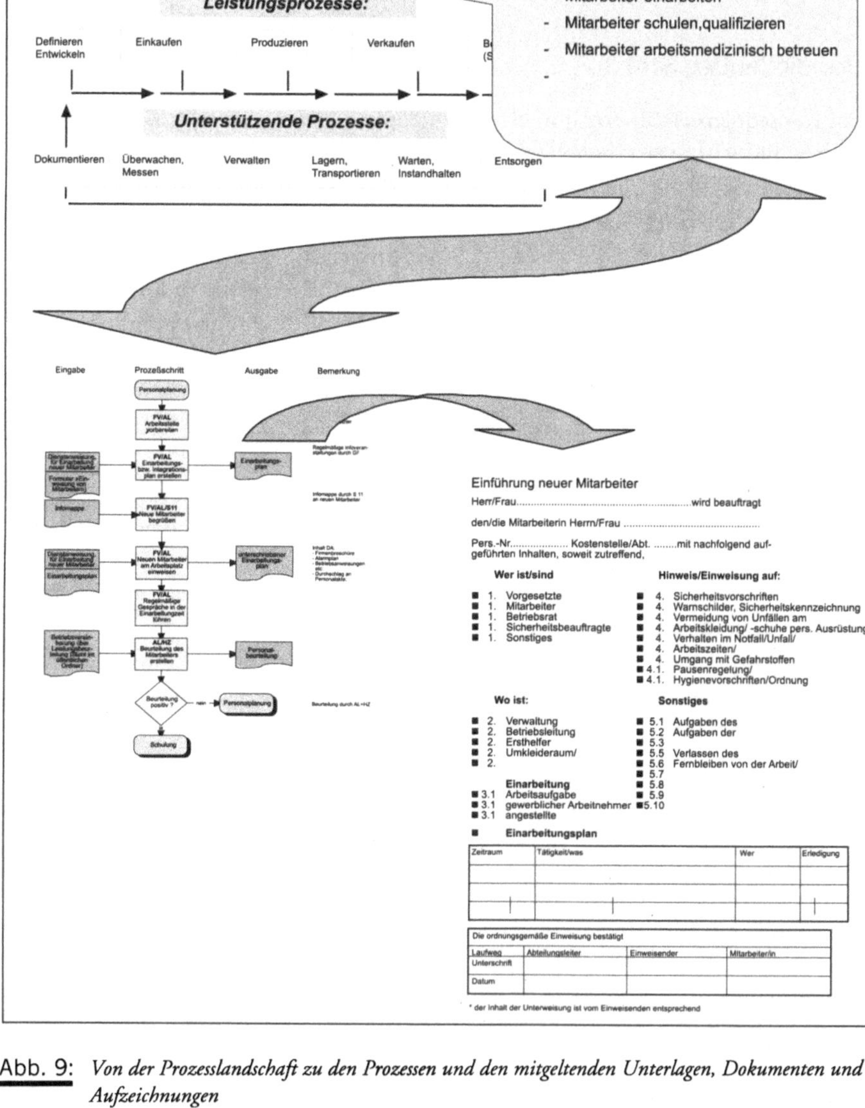

Abb. 9: *Von der Prozesslandschaft zu den Prozessen und den mitgeltenden Unterlagen, Dokumenten und Aufzeichnungen*

beiterinnen bei der Einführung eines Integrierten Prozessorientierten Managementsystems ist die Grundvoraussetzung für eine erfolgreiche Umsetzung des Projekts. Durch die grafische Modellierung der Prozesse und der damit erwünschten Diskussionen zwischen den beteiligten Mitarbeitern und Mitarbeiterinnen, findet schon ein erster Schritt zur Prozessoptimierung und damit der Lösung von betriebsinternen Problemen statt. Eventuelle Widerstände könne durch eine frühzeitige und umfassende Informationspolitik und durch Einbeziehung der Skeptiker überwunden werden.

Ansätze zur Systemoptimierung

Die dargestellte klare Struktur läßt eine Reihe von Ansätzen zur Optimierung der Unternehmensprozesse zu. Bereits durch die klaren Schnittstellen zwischen den einzelne Prozessen können Maßnahmen zur Optimierung der Kommunikation festgelegt und umgesetzt werden. Darüber hinaus existieren weitere Möglichkeiten, die Prozesse zu verbessern:

- Kennzahlen zur Beurteilung der Effektivität der jeweiligen Prozesse können implementiert werden.
- Auf Basis der dargestellten Prozesse ist die Erfassung von Prozesskosten möglich.
- Die gewonnenen Erkenntnisse können als Grundlage zum Reenginee-

ring der Unternehmensprozesse dienen.

- Definierte Prozesse sind Grundvoraussetzung zur Erstellung automatisierter Workflows.

Nutzen für das Unternehmen

Die Einführung *eines* Prozessorientierten Integrierten Managementsystems zeichnet sich gegenüber den klassischen Vorgehensweisen der bisher gängigen Managementsysteme durch eine hohe Flexibilität aus. Die Systematik des Aufbaus erlaubt eine schnelle Integration von neuen oder geänderten Anforderungen in das vorhandene System. Das System ist somit jederzeit erweiterbar.

Es spielt dabei keine Rolle, ob es sich dabei um neue oder geänderte Normenvorgaben oder sonstige durch den Betrieb oder die Organisation zu berücksichtigende Anforderungen handelt. Es gibt nur ein Managementsystem das alle Anforderungen an die Organisation beinhaltet und als Werkzeug zur Umsetzung und Kontrolle der Unternehmensziele dient. Dieser ganzheitliche Ansatz stellt Zuständigkeiten und Abläufe auf einfache, klar strukturierte und somit für jedermann leicht verständliche Art dar. Unnötige Doppelarbeiten werden vermieden. Spezielles Normenwissen, beispielsweise aus den Bereichen Qualität oder Umwelt, ist für die Handhabung

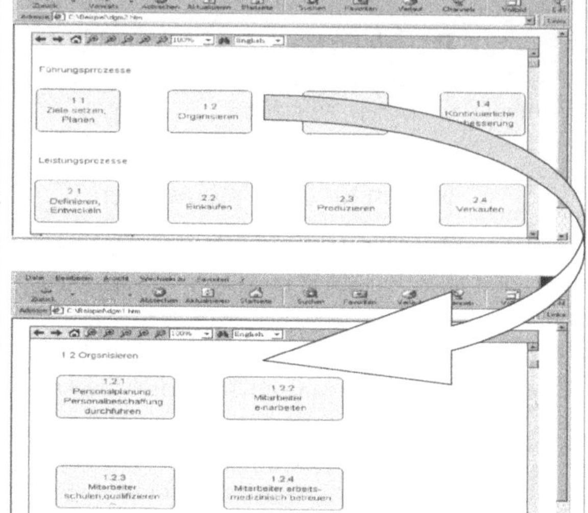

Abb. 10: *Darstellung der Prozesslandschaft und der Subprozesse als HTML-Seiten im Intranet*

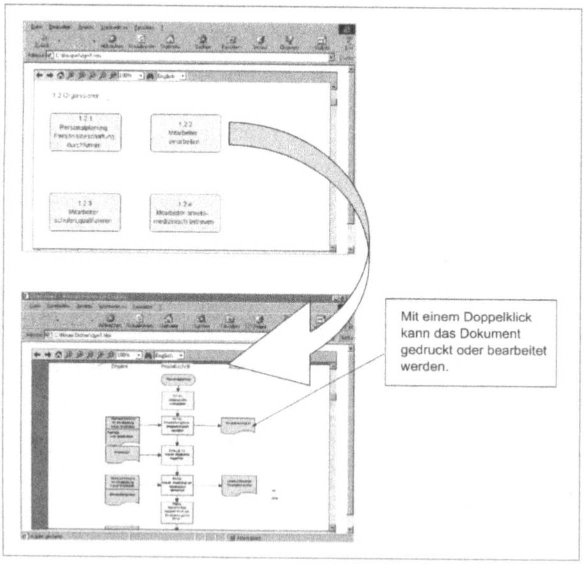

Abb. 11: *Von der Prozesslandschaft zu den einzelnen Prozessen*

des Systems bei den Mitarbeitern nicht erforderlich, da sämtliche relevanten Forderungen in die jeweils betroffenen Betriebsabläufe integriert werden. Die in den einzelnen Prozessschritten zu berücksichtigenden mitgeltenden Dokumente oder zu führende Aufzeichnungen werden deutlich. Durch die Dokumentation in papierloser Form via Intranet wird der Aufwand für die Aktualisierung und Verteilung bzw. Pflege minimiert.

Das verfügbare Wissen der Mitarbeiterinnen und Mitarbeiter wird transparent. Dadurch werden Zusammenhänge im Betriebsablauf schlüssig. Schwachstellen, wie zu komplizierte Abläufe oder Kommunikationsprobleme werden erkannt und können beseitigt werden.

Neuen Mitarbeiterinnen und Mitarbeitern wird das Kennenlernen der eigenen Aufgaben und der eigenen Rolle innerhalb der Organisation wesentlich erleichtert. Die Identifikation mit dem Unternehmen wird durch das Erkennen von Zusammenhängen der Prozesse und der damit verbundenen Auswirkungen der eigenen Arbeit gesteigert. Gut informierte zufriedenen und motivierte Mitarbeiter sind ein wichtiger Faktor für den Erfolg eines Unternehmens. Das Verständnis für Veränderungen wächst mit dem Verständnis für das Unternehmen.

Die prozessorientierte Vorgehensweise läßt ferner die Beurteilung der Leistungsfähigkeit der einzelenen Prozesse durch Bildung von Kennzahlen zu, die als Information zur Unternehmenssteuerung dienen können.

....

Zusammenfassung

In der Vergangenheit wurden in Unternehmen häufig isolierte Managementsysteme eingeführt, um die Unternehmensstrategien und -ziele z. B. in den Bereichen Umwelt, Qualität oder Arbeitssicherheit umzusetzen. Diese isolierten Systeme sind, für sich betrachtet, sicherlich funktionstüchtig. Wechselwirkungen und Auswirkungen der unterschiedlichen Bereiche aufeinander bleiben dabei jedoch meist unberücksichtigt. Zudem nimmt die Akzeptanz bei Führungskräften und Mitarbeitern mit der Zahl der eingesetzten Systeme spürbar ab. Die logische Konsequenz daraus ist, alle relevanten Forderungen in Form eines Integrierten Managementsystems umzusetzen. Durch den prozessorientierten Ansatz wird das Unternehmen in Führungs-, Leistungs- und Unterstützende Prozesse gegliedert. So entsteht ein für jedermann klares Abbild der Zuständigkeiten und Abläufe. Zusammenhänge werden klarer, die eigene Rolle im Gesamtablauf transparent und die Identifikation mit dem Unternehmen gefördert. Das System ist darüber hinaus sehr flexibel und erlaubt eine schnelle Integration von neuen oder geänderten Anforderungen. Durch den Einsatz moderner IuK-Technologien kann das System seinen Nutzern auch online zur Verfügung gestellt werden. Die Verteilung klassischer Handbücher in Papierform entfällt, der Pflegeaufwand reduziert sich dadurch auf ein Minimum. Die prozessorientierte Vorgehensweise ermöglicht schließlich eine Reihe von Ansätzen zur Systemoptimierung, die mit einem herkömmlichen, auf funktionale Strukturen ausgerichteten System nicht möglich sind.

Sektion 99, Anhang

Folgelieferung Mai 2000

Adressen
Teil 1: Verbände und Organisationen

A

*Abfallentsorgungs- und Altlastensanierungs-
verband Nordrhein-Westfalen (AAV)*
Werksstr. 15
45527 Hattingen
Tel.: 02324/5094-0
Fax: 02324/5094-10
E-Mail: aav-nrw@t-online.de
Internet: www.aav-nrw.de

*Abwassertechnische Vereinigung e.V. (ATV-
DVWK) Deutsche Vereinigung für Wasserwirt-
schaft, Abwasser und Abfall*
Theodor-Heuss-Allee 17
53773 Hennef
Tel.: 02242/872-0
Fax: 02242/872-135
E-Mail: atvorg@atv.de
Internet: www.atv.de

*Arbeitsgemeinschaft der Sonderabfal-
lentsorgungsgesellschaften der Länder (AGS)*
Siemensstr. 3-5
91126 Rednitzhembach
Tel.: 09122/6313-60
Fax: 09122/6313-61
E-Mail: ags@s-net.de
Internet: www.umwelt.de/ags/

*Arbeitsgemeinschaft Deutscher
Aufbereitungs-Ingenieure*
Franz-Fischer-Weg 61
45307 Essen
Tel.: 0201/17215 94
Fax: 0201/17215-75
Internet: www.dmt.de

*Arbeitsgemeinschaft für
Umweltfragen e.V. (AGU)*
Matthias-Grünewald-Str. 1-3
53175 Bonn
Tel.: 0228/37 50 05
Fax: 0228/37 11 04

*Arbeitsgemeinschaft Hessischer
Industrie- und Handelskammern*
Börsenplatz 4
60313 Frankfurt
Tel.: 069/2197-0
Fax: 069/2197-1424
E-Mail: infoHGF@frankfurt-main.ihk.de
Internet: www.frankfurt-main.ihk.de

*Arbeitsgemeinschaft Natur-
und Umweltbildung e.V. (ANU)*
ANU Netzwerk
Hamburger Umweltzentrum
Karlshöhe 60 d
22175 Hamburg
Tel.: 040/766180-56
Fax: 040/64940229
E-mail: netzwerk@anu.de
Internet: www.umweltbildung.de

*Arbeitsgemeinschaft Ökologischer
Forschungs-institute e.V. (AGÖF)*
Alexanderstr. 17
53111 Bonn
Tel.: 0229/630129
E-Mail: agoef@t-online.de
Internet: www.agoef.de

*Arbeitsgemeinschaft
Ökologischer Landbau (AGÖL)*
Brandschneise 1
64295 Darmstadt
Tel.: 06155/2081
Fax: 06155/2083
E-Mail: agoel@t-online.de
Internet: www.agoel.de

Arbeitsgemeinschaft PVC und Umwelt e.V.
Pleimesstraße 3
53129 Bonn
Tel.: 0228/917 83 – 0
Fax: 0228/5389594
E-Mail: agpu@agpu.com
Internet: www.agpu.com

*Arbeitsgemeinschaft
Selbständiger Unternehmer e. V.*
Bundesgeschäftsstelle
Reichsstr. 17
14052 Berlin
Tel.: 030/30065-0
Fax: 030/30065-500
E-Mail: stein@asu.de
Internet: www.asu.de

Arbeitskreis für Umweltrecht
Godesberger Allee 108
53175 Bonn
Tel.: 0228/269 22 16
Fax: 0228/2692251
E-Mail: burhenne@compuserve.com

Arbeitsgemeinschaft Umweltplanung (ARUM)
Alte Herrenhäuser Str.32
30419 Hannover
Tel.: 0511/757054
Fax: 0511/757056
E-Mail: arum@arum.de
Internet: www.arum.de

Arbeitskreis Umweltpresse e.V. (AKU)
Holbeinstr. 26
42579 Heiligenhaus
Tel.: 02056/57377
Fax: 02056/60772
E-Mail: pressebuero_oberholz@t-online.de
Internet: www.umis.de/aku.hmtl

*Arbeitsgemeinschaft Verpackung
und Umwelt e.V.*
Bonner Talweg 64
53113 Bonn
Tel.: 0228/949290
Fax: 0228/949294
E-Mail: online@agvu.de
Internet: www.agvu.de

B

Battelle Ingenieurtechnik GmbH
Düsseldorfer Str. 9
65760 Eschborn
Tel.: 06196/936-0
Fax: 06196/936-299
E-Mail: info@battelle.de
Internet: www.battelle.de

*Bayerisches Institut für
Abfallforschung BIfA GmbH*
Am Mittleren Moos 46
86167 Augsburg
Tel.: 0821/7000-0
Fax: 0821/7000-100
E-Mail: technik@bifa.de
Internet: www.bifa.de

*Berufsgenossenschaft Druck
und Papierverarbeitung*
Rheinstr. 6 - 8
Postfach
65185 Wiesbaden
Tel.: 0611/131-0
Fax: 0611/131-100
E-Mail: sprotte@bgdp.de
Internet: www.bgdp.de

Berufsgenossenschaftliches
Institut für Arbeitssicherheit – BIA
Alte Heerstr. 111
53757 Sankt Augustin
Tel.: 02241/231-02
Fax: 02241/231-2234
E-Mail: bia@hvbg.de
Internet: www.hvbg.de

Bremer Umwelt-Institut für Analyse und
Bewertung von Schadstoffen e.V.
Wielandstr. 25
28203 Bremen
Tel.: 0421/7 60 78
Fax: 0421/71404
E-Mail: mail@bremer-umweltinstitut.de
Internet: www.bremer-umweltinstitut.de

Bundesministerium für Bildung, Wissenschaft,
Forschung und Technologie (BMBF)
Hannoversche Str. 30
10115 Berlin
Tel.: 030/2 85 40-0
Fax: 030/2 85 40-52 70
E-Mail: information@bmbf.bund.de
Internet: www.bmbf.de

Bundesministerium für Ernährung,
Landwirtschaft und Forsten (BML)
Rochusstr. 1
Postfach 140270
53107 Bonn
Tel.: 0228/75-1
Fax: 0228/529-4262
Dienstsitz Berlin
Wilhelmstr. 54
11055 Berlin
Tel.: 01888/529-0
Fax: 01888/529-4262
E-Mail: internet@bml.bund.de
Internet: www.bml.de

Bundesministerium für Gesundheit (BMG)
Am Probsthof 78a
53121 Bonn
Tel.: 0228/941-0
Fax: 0228/941-4900
Mohrenstraße 62
10117 Berlin
Tel.: 030/20640-0
Fax: 030/20640-4974
Internet: www.bmgesundheit.de

Bundesministerium für Umwelt,
Naturschutz und Reaktorsicherheit (BMU)
Bundesumweltministerium
Alexanderplatz 6
10178 Berlin
Tel.: 01888/305-0
Fax 01888/305 20 44
E-Mail: OEA-1000@WP-gate.bmu.de
Internet: www.bmu.de

Bundesministerium für Verkehr,
Bau- und Wohnungswesen (BMVBW)
Krausenstr. 17-20
10117 Berlin
Tel. 030/2008-0
Postfach 200100
53170 Bonn
Tel.: 0228/300-0
E-Mail: buergerinfo@bmvbw.bund.de
Internet: www.baunetz.de/bmvbw/index.htm

Bundesministerium für Wirtschaft (BMWi)
Dienstsitz Bonn:
Villemombler Straße 76
53123 Bonn
Tel.: 0228/615-0
Fax: 0228/615-4436
Dienstsitz Berlin:
Scharnhorststr. 34-37
10115 Berlin
Tel.: 030/2014-9
Fax: 030/2014-7010
E- Mail: buero-lp-berlin@bmwi.bund.de
Internet: www.bmwi.de

3

Bund der Energieverbraucher e.V.
Grabenstr. 17
53619 Rheinbreitbach
Tel.: 02224/92270
Fax 02224/10321
E-Mail: bde.ev@t-online.de
Internet: www.oneworldweb.de/bde/

*Bund für Umwelt und Naturschutz
Deutschland e.V. (BUND)*
Am Köllnischen Park 1
10179 Berlin
Tel.: 030/27 58 64 - 0
Fax: 030/27 58 64 - 40
E-Mail: bund@bund.net
Internet: www.bund.net

Bundesamt für Wirtschaft (BAW)
Frankfurter Str. 29-31
65760 Eschborn
Tel.: 06196/4 04-0
Fax: 06196/4 04-212
E-Mail: bawi@rhein-main.net
Internet: www.bawi.de

Bundesanstalt für Arbeitsschutz (BAU)
Friedrich-Henkel-Weg 1-25
44149 Dortmund
Tel.: 0231/9071-0
Fax: 0231/9071454
E-Mail: dortmund@baua.de
Internet: www.baua.de

*Bundesanstalt für Materialforschung
und -prüfung (BAM)*
Unter den Eichen 87
12205 Berlin
Tel.: 030/81 04-0
Fax: 030/8112029
E-Mail: info@bam.de
Internet: www.bam.de

*Bundesarbeitsgemeinschaft für Sicherheit und
Gesundheit bei der Arbeit (BASI) e.V.*
Alte Heerstr. 111
53754 Sankt Augustin
Tel.: 2241/231 6000
Fax: 02241/231 1391
E-Mail: basi@hvbg.de
Internet: www.basi.de

*Bundesdeutscher Arbeitskreis für Umweltbe-
wußtes Management (B.A.U.M.) e.V.*
Osterstraße 58
20259 Hamburg
Tel.: 040/49071-100
Fax: 040/49071-199
E-Mail: info@BAUMeV.de
Internet: www.BAUMeV.de

*Bundesverband der Deutschen
Entsorgungswirtschaft e.V. (BDE)*
Schönhauser Str. 3
50968 Köln
Tel.: 0221/934700-0
E-Mail: info@bde.org
Internet: www.bde.org

*Bundesverband der Deutschen Industrie e.V.
(BDI)*
Breite Straße 29
10178 Berlin
Tel.: 030/2028-0
E-Mail: umweltpolitik@bdi-online.de
Internet: www.bdi-online.de

*Bundesvereinigung Deutscher Stahlrecyclings-
und Entsorgungsunternehmen (BDSV) e.V.*
Berliner Allee 48
40212 Düsseldorf
Tel.: 0211/8289530
Fax: 0211/82895320
E-Mail: zentrale@bdsv-stahlrecycling.de
Internet: www.bdsv-stahlrecyling.de

4

*Bundesverband Deutscher
Unternehmensberater (BDU) e.V.*
Friedrich-Wilhelm-Str. 2
53113 Bonn
Tel.: 0228/9161-0
Fax: 0228/9161-26
E-Mail: info@bdu.de
Internet: www.bdu.de

*Bundesverband freiberuflicher
Sicherheitsingenieure e.V. (BFSI)*
Am Justizzentrum 3
50939 Köln
Tel.: 0221/441084
Fax: 0221/421912
E-Mail: info@bfsi.de
Internet: www.@bfsi.de

Bundesverband für Umweltberatung e.V, (bfub)
Bornstr. 12-13
28195 Bremen
Tel.: 0421/343400
Fax: 0241/3478714
E-Mail: bfubev@T-Online.de
Internet: www.umweltberatung.org

*Bundesverband Materialwirtschaft,
Einkauf und Logistik e.V.*
Waidmannstr. 25
60596 Frankfurt
Tel.: 069/96 31 58-0
Internet: www.bme.de

*Bundesverband Sekundärrohstoffe und
Entsorgung (bvse)*
Hohe Str. 73
53119 Bonn
Tel.: 0228/98849-0
Fax: 0228/98849-99
E-Mail: info@bvse.de
Internet: www.bvse.de

Bundesverband Solarenergie e.V. (BSE)
Elisabethstr. 34
80796 München
Tel.: 089/278134-24
Fax: 089/278134-91
E-Mail: info@solarindustrie.com
Internet: www.solarindustrie.com

C

*Clausthaler Umwelttechnik Institut GmbH
(CUTEC)*
Leibnitzstr. 21 und 23
38678 Clausthal-Zellerfeld
Tel.: 05323/933-0
Fax: 05323/933-100
E-Mail: sekretariat@cutec.de
Internet: www.cutec.de

D

DEKRA Umwelt GmbH
Handwerkerstr. 15
70565 Stuttgart
Tel.: 0711/78 61-2282
Fax: 0711/7861-2363
E-Mail: umwelt.service@dekra-umwelt.de
Internet: www.dekra-umwelt.de

*Deutsche Akkreditierungs- und Zulassungsgesell-
schaft für Umweltgutachter mbH (DAU)*
Adenauerallee 148
53113 Bonn
Tel.: 0228/104-560
Fax: 0228/104-2220
E-Mail: mracke@dau-dis-wjd-ihk.de

Deutsche Bundesstiftung Umwelt
Postfach 1705, 49007 Osnabrück
An der Bornau 2, 49090 Osnabrück
Tel.: 0541/9633-0
Internet: dbu.umweltschutz.de

Deutsche Energie-Gesellschaft e.V. (DEG)
Würmtalstr. 25
81375 München
Tel.: 089/719 11 97
Fax: 08208/1811

Deutsche Gesellschaft für Abfallwirtschaft e.V. (DGAW)
c/o Dr. W. Lausch
Josef-Orlopp-Str. 54
10365 Berlin
Tel.: 030/556888-20
Fax: 030/556888-51
E-Mail: sekretariat@dr-lausch.de

Deutsche Gesellschaft für Logistik (DGfL)
Joseph-von-Fraunhofer-Str. 20
44227 Dortmund
Tel.: 0231/9700-121
Fax: 0231/9700-464
E-Mail: DGfLeV@t-online.de
Internet: www.dgfl.de

Deutsche Gesellschaft für Personalführung e.V.
Niederkasseler Lohweg 16
40547 Düsseldorf
Tel.: 0211/59 78-0
Fax: 0211/5978-148
E-Mail: dgfp@dgfp.de
Internet: www.dgfp.de

Deutsche Gesellschaft für Qualität (DGQ)
August-Schanz-Str. 21A
60433 Frankfurt
Tel.: 069/95424-0
Fax: 069/95424-130
Email: info@dgq.de
Internet: www.dgq.de

Deutsche Gesellschaft für Technische Zusammenarbeit (GTZ)
Dag-Hammarskjöld-Weg 1-5
65760 Eschborn
Tel.: 06196/79-0
Fax: 06196/79-1115
Internet: www.gtz.de

Deutsche Gesellschaft zur Zertifizierung von Qualitätsmanagementsystemen mbH
August-Schanz-Str. 21
60433 Frankfurt
Tel.: 069/95427-0
Fax: 069/95427-111
E-Mail: dqs.zentrale@dqs.de
Internet: www.dqs.de

Deutsche Montan Technologie für Rohstoff, Energie, Umwelt e.V. (DMT)
Shamrockring 1
44623 Herne
Tel.: 02323/15-2040
Fax: 02323/15-2343
E-Mail: dmt-verein@deutsche-steinkohle.de
Internet: www.dmt.de

Deutsche Stiftung für Umweltpolitik
Godesberger Allee 108
53175 Bonn
Tel.: 0228/2 69 2-216
Fax: 0228/2692-251
E-Mail: burhenne@compuserve.com

Deutscher Fachverband Solarenergie e.V. (DFS)
Bertoldstr. 45
79098 Freiburg
Tel.: 0761/476 32 13
Fax: 07 61/296 20 99
E-Mail: info@dfs.solarfirmen.de
Internet: www.dfs-solarfirmen.de

Deutscher Gewerkschaftsbund (DGB)
Bundesvorstand
Burgstraße 29-30
10178 Berlin
Tel.: 030/24060-0
Fax: 030/24060-324
E-Mail: info@bundesvorstand.dgb.de
Internet: www.dgb.de

DGB Bildungswerk e.V.
Hans-Böckler-Haus
Hans-Böckler-Str. 39
40476 Düsseldorf
Tel.: 0211/4301-0
Fax: 0211/4301-500
E-Mail: postmaster@dgb-bildungswerk.de
Internet: www.dgb-bildungswerk.de

Deutscher Industrie- und Handelstag (DIHT)
Adenauerallee 148
53113 Bonn
Tel.: 0228/1 04-0
E-Mail: diht@bonn.diht.ihk.de
Internet: www.ihk.de

Deutscher Naturschutzring (DNR)
Am Michaelshof 8-10
53177 Bonn
Tel.: 0228/359005
Fax: 0228/359096
E-Mail: dnr@dnr.de
Internet: www.dnr.de

*Deutscher Verband für Materialforschung
und -prüfung e.V. (DVM)*
Unter den Eichen 87
12205 Berlin
Tel.: 030/811 30 66
Fax: 030/811 93 53
E-Mail: office@dvm-berlin.de
Internet: www.dvm-berlin.de

*Deutscher Verein des Gas- und Wasserfaches e.V.
(DVGW)*
Josef-Wirmer-Str. 1-3
53123 Bonn
Tel.: 0228/9188-5
Fax: 0228/9188-990
E-Mail: bibliothek@dvgw.de
Internet: www.dvgw.de

Deutsches Institut für Normung e.V. (DIN)
Burggrafenstr. 6
10787 Berlin
Tel.: 030/2601-0
Fax: 030/2601-1231
E-Mail: postmaster@din.de
Internet: www.din.de

Deutsches Institut für Wirtschaftsforschung
Königin-Luise-Str. 5
14195 Berlin
Tel.: 030/89789-0
Fax: 030/89789-113
E-Mail: postmaster@diw-berlin.de
Internet: www.diw-berlin.de

*Deutsches Komitee für das Umweltprogramm der
Vereinten Nationen (UNEP)*
Godesberger Allee 108
53175 Bonn
Tel.: 0228/269 2-2 16
Fax: 0228/2692-251
E-Mail: burhenne@compuserve.com

*Duales System Deutschland – Gesellschaft für
Abfallvermeidung und Sekundärrohstoffgewin-
nung mbH*
Der Grüne Punkt
Frankfurter Str. 720-726
51145 Köln
Tel.: 02203/937-0
Fax: 02203/937-190
Internet: www.gruener-punkt.de

E

*E.F.-Schumacher-Gesellschaft für politische
Ökologie e.V.*
Görresstr. 33
80798 München
Tel.: 089/52 97 70
Fax: 089/54212944

Effizienz-Agentur NRW
Mülheimer Str. 100
47057 Duisburg
Tel.: 0203/37879-47
Fax: 0203/37879-44
E-Mail: efa@efanrw.de
Internet: www.efanrw.de

*Europäische Akademie für Umwelt
und Wirtschaft e.V.*
Auf dem Kauf 12
21335 Lüneburg
Tel.: 04131/3806-51
Fax: 04131/3806-63
E-Mail: info@euroacademy.com
Internet: www.euroacademy.com

*Europäische Föderation der Abfallwirtschaft
(FEAD)*
Belgien
Avenue de Gaulois 19
B-1040 Brüssel
Tel.: ++32/2/732 32 13
Fax: ++32/2/734 95 92

*Europäische Kommission Vertretung
in der Bundesrepublik Deutschland*
Unter den Linden 78
10117 Berlin
Tel.: 030/2280-2000
Fax: 030/2280-2222
Email: eu-kommisssion@deutschland.
dg10-bur.cec.be
Internet: http://eu-kommission.newsroom.de

EUROSOLAR e.V.
Kaiser-Friedrich-Straße 11
53113 Bonn
Tel.: 0228/36 23 73 und 36 23 75
Fax: 0228/36 12 79
E-Mail: inter_office@eurosolar.org
Internet: www.eurosolar.org

F
*Fachinformationszentrum Karlsruhe,
Gesellschaft für wissenschaftlich-technische
Information mbH*
PF 2465
76012 Karlsruhe
Tel.: 07247/808-335
Fax: 07247/808-135
E-Mail: ub@fiz-karlsruhe.de
Internet: www.fiz-karlsruhe.de

*Fachinformationzentrum (FIZ) Technik e.V.
(Datenbankanbieter)*
Ostbahnhofstr. 13-15
60314 Frankfurt
Tel.: 069/43 08-0
Fax: 069/4308-200
E-Mail: kundenberatung@fiz-technik.de
Internet: www.fiz-technik.de

Fachvereinigung Arbeitssicherheit e.V. (FASI)
Albert-Schweitzer-Allee 33
65203 Wiesbaden
Tel.: 0611/600400
Fax: 0611/67807
E-Mail: vdsi.gs@t-online.de
Internet: www.vdsi.de

*Forschungsinstitut für Wasser- und Abfallwirt-
schaft (FiW) e.V. an der RWTH-Aachen*
Mies-van-der-Rohe-Str. 17
52056 Aachen
Tel.: 0241/806825
Fax: 0241/870924
E-Mail: fiw@fiw.rwth-aachen.de
Internet: www.fiw.rwth-aachen.de

Forschungsstelle für Umweltpolitik (FFU)
c/o FU-Berlin/FB Politische Wissenschaft
Ihnestr. 22
14195 Berlin
Tel.: 030/838-55098
Fax: 030/838-502276
E-Mail: ffu@zedat.fu-berlin.de
Internet: www.fu-berlin.de/ffu/

Forschungszentrum Karlsruhe GmbH
Weberstr. 5
76133 Karlsruhe
Tel.: 07247/82-0
Fax: 07247/82-5070
E-Mail: info@fzk.de
Internet: www.fzk.de

*Fortbildungszentrum für Technik und Umwelt
(FTU)*
c/o Forschungszentrum Karlsruhe
Weberstr. 5
76133 Karlsruhe
Tel.: 07247/82-4800
Fax: 07247/82-4857
E-Mail: elfriede.dahlke@ftu.fzk.de
Internet: fortbildung.fzk.de

*Fraunhofer-Gesellschaft zur Förderung der
angewandten Forschung e.V.*
Leonrodstr. 54
80636 München
Tel.: 089/1205-01
Fax: 089/1205-713
E-Mail: presse@zv.fhg.de
Internet: www.fhg.de

*Fraunhofer-Institut für Verfahrenstechnik
u. Verpackung IVV*
Giggenhauser St. 35
85354 Freising
Tel.: 08161/491-0
Fax: 08161/491-491
E-Mail: il@ivv.fhg.de
Internet: www.ivv.fhg.de

*Fraunhofer-Institut für Umwelt-, Sicherheits-
und Energietechnik – UMSICHT*
Osterfelder Straße 3
46047 Oberhausen
Tel.: 0 2 08 / 85 98 - 0
Fax: 0 2 08 / 85 98 - 2 90
E-Mail: info@umsicht.fhg.de
Internet: www.umsicht.fhg.de

*Fraunhofer-Institut für Umweltchemie und
Ökotoxikologie – IUCT*
Postfach 12 60,
57377 Schmallenberg
Auf dem Aberg 1,
57392 Schmallenberg-Grafschaft
Tel.: 029 72 / 3 02 - 0
Fax: 029 72 / 3 02 - 3 19
E-Mail: info@iuct.fhg.de
Internet: www.iuct.fhg.de

*Fraunhofer-Arbeitsgruppe für Toxikologie und
Umweltmedizin ATU*
Grindelallee 117
20146 Hamburg
Tel.: 040 / 41 23 - 52 77
Fax 040 / 41 23 - 53 16
E-Mail: marquardt@uke.uni-hamburg.de
Internet: www.uke.uni-hamburg.de

*Fraunhofer-Institut für Produktionstechnik und
Automatisierung IPA*
Nobelstraße 12
70569 Stuttgart
Tel.: 0 7 11 / 9 70 - 00
Fax: 0 7 11 / 9 70 - 13 99
E-Mail: info@ipa.fhg.de
Internet: www.ipa.fhg.de

*future e.V. – Umweltinitiative von
Unternehme(r)n*
Münsterstr. 71
49525 Lengerich
Tel.: 05481/921-110
Fax: 05481/921-550
E-Mail: lengerich@future-ev.de
Internet: www.future-ev.de

G
GERMANWATCH e.V.
Budapester Straße 11
53111 Bonn
Tel.: 0228 / 60492-0
Fax: 0228 / 60492-19
E-Mail: germanwatch@germanwatch.org
Internet: www.germanwatch.org

GLS Gemeinschaftsbank eG
Postfach 10 08 29
44708 Bochum
Tel.: 0234/5797-0
Fax: 0234/5797-133
E-Mail: bochum@gemeinschaftsbank.de
Internet: www.gls.de

Gesellschaft Deutscher Chemiker e.V. (GDCh)
Varrentrappstr. 40-42
60486 Frankfurt
Tel.: 069/7917-1
Fax: 069/7917-322
E-Mail: pr@gdch.de
Internet: www.gdch.de

*Gesellschaft für Technische Überwachung mbH
(GTÜ)*
Jahnstr. 12
70597 Stuttgart
Tel.: 0711/97676-0
Fax: 0711/97676-87
E-Mail: info@gtue.de
Internet: www.gtue.de

*Gesellschaft für Wasseraufbereitung und
Energierückgewinnung (GWE mbH)*
Wichmannallee 3
27798 Hude Hemmelsberg
Tel.: 04484/189-186
Fax: 04484/189-189
E-Mail: kontakt@gwe.de
Internet: www.gwe.de

Greenpeace e. V.
Große Elbstr. 39
22767 Hamburg
Tel.: 040/30618-0
E-Mail: mail@greenpeace.de
Internet: www.greenpeace.de

*GSF-Forschungszentrum für
Umwelt und Gesundheit*
Ingolstädter Landstr. 1
85764 Neuherberg
Tel.: 089/3 18 7-0
Fax: 089/3 18 7-3322
E-Mail: oea@gsf.de
Internet: www.gsf.de

H

Hans Böckler Stiftung
Bertha-von- Suttner-Platz 1
40227 Düsseldorf
Tel.: 0211/77 78-0
Fax: 0211/77 78-120
E-Mail: www_oe@boeckler.de
Internet: www.boeckler.de

*Hauptverband der gewerblichen
Berufsgenossenschaften e.V.*
Alte Heerstr. 111
53757 Sankt Augustin
Tel.: 02241/231-1206/-1156
Fax: 02241/231-1391
E-Mail: info@hvbg.de
Internet: www.hvbg.de

*Hauptverband der Papier, Pappe und
Kunststoffe verarbeitenden Industrie e.V. (HPV)*
Strubergstr. 70
60489 Frankfurt
Tel.: 069/978281-0
Fax: 069/978281-30
E-Mail: info@hpv-ev.org
Internet: www.hpv-ev.org

Haus der Technik e.V.
Hollestr. 1
45127 Essen
Tel.: 0201/1 80 3-1
Fax: 0201/1803-269
E-Mail: hdt@hdt-essen.de
Internet: www.hdt-essen.de

*Hermann-von-Helmholtz-Gemeinschaft
Deutscher Forschungszentren (HGF)*
Wissenschaftszentrum
Ahr-Str. 45
53175 Bonn
Tel.: 0228/308 18-0
Fax: 0228/308 18-30
E-Mail: hgf@helmholtz.de
Internet: www.helmholtz.de

Hessische Industriemüll GmbH
Waldstraße 11
64584 Biebesheim
Tel.: 06258 / 895 - 0
Fax:·06258 / 895 - 59
Internet: www.him.de

*Hessische Industriemüll Technologie GmbH
(HIMTECH)*
Kreuzberger Ring 58
65205 Wiesbaden
Tel.: 0611/71 49-9
Fax: 0611/7149-888
Internet: www.himtech.de

Hessischer Städte- und Gemeindebund
Henri-Dunant-Str. 13
63165 Mühlheim
Tel.: 06108/6001-0
Fax: 06108/6001-57

Ifo Institut für Wirtschaftsforschung e.V.
Poschingerstr. 5
81679 München
Tel.: 089/9 22 4-0
Fax: 089/98 53 69
E-Mail: ifo@ifo.de
Internet: www.ifo.de

*Industrie- und Handelskammer (IHK)
Karlsruhe*
Lammstr. 13 - 17
76133 Karlsruhe
Tel.: 0721/1 74-0
Fax: 0721/1 74-290
E-Mail: info@karlsruhe.ihk.de
Internet: www.ihk.de/karlsruhe/

*Industrieverband Papier-
und Plastikverpackung e.V.*
Große Friedberger Str. 44-46
60313 Frankfurt
Tel.: 069/28 12 09
Fax: 069/296532
E-Mail: ipv-ev@t-online.de

Informationszentrale Verpackung und Umwelt
Finkenstrasse 51
70199 Stuttgart
Tel.: 0711/649888-0
Fax: 0711/649888-5
E-Mail: info@informationszentrale.de
Internet: www.informationszentrale.de

*Ingenieurverband Wasser- und Abfallwirtschaft
(INGEWA)*
Walramstr. 9
53175 Bonn
Tel.: 0228/37 30 97
Fax: 0228/373090
E-Mail: info@ingewa.de
Internet: www.ingewa.de

Institut der Deutschen Wirtschaft (IW)
Gustav-Heinemann-Ufer 84-88
50968 Köln
Tel.: 0221/4981-0
Fax: 02 21/49 81 592
E-Mail: welcome@iwkoeln.de
Internet: www.iwkoeln.de

*Institut für Energie- und Umweltforschung
Heidelberg GmbH (IFEU)*
Wilckensstr. 3
69120 Heidelberg
Tel.: 06221/4767-0
Fax: 06221/4767-19
E-Mail: ifeu@ifeu.de
Internet: www.ifeu.de

*Institut für Ökologische Wirtschaftsforschung
GmbH (IÖW)*
Potsdamer Str. 105
10785 Berlin
Tel.: 030/884 59 4-0
Fax: 030/882 54 39
E-Mail: info@ioew.de
Internet: www.ioew.de

*Institut für Umweltgutachter und
-berater in Deutschland e.V. (IDU)*
Godesberger Allee 88
53175 Bonn
Tel.: 0228/8192-400
Fax: 0228/8192-444
E-Mail: iduev@compuserve.com
Internet: www.iduev.de

Institut für Umweltrecht
Contrescarpe 18
28203 Bremen
Tel: 0421/335413
Fax: 0421/335421-15
E-Mail: iur.bremen@t-online.de

*Institut für Umwelttechnologie und
Umweltanalytik e.V.*
Bliersheimer Str. 60
47229 Duisburg
Tel.: 02065/4 18-0
Fax: 02065/4 18-211

*Institut für Umweltwirtschaftsanalysen
Heidelberg e.V. (IUWA)*
Tiergartenstr. 17
69121 Heidelberg
Tel.: 06221/64940-0
Fax: 06221/64940-14
E-Mail: info@iuwa.de
Internet: www.iuwa.de

*Institut für Wirtschaftsforschung Halle e.V.
(IWH)*
Kleine Märkerstraße 8
06108 Halle (Saale)
Tel.: 0345/7753-60
Fax: 0345/7753-820
E-Mail: ldw@iwh.uni-halle.de
Internet: www.iwh.uni-halle.de

Institut für Wirtschaftsökologie
Jagdschloß Hirschbrunn
86736 Dornstadt-Auhausen
Tel.: 09082/9684-0
Fax: 09082/9684-44
E-Mail: info@iwoe.de
Internet: www.iwoe.de

Interdisziplinäres Forschungszentrum
Recycling (IFoR) Universität Kaiserslautern
Gottlieb-Daimler-Straße Gebäude 42
67663 Kaiserslautern
Tel.: 0631/205-3733
Internet: www.uni-kl.de/IFOR/

*International Chambers of Commerce (ICC)
·Deutschland*
Mittelstr. 12 - 14
50672 Köln
Tel.: 0221/257 5571
Fax: 0221/257-5593
E-Mail: icc@icc-deutschland.de
Internet: www.icc-deutschland.de

International Network for Environmental
Management (INEM)
Osterstr. 58
20259 Hamburg
Tel.: 040/49071600
Fax: 040/4907-1607
E-Mail: inem@inem.org
Internet: www.inem.org

ITUT Verein zur Förderung des Inrnationalen
Transfers von Umwelttechnologien e. V.
c/o Euro-Asia Business Center
Messe-Allee 2
04356 Leipzig
Tel.: 0341/6087-200
Fax: 0341/6087-154
E-Mail: itutverein@itut.de
Internet: www.itut.de

K
Katalyse e.V., Institut für angewandte
Umweltforschung
Remigiusstr. 21
50937 Köln
Tel.: 0221/944048-0
Fax: 0221/944048-9
E-Mail: info@katalyse.de
Internet: www.katalyse.de

Klaus Novy Institut
Annostr. 27-33
50678 Köln
Tel.: 0221/931 207 0
Fax: 0221/931 207 20
Internet: www.kni.de

L
Länderarbeitsgemeinschaft Abfall (LAGA)
Geschäftsstelle
c/o Ministerium für Bau, Landesentwicklung
und Umwelt
Schloßstr. 6 - 8
19048 Schwerin
Tel.: 0385/58887-40
E-Mail: blum-laga@mvnet.de

Länderarbeitsgemeinschaft Wasser (LAWA)
c/o Senatsverwaltung für Stadtentwicklung und
Umweltschutz Berlin
Rungestraße 29
10179 Berlin-Mitte
Tel.: 030/9025-0
Fax: 030/ 9025-1104
E-Mail: poststelle@sensut.verwalt-berlin.de
Internet: www.sensut.berlin.de

Länderausschuß für Immissionsschutz (LAI)
c/o Ministerium für Umwelt, Raumordnung und
Landwirtschaft des Landes Nordrhein-Westfalen
Schwannstr. 3
40476 Düsseldorf
Tel.: 0211/45 66-550
E-Mail: poststelle@murl.nrw.de
Internet: www.murl.nrw.de

Landesanstalt für Umweltschutz
Baden-Württemberg
Griesbachstr. 3
76185 Karlsruhe
Tel.: 0721/9 83-0
Fax: 0721/9 83-1456
E-Mail: poststelle@lfuka.lfu.bwl.de
Internet: www.uis-extern.um.bwl.de/lfu/

Landesumweltamt Brandenburg
Berliner Str. 21
14467 Potsdam
Tel: 0331/2323-0

Landesumweltamt NRW
Wallneyer Str. 6
45133 Essen
Tel.: 0201/7995-0
Fax: 0201/7995-1448
E-Mail: poststelle@esen.lua.nrw.de
Internet: www.lua.nrw.de

M

Max-Planck-Gesellschaft zur Förderung der Wissenschaften e.V.
Hofgartenstraße 8, 80539 München
Postfach 10 10 62, 80084 München
Tel.: 089/21 08 - 0
Fax: 089/21 08 - 11 11
E-Mail: nachname@mpg-gv.mpg.de
Internet: www.mpg.de

N

Nationales Komitee des Weltenergierates
Graf-Recke-Str. 84
40239 Düsseldorf
Tel.: 0211/6214-499
Fax: 0211/6214-172
E-Mail: dnk@vdi.de
Internet: www.energie-welt-dnk.de

Naturschutzbund Deutschland (NABU) e.V.,
Bundesgeschäftsstelle
Herbert-Rabius-Straße 26,
53225 Bonn,
Tel.: 02 28/4036-0
Fax: 0228/4036-200
E-Mail: nabu@nabu.de
Internet: www.nabu.de

O

Ökobank e.G.
Postfach 160651
60069 Frankfurt am Main
Tel.: 069/25610-0
Fax: 069/25610-169
E-Mail: mail@oekobank.de
Internet: www.oekobank.de

Öko-Institut, Institut für angewandte Ökologie e.V.
Postfach 6226
79038 Freiburg
Tel.: 0761/45295-0/-22
Fax: 0761/45295-437
Internet: www.oeko.de

P

Pro Mehrweg Verein zur Förderung von Mehrwegverpackungen e.V.
Humboldtstr. 7
40237 Düsseldorf
Tel.: 0211/68 39 38
Fax: 0211/683602
E-Mail: gfgh_verbaende@compuserve.com
Internet: www.promehrweg.de

R

RAL Deutsches Institut Für Gütesicherung und Kennzeichnung e.V.
Siegburger Str. 39
53757 Sankt Augustin,
Tel.: 02241/16 05-0
Fax: 02241/16 05-11
E-Mail: ral-institut@t-online.de
Internet: www.ral.de

Rationalisierungskuratorium der Deutschen Wirtschaft (RKW) e.V.
Düsseldorfer Str. 40
65760 Eschborn
Tel.: 06196/49 5-1
Fax: 06196/495-304
E-Mail: rkw@rkw.de
Internet: www.rkw.de

Rat von Sachverständigen für Umweltfragen
Postfach
65180 Wiesbaden
Tel.: 0611/75 42 10
Fax: 0611/731269
E-Mail: sru@uba.de
Internet: www.umweltrat.de

REFA-Verband für Arbeitsstudien, Betriebsorganisation und Unternehmensentwicklung e.V.
Wittichstr. 2
64295 Darmstadt
Tel.: 06151/88 01-0
Fax: 06151/8801-27
E-Mail: refa@refa.de
Internet: www.refa.de

Rheinisch-Westfälisches Institut für Wirtschaftsforschung
Hohenzollernstr. 1 - 3
45128 Essen
Tel.: 0201/81 49-0
Fax: 0202/8149-200
E-Mail: rwi@rwi-essen.de
Internet: www.rwi-essen.de

S

Schweizerischer Verband für Umwelttechnik (SVUT)
Schweiz
Hochstrasse 48
Postfach
CH-4002 Basel
Tel.: ++41-61/4864680
Fax: ++41 61/365 22 71
E-Mail: svut@datacomm.ch
Internet: www.umwelttechnik-verband.ch

Sfs Sozialforschungsstelle Dortmund
Evinger Platz 17
44339 Dortmund
Tel.: 0231/8596-0
Fax: 0231/8596-100
E-Mail: info@sfs-dortmund.de
Internet: www.sfs-dortmund.de

Staatsministerium für Umwelt und Landesentwicklung Sachsen
Archivstraße 1
01097 Dresden
Tel.: 03 51/5 64-6819
Fax: 03 51/5 64-6817
E-Mail: info@smul.sachsen.de
Internet: www.sachsen.de/de/bf/staatsregierung/ministerien/index.html

Statistisches Bundesamt
Gustav-Stresemann-Ring 11
65189 Wiesbaden
Tel.: 0611/75-1
Fax: 0611/724000
E-Mail: info@statistik-bund.de
Internet: www.statistik-bund.de

Steinbeis-Stiftung für Wirtschaftsförderung
Haus der Wirtschaft
Willi-Bleicher-Str. 19
70174 Stuttgart
Tel.: 0711/1839-5
Fax: 0711/2261076
E-Mail: stw@stw.de
Internet: www.stw.de

Stiftung Landesgirokasse Natur und Umwelt
Postfach
70144 Stuttgart
Tel.: 0711/124-3820
Fax: 0711/124-1747
E-Mail: kontakt@lbbw.de
Internet: www.lbbw.de

Stiftung Verbraucherinstitut (VI)
Carnotstr. 5
10587 Berlin
Tel.: 030/39 00 86-0
Fax: 030/39 00 86-27
E-Mail: mail@verbraucherinstitut.de
Internet: www.verbraucherinstitut.de

Stiftung Warentest
Lützowplatz 11-13
10825 Berlin
Tel.: 030/26 31-0
Fax: 030/2611074
E-Mail: email@stiftung-warentest.de
Internet: www.warentest.de

T

TGA – Trägergemeinschaft für Akkreditierung GmbH
Gartenstrasse 6
60594 Frankfurt am Main
Tel.: 069/61094311
Fax: 069/61094344
E-Mail: info@tga-gmbh.de
Internet: www.tga-gmbh.de

TÜV Bayern Hessen Sachsen Südwest e.V.
Unternehmensgruppe TÜV Ecoplan GmbH
Westendstr. 199
80686 München
Tel.: 089/5791-0
Fax: 089/5791-1551
Internet: www.tuevsued.de

TÜV Nord e.V. Hannover
Am TÜV 1
Postfach 810551
30505 Hannover
Tel.: 0511/986-0
Fax: 0511/986-244
E-Mail: hannover@tuev-nord.de
Internet: www.tuev-nord.de

TÜV Nord e.V.
Große Bahnstr. 31
Postfach 540220
22502 Hamburg
Tel.: 040/8557-0
Fax: 040/8557-2295
E-Mail: hannover@tuev-nord.de
Internet: www.tuev-nord.de

*TÜV Ostdeutschland Sicherheit
und Umweltschutz GmbH*
Magirusstr. 5, 12103 Berlin
Tel.: 0 30/7562-1773
Fax: 0 30/7562-1772

TÜV Pfalz e.V.
Merkurstr. 45
67663 Kaiserslautern
Tel.: 0631/3545-0
E-Mail: wwwadmin@tuev-pfalz.de
Internet: www.tuev-pfalz.de

TÜV Rheinland / Berlin-Brandenburg e.V.
Institut für Umweltschutz und Energietechnik
Am Grauen Stein, 51105 Köln
Tel.: 0221/806-2149
Fax: 0221/806-1760
Internet: www.tuev-rheinland.de

TÜV Saarland e.V.
Saarbrücker Str. 8
Postfach 1361
66274 Sulzbach
Tel.: 06897/506-0
Fax: 06897/506-218

TÜV Thüringen e.V.
Melchendorfer Str. 64
Postfach 998
99021 Erfurt
Tel.: 0361/4283-0
Fax: 0361/3735562
E-Mail: info@tuev-thueringen.de
Internet: www.tuev-thueringen.de

U

UFZ – Umweltforschungszentrum Leipzig-Halle
Permoserstraße 15
04318 Leipzig
Tel.: 0341/235-2242
Fax: 0341/235-2791
Internet: www.ufz.de

*UMKEHR e.V. – Arbeitskreis
Verkehr und Umwelt*
Exerzierstr. 20
13357 Berlin
Tel.: 030 /492 74 73
Fax: 030 /492 79 72,
E-Mail: info@umkehr.de
Internet: www.umkehr.de

*UMSICHT Institut für Umwelt-,
Sicherheits-, und Energietechnik e.V.*
Osterfelder Straße 3
46047 Oberhausen
Tel.:0208/85 98-0
Fax: 0208/85 98 - 2 90
E-Mail: info@umsicht.fhg.de
Internet: www.umsicht.fhg.de

UmweltBank AG
Laufertorgraben 6
90489 Nürnberg
Tel.: 0911/53 08 – 123
Fax: 0911/53 08 – 119
E-Mail: umweltbank@t-online.de
Internet: www.umweltbank.de

Umweltbundesamt
Bismarckplatz 1
14193 Berlin
Tel.: 030/8903-0
Fax: 030/8903-2798
Internet: www.umweltbundesamt.de

*UnternehmensGrün – Verband zur Förderung
umweltgerechten Wirtschaftens*
Hermannstrasse 5a
70178 Stuttgart
Tel.: 0711/6 15 95-10
Fax: 0711/61595-40
E-Mail: info@unternehmensgruen.de
Internet: www.unternehmensgruen.de

Unternehmerinstitut e. V. der ASU
Postfach 20 01 54
53131 Bonn
Tel.: 0228/95459-16
E-Mail: asuweb@t-online.de
Internet: www.unternehmerinstitut.de

UPI – Umwelt- und Prognose-Institut e.V.
Handschuhsheimer Landstraße 118a
69121 Heidelberg
Tel.: 06221/45 50 55
Fax: 06221/45 50 56
E-Mail: upi@upi-institut.de
Internet: www.upi-institut.de

UVP-Gesellschaft e.V.
Östingstr. 13
59063 Hamm
Tel.: 02381/5 21 29
Fax: 02381/5 21 95
E-Mail: info@uvp.de
Internet: www.uvp.de

V

Verband Beratender Ingenieure (VBI)
Budapester Str. 31
10787 Berlin
Tel.: 030/260 62-0
Fax: 030/260 62-100
E-Mail: vbi@vbi.de
Internet: www.vbi.de

*Verband der Betriebsbeauftragten für Umwelt-
schutz e.V. (VBU)*
Alfredstr. 77-79
45130 Essen
Tel.: 0201/77 20 13
Fax: 0201/772014
E-Mail: vbu@vdf.de
Internet: www.vdf.de

Verband der Chemischen Industrie e.V. (VCI)
Karlstr. 21, 60329 Frankfurt
Tel.: 069/25 56-0
Internet: www.vci.de

*Verband der Führungskräfte in Bergbau,
Energiewirtschaft und Umweltschutz (VdF) e.V.*
Alfredstr. 77 - 79
45130 Essen
Tel.: 0201/772011-13
Fax: 0201/772014
E-Mail: vdf@vdf.de
Internet: www.vdf.de

Verband der Landwirtschaftskammern e.V.
Godesberger Allee 142 - 148
53175 Bonn
Tel.: 0228/308010
Fax: 0228/3080110
vlk-bonn@t-online.de

*Verband der Materialprüfungsämter e.V.
(VMPA)*
Müggelseedamm 109/111, 12587 Berlin
Tel.: 030/64186-115
Fax: 030/64186-119
E-Mail: berlin@vmpa.de
Internet: www.vmpa.de

17

Verband der Technischen Überwachungs-
Vereine e.V. (VdTÜV)
Kurfürstenstr. 56
45138 Essen
Tel.: 0201/89 87-0
Fax: 0201/89 87-120
E-Mail: vdtuev.essen@t-online.de
Internet: www.vdtuev.de

Verband der Umweltbetriebsprüfer
und -gutachter (UBV) e. V.
UBV Geschäftsstelle
Maria-Eich-Str. 50
82166 Gräfelfing
Tel.: 089/898914-14
Fax: 089/898914-24
E-Mail: webmaster@ubv.org
Internet: www.ubv.org

Verband Deutscher Maschinen- und
Anlagenbau e.V. (VDMA)
Rudower Chaussee 5
Geb. 13.7
12484 Berlin
Tel.: 030/67 05 91 90
Internet: www.vdma.org

Verband kommunale Abfallwirtschaft und
Stadtreinigung e.V. (VKS)
Lindenallee 11-17
50968 Köln
Tel.: 0221/3771-385
Fax: 0221/3771-371
E-Mail: vks-verband@t-online.de

Verband Metallverpackungen
Kaiserswerther Str. 137
40474 Düsseldorf
Tel.: 0211/45465-23
Fax: 0211/45465-31
E-Mail: fgm@metallverpackungen.de
Internet: www.metallverpackungen.de

Verein Deutscher Ingenieure (VDI)
Postfach 101139
40002 Düsseldorf
Tel.: 0211/6214-0
Fax: 0211/6214-575
E-Mail: vdi@vdi.de
Internet: www.vdi.de

Verein Deutscher Metallhändler (VDM)
Ulrich-von-Hassell-Str. 64
53123 Bonn
Tel.: 0228/252901-0
Fax: 0228/252901-20
E-Mail: metallverein@t-online.de
Internet: home.t-online.de/home/metallverein

Verein Deutscher Sicherheitsingenieure e.V.
(VDSI)
Albert-Schweitzer-Allee 33
65203 Wiesbaden
Tel.: 0611/60 04 00
Fax: 0611/67807
E-Mail: vdsi.gs@t-online.de
Internet: www.vdsi.de

Verein für Umweltmanagement in Banken,
Sparkassen und Versicherungen e.V. (VfU)
Schumannstr. 13
53113 Bonn
Tel.: 0228/76684-94
Fax: 0228/76684-96
E-Mail: vfu-bonn@t-online.de
Internet: www.vfu.de

Verein für Umweltrecht e.V.
Contrescarpe 18
28203 Bremen
Tel: 0421/335413
Fax: 0421/335421-15
E-Mail: iur.bremen@t-online.de

*Vereinigung für ökologische Wirtschaftsforschung
e.V. (VÖW)*
Potsdamer Str. 105
10785 Berlin
Tel.: 030/884 59 4-0
Fax: 030/882 54 39
E-Mail: info@ioew.de
Internet: www.ioew.de

Verkehrsclub Deutschland – VCD e.V.
Eifelstr. 2
53119 Bonn
Tel.: 0228/9 85 85-0
Fax: 0228/9 85 85-10
E-Mail: vcd-bgst@vcd.org
Internet: www.vcd.org

W

Westsächsische Hochschule
Dr.-Friedrichs-Ring 2a
08056 Zwickau
Tel.: 0375/536-0
E-Mail: hochschulrechenzentrum@fh-zwickau.de
Internet: www.fh-zwickau.de

*Wissenschaftlicher Beirat der Bundesregierung
Globale Umweltveränderungen – WBGU*
Geschäftsstelle des WBGU am Alfred-Wegener-
Institut für Polar- und Meeresforschung
Postfach 12 01 61
27515 Bremerhaven
Tel.: 0471/ 4831 1 723
Fax: 0471/4831 1 218
E-Mail: wbgu@awi-bremerhaven.de
Internet: http://www.wbgu.de

*Wuppertal Institut für
Klima-Umwelt-Energie GmbH*
Döppersberg 19
42103 Wuppertal
Tel.: 0202/24 92-0
Fax: 0202/24 92-108
E-Mail: info@wupperinst.org
Internet: www.wupperinst.org

WWF-Deutschland -Umweltstiftung
Rebstöcker Straße 55
Postfach 190 440
60326 Frankfurt
Tel.: 069/791 44-0
Fax: 069/61 72 21
E-Mail: info@wwf.de
Internet: www.wwf.de

Z

*Zentrum für Europäische Wirtschaftsforschung
GmbH (ZEW)*
L 7,1
68161 Mannheim
Tel.: 0621/1235-01
Fax: 0621/1235-224
E-Mail: info@zew.de
Internet: www.zew.de

Zentrum für Umwelt und Energie
Handwerkszentrum Ruhr
Mülheimer Str. 6
46049 Oberhausen
Tel.: 0208/82055-55
Fax: 0208/82055-77
E-Mail: info@uzh.hwk-duesseldorf.de
Internet: www.hwk-duesseldorf.de

*Zertifizierungsstelle der Recycling-
und Entsorgungswirtschaft für
Qualitätsmanagementsysteme e.V.*
Schönhauser Str. 3
50968 Köln
Tel.: 0221/934700-0
E-Mail: info@bde.org
Internet: www.bde.org

**Postkarte für Kritik und Vorschläge an die Redaktion
des LoseblattSystems »Betriebliches Umweltmanagement«**

Sehr geehrte Damen und Herren, ...

Diese Postkarte ist an die Redaktion (in Düsseldorf) adressiert und daher nicht geeignet
für geschäftliche Post an den Verlag (in Berlin) - siehe Impressum

Bestellkarte

*Hiermit bestelle ich ein Exemplar
K. Döttinger, U. Lutz, K. Roth (Hrsg.)*
Betriebliches Umweltmanagement
Springer LoseblattSystem, DIN A5,
ca. 1.600 Seiten, Preis: DM 285, – (2 Bde.),
zuzügl. Porto und Verpackung

*Hiermit bestelle ich ein Exemplar
W. Hansen, G. F. Kamiske (Hrsg.)*
Qualitätsmanagement
Springer LoseblattSystem, DIN A5,
ca. 1.800 Seiten, Preis: DM 285, – (2 Bde.),
zuzügl. Porto und Verpackung

*Diese Bestellung kann ich innerhalb von 14 Tagen
widerrufen. Dazu genügt eine einfache Postkarte.
Von dieser Garantie habe ich Kenntnis genommen
und bestätige das mit meiner zweiten Unterschrift.*

Datum   Ihre Unterschrift   Datum   Ihre Unterschrift